Herbert Wallner

Aufgabensammlung Mathematik

Herbert Wallner

Aufgabensammlung Mathematik

Für Studierende in mathematisch-naturwissenschaftlichen und technischen Studiengängen

Band 2: Analysis mehrerer reeller Variablen, Vektoranalysis, Gewöhnliche Differentialgleichungen, Integraltransformationen

STUDIUM

VIEWEG+
TEUBNER

Bibliografische Information der Deutschen Nationalbibliothek
Die Deutsche Nationalbibliothek verzeichnet diese Publikation in der Deutschen Nationalbibliografie; detaillierte bibliografische Daten sind im Internet über <http://dnb.d-nb.de> abrufbar.

Prof. Dr. Herbert Wallner
Institut für Analysis und Computational Number Theory (Math A)
Technische Universität Graz
Steyrergasse 30
8010 Graz/Österreich

wallner@weyl.math.tu-graz.ac.at

1. Auflage 2012

Lektorat: Ulrike Schmickler-Hirzebruch | Barbara Gerlach

Vieweg+Teubner Verlag ist eine Marke von Springer Fachmedien.
Springer Fachmedien ist Teil der Fachverlagsgruppe Springer Science+Business Media.
www.viewegteubner.de

Umschlaggestaltung: KünkelLopka Medienentwicklung, Heidelberg
Druck und buchbinderische Verarbeitung: STRAUSS GMBH, Mörlenbach
Gedruckt auf säurefreiem und chlorfrei gebleichtem Papier
Printed in Germany

ISBN 978-3-8348-1812-6

Vorwort

Die vorliegende Aufgabensammlung entstand im Laufe meiner langjährigen Tätigkeit an einer Technischen Universität und ist in zwei Teile gegliedert.
Die Ausbildung in Mathematik ist einer der Grundpfeiler für ein Studium der Ingenieurwissenschaften und erst recht für ein solches der Naturwissenschaften.
Im Gegensatz zur Schule findet an universitären Einrichtungen meist eine Trennung in Vorlesung und Übung statt.
Die Vorlesung stellt in der Regel die theoretischen Grundlagen bereit.
Aufgabe der Übung ist dann die Anwendung des so erworbenen Wissens.
Dort sollen konkrete Aufgabenstellungen bearbeitet und einer Lösung zugeführt werden, wobei nur elementare Grundkenntnisse aus der Schule und Sätze und Aussagen der Vorlesung benützt werden dürfen.
Wie dies korrekt erfolgt, wird meist im Rahmen eines Tutoriums vorgezeigt.
Aufgabensammlungen können und sollen dies unterstützen. Insbesondere eine große Anzahl von Übungsaufgaben sollen dazu beitragen, eine gewisse Fertigkeit im Lösen von Aufgaben zu vermitteln.
Daneben ist auch der sichere Umgang mit symbolischen Rechenprogrammen (Computer-Algebra-Systemen) und ihr Einsatz zum Lösen von Aufgaben wichtig.
Aber ebenso wie ein Taschenrechner nicht das Erlernen der Grundrechnungsarten vollständig ersetzen kann und soll, ersetzen solche Programme nicht den Erwerb von Fähigkeiten, Probleme auch „zu Fuß" lösen zu können.
Das Verwenden von Computer-Algebra-Systemen ist nicht Thema dieses Buches. Es wird aber dringend empfohlen, sie parallel zum klassischen Lösen zu verwenden.

Der vorliegende zweite Teil umfasst in etwa den Stoff, der an Technischen Universitäten üblicherweise im zweiten bis dritten Semester auf der Tagesordnung steht: Analysis mehrerer reeller Variabler, Vektoranalysis, gewöhnliche Differentialgleichungen und Integraltransformationen. Viele Aufgaben sind aber auch für Studierende mathematischer Studiengänge von Interesse, wenngleich „typische Mathematikeraufgaben" fehlen.
Für jedes Teilgebiet werden zunächst die zum Bearbeiten der nachfolgenden Aufgaben erforderlichen Grundlagen kurz zusammengefasst. Anschließend werden jeweils eine Reihe speziell ausgewählter Beispiele ausführlich gelöst. In einem weiteren Abschnitt werden Aufgaben mit Lösungen angegeben. In einem abschließenden Kapitel werden Aufgabenstellungen aus Technik und Physik behandelt.
Auf Abbildungen wurde weitgehend verzichtet (obwohl sie wichtig sind und das Wesentliche oft zusammenfassen), da heutzutage eine graphische Darstellung durch verschiedene Computerprogramme recht einfach ist.

Empfehlungen an die Leserinnen und Leser:
Versuchen Sie die Musterbeispiele zunächst eigenständig zu lösen, bevor Sie den vorgeschlagenen Lösungsgang ansehen. Überlegen Sie, ob es nicht alternative Lösungswege gibt. Verwenden Sie parallel zur herkommlichen Lösungsweise auch symbolische Rechenprogramme.
Noch eine Empfehlung: Arbeiten Sie nicht ausschließlich im Alleingang, sondern auch in einer kleinen Gruppe, in der Sie Ideen und Ergebnisse austauschen können.

Viel Erfolg!

Graz, im August 2011 Herbert Wallner

Inhaltsverzeichnis

1 Analysis mehrerer reeller Variabler 1

1.1 Stetigkeit und Differenzierbarkeit 1

1.1.1 Grundlagen 1

1.1.2 Musterbeispiele 3

1.1.3 Beispiele mit Lösungen 6

1.2 Richtungsableitung, Tangentialebene 8

1.2.1 Grundlagen 8

1.2.2 Musterbeispiele 8

1.2.3 Beispiele mit Lösungen 12

1.3 Kettenregel 14

1.3.1 Grundlagen 14

1.3.2 Musterbeispiele 14

1.3.3 Beispiele mit Lösungen 17

1.4 Mittelwertsatz und Satz von TAYLOR 18

1.4.1 Grundlagen 18

1.4.2 Musterbeispiele 18

1.4.3 Beispiele mit Lösungen 21

1.5 Implizite Funktionen und Umkehrfunktion 24

1.5.1 Grundlagen 24

1.5.2 Musterbeispiele 25

1.5.3 Beispiele mit Lösungen 30

1.6 Extrema ohne Nebenbedingungen 32

1.6.1 Grundlagen 32

1.6.2 Musterbeispiele 32

1.6.3 Beispiele mit Lösungen 36

1.7 Extrema mit Nebenbedingungen 38

1.7.1 Grundlagen 38

1.7.2 Musterbeispiele 38

1.7.3 Beispiele mit Lösungen 45

1.8 Kurven im $\mathbb{R}^n$ 47

1.8.1 Grundlagen 47

1.8.2 Musterbeispiele 48

1.8.3 Beispiele mit Lösungen 53

1.9 Mehrfachintegrale 58

1.9.1 Grundlagen 58

1.9.2 Musterbeispiele 59

1.9.3 Beispiele mit Lösungen 67

1.10 Oberflächen und Oberflächenintegrale 69

1.10.1 Grundlagen 69
1.10.2 Musterbeispiele 70
1.10.3 Beispiele mit Lösungen 73
1.11 Kurvenintegrale 75
1.11.1 Grundlagen 75
1.11.2 Musterbeispiele 75
1.11.3 Beispiele mit Lösungen 78

2 Vektoranalysis **81**
2.1 Differentialoperatoren 81
2.1.1 Grundlagen 81
2.1.2 Musterbeispiele 82
2.1.3 Beispiele mit Lösungen 83
2.2 Satz von GAUSS 85
2.2.1 Grundlagen 85
2.2.2 Musterbeispiele 85
2.2.3 Beispiele mit Lösungen 90
2.3 Satz von GREEN-RIEMANN 93
2.3.1 Grundlagen 93
2.3.2 Musterbeispiele 93
2.3.3 Beispiele mit Lösungen 97
2.4 Satz von STOKES 99
2.4.1 Grundlagen 99
2.4.2 Musterbeispiele 99
2.4.3 Beispiele mit Lösungen 102
2.5 Wegunabhängigkeit von Kurvenintegralen, Potentiale 105
2.5.1 Grundlagen 105
2.5.2 Musterbeispiele 106
2.5.3 Beispiele mit Lösungen 109

3 Gewöhnliche Differentialgleichungen **111**
3.1 Gewöhnliche Differentialgleichungen erster Ordnung 111
3.1.1 Grundlagen 111
3.1.2 Musterbeispiele 115
3.1.3 Beispiele mit Lösungen 131
3.2 Lineare Differentialgleichungen von zweiter und höherer Ordnung 142
3.2.1 Grundlagen 142
3.2.2 Musterbeispiele 145
3.2.3 Beispiele mit Lösungen 153
3.3 Lösungsdarstellungen mittels Reihen 159
3.3.1 Grundlagen 159
3.3.2 Musterbeispiele 159
3.3.3 Beispiele mit Lösungen 165
3.4 Lineare Systeme von Differentialgleichungen 169
3.4.1 Grundlagen 169
3.4.2 Musterbeispiele 169
3.4.3 Beispiele mit Lösungen 176

3.5 Autonome Differentialgleichungen und autonome Systeme 180
3.5.1 Grundlagen 180
3.5.2 Musterbeispiele 182
3.5.3 Beispiele mit Lösungen 190

4 Integraltransformationen **195**
4.1 LAPLACE-Transformation 195
4.1.1 Grundlagen 195
4.1.2 Musterbeispiele 196
4.1.3 Beispiele mit Lösungen 207
4.2 FOURIER-Transformation 211
4.2.1 Grundlagen 211
4.2.2 Musterbeispiele 212
4.2.3 Beispiele mit Lösungen 221

5 Anwendungsbeispiele **225**
5.1 Aufgabenstellung 225
5.2 Lösungen 230

Literaturverzeichnis **249**

Kapitel 1

Analysis mehrerer reeller Variabler

1.1 Stetigkeit und Differenzierbarkeit

1.1.1 Grundlagen

- Eine reellwertige Funktion mehrerer reeller Variabler $f(\vec{x}) := f(x_1, x_2, \ldots, x_n)$ heißt stetig an einem Punkt $\vec{x}^{\,0} = (x_1^0, x_2^0, \ldots, x_n^0)^T$, wenn es für jedes $\varepsilon > 0$ ein $\delta_\varepsilon > 0$ gibt, so dass für alle $\vec{x}$ mit $\sqrt{(x_1 - x_1^0)^2 + (x_2 - x_2^0)^2 + \cdots + (x_n - x_n^0)^2} < \delta_\varepsilon$ gilt: $|f(\vec{x}) - f(\vec{x}^{\,0})| < \varepsilon$.

- Eine reellwertige Funktion mehrerer reeller Variabler $f(\vec{x}) := f(x_1, x_2, \ldots, x_n)$ ist stetig an einem Punkt $\vec{x}^{\,0} = (x_1^0, x_2^0, \ldots, x_n^0)^T$, wenn für **jede** gegen $\vec{x}^{\,0}$ konvergente Folge $\{\vec{x}^{\,k}\} := \{(x_1^k, x_2^k, \ldots, x_n^k)^T\}$ mit $\vec{x}^{\,k} \to \vec{x}^{\,0}$ gilt: $f(\vec{x}^{\,k}) \to f(\vec{x}^{\,0})$.
  Folgenkriterium der Stetigkeit

- Falls die reellwertigen Funktionen mehrerer reeller Variabler $f(\vec{x})$ und $g(\vec{x})$ an $\vec{x}^{\,0}$ stetig sind, sind auch die Funktionen $(f \pm g)(\vec{x})$, $(f\,g)(\vec{x})$ und $\left(\dfrac{f}{g}\right)(\vec{x})$ ebenfalls an $\vec{x}^{\,0}$ stetig. Letzteres gilt nur, falls $g(\vec{x}^{\,0}) \neq 0$.

- Eine vektorwertige Funktion mehrerer reeller Variabler $\vec{f}(\vec{x}) := \vec{f}(x_1, x_2, \ldots, x_n)$ ist stetig an einem Punkt $\vec{x}^{\,0} = (x_1^0, x_2^0, \ldots, x_n^0)^T$, wenn alle Komponentenfunktionen $f_j(x_1, x_2, \ldots, x_n)$, $j = 1, 2, \ldots, m$ stetig sind.
  Satz von der komponentenweisen Stetigkeit

- Eine reellwertige Funktion mehrerer reeller Variabler $f(\vec{x}) := f(x_1, x_2, \ldots, x_n)$ heißt partiell differenzierbar nach der Variablen x_i, wenn sie nach x_i im gewöhnlichen Sinn (bei Konstanthaltung der übrigen Variablen) differenzierbar ist.
  Schreibweise: $\dfrac{\partial f}{\partial x_i}$ oder f_{x_i} .
  Der mittels der partiellen Ableitungen von f gebildete Vektor $\left(\dfrac{\partial f}{\partial x_1}, \dfrac{\partial f}{\partial x_2}, \ldots, \dfrac{\partial f}{\partial x_n}\right)^T$ heißt Gradient von f. Schreibweise: $\operatorname{grad} f$.

- Eine vektorwertige Funktion mehrerer reeller Variabler $\vec{f}(\vec{x})$ heißt partiell differenzierbar, wenn alle Komponentenfunktionen f_j nach den Variablen x_i partiell differenzierbar sind.

Die mittels der partiellen Ableitungen von $\vec{f}$ gebildete Matrix $\left(\frac{\partial f_j}{\partial x_i}\right)$ heißt JACOBI-Matrix von $\vec{f}$. Schreibweise: $J_{\vec{f}}(\vec{x})$.

- Eine reellwertige Funktion mehrerer reeller Variabler $f(\vec{x}) := f(x_1, x_2, \ldots, x_n)$ heißt differenzierbar an der Stelle $\vec{x}^{\,0} = (x_1^0, x_2^0, \ldots, x_n^0)^T$, wenn es einen Vektor $\vec{c} \in \mathbb{R}^n$ und eine für $\vec{x} \to \vec{x}^{\,0}$ gegen Null strebende Funktion $f_0(\vec{x})$ gibt, so dass in einer Umgebung von $\vec{x}^{\,0}$ gilt:

$$f(\vec{x}) = f(\vec{x}^{\,0}) + \vec{c} \cdot (\vec{x} - \vec{x}^{\,0}) + \|\vec{x} - \vec{x}^{\,0}\| f_0(\vec{x}) \ .$$

  $\vec{c}$ ist dann der Gradient von f an der Stelle $\vec{x}^{\,0}$ und stellt die Ableitung von f dort dar. Schreibweisen: $\operatorname{grad} f(\vec{x}^{\,0})$ bzw. $f'(\vec{x}^{\,0})$.
  Die Funktion $f^*(\vec{x}) := f(\vec{x}^{\,0}) + \vec{c} \cdot (\vec{x} - \vec{x}^{\,0})$ heißt lineare (genauer: affine) Approximation von f an $\vec{x}^{\,0}$.

- Für reellwertige Funktionen mehrerer reeller Variabler gelten die Linearität der Ableitung, sowie Produkt- und Quotientenregel: Sind $f(\vec{x})$ und $g(\vec{x})$ differenzierbar und im Fall der Quotientenregel auch $g(\vec{x}) \neq 0$, so gilt:

$$(f \pm g)' = f' \pm g', \quad (f\,g)' = f'g + fg' \quad \text{und} \quad \left(\frac{f}{g}\right)' = \frac{f'g - fg'}{g^2} \ .$$

- Eine vektorwertige Funktion mehrerer reeller Variabler $\vec{f}(\vec{x}) := \vec{f}(x_1, x_2, \ldots, x_n)$ heißt differenzierbar an der Stelle $\vec{x}^{\,0}$, wenn es eine Matrix $C \in M(n \times m; \mathbb{R})$ und eine für $\vec{x} \to \vec{x}^{\,0}$ gegen den Nullvektor strebende Vektorfunktion $\vec{f_0}(\vec{x})$ gibt, so dass in einer Umgebung von $\vec{x}^{\,0}$ gilt:

$$\vec{f}(\vec{x}) = \vec{f}(\vec{x}^{\,0}) + C(\vec{x} - \vec{x}^{\,0}) + \|\vec{x} - \vec{x}^{\,0}\| \vec{f_0}(\vec{x}) \ .$$

  C ist dann die JACOBI-Matrix von $\vec{f}$ an der Stelle $\vec{x}^{\,0}$ und stellt die Ableitung von $\vec{f}$ dort dar. Schreibweisen: $J_{\vec{f}}(\vec{x}^{\,0})$ bzw. $\left(\frac{\partial f_j}{\partial x_i}\right)(x^0)$ bzw. $\vec{f}\,'(\vec{x}^{\,0})$.
  Die Funktion $\vec{f}^*(\vec{x}) := \vec{f}(\vec{x}^{\,0}) + C(\vec{x} - \vec{x}^{\,0})$ heißt lineare (genauer: affine) Approximation von $\vec{f}$ an $\vec{x}^{\,0}$.

- Eine vektorwertige Funktion mehrerer reeller Variabler ist differenzierbar, wenn alle Komponentenfunktionen differenzierbar sind.

- Reell- bzw. vektorwertige Funktionen sind differenzierbar, wenn alle ihre partiellen Ableitungen (bei vektorwertigen Funktionen für alle Komponentenfunktionen) stetig sind. Sie heißen dann stetig differenzierbar.

- Höhere Ableitungen werden rekursiv definiert: $\frac{\partial^2 f}{\partial x_i \partial x_k} = \frac{\partial}{\partial x_i}\left(\frac{\partial f}{\partial x_k}\right)$.

- Sind die zweiten Ableitungsfunktionen $\frac{\partial^2 f}{\partial x_i \partial x_k}$ und $\frac{\partial^2 f}{\partial x_k \partial x_i}$ in einer Umgebung U eines Punktes $\vec{x}^{\,0}$ stetig, so heißt f an $\vec{x}^{\,0}$ zweimal stetig differenzierbar. Schreibweise: $f \in C^2(U)$.

- Für $f \in C^2(U)$ sind die zweiten Ableitungen vertauschbar, d.h. es gilt nach dem Satz von SCHWARZ:
$$\frac{\partial^2 f}{\partial x_i \partial x_k} = \frac{\partial^2 f}{\partial x_k \partial x_i} \, .$$

- Die Matrix der zweiten Ableitungen einer differenzierbaren reellwertigen Funktion mehrerer reeller Variablen $\left(\frac{\partial^2 f}{\partial x_i \partial x_k}\right)$ heißt HESSE-Matrix $H(\vec{x})$. Sie ist symmetrisch, falls f zweimal stetig differenzierbar ist.

1.1.2 Musterbeispiele

1. Untersuchen Sie die Funktion $f : \mathbb{R}^2 \to \mathbb{R}$ mit $f(x,y) = \dfrac{x+y}{1+x^2+y^2}$ auf Stetigkeit.

   Lösung:
   Nachdem sowohl die Zählerfunktion $f_1(x,y) := x + y$ als auch die Nennerfunktion $f_2(x,y) := 1 + x^2 + y^2$ in ganz $\mathbb{R}^2$ stetig sind und $f_2(x,y) \neq 0$ in ganz $\mathbb{R}^2$ ist, folgt: $f(x,y)$ ist in ganz $\mathbb{R}^2$ stetig.

2. Untersuchen Sie die Funktion $f : \mathbb{R}^2 \to \mathbb{R}$ mit $f(x,y) = \dfrac{x^2+y^2}{3+xy}$ auf Stetigkeit.

   Lösung:
   Nachdem sowohl die Zählerfunktion $f_1(x,y) := x^2 + y^2$ als auch die Nennerfunktion $f_2(x,y) := 3 + xy$ in ganz $\mathbb{R}^2$ stetig sind aber $f_2(x,y) = 0$ auf der Hyperbel $y = -\dfrac{3}{x}$ ist, folgt: $f(x,y)$ ist in ganz $\mathbb{R}^2 \setminus \{3 + xy = 0\}$ stetig.

3. Untersuchen Sie, ob die Funktion
$$f(x,y) = \begin{cases} \dfrac{xy - x^2 + y^2}{\sqrt{x^2+y^2}} & \text{für} \quad (x,y) \neq (0,0) \\ 0 & \text{für} \quad (x,y) = (0,0) \end{cases}$$
   im Ursprung stetig ist.

   Lösung:
   Nach Definition ist f an $(0,0)$ stetig, falls zu jedem $\varepsilon > 0$ ein $\delta_\varepsilon > 0$ gewählt werden kann, so dass für alle (x,y) mit $\sqrt{x^2+y^2} < \delta_\varepsilon$ folgt: $|f(x,y) - f(0,0)| < \varepsilon$.
$$|f(x,y) - f(0,0)| = \frac{|xy - x^2 + y^2|}{\sqrt{x^2+y^2}} \leq \frac{|x||y| + |x|^2 + |y|^2}{\sqrt{x^2+y^2}} \leq$$
$$\leq \frac{\sqrt{x^2+y^2}\sqrt{x^2+y^2} + \left(\sqrt{x^2+y^2}\right)^2 + \left(\sqrt{x^2+y^2}\right)^2}{\sqrt{x^2+y^2}} = 3\sqrt{x^2+y^2} < 3\delta_\varepsilon \overset{!}{\leq} \varepsilon$$
   Die letzte Ungleichung ist erfüllt, wenn wir $\delta_\varepsilon = \dfrac{\varepsilon}{3}$ wählen. Somit ist die Funktion im Ursprung stetig.

4. Zeigen Sie, dass die Funktion $f(x,y) = \dfrac{2xy}{x^2+y^2}$ in $G = \mathbb{R}^2 \setminus \{(0,0)\}$ stetig ist. Untersuchen Sie ferner, welche Richtungsgrenzwerte f an $(0,0)$ annehmen kann.

Lösung:
In G sind Zähler- und Nennerfunktion stetig und letztere ist dort nicht Null. Daher ist f auf G stetig.
Auf der y-Achse ist f Null und besitzt daher dort den Richtungsgrenzwert Null. Für jede andere Annäherung setzen wir $y = kx$ und erhalten:

$$\lim_{x\to 0} f(x, kx) = \lim_{x\to 0} \frac{2kx^2}{x^2 + k^2x^2} = \frac{2k}{1+k^2} .$$

Die Funktion $h(k) := \dfrac{2k}{1+k^2}$ besitzt bei $k = \pm 1$ absolute Extrema und es gilt: $h(-1) = -1$ und $h(1) = 1$. Daher kann f an $(0,0)$ jeden Wert $g \in [-1, 1]$ als Richtungsgrenzwert besitzen.

5. Untersuchen Sie die Funktion

$$f(x,y) = \begin{cases} \dfrac{xy^2}{x^2+y^4} & \text{falls } (x,y) \neq (0,0) \\ 0 & \text{falls } (x,y) = (0,0) \end{cases}$$

auf Richtungsstetigkeit und auf Stetigkeit.

Lösung:
$f(x,y)$ ist auf $\mathbb{R}^2 \setminus \{(0,0)\}$ sicher stetig und damit auch richtungsstetig.
Untersuchung auf Richtungsstetigkeit im Ursprung $\vec{x}^{\,0} = (0,0)$ in Richtung $\vec{a}$:
$f(\vec{x}^{\,0} + h\vec{a}) = \dfrac{ha_1\, h^2a_2^2}{h^2a_1^2 + h^4a_2^4} = \dfrac{a_1a_2h}{a_1^2 + h^2a_2^4}$, woraus folgt: $\lim\limits_{h\to 0} f(\vec{x}^{\,0} + h\vec{a}) = 0$ in jeder Richtung $\vec{a}$.
Untersuchung auf Stetigkeit mittels des Folgenkriteriums:
Betrachten wir nun aber eine Annäherung auf der gegen $(0,0)$ konvergenten Folge $(x_n, y_n) = (\frac{1}{n^2}, \frac{1}{n})$, so erhalten wir:

$$f(x_n, y_n) = \frac{\frac{1}{n^2}\cdot\frac{1}{n^2}}{\frac{1}{n^4} + \frac{1}{n^4}} = \frac{1}{2} \quad \text{d.h.} \quad \lim_{n\to\infty} f(x_n, y_n) = \frac{1}{2} \neq 0 .$$

Somit ist die betrachtete Funktion im Ursprung zwar richtungsstetig in jeder Richtung $\vec{a}$ (sogar mit demselben Grenzwert), letztlich aber doch unstetig.

6. Untersuchen Sie die Funktion $f : \mathbb{R}^3 \to \mathbb{R}$ mit $f(x,y,z) = \dfrac{x-y^2}{1+z^2}$ auf Differenzierbarkeit. Bestimmen Sie ferner alle partiellen Ableitungen bis zur zweiten Ordnung.

Lösung:
Nachdem sowohl die Zählerfunktion $f_1(x,y,z) := x - y^2$ als auch die Nennerfunktion $f_2(x,y,z) := 1 + z^2$ in ganz $\mathbb{R}^3$ differenzierbar sind und $f_2(x,y,z) \neq 0$ in ganz $\mathbb{R}^3$ ist, folgt: $f(x,y,z)$ ist in ganz $\mathbb{R}^3$ differenzierbar.

$$\frac{\partial f}{\partial x} = \frac{1}{1+z^2}\,, \quad \frac{\partial f}{\partial y} = \frac{-2y}{1+z^2}\,, \quad \frac{\partial f}{\partial z} = -\frac{(x-y^2)2z}{(1+z^2)^2}\,, \quad \frac{\partial^2 f}{\partial x^2} = 0\,, \quad \frac{\partial^2 f}{\partial y^2} = \frac{-2}{1+z^2}\,,$$

$$\frac{\partial^2 f}{\partial z^2} = -\frac{2(x-y^2)(1+z^2)^2 - (x-y^2)2z4z(1+z^2)}{(1+z^2)^4} = \frac{2(x-y^2)(3z^2-1)}{(1+z^2)^3}\,,$$

$$\frac{\partial^2 f}{\partial x \partial y} = 0 = \frac{\partial^2 f}{\partial y \partial x}\,, \quad \frac{\partial^2 f}{\partial x \partial z} = -\frac{2z}{(1+z^2)^2} = \frac{\partial^2 f}{\partial z \partial x}\,, \quad \frac{\partial^2 f}{\partial y \partial z} = \frac{4yz}{(1+z^2)^2} = \frac{\partial^2 f}{\partial z \partial y} .$$

7. Untersuchen Sie die folgende Funktion auf Differenzierbarkeit:

$$f(x,y) = \begin{cases} \dfrac{xy^2+y^3}{x^2+y^2} & \text{für } (x,y) \neq (0,0) \\ 0 & \text{für } (x,y) = (0,0) \end{cases} .$$

Lösung:
$f(x,y)$ ist auf $\mathbb{R}^2 \setminus \{(0,0)\}$ als Quotient zweier differenzierbarer Funktionen differenzierbar.
Damit $f(x,y)$ im Ursprung differenzierbar ist, muss $f(x,y)$ dort jedenfalls partiell differenzierbar sein. Es gilt:

$$f_x(0,0) = \lim_{x\to 0} \frac{f(x,0)-f(0,0)}{x-0} = \lim_{x\to 0} \frac{0}{x} = 0 \text{ und}$$

$$f_y(0,0) = \lim_{y\to 0} \frac{f(0,y)-f(0,0)}{y-0} = \lim_{y\to 0} \frac{y}{y} = 1.$$

Angenommen, $f(x,y)$ ist im Ursprung differenzierbar.
Dann folgt aus $f(x,y) = f(0,0)+f_x(0,0)x+f_y(0,0)y+\sqrt{x^2+y^2}f_0(x,y)$ für $f_0(x,y)$:

$$f_0(x,y) = \frac{1}{\sqrt{x^2+y^2}}\left(\frac{xy^2+y^3}{x^2+y^2} - y\right) = \cdots = \frac{xy(y-x)}{(x^2+y^2)^{3/2}} .$$

Annäherung längs der y-Achse liefert: $\lim\limits_{y\to 0} f_0(0,y) = \lim\limits_{y\to 0} \dfrac{0}{y^3} = 0$. Annäherung längs der Geraden $y=-x$ liefert hingegen: $\lim\limits_{x\to 0} f_0(x,-x) = \lim\limits_{y\to 0} \dfrac{2x^3}{2\sqrt{2}\,x^3} = \dfrac{1}{\sqrt{2}} \neq 0$.
Damit ist aber $f(x,y)$ im Ursprung nicht differenzierbar.

8. Untersuchen Sie die Funktion

$$f(x,y) = \begin{cases} \dfrac{x^2\sin y + y^2 \sin x}{\sqrt{x^2+y^2}} & \text{für } (x,y) \neq (0,0) \\ 0 & \text{für } (x,y) = (0,0) \end{cases}$$

auf Differenzierbarkeit.

Lösung:
$f(x,y)$ ist auf $\mathbb{R}^2 \setminus \{(0,0)\}$ als Quotient zweier differenzierbarer Funktionen differenzierbar.
Zum Nachweis der Differenzierbarkeit im Ursprung benötigen wir dort die partiellen Ableitungen. Es gilt:

$$f_x(0,0) = \lim_{x\to 0} \frac{f(x,0)-f(0,0)}{x-0} = \lim_{x\to 0} \frac{0}{x} = 0 \text{ und}$$

$$f_y(0,0) = \lim_{y\to 0} \frac{f(0,y)-f(0,0)}{y-0} = \lim_{0\to 0} \frac{y}{y} = 0.$$

Damit erhalten wir: $f_0(x,y) = \dfrac{x^2\sin y + y^2\sin x}{x^2+y^2}$ und daraus mit den Ungleichungen $|\sin x| \leq |x|$ und $|\sin y| \leq |y|$:

$$|f_0(x,y)| \leq \underbrace{\frac{x^2}{x^2+y^2}}_{\leq 1}|y| + \underbrace{\frac{y^2}{x^2+y^2}}_{\leq 1}|x| \leq (|x|+|y|) \leq 2\sqrt{x^2+y^2} \to 0 \text{ für } (x,y) \to (0,0) .$$

Damit ist aber $f(x,y)$ auch im Ursprung differenzierbar.

9. Gegeben ist die vektorwertige Funktion $\vec{f}: \mathbb{R}^2 \to \mathbb{R}^2$ mit $\vec{f}(x,y) = (x - xy, xy)^T$. Zeigen Sie, dass $\vec{f}(x,y)$ auf ganz $\mathbb{R}^2$ differenzierbar ist und bestimmen Sie:
   a) die Ableitung $\vec{f}\,'(\vec{x})$,
   b) die affine Approximation $\vec{f}^*(\vec{x}) = \vec{f}(\vec{x}^{\,0}) + \vec{f}\,'(\vec{x}^{\,0})(\vec{x} - \vec{x}^{\,0})$ von $\vec{f}$ bei $\vec{x}^{\,0} = (1,1)^T$.

   Prüfen Sie direkt nach, dass $\lim\limits_{\vec{x}\to\vec{x}^{\,0}} \vec{f}_0(\vec{x}) = \lim\limits_{\vec{x}\to\vec{x}^{\,0}} \dfrac{\vec{f}(\vec{x}) - \vec{f}^*(\vec{x})}{\|\vec{x} - \vec{x}^{\,0}\|} = \vec{0}$.

   Lösung:
   Die Komponentenfunktionen $f_1(x,y) = x - xy$ und $f_2(x,y) = xy$ sind auf ganz $\mathbb{R}^2$ differenzierbar und damit auch $\vec{f}(x,y)$.

   a) $\vec{f}\,'(\vec{x}) = \begin{pmatrix} \frac{\partial f_1}{\partial x} & \frac{\partial f_1}{\partial y} \\ \frac{\partial f_2}{\partial x} & \frac{\partial f_2}{\partial y} \end{pmatrix} = \begin{pmatrix} 1-y & -x \\ y & x \end{pmatrix}$.

   b) $$\vec{f}^*(x,y) = \vec{f}(1,1) + \vec{f}\,'(\vec{x}^{\,0})(\vec{x} - \vec{x}^{\,0}) = \begin{pmatrix} 0 \\ 1 \end{pmatrix} + \begin{pmatrix} 0 & -1 \\ 1 & 1 \end{pmatrix}\begin{pmatrix} x-1 \\ y-1 \end{pmatrix} = \begin{pmatrix} -y+1 \\ x+y-1 \end{pmatrix}.$$

   $$\vec{g}(\vec{x}) := \vec{f}(\vec{x}) - \vec{f}^*(\vec{x}) = \begin{pmatrix} x - xy \\ xy \end{pmatrix} - \begin{pmatrix} -y+1 \\ x+y-1 \end{pmatrix} = \cdots = \begin{pmatrix} -(x-1)(y-1) \\ (x-1)(y-1) \end{pmatrix}.$$

   Damit folgt:

   $$\vec{f}_0(\vec{x}) = \frac{\vec{g}(\vec{x})}{\|\vec{x} - \vec{x}^{\,0}\|} = \frac{1}{\sqrt{(x-1)^2 + (y-1)^2}} \begin{pmatrix} -(x-1)(y-1) \\ (x-1)(y-1) \end{pmatrix}.$$

   Mit $x - 1 = r\cos\varphi$ und $y - 1 = r\sin\varphi$ erhalten wir dann:

   $$\lim_{\vec{x}\to\vec{x}^{\,0}} \vec{f}_0(\vec{x}) = \lim_{r\to 0} \begin{pmatrix} -r\sin\varphi\cos\varphi \\ r\sin\varphi\cos\varphi \end{pmatrix} = \vec{0}.$$

1.1.3 Beispiele mit Lösungen

1. Untersuchen Sie, ob die Funktion $f(x,y) = \dfrac{3x^2 + 2y}{x(1+y)}$ in der Kreisscheibe $x^2 + y^2 < 1$ stetig ist.

   Lösung: Nein.

2. Gegeben ist die Funktion

   $$f(x,y) = \begin{cases} \dfrac{xy + y^2}{|x| + |y|} & \text{für } (x,y) \neq (0,0) \\ 0 & \text{für } (x,y) = (0,0) \end{cases}.$$

   Untersuchen Sie, ob $f(x,y)$ an $(0,0)$ stetig ist und welche partiellen Ableitungen erster Ordnung im Ursprung existieren.
   Lösung: Stetig an $(0,0)$, $f_x(0,0)$ existiert, $f_y(0,0)$ existiert nicht.

3. Untersuchen Sie die folgende Funktion auf Richtungsstetigkeit sowie auf Stetigkeit:

$$f(x,y) = \begin{cases} \dfrac{x^3y^2 + x^2y^3}{x^4 + y^6} & \text{für } (x,y) \neq (0,0) \\ 0 & \text{für } (x,y) = (0,0) \end{cases} .$$

Lösung: Richtungsstetig in $\mathbb{R}^2$, stetig nur in $\mathbb{R}^2 \setminus \{(0,0)\}$.

4. Untersuchen Sie die folgende Funktion auf Differenzierbarkeit:

$$f(x,y) = \begin{cases} \frac{(x^2+y^2)^2}{\sin\sqrt{x^2+y^2}} & \text{für } (x,y) \neq (0,0) \\ 0 & \text{für } (x,y) = (0,0) \end{cases} .$$

Lösung: Differenzierbar in $\mathbb{R}^2$.

5. Zeigen Sie, dass die Funktion $f(x,y,z) = \dfrac{x}{1+z} - y^2 + xyz$ im Punkt $P(1,1,0)$ differenzierbar ist und berechnen Sie dort den Gradienten.

Lösung: $\operatorname{grad} f(1,1,0) = (1,-2,0)^T$.

6. Berechnen Sie die JACOBI-Matrix der Vektorfunktion $\vec{f}(x,y,z) = \begin{pmatrix} x\cosh y \\ x\sinh y \\ z \end{pmatrix}$.

Lösung: $J_{\vec{f}}(x,y,z) = \begin{pmatrix} \cosh y & x\sinh y & 0 \\ \sinh y & x\cosh y & 0 \\ 0 & 0 & 1 \end{pmatrix}$.

7. Gegeben ist die Funktion $f: \mathbb{R}^2 \to \mathbb{R}$ mit $f(x,y) = x^y + y^x$. Ermitteln Sie $f_x(x,y)$ und $f_x(x,y)$. Wo existieren diese? Zeigen Sie ferner, dass im ersten Quadranten gilt: $f_{xy} = f_{yx}$.
Lösung: $f_x(x,y) = yx^{y-1} + y^x \ln y, \quad f_y(x,y) = x^y \ln x + xy^{x-1}$.
Sie existieren für $x > 0$ und $y > 0$, d.h. im ersten Quadranten.

1.2 Richtungsableitung, Tangentialebene

1.2.1 Grundlagen

- Sei $\vec{a}$ ein normierter Vektor. Eine Funktion $f : \mathbb{R}^n \to \mathbb{R}$ heißt an einem inneren Punkt $\vec{x}^{\,0} \in D(f)$ in Richtung $\vec{a}$ differenzierbar, wenn der Grenzwert

$$\lim_{h\to 0} \frac{f(\vec{x}^{\,0} + h\vec{a}) - f(\vec{x}^{\,0})}{h}$$

existiert. Er heißt Richtungsableitung von f an der Stelle $\vec{x}^{\,0}$ in Richtung $\vec{a}$.
Schreibweise: $\dfrac{\partial f}{\partial \vec{a}}(\vec{x}^{\,0})$.

- Für eine differenzierbare Funktion f kann die Richtungsableitung als Projektion des Gradienten von f auf die Richtung $\vec{a}$ dargestellt werden:

$$\frac{\partial f}{\partial \vec{a}}(\vec{x}^{\,0}) = \big(\mathrm{grad} f(\vec{x}^{\,0}), \vec{a}\big) \ .$$

Damit gibt der Gradient die Richtung der maximalen Änderung von f an.

- Für eine differenzierbare Funktion $f : \mathbb{R}^2 \to \mathbb{R}$ wird durch die lineare Approximation

$$f^*(x, y) = f(x_0, y_0) + f_x(x_0, y_0)(x - x_0) + f_y(x_0, y_0)(y - y_0)$$

die Tangentialebene definiert:

$$f_x(x_0, y_0)(x - x_0) + f_y(x_0, y_0)(y - y_0) - \big(z - f(x_0, y_0)\big) = 0 \ .$$

Ihr Normalenvektor $\vec{n}$ und damit der Normalenvektor an den Graphen von f im Punkt $P\big(x_0, y_0, f(x_0, y_0)\big)$ ist dann $\vec{n} = \big(f_x(x_0, y_0), f_y(x_0, y_0), -1\big)^T$.

- Für eine differenzierbare Funktion $F : \mathbb{R}^3 \to \mathbb{R}$ ist durch $F(x, y, z) = C$ eine Fläche im $\mathbb{R}^3$ definiert. Der Normalenvektor $\vec{n}$ an diese Fläche im Punkt $P(x_0, y_0, z_0)$ mit $F(x_0, y_0, z_0) = C$ ist durch

$$\vec{n} = \mathrm{grad} F(x_0, y_0, z_0) = \big(F_x(x_0, y_0, z_0), F_y(x_0, y_0, z_0), F_z(x_0, y_0, z_0)\big)^T$$

gegeben.

1.2.2 Musterbeispiele

1. Bestimmen Sie die Richtungsableitung der Funktion $f(x, y) = \cos(xy) - \sin(x + y)$ im Ursprung in Richtung der ersten Mediane.
Lösung:
$\mathrm{grad} f(x, y) = \big(-y\sin(xy) - \cos(x + y), -x\sin(xy) - \cos(x + y)\big)^T$,
$\Longrightarrow \mathrm{grad} f(0, 0) = (-1, -1)^T$. Mit $\vec{a} = \left(\dfrac{1}{\sqrt{2}}, \dfrac{1}{\sqrt{2}}\right)^T$ folgt dann: $\dfrac{\partial f}{\partial \vec{a}}(0, 0) = -\sqrt{2}$.

2. Bestimmen Sie die Richtungsableitung von $f(x,y,z) = x^3yz^2 + e^{2x}$ in Richtung des Vektors $\vec{a}\,' = (1,1,1)^T$ im Punkt $P(0,3,2)$. Bestimmen Sie weiters die maximale Änderungsrate von f in P.
Lösung:
$\operatorname{grad} f(x,y,z) = \left(3x^2yz^2 + 2e^{2x}, x^3z^2, 2x^3yz\right)^T \Longrightarrow \operatorname{grad} f(0,3,2) = \left(2,0,0\right)^T$.
Mit $\vec{a} = \dfrac{1}{\sqrt{3}}(1,1,1)^T$ folgt dann: $\dfrac{\partial f}{\partial \vec{a}}(0,3,2) = \dfrac{2}{\sqrt{3}}$. Die maximale Änderung von f tritt in Richtung des Gradienten $\vec{c}$ auf. $\Longrightarrow \dfrac{\partial f}{\partial \vec{c}}(0,3,2) = \|\operatorname{grad} f(0,3,2)\| = 2$.

3. Bestimmen Sie die Tangentialebene an die Fläche $z = x^2 - y - xe^y$ an der Stelle $(x,y) = (1,0)$.
Lösung:
Mit $z_x = 2x - e^y$ und $z_y = -1 - xe^y$ folgt: $z_x(1,0) = 1$ und $z_y(1,0) = -2$ und mit $z(1,0) = 0$ folgt: $z = 0 + 1(x-1) - 2(y-0)$ bzw. $\underline{x - 2y - z = 1}$.

4. Gegeben ist die Funktion $f:\ \mathbb{R}^2 \to \mathbb{R}$:
$$f(x,y) = \frac{2x+y}{1+xy}\,, \quad 1 + xy \neq 0\,.$$
a) Bestimmen Sie die Richtungsableitung von f im Punkt $P(1,1)$ in Richtung $\vec{a} = \dfrac{1}{\sqrt{2}}\begin{pmatrix}1\\1\end{pmatrix}$.
b) Bestimmen Sie die Tangentialebene in $(P, f(P))$.
Lösung:
a) $\operatorname{grad} f(x,y) = \left(\dfrac{2(1+xy) - y(2x+y)}{(1+xy)^2}, \dfrac{1+xy-x(2x+y)}{(1+xy)^2}\right)^T$ bzw.
$$\operatorname{grad} f(1,1) = \left(\frac{1}{4}, -\frac{1}{4}\right)^T \Longrightarrow \frac{\partial f}{\partial \vec{a}}(1,1) = \operatorname{grad} f(1,1)\cdot\vec{a} = 0.$$
b) $z = f(1,1) + f_x(1-1)(x-1) + f_y(1,1)(y-1) = \dfrac{3}{2} + \dfrac{1}{4}(x-1) - \dfrac{1}{4}(y-1)$, bzw: $-x + y + 4z = 6$.

5. Bestimmen Sie an der Stelle $(x_0, y_0) = (0,1)$ die Tangentialebene an den Graphen der Funktion
$$f(x,y) = \frac{x}{1+y} - 5y^2 - \ln(1+x)\,.$$
Lösung:
Aus $f_x(x,y) = \dfrac{1}{1+y} - \dfrac{1}{1+x}$ und $f_y(x,y) = -\dfrac{x}{(1+y)^2} - 10y$ folgt:
$f_x(0,1) = -\dfrac{1}{2}$ und $f_y(0,1) = -10$. Mit $f(0,1) = -5$ ergibt sich für die Tangentialebene: $z = -5 - \dfrac{1}{2}x - 10(y-1)$ bzw: $\underline{x + 20y + 2z = 10}$.

6. Gegeben ist die Fläche $\sqrt{x} + \sqrt{y} + \sqrt{z} = 1$. Legen Sie in einem beliebigen Punkt P der Fläche die Tangentialebene, bringen Sie sie mit den Koordinatenachsen zum Schnitt und bestimmen Sie die Summe der Abstände dieser Schnittpunkte vom Ursprung.

Lösung:
Aus $F(x,y,z) := \sqrt{x} + \sqrt{y} + \sqrt{z} - 1 = 0$ folgt für den (nicht normierten) Normalenvektor: $\vec{n} = \text{grad}F(x,y,z) = \left(\frac{1}{2\sqrt{x}}, \frac{1}{2\sqrt{x}}, \frac{1}{2\sqrt{z}}\right)^T$. Die Tangentialebene im Punkt $P(x_0,y_0,z_0)$ ist dann eine Ebene der Form $\frac{x}{\sqrt{x_0}} + \frac{y}{\sqrt{x_0}} + \frac{z}{\sqrt{z_0}} = d$. Da der Punkt $P(x_0,y_0,z_0)$ sowohl auf der Fläche als auch auf der Tangentialebene liegt, folgt wegen $\sqrt{x_0} + \sqrt{y_0} + \sqrt{z_0} = d$ letztlich $d = 1$. Die Ebene $\frac{x}{\sqrt{x_0}} + \frac{y}{\sqrt{x_0}} + \frac{z}{\sqrt{z_0}} = 1$ schneidet die x-Achse (dort ist $y = z = 0$) in $x_s = \sqrt{x_0}$. Analog folgt: $y_s = \sqrt{y_0}$ und $z_s = \sqrt{z_0}$. Damit erhalten wir für die Summe der Achsabschnitte:

$$x_s + y_s + z_s = \sqrt{x_0} + \sqrt{y_0} + \sqrt{z_0} = 1 \; .$$

7. Legen Sie an die Fläche $3x^2 + 2y^2 + z^2 = 5$ eine Tangentialebene derart, dass sie von den positiven Koordinatenachsen gleichlange Strecken abschneidet. Wie groß ist das Volumen einer Kugel, deren Mittelpunkt im Ursprung liegt und die diese Tangentialebene berührt.

Lösung:
Aus $F(x,y,z) := 3x^2 + 2y^2 + z^2 - 5 = 0$ folgt für den (nicht normierten) Normalenvektor: $\vec{n} = \text{grad}F(x,y,z) = (6x, 4y, 2z)^T$ und für die Tangentialebene in einem Punkt $P(x_0,y_0,z_0)$: $6x_0x + 4y_0y + 2z_0z = d = 10$. Da die Achsabschnitte gleich groß sein sollen, muss auch gelten: $x + y + z = q$. Das ist nur möglich, wenn gilt: $6x_0 = 4y_0 = 2z_0$, d.h. $z_0 = 3x_0$ und $y_0 = \frac{3}{2}x_0$. Dann ist die Tangentialebene durch $3x_0(x+y+z) = 5$ gegeben. Der Berührpunkt P liegt auf der Fläche: $3x_0^2 + 2y_0^2 + z_0^2 = 5$ bzw. $x_0^2\left(3 + 2\frac{9}{4} + 9\right) = 5$, woraus folgt: $x_0 = \sqrt{\frac{10}{33}}$, $y_0 = \sqrt{\frac{15}{22}}$ und $z_0 = \sqrt{\frac{30}{11}}$.
Die Tangentialebene ist dann: $x + y + z = \frac{5}{3}\sqrt{\frac{33}{10}} = d'$. Sie hat vom Ursprung den Abstand $\Delta = \frac{d'}{\|\vec{n}\|} = \cdots = \sqrt{\frac{55}{18}}$. Dies ist auch der gesuchte Kugelradius. Das Kugelvolumen ist dann: $V = \frac{4\pi}{3}\left(\frac{55}{18}\right)^{3/2}$.

8. Legen Sie durch die Punkte $A\left(0,0,\frac{34}{3}\right)$ und $B(2,16,0)$ Tangentialebenen an das Ellipsoid

$$3x^2 + 2y^2 + z^2 = 102$$

und bestimmen Sie die Berührpunkte.

Lösung:
Für die Tangentialebene durch einen beliebigen Punkt $P(x_0,y_0,z_0)$ des Ellipsoids folgt analog zum vorherigen Beispiel: $3x_0x + 2y_0y + z_0z = 102$.
Einsetzen von A liefert: $\frac{34}{3}z_0 = 102 \Longrightarrow z_0 = 9$.
Einsetzen von B liefert: $6x_0 + 32y_0 = 102 \Longrightarrow x_0 = 17 - \frac{16}{3}y_0$.

$P(x_0, y_0, z_0)$ soll auf dem Ellipsoid liegen: $3\left(17 - \frac{16}{3}y_0\right)^2 + 2y_0^2 + 81 = 102$. Daraus folgt: $y_0^2 - \frac{816}{131}y_0 + \frac{1269}{131} = 0$ mit den beiden Lösungen: $y_0^{(1)} = \frac{423}{131}$ und $y_0^{(2)} = 3$. Das liefert weiter: $x_0^{(1)} = -\frac{29}{131}$ und $x_0^{(2)} = 1$. Es gibt daher zwei Lösungen:

$P^{(1)}\left(-\frac{29}{131}, \frac{423}{131}, 9\right)$ mit der Tangentialebene $TE^{(1)}: \ -\frac{87}{131}x + \frac{846}{131}y + 9z = 102$ und $P^{(2)}(1,3,9)$ mit der Tangentialebene $TE^{(2)}: \ 3x + 6y + 9z = 102$.

9. Bestimmen Sie alle Tangentialebenen an das Ellipsoid $x^2 + 2y^2 + 3z^2 = 6$, die die Gerade

$$g: \quad \vec{x} = (1+t)\vec{e}_1 + (2-t)\vec{e}_2 + (3+t)\vec{e}_3$$

enthalten. In welchem Punkt berühren sie das Ellipsoid?

Lösung:
Für die Tangentialebene durch einen beliebigen Punkt $P(x_0, y_0, z_0)$ des Ellipsoids folgt: $x_0x + 2y_0y + 3z_0z = 6$. Sie soll die Gerade g enthalten. Dann muss gelten: $x_0(1+t) + 2y_0(2-t) + 3z_0(3+t) = 6$ bzw. $(x_0 + 4y_0 + 9z_0 - 6) + t(x_0 - 2y_0 + 3z_0) = 0$ für alle $t \in \mathbb{R}$. Das liefert das Gleichungssystem $x_0 + 4y_0 + 9z_0 = 6$ und $x_0 - 2y_0 + 3z_0 = 0$, mit den Lösungen $x_0 = 2 - 5z_0$ und $y_0 = 1 - z_0$. Da $P(x_0, y_0, z_0)$ auf dem Ellipsoid liegt, folgt: $(2-5z_0)^2 + 2(1-z_0)^2 + 3z_0^2 = 6$, bzw. $30z_0^2 - 24z_0 = 0$ mit den Wurzeln $z_0^{(1)} = 0$ und $z_0^{(2)} = \frac{4}{5}$.
Weiters erhalten wir dann: $x_0^{(1)} = 2$, $x_0^{(2)} = -2$, $y_0^{(1)} = 1$ und $y_0^{(2)} = \frac{1}{5}$. Das ergibt die zwei Lösungen: $P^{(1)}(2,1,0)$ mit der Tangentialebene $TE^{(1)}: \ x + y = 3$ und $P^{(2)}\left(-2, \frac{1}{5}, \frac{4}{5}\right)$ mit der Tangentialebene $TE^{(2)}: \ -10x + 2y + 12z = 30$.

10. Bestimmen Sie jene Ebenen, die das Ellipsoid

$$2x^2 + y^2 + 3z^2 = \frac{15}{8}$$

berühren und auf der Geraden $\vec{x} = t\vec{e}_1 + (2t-1)\vec{e}_2 + (3t+1)\vec{e}_3$ senkrecht stehen.

Lösung:
Für die Tangentialebene durch einen beliebigen Punkt $P(x_0, y_0, z_0)$ des Ellipsoids folgt: $2x_0x + y_0y + 3z_0z = \frac{15}{8}$. Ihr Normalenvektor $\vec{n} = (2x_0, y_0, 3z_0)^T$ muss parallel zum Richtungsvektor $\vec{g} = (1,2,3)^T$ der Geraden g sein, d.h. $2x_0 = \lambda$, $y_0 = 2\lambda$ und $3z_0 = 3\lambda$ bzw. $y_0 = 4x_0$ und $z_0 = 2x_0$. $P(x_0, y_0, z_0)$ liegt auf dem Ellipsoid, d.h. $2x_0^2 + y_0^2 + 3z_0^2 = \frac{15}{8}$ bzw. $x_0^2(2 + 16 + 12) = \frac{15}{8}$.
Das liefert die zwei Lösungen $x_0^{(1/2)} = \pm\frac{1}{4}$ und weiters: $y_0^{(1/2)} = \pm 1$ und $z_0^{(1/2)} = \pm\frac{1}{2}$.
Die gesuchten Tangentialebenen sind dann:

$$E_1: \ 4x + 8y + 12z = 15 \quad \text{und} \quad E_1: \ 4x + 8y + 12z = -15 .$$

11. Gegeben sei die Funktion $F(x,y,z) = (x^2+y^2)z$. Bestimmen Sie:
    a) Jene Fläche $F(x,y,z) = C$, die den Punkt $P\left(1,1,\frac{1}{2}\right)$ enthält,
    b) die Tangentialebene an diese Fläche in P.

    Lösung:
    a) Aus $(x^2+y^2)z = C$ folgt für P: $C = 1$, d.h. $x^2+y^2 = \frac{1}{z}$.

    b) $\operatorname{grad}F(x,y,z) = (2xz, 2yz, x^2+y^2)^T \Longrightarrow \operatorname{grad}F\left(1,1,\frac{1}{2}\right) = (1,1,2)^T$.

    Das ergibt die Tangentialebene an P: $x+y+2z = 3$.

12. In welchem Punkt der Fläche
$$z = x^2 + y^2$$
    ist die Flächennormale parallel zum Vektor $\vec{v} = \begin{pmatrix} 1 \\ 0 \\ 2 \end{pmatrix}$?

    Lösung:
    Die Flächennormale $\vec{n} = \big(z_x(x,y), z_y(x,y), -1\big)^T = (2x, 2y, -1)^T$ soll parallel zum Vektor $\vec{v} = (1,0,2)^T$ sein. Aus $\lambda\vec{n} = \vec{v}$ folgt komponentenweise: $2\lambda x = 1$, $2\lambda y = 0$ und $-\lambda = 2$ mit den Lösungen: $x = -\frac{1}{4}$, $y = 0$, $z = \frac{1}{16}$, d.h. $P\left(-\frac{1}{4}, 0, \frac{1}{16}\right)$.

1.2.3 Beispiele mit Lösungen

1. Bestimmen Sie die Richtungsableitung von $f(x,y) = \dfrac{x^2 + x^2y^4}{y^8}$ in Richtung $\vec{a} = \left(\frac{1}{2}, \frac{\sqrt{3}}{2}\right)^T$ im Punkt $P(1,1)$.
   Lösung: $\dfrac{\partial f}{\partial \vec{a}}(1,1) = 2 - 6\sqrt{3}$.

2. Berechnen Sie Tangentialebene und Normale der jeweiligen Fläche $z = f(x,y)$ im Punkt $P(0,1)$:
$$(a)\;\; f(x,y) = 5x^4 + 3y^4 \;, \qquad (b)\;\; f(x,y) = x^3 - 5xy + \sin(xy) + y^4 \;.$$
   Lösungen:
   (a) $\vec{n} = (0,12,-1)^T$, TE: $12y - z = 9$,
   (b) $\vec{n} = (-4,4,-1)^T$, TE: $4x - 4y + z = -3$.

3. Gegeben ist die Fläche $\cos(xy) + ze^{x-y} = 1$. Bestimmen Sie die Tangentialebene im Punkt $P\left(\sqrt{\pi}, \sqrt{\pi}, 2\right)$.
   Lösung: $2x - 2y + z = 2$.

4. Gegeben ist die Funktion $f:\ \mathbb{R}^2 \to \mathbb{R}$:
$$f(x,y) = \frac{x+2y}{1+xy}\,, \quad 1 + xy \neq 0\;.$$

a) Bestimmen Sie $\dfrac{\partial f}{\partial \vec{a}}(\vec{x}^{\,0})$ mit $\vec{x}^{\,0} = (1,1)^T$ und $\vec{a} = \left(\dfrac{1}{\sqrt{2}}, \dfrac{1}{\sqrt{2}}\right)^T$.

b) In welchen Punkten $(x, y) \in D \subset \mathbb{R}^2$ existieren horizontale Tangentialebenen an den Graphen von f?

Lösung: a) $\dfrac{\partial f}{\partial \vec{a}}(1,1) = 0$,

b) $P_1\left(\sqrt{2}\,, \frac{1}{\sqrt{2}}\right)$, $P_2\left(-\sqrt{2}\,, -\frac{1}{\sqrt{2}}\right)$, $P_3\left(\sqrt{2}\,, -\frac{1}{\sqrt{2}}\right)$, $P_4\left(-\sqrt{2}\,, \frac{1}{\sqrt{2}}\right)$.

5. Bestimmen Sie alle zur xy-Ebene parallellen Tangentialebenen an die Fläche

$$z = x^3 - y^3 + 3xy \; .$$

Lösung: $z_1 = -1$ und $z_2 = 0$.

6. In welchen Punkten der Fläche $xy - z^2 + x = \dfrac{3}{4}$ hat die Flächennormale die Richtung $\vec{a} = \begin{pmatrix} 1 \\ 1 \\ 1 \end{pmatrix}$?

Lösung: $P_1(1, 0, -\frac{1}{2})$, $P_2(-1, -2, \frac{1}{2})$.

7. Gegeben ist die Fläche $z + x^2 - xe^y + 2 = 0$. Bestimmen Sie die Normale sowie die Tangentialebene im Punkt $P(1, 0, -2)$.

Lösung: $\vec{n} = \dfrac{1}{\sqrt{3}}\begin{pmatrix} 1 \\ -1 \\ 1 \end{pmatrix}$, $x - y + z + 1 = 0$.

8. Legen Sie durch die Gerade $z = c\sqrt{3}$, $\dfrac{x}{a} = \dfrac{y}{b}$ eine Ebene, die das Ellipsoid $\dfrac{x^2}{a^2} + \dfrac{y^2}{b^2} + \dfrac{z^2}{c^2} = 1$ berührt.

Lösung: $\dfrac{x}{a} - \dfrac{y}{b} + \dfrac{z}{c} = \sqrt{3}$ bzw. $-\dfrac{x}{a} + \dfrac{y}{b} + \dfrac{z}{c} = \sqrt{3}$.

9. Welchen Winkel bilden die Normalen der Fläche $x^2 + y^2 + z^2 = xy + xz + yz + 1$ mit der Geraden $x = y + 1,\ y = z$?
Bemerkung: Die Gerade liegt ganz in der Fläche.

Lösung: $\alpha = \dfrac{\pi}{2}$.

10. Legen Sie an die Fläche $x^2 + 3y^2 + 5z^2 = \dfrac{23}{15}$ eine Tangentialebene derart, dass sie von den negativen Koordinatenachsen gleich lange Strecken abschneidet.

Lösung: $x + y + z = -\dfrac{23}{15}$.

11. Gegeben ist die Fläche $z = e^{xy}$, $x, y \in \mathbb{R}$. Ermitteln Sie die Tangentialebene an die Fläche im Punkt $P(1, 1, e)$.

Lösung: $ex + ey - z = e$.

1.3 Kettenregel

1.3.1 Grundlagen

Seien $\vec{f}: \mathbb{R}^n \to \mathbb{R}^m$, $\vec{g}: \mathbb{R}^m \to \mathbb{R}^l$ und $\vec{h} := \vec{g} \circ \vec{f}: \mathbb{R}^n \to \mathbb{R}^l$. Ferner sei $\vec{f}$ stetig an einem inneren Punkt $\vec{x}^{\,0} \in D(\vec{f})$. $\vec{y}^{\,0} = f(\vec{x}^{\,0})$ sei ein innerer Punkt von $D(\vec{g})$ und $\vec{g}$ sei an $\vec{y}^{\,0}$ differenzierbar. Dann gilt:

- Existiert $\dfrac{d\vec{f}}{d\vec{x}}(\vec{x}^{\,0})$, so existiert $\vec{h}'(\vec{x}^{\,0}) = \dfrac{d\vec{h}}{d\vec{x}}(\vec{x}^{\,0})$ und es gilt:
$$\frac{d\vec{h}}{d\vec{x}}(\vec{x}^{\,0}) = \frac{d\vec{g}}{d\vec{y}}(\vec{y}^{\,0})\,\frac{d\vec{f}}{d\vec{x}}(\vec{x}^{\,0})\,.$$

- Für die Matrixelemente von $\vec{h}'(\vec{x}^{\,0})$ gilt:
$$\frac{\partial h_i}{\partial x_j}(x^0) = \sum_{k=1}^{m} \frac{\partial g_i}{\partial y_k}(y_0)\,\frac{\partial f_k}{\partial x_j}(x_0)\,.$$

- Ist ferner $\vec{f}$ an $\vec{x}^{\,0}$ differenzierbar, so ist auch $\vec{h}$ an $\vec{x}^{\,0}$ differenzierbar.

1.3.2 Musterbeispiele

1. Bestimmen Sie mit Hilfe der Kettenregel die partiellen Ableitungen der zusammengesetzten Funktion $h(x,y) := (\vec{g} \circ \vec{f})(x,y)$ mit
$\vec{f}: \mathbb{R}^2 \to \mathbb{R}^2$, $\vec{f}(x,y) = \begin{pmatrix} f_1(x,y) \\ f_2(x,y) \end{pmatrix} = \begin{pmatrix} x^2 - y \\ xy \end{pmatrix}$ und
$g: \mathbb{R}^2 \to \mathbb{R}$, $g(f_1, f_2) = f_1^2 + f_1 f_2 + 2f_1^3 + 5f_1 f_2^2 + 1$ im Punkt $(1,1)$.

   Lösung:
$$\frac{\partial h}{\partial x} = \frac{\partial g}{\partial f_1}\frac{\partial f_1}{\partial x} + \frac{\partial g}{\partial f_2}\frac{\partial f_2}{\partial x} = (2f_1 + f_2 + 6f_1^2 + 5f_2^2)2x + (f_1 + 10 f_1 f_2)y\,,$$
$$\frac{\partial h}{\partial y} = \frac{\partial g}{\partial f_1}\frac{\partial f_1}{\partial y} + \frac{\partial g}{\partial f_2}\frac{\partial f_2}{\partial y} = (2f_1 + f_2 + 6f_1^2 + 5f_2^2)(-1) + (f_1 + 10 f_1 f_2)x\,.$$
Für $(x,y) = (1,1)$ gilt: $f_1(1,1) = 0$ und $f_2(1,1) = 1$. Damit folgt:
$\dfrac{\partial h}{\partial x}(1,1) = (0+1+0+5)2 + (0+0)1 = 12$ und
$\dfrac{\partial h}{\partial y}(1,1) = (0+1+0+5)(-1) + (0+0)1 = -6.$

2. Gegeben sind die Abbildungen
$\vec{f}:\ \mathbb{R}^2 \to \mathbb{R}^4$ mit $f_1 = x^2 - y$, $f_2 = 1 + x + y$, $f_3 = xy$, $f_4 = x^2 + y^2$ und
$\vec{g}:\ \mathbb{R}^4 \to \mathbb{R}^3$ mit $g_1 = f_1^2 - f_3^2$, $g_2 = f_2 + f_4$ und $g_3 = f_1^2 + f_4^2$.
Ermitteln Sie die JACOBI-Matrix der Abbildung $\vec{h} = \vec{g} \circ \vec{f}:\ \mathbb{R}^2 \to \mathbb{R}^3$ an der Stelle $(x_0, y_0) = (1, -1)$.

Lösung:

Für die JACOBI-Matrix von $\vec{f}$ erhalten wir:

$$J_{\vec{f}}(x,y)=\begin{pmatrix}\frac{\partial f_1}{\partial x} & \frac{\partial f_1}{\partial y}\\ \frac{\partial f_2}{\partial x} & \frac{\partial f_2}{\partial y}\\ \frac{\partial f_3}{\partial x} & \frac{\partial f_3}{\partial y}\\ \frac{\partial f_4}{\partial x} & \frac{\partial f_4}{\partial y}\end{pmatrix}=\begin{pmatrix}2x & -1\\ 1 & 1\\ y & x\\ 2x & 2y\end{pmatrix}\Longrightarrow J_{\vec{f}}(1,-1)=\begin{pmatrix}2 & -1\\ 1 & 1\\ -1 & 1\\ 2 & -2\end{pmatrix}$$

und für jene von $\vec{g}$:

$$J_{\vec{g}}(f_1,f_2,f_3,f_4)=\begin{pmatrix}\frac{\partial g_1}{\partial f_1} & \frac{\partial g_1}{\partial f_2} & \frac{\partial g_1}{\partial f_3} & \frac{\partial g_1}{\partial f_4}\\ \frac{\partial g_2}{\partial f_1} & \frac{\partial g_2}{\partial f_2} & \frac{\partial g_2}{\partial f_3} & \frac{\partial g_2}{\partial f_4}\\ \frac{\partial g_3}{\partial f_1} & \frac{\partial g_3}{\partial f_2} & \frac{\partial g_3}{\partial f_3} & \frac{\partial g_3}{\partial f_4}\end{pmatrix}=\begin{pmatrix}2f_1 & 0 & -2f_3 & 0\\ 0 & 1 & 0 & 1\\ 2f_1 & 0 & 0 & 2f_4\end{pmatrix}$$

und wegen $f_1(1,-1)=2,\ f_2(1,-1)=1,\ f_3(1,-1)=-1,\ f_4(1,-1)=2$ folgt dann:

$J_{\vec{g}}(2,1,-1,2)=\begin{pmatrix}4 & 0 & 2 & 0\\ 0 & 1 & 0 & 1\\ 4 & 0 & 0 & 4\end{pmatrix}$. Damit erhalten wir letztlich:

$$J_{\vec{h}}(1,-1)=\begin{pmatrix}4 & 0 & 2 & 0\\ 0 & 1 & 0 & 1\\ 4 & 0 & 0 & 4\end{pmatrix}\begin{pmatrix}2 & -1\\ 1 & 1\\ -1 & 1\\ 2 & -2\end{pmatrix}=\begin{pmatrix}6 & -2\\ 3 & -1\\ 16 & -12\end{pmatrix}.$$

3. Sei $z=\dfrac{y}{f(x^2-y^2)}$ und f differenzierbar. Zeigen Sie:

$$\frac{1}{x}\frac{\partial z}{\partial x}+\frac{1}{y}\frac{\partial z}{\partial y}=\frac{z}{y^2}\,.$$

Lösung:

Mit der Substitution $x^2-y^2=u(x,y)$ folgt: $z(x,y)=\dfrac{y}{f\big(u(x,y)\big)}$.

Differentiation unter Verwendung der Quotienten- und der Kettenregel liefert:

$$\frac{\partial z}{\partial x}=-\frac{yf'(u)u_x}{f^2(u)}=-\frac{2xyf'(u)}{f^2(u)}\quad\text{und}\quad\frac{\partial z}{\partial y}=\frac{f(u)-yf'(u)u_y}{f^2(u)}=\frac{f+2y^2f'(u)}{f^2(u)}\,.$$

Das ergibt tatsächlich: $\underline{\dfrac{1}{x}\dfrac{\partial z}{\partial x}+\dfrac{1}{y}\dfrac{\partial z}{\partial y}}=\cdots=\dfrac{1}{yf(u)}=\dfrac{1}{y^2}\dfrac{y}{f(u)}=\underline{\dfrac{z}{y^2}}\,.$

4. Führen Sie in $y\dfrac{\partial z}{\partial x}-x\dfrac{\partial z}{\partial y}=0$ neue unabhängige Variable u,v ein durch $u=xy$, $v=x^2+y^2$.

Lösung:

$z(x,y)$ wird dann zu einer Funktion $w(u,v)$. Mit $z(x,y)=w\big(u(x,y),v(x,y)\big)$ wird unter Verwendung der Kettenregel:

$$\frac{\partial z}{\partial x}=\frac{\partial w}{\partial u}\frac{\partial u}{\partial x}+\frac{\partial w}{\partial v}\frac{\partial v}{\partial x}=y\frac{\partial w}{\partial u}+2x\frac{\partial w}{\partial v}\quad\text{und}$$

$$\frac{\partial z}{\partial y} = \frac{\partial w}{\partial u}\frac{\partial u}{\partial y} + \frac{\partial w}{\partial v}\frac{\partial v}{\partial y} = x\frac{\partial w}{\partial u} + 2y\frac{\partial w}{\partial v}\,. \quad \text{Damit folgt:}$$

$$0 = y\frac{\partial z}{\partial x} - x\frac{\partial z}{\partial y} = y^2\frac{\partial w}{\partial u} + 2xy\frac{\partial w}{\partial v} - x^2\frac{\partial w}{\partial u} - 2xy\frac{\partial w}{\partial v} = (y^2-x^2)\frac{\partial w}{\partial u}, \text{ d.h. } \underline{\frac{\partial w}{\partial u} = 0}\,.$$

5. Transformieren Sie auf Polarkoordinaten: $(x-y)u_x + (x+y)u_y\,, \quad u = u(x,y)$.

Lösung:

Mit Polarkoordinaten $x = r\cos\varphi$, $y = r\sin\varphi$ und $r = \sqrt{x^2+y^2}$, $\varphi = \arctan(y/x)$, sowie $u(x,y) = v(r,\varphi) = v\left(r(x,y),\varphi(x,y)\right)$ folgt unter Verwendung der Kettenregel:

$$(x-y)u_x = (x-y)\left(\frac{\partial v}{\partial r}\frac{\partial r}{\partial x} + \frac{\partial v}{\partial \varphi}\frac{\partial \varphi}{\partial x}\right) = (x-y)\left(\frac{\partial v}{\partial r}\frac{x}{r} + \frac{\partial v}{\partial \varphi}\frac{-y}{r^2}\right) \quad \text{und}$$

$$(x+y)u_y = (x+y)\left(\frac{\partial v}{\partial r}\frac{\partial r}{\partial y} + \frac{\partial v}{\partial \varphi}\frac{\partial \varphi}{\partial y}\right) = (x+y)\left(\frac{\partial v}{\partial r}\frac{y}{r} + \frac{\partial v}{\partial \varphi}\frac{x}{r^2}\right)\text{. Daraus folgt:}$$

$$\underline{(x-y)u_x + (x+y)u_y} = \left(\frac{x^2}{r} - \frac{xy}{r} + \frac{xy}{r} + \frac{y^2}{r}\right)\frac{\partial v}{\partial r} + \left(-\frac{xy}{r^2} + \frac{y^2}{r^2} + \frac{x^2}{r^2} + \frac{xy}{r^2}\right)\frac{\partial v}{\partial \varphi} =$$

$$= \underline{r\frac{\partial v}{\partial r} + \frac{\partial v}{\partial \varphi}}\,.$$

6. Stellen Sie $\Delta u = \dfrac{\partial^2 u}{\partial x^2} + \dfrac{\partial^2 u}{\partial y^2}$ in Polarkoordinaten dar.

Lösung:

Aus $\left\{\begin{array}{l} x = x(r,\varphi) = r\cos\varphi \\ y = y(r,\varphi) = r\sin\varphi \end{array}\right.$ und $\left\{\begin{array}{l} r = r(x,y) = \sqrt{x^2+y^2} \\ \varphi = \varphi(x,y) = \arctan\left(\frac{y}{x}\right) \end{array}\right.$ folgt: $u(x,y) = v(r,\varphi)$.

Daraus

$$u_x = v_r r_x + v_\varphi \varphi_x\,, \qquad u_y = v_r r_y + v_\varphi \varphi_y,$$

$$u_{xx} = (v_r r_x)_x + (v_\varphi \varphi_x)_x = v_{rx} r_x + v_r r_{xx} + v_{\varphi x}\varphi_x + v_\varphi \varphi_{xx} =$$

$$= v_{rr} r_x^2 + 2v_{r\varphi}\varphi_x r_x + v_r r_{xx} + v_{\varphi\varphi}\varphi_x^2 + v_\varphi \varphi_{xx}. \quad \text{Analog erhalten wir:}$$

$$u_{yy} = v_{rr} r_y^2 + 2v_{r\varphi}\varphi_y r_y + v_r r_{yy} + v_{\varphi\varphi}\varphi y^2 + v_\varphi \varphi_{yy}. \quad \text{Somit gilt:}$$

$$\Delta u := u_{xx} + u_{yy} =$$

$$= (r_x^2 + r_y^2)v_{rr} + 2(r_x\varphi_x + r_y\varphi_y)v_{r\varphi} + (\varphi_x^2 + \varphi_y^2)v_{\varphi\varphi} + (r_{xx} + r_{yy})v_r + (\varphi_{xx} + \varphi_{yy})v_\varphi$$

Nun bestimmen wir die partiellen Ableitungen erster und zweiter Ordnung von r und φ nach x und nach y:

$$r_x = \frac{x}{r}, \quad r_y = \frac{y}{r}, \quad r_{xx} = \frac{1}{r} - \frac{x}{r^2}r_x = \frac{1}{r} - \frac{x^2}{r^3}, \quad \text{analog: } r_{yy} = \frac{1}{r} - \frac{y^2}{r^3},$$

$$\varphi_x = \frac{1}{1+(\frac{y}{x})^2}\left(-\frac{y}{x^2}\right) = -\frac{y}{r^2}, \quad \varphi_{xx} = -y\left(-\frac{2}{r^3}r_x\right) = \frac{2xy}{r^4} \quad \text{und analog}$$

$$\varphi_y = \frac{x}{r^2}, \quad \varphi_{yy} = -\frac{2xy}{r^4}.$$

Setzen wir diese Ausdrücke in Δu ein, so erhalten wir:

$$\Delta u = \frac{\partial^2 u}{\partial r^2} + \frac{1}{r}\frac{\partial u}{\partial r} + \frac{1}{r^2}\frac{\partial^2 u}{\partial \varphi^2} = \frac{1}{r}\frac{\partial}{\partial r}\left(r\frac{\partial u}{\partial r}\right) + \frac{1}{r^2}\frac{\partial^2 u}{\partial \varphi^2}\,.$$

1.3.3 Beispiele mit Lösungen

1. Bestimmen Sie unter Verwendung der Kettenregel die JACOBI-Matrix der zusammengesetzten Funktion $\vec{h}(x,y,z) := (\vec{g}\circ\vec{f})(x,y,z)$ mit

   $\vec{f}: \mathbb{R}^3 \to \mathbb{R}^2,\ \vec{f}(x,y,z) = \begin{pmatrix} f_1(x,y,z) \\ f_2(x,y,z) \end{pmatrix} = \begin{pmatrix} (x+y)z \\ xy \end{pmatrix}$ und

   $\vec{g}: \mathbb{R}^2 \to \mathbb{R}^3,\ g_1(f_1,f_2) = f_1 + f_2,\ g_2(f_1,f_2) = f_1 - f_2,\ g_3(f_1,f_2) = f_1 f_2.$

   Lösung: $J_{\vec{h}}(x,y,z) = \begin{pmatrix} z+y & z+x & x+y \\ z-y & z-x & x+y \\ (2x+y)yz & (x+2y)xz & (x+y)xy \end{pmatrix}.$

2. Gegeben sind die Abbildungen
   $\vec{f}: \mathbb{R}^3 \to \mathbb{R}^3$ mit $f_1(x,y,z) = x^2 + yz,\ f_2(x,y,z) = xz,\ f_3(x,y,z) = y^2 + z^2$ und
   $\vec{g}: \mathbb{R}^3 \to \mathbb{R}^2$ mit $g_1(f_1,f_2,f_3) = (f_1+f_2)^2,\ g_2(x,y,z) = f_3^2.$
   Ermitteln Sie die JACOBI-Matrix der Abbildung $\vec{h} = \vec{g}\circ\vec{f}: \mathbb{R}^3 \to \mathbb{R}^2$ an der Stelle $(x_0,y_0,z_0) = (1,1,0)$.

   Lösung: $J_{\vec{h}}(1,1,0) = \begin{pmatrix} 4 & 0 & 4 \\ 0 & 4 & 0 \end{pmatrix}.$

3. Führen Sie in der Gleichung $x\dfrac{\partial z}{\partial x} + y\dfrac{\partial z}{\partial y} = z$ die neuen Variaben u, v ein, wobei $u = u(x,y) = \dfrac{x}{y}$ und $v = v(x,y) = xy$ gelte.

   Lösung: $2v\dfrac{\partial w}{\partial v} = w$, wobei $w(u,v) = z(x,y)$.

4. Transformieren Sie auf Polarkoordinaten: $w = xyu_x + y^2u_y\,,\quad u = u(x,y)$.

   Lösung: $w = r^2 \sin\varphi\, v_r$ mit $v(r,\varphi) = u(x,y)$.

5. Führen Sie in der Gleichung $y\dfrac{\partial z}{\partial x} + x\dfrac{\partial z}{\partial y} = -z$ hyperbolische Polarkoordinaten $x = u\cosh v,\ y = u\sinh v$ ein.

   Lösung: $\dfrac{\partial w}{\partial v} = w$, wobei $w(u,v) = z(x,y)$.

1.4 Mittelwertsatz und Satz von TAYLOR

1.4.1 Grundlagen

- Mittelwertsatz der Differentialrechnung mehrerer reeller Variabler:
Sei $f : \mathbb{R}^n \to \mathbb{R}$ eine stetig differenzierbare Funktion auf einer offenen Teilmenge X der Definitionsmenge $D(f)$. Seien ferner $\vec{x}^{\,1}$ und $\vec{x}^{\,2}$ aus X derart, dass die Verbindungsstrecke von $\vec{x}^{\,1}$ und $\vec{x}^{\,2}$ ganz in X liegt. Dann gibt es ein $\vartheta \in (0,1)$:

$$f(\vec{x}^{\,2}) - f(\vec{x}^{\,1}) = \left(\operatorname{grad} f(\vec{x}^{\,1} + \vartheta(\vec{x}^{\,2} - \vec{x}^{\,1}))\right)(\vec{x}^{\,2} - \vec{x}^{\,1}) \ .$$

- Satz von TAYLOR für Funktionen mehrerer reeller Variabler:
Sei $f : \mathbb{R}^n \to \mathbb{R}$ eine m-mal stetig differenzierbare Funktion auf einer offenen Teilmenge X der Definitionsmenge $D(f)$. Liege die Verbindungsstrecke von $\vec{x}^{\,1}$ und $\vec{x}^{\,2}$ ganz in X. Dann gilt mit $\vec{h} = \vec{x} - \vec{x}^{\,0}$ und $\vartheta \in (0,1)$ geeignet:

$$f(\vec{x}) = f(\vec{x}^{\,0}) + \sum_{k=1}^{m} \frac{\left((\vec{h}\cdot\operatorname{grad})^k f(\vec{x}^{\,0})\right)}{k!} + \frac{\left((\vec{h}\cdot\operatorname{grad})^{m+1} f(\vec{x})\right)_{\vec{x}=\vec{x}^{\,0}+\vartheta\vec{h}}}{(m+1)!} \ .$$

- Speziell für $m = 1$ und $n = 2$ folgt dann mit $\vec{h} = \binom{h}{k}$:

$$f(x_0+h, y_0+k) = f(x_0,y_0) + \left(h\frac{\partial}{\partial x} + k\frac{\partial}{\partial y}\right) f(x_0,y_0) +$$

$$+\frac{1}{2!}\left(h\frac{\partial}{\partial x} + k\frac{\partial}{\partial y}\right)^2 f(x_0+\vartheta h, y_0+\vartheta k) =$$

$$= f(x_0,y_0) + hf_x(x_0,y_0) + kf_y(x_0,y_0) + \frac{1}{2!}\Big(h^2 f_{xx}(x_0+\vartheta h, y_0+\vartheta k) +$$

$$+2hkf_{xy}(x_0+\vartheta h, y_0+\vartheta k) + k^2 f_{yy}(x_0+\vartheta h, y_0+\vartheta k)\Big) \ .$$

1.4.2 Musterbeispiele

1. Entwickeln Sie $f(x,y) = x^3 + xy^2 + y^3$ nach dem TAYLOR'schen Satz um den Punkt $P(1,2)$.
Lösung:
$f(x,y) = f(1,2) + f_x(1,2)(x-1) + f_y(1,2)(y-2) +$
$\quad +\frac{1}{2}\Big(f_{xx}(1,2)(x-1)^2 + 2f_{xy}(1,2)(x-1)(y-2) + f_{yy}(1,2)(y-2)^2\Big) +$
$\quad +\frac{1}{6}\Big(f_{xxx}(1,2)(x-1)^3 + 3f_{xxy}(1,2)(x-1)^2(y-2) +$
$\quad\quad +3f_{xyy}(1,2)(x-1)(y-2)^2 + f_{yyy}(x,y)(y-2)^3\Big) + \cdots$
Es ist: $f_x(x,y) = 3x^2 + y^2 \Longrightarrow f_x(1,2) = 7$, $f_y(x,y) = 2xy + 3y^2 \Longrightarrow f_y(1,2) = 16$, $f_{xx}(x,y) = 6x \Longrightarrow f_{xx}(1,2) = 6$, $f_{xy}(x,y) = 2y \Longrightarrow f_{xy}(1,2) = 4$, $f_{yy}(x,y) = 2x + 6y \Longrightarrow f_{yy}(1,2) = 14$, $f_{xxx}(x,y) = 6 = f_{xxx}(1,2)$, $f_{xxy}(x,y) = 0 = f_{xxy}(1,2)$, $f_{xyy}(x,y) = 2 = f_{xyy}(1,2)$, $f_{yyy}(x,y) = 6 = f_{yyy}(1,2)$.
Alle übrigen Ableitungen sind Null. Damit folgt mit $f(1,2) = 13$:

$$f(x,y) = 13 + 7(x-1) + 16(y-2) + 3(x-1)^2 + 4(x-1)(y-2) + 7(y-2)^2 + \\ +(x-1)^3 + (x-1)(y-2)^2 + (y-2)^3.$$

2. Zeigen Sie, dass es eine von x und y abhängige Zahl ϑ zwischen 0 und 1 gibt, so dass gilt:

$$\sin(x+y) = x + y - \frac{1}{2}(x^2 + 2xy + y^2)\sin\Big(\vartheta(x+y)\Big).$$

Lösung:
Anwendung des Satzes von TAYLOR mit $f(x,y) = \sin(x+y)$, $\vec{x}^0 = \vec{0}$ sowie mit $\vec{x} = \begin{pmatrix} x \\ y \end{pmatrix} = \vec{h} = \begin{pmatrix} h \\ k \end{pmatrix}$ liefert mit den Ableitungen $f_x(x,y) = f_y(x,y) = \cos(x+y)$ und $f_{xx}(x,y) = f_{xy}(x,y) = f_{yy}(x,y) = -\sin(x+y)$:
$\sin(x+y) = 0 + h + k - \frac{1}{2}(h^2 + 2hk + k^2)\sin(\vartheta h + \vartheta k) =$
$= x + y - \frac{1}{2}(x^2 + 2xy + y^2)\sin\Big(\vartheta(x+y)\Big)$, was zu beweisen war.

3. Ermitteln Sie das TAYLOR-Polynom $T_2(x,y,z;0,0,0)$ der Funktion

$$f(x,y,z) = x(1-e^y) + z\sin(x+y) + \cos z\ .$$

Lösung:
Es werden alle Ableitungen bis zur 2. Ordnung benötigt, wobei die gemischten Ableitungen alle vertauschbar sind (Satz von SCHWARZ):

$$\begin{aligned}
f_x(x,y,z) &= 1 - e^y + z\cos(x+y) &&\Longrightarrow f_x(0,0,0) = 0,\\
f_y(x,y,z) &= -xe^y + z\cos(x+y) &&\Longrightarrow f_y(0,0,0) = 0,\\
f_z(x,y,z) &= \sin(x+y) - \sin z &&\Longrightarrow f_z(0,0,0) = 0,\\
f_{xx}(x,y,z) &= -z\sin(x+y) &&\Longrightarrow f_{xx}(0,0,0) = 0,\\
f_{xy}(x,y,z) &= -e^y - z\sin(x+y) &&\Longrightarrow f_{xy}(0,0,0) = -1,\\
f_{xz}(x,y,z) &= \cos(x+y) &&\Longrightarrow f_{xz}(0,0,0) = 1,\\
f_{yy}(x,y,z) &= -xe^y - z\sin(x+y) &&\Longrightarrow f_{yy}(0,0,0) = 0,\\
f_{yz}(x,y,z) &= \cos(x+y) &&\Longrightarrow f_{yz}(0,0,0) = 1,\\
f_{zz}(x,y,z) &= -\cos z &&\Longrightarrow f_{zz}(0,0,0) = -1.
\end{aligned}$$

Damit folgt mit $f(0,0,0) = 1$: $T_2(x,y,z;0,0,0) = 1 - xy + xz + yz - \dfrac{z^2}{2}$.

4. Entwickeln Sie die Funktion $f(x,y) = xy + \dfrac{x}{1+y}$ an der Stelle $(x_0, y_0) = (0,0)$ in eine TAYLOR-Reihe.

Lösung:
Hier werden alle partiellen Ableitungen benötigt, die in der Umgebung des Entwicklungspunktes $(0,0)$ sicher existieren.

$$\begin{aligned}
f(x,y) &= xy + \frac{x}{1+y} &&\Longrightarrow f(0,0) = 0,\\
f_x(x,y) &= y + \frac{1}{1+y} &&\Longrightarrow f_x(0,0) = 1,
\end{aligned}$$

$$
\begin{aligned}
&\frac{\partial^n f}{\partial x^n}(x,y) = 0 && \Longrightarrow \quad \frac{\partial^n f}{\partial x^n}(0,0) = 0 \quad \text{für} \quad n \geq 2,\\
&f_y(x,y) = x - \frac{x}{(1+y)^2} && \Longrightarrow \quad f_y(0,0) = 0,\\
&\frac{\partial^n f}{\partial y^n}(x,y) = (-1)^n \frac{n!x}{(1+y)^{n+1}} && \Longrightarrow \quad \frac{\partial^n f}{\partial y^n}(0,0) = 0 \quad \text{für} \quad n \geq 2,\\
&\frac{\partial^2 f}{\partial x \partial y}(x,y) = 1 - \frac{1}{(1+y)^2} && \Longrightarrow \quad \frac{\partial^2 f}{\partial x \partial y}(0,0) = 0,\\
&\frac{\partial^{n+1} f}{\partial x \partial y^n}(x,y) = (-1)^n \frac{n!}{(1+y)^{n+1}} && \Longrightarrow \quad \frac{\partial^{n+1} f}{\partial x \partial y^n}(0,0) = (-1)^n n! \quad \text{für} \quad n \geq 2,\\
&\frac{\partial^{n+m} f}{\partial x^m \partial y^n}(x,y) = 0 && \Longrightarrow \quad \frac{\partial^{n+m} f}{\partial x^m \partial y^n}(0,0) = 0 \quad \text{für} \quad m \geq 2,\ n \in \mathbb{N}.
\end{aligned}
$$

Wir erhalten dann für die TAYLOR-Reihe:

$$
f(x,y) = x + \sum_{n=2}^{\infty} \frac{1}{(n+1)!} \binom{n+1}{1} (-1)^n n! x y^n = \cdots = x + \sum_{n=2}^{\infty} (-1)^n x y^n .
$$

Bemerkungen:

a) Der Faktor $\binom{n+1}{1}$ steht für die Anzahl der (jeweils gleichen) Ableitungen der Ordnung $n+1$.

b) Die TAYLOR-Reihe hätten wir auch durch Entwicklung von $\dfrac{1}{1+y}$ in die geometrische Reihe $\sum\limits_{n=0}^{\infty}(-1)^n y^n$ gewinnen können.

5. Gegeben ist die Funktion $f(x,y) = x^2 \ln(1+y) + 3y^2 + \sin(\pi x + y)$. Ermitteln Sie das TAYLOR-Polynom $T_2(x,y;1,0)$.

Lösung:
Aus $f(1,0) = 0$, $f_x(1,0) = 2x\ln(1+y) + \pi\cos(\pi x + y)\Big|_{(1,0)} = -\pi$,

$$
\begin{aligned}
&f_y(1,0) = \frac{x^2}{1+y} + 6y + \cos(\pi x + y)\Big|_{(1,0)} = 0,\\
&f_{xx}(1,0) = 2\ln(1+y) - \pi^2 \sin(\pi x + y)\Big|_{(1,0)} = 0,\\
&f_{xy}(1,0) = \frac{2x}{1+y} - \pi \sin(\pi x + y)\Big|_{(1,0)} = 2 \text{ und}\\
&f_{yy}(1,0) = -\frac{x^2}{(1+y)^2} + 6 - \sin(\pi x + y)\Big|_{(1,0)} = 5 \text{ folgt:}\\
&T_2(x,y;1,0) = -\pi(x-1) + 2(x-1)y + \frac{5}{2}y^2 .
\end{aligned}
$$

6. Entwickeln Sie die Funktion $f(x,y) = x^y$ an $(1,1)$ in eine TAYLOR-Reihe bis zu einschließlich Gliedern zweiter Ordnung und berechnen Sie damit näherungsweise $\sqrt[10]{(1.05)^9}$.

Lösung:
Mit $f(x,y) = x^y = e^{y\ln x}$ folgt: $f_x(x,y) = \dfrac{y}{x} e^{y\ln x}$, $f_y(x,y) = \ln x e^{y \ln x}$,

$f_{xx}(x,y) = \left(-\dfrac{y}{x^2} + \dfrac{y^2}{x^2}\right) e^{y\ln x}$, $f_{xy}(x,y) = \left(\dfrac{1}{x} + \dfrac{y}{x}\ln x\right) e^{y\ln x}$ und

$f_{yy}(x,y) = (\ln x)^2 e^{y \ln x}$.

Einsetzen von $x = 1$ und $y = 1$ liefert:
$f(1,1) = 1$, $f_x(1,1) = 1$, $f_y(1,1) = 0$, $f_{xx}(1,1) = 0$, $f_{xy}(1,1) = 1$ und $f_{yy}(1,1) = 0$.

Daraus: $\underline{f(x,y) = x^y = 1 + (x-1) + (x-1)(y-1) + \cdots}$.

Wegen $\sqrt[10]{(1.05)^9} = (1.05)^{9/10}$ folgt mit $x = 1.05$ und $y = 0.9$:

$\sqrt[10]{(1.05)^9} \approx 1 + 0.05 + 0.05(-0.1) = 1.045$.

7. Entwickeln Sie die Funktion $f(x,y,z) = \cosh x + e^y - \ln z - \dfrac{y}{e} + \dfrac{z}{2}$ nach dem TAYLOR'schen Satz um den Punkt $P(0,-1,2)$ bis zu einschließlich Gliedern zweiter Ordnung (ohne Restglied).

Lösung:
Mit $f(0,-1,2) = 2 + \dfrac{2}{e} - \ln 2$, $f_x(0,-1,2) = \sinh x\Big|_P = 0$, $f_y(0,-1,2) = e^y - \dfrac{1}{e}\Big|_P = 0$,

$f_z(0,-1,2) = -\dfrac{1}{z} + \dfrac{1}{2}\Big|_P = 0$, $f_{xx}(0,-1,2) = \cosh x\Big|_P = 1$, $f_{xy}(0,-1,2) = 0$,

$f_{xz}(0,-1,2) = 0$, $f_{yy}(0,-1,2) = e^y\Big|_P = \dfrac{1}{e}$, $f_{yz}(0,-1,2) = 0$,

$f_{zz}(0,-1,2) = \dfrac{1}{z^2}\Big|_P = \dfrac{1}{4}$ folgt:

$$f(x,y,z) = 2 + \frac{2}{e} - \ln 2 + \frac{x^2}{2} + \frac{(y+1)^2}{2e} + \frac{(z-2)^2}{8} + \cdots .$$

1.4.3 Beispiele mit Lösungen

1. Entwickeln Sie $f(x,y) = \ln(x-y)$ nach dem Taylorschen Satz um $(0,-1)$ bis zu den Gliedern zweiter Ordnung.
Lösung:
$f(x,y) = x + (y+1) - \frac{1}{2}x^2 + x(y+1) - \frac{1}{2}(y+1)^2 + \cdots$.

2. Entwickeln Sie die Funktion $f(x,y) = \sin\left(\frac{xy}{2}\right)$ nach Potenzen von $x-1$ und $y+1$ bis zur dritten Ordnung.
Lösung:
$f(x,y) = -\sin\left(\frac{1}{2}\right) - \frac{1}{2}\cos\left(\frac{1}{2}\right)(x-1) + \frac{1}{2}\cos\left(\frac{1}{2}\right)(y+1) + \frac{1}{8}\sin\left(\frac{1}{2}\right)(x-1)^2 +$
$+ \left[-\frac{1}{4}\sin\left(\frac{1}{2}\right) + \frac{1}{2}\cos\left(\frac{1}{2}\right)\right](x-1)(y+1) + \frac{1}{8}\sin\left(\frac{1}{2}\right)(y+1)^2 + \frac{1}{48}\cos\left(\frac{1}{2}\right)(x+1)^3 -$
$- \left[\frac{1}{4}\sin\left(\frac{1}{2}\right) + \frac{1}{16}\cos\left(\frac{1}{2}\right)\right](x-1)^2(y+1) + \left[\frac{1}{4}\sin\left(\frac{1}{2}\right) + \frac{1}{16}\cos\left(\frac{1}{2}\right)\right](x-1)(y+1)^2 -$
$-\frac{1}{48}\cos\left(\frac{1}{2}\right)(y+1)^3 + \cdots$.

3. Gegeben ist die Funktion $f(x,y) = (x-y)^2 + ye^x$.
a) Ermitteln Sie das TAYLOR-Polynom $T_3(x,y;0,1)$.
b) Entwickeln Sie f an der Stelle $x^0 = (0,1)$ in eine TAYLOR-Reihe.

Lösung:
$T_3(x,y;0,1) = 2 - x + 3(y-1) + \dfrac{3}{2}x^2 - x(y-1) + (y-1)^2 + \dfrac{1}{6}x^3 + \dfrac{1}{2}x^2(y-1)$.

$$f(x,y) = T_3(x,y;0,1) + \sum_{n=4}^{\infty} \left(\frac{x^n}{n!} + \frac{1}{(n-1)!} x^{n-1}(y-1) \right) .$$

4. Gegeben ist die Funktion $f(x,y,z) = e^x - y^2 z + x\ln(1+z) - 1$.
   Ermitteln Sie das TAYLOR-Polynom $T_2(x,y,z;0,0,0)$.
   Lösung:
   $T_2(x,y,z;0,0,0) = x + \dfrac{x^2}{2} + xz.$

5. Entwickeln Sie die Funktion $f(x,y) = (x-y)e^{x+y}$ an der Stelle $(0,0)$ in eine TAYLOR-Reihe bis zu einschließlich Gliedern dritter Ordnung (ohne Restglied).

   Lösung:
   $f(x,y) = x - y + x^2 - y^2 + \dfrac{x^3}{2} + \dfrac{x^2 y}{2} - \dfrac{xy^2}{2} - \dfrac{y^3}{2} + \cdots .$

6. Entwickeln Sie die Funktion $f(x,y) = \dfrac{x}{1+y} - 5y^2 - \ln(1+x)$ an der Stelle $(0,1)$ in eine TAYLOR-Reihe.
   Lösung:
   $$f(x,y) = -5 - \frac{x}{2} - 10(y-1) + \frac{x^2}{2} - \frac{x(y-1)}{4} - 5(y-1)^2 + \sum_{n=3}^{\infty} \frac{(-1)^n}{n} x^n + \\ + x \sum_{n=3}^{\infty} \frac{(-1)^n}{2^n} (y-1)^n .$$

7. Entwickeln Sie die Funktion $f(x,y) = xe^y + \cos(x+y) + \ln(2+xy)$ nach dem TAYLOR'schen Satz um den Punkt $(1,-1)$ bis zu einschließlich Gliedern zweiter Ordnung (ohne Restglied).

   Lösung:
   $$f(x,y) = \frac{e+1}{e} - \left(\frac{e-1}{e}\right)(x-1) + \left(\frac{e+1}{e}\right)(y+1) - (x-1)^2 + \\ = \left(\frac{e+1}{e}\right)(x-1)(y+1) - \left(\frac{2e-1}{2e}\right)(y+1)^2 + \cdots .$$

8. Ermitteln Sie für die Funktion $f(x,y) = x^{y+1}$ das TAYLOR-Polynom T_2 um den Punkt $P(1,0)$.

   Lösung: $T_2(x,y;1,0) = 1 + (x-1) + (x-1)y.$

9. Entwickeln Sie die Funktion $f(x,y) = x^3 - 2x^2 y + xy^2$ an der Stelle $P(1,-1)$ in eine TAYLOR-Reihe.

   Lösung:
   $$f(x,y) = 4 + 8(x-1) - 4(y+1) + 5(x-1)^2 - 6(x-1)(y+1) + (y+1)^2 + (x-1)^3 - \\ -2(x-1)^2(y+1) + (x-1)(y+1)^2 .$$

10. Ermitteln Sie die TAYLOR-Entwicklung der Funktion

    $$z(x,y) = e^{x-y} + x^3 + 3x^2 + x + y$$

    an der Stelle $(2,2)$ bis einschließlich zu den Gliedern zweiter Ordnung.

Lösung:
$z(x,y) = 25 + 26(x-2) + \frac{19}{2}(x-2)^2 - (x-2)(y-2) + \frac{1}{2}(y-2)^2 + \cdots .$

11. Gegeben ist die Funktion $f(x,y) = x\ln(1+y) + e^x y$.
Ermitteln Sie das TAYLOR-Polynom $T_3(x,y;0,0)$.
Lösung:
$T_3(x,y;0,0) = y + 2xy + 2x^2y - \frac{1}{2}xy^2 .$

12. Entwickeln Sie die Funktion $f(x,y) = \sqrt{x}\ln y + \frac{y}{\sqrt{x}}$ nach dem TAYLOR'schen Satz um den Punkt $(1,1)$ bis zu einschließlich Gliedern zweiter Ordnung (ohne Restglied).
Lösung:
$f(x,y) = 1 - \frac{1}{2}(x-1) + 2(y-1) + \frac{3}{8}(x-1)^2 - \frac{1}{2}(y-1)^2 + \cdots .$

13. Ermitteln Sie die TAYLOR-Entwicklung der Funktion

$$f(x,y) = \ln(1+x+y) + x^3y + \cosh(1+xy)$$

an der Stelle $(1,-1)$ bis einschließlich zu den Gliedern zweiter Ordnung.
Lösung: $f(x,y) = -2(x-1) + 2(y+1) - 3(x-1)^2 + (x-1)(y+1) + \cdots .$

14. Bestimmen Sie die Taylor-Entwicklung der Funktion $f(x,y) = e^{x\sin y}$ an der Stelle $(1,\pi)$ bis einschließlich zu den Gliedern zweiter Ordnung.
Lösung: $f(x,y) = 1 - (y-\pi) - (x-1)(y-\pi) + \frac{1}{2}(y-\pi)^2 + \cdots .$

1.5 Implizite Funktionen und Umkehrfunktion

1.5.1 Grundlagen

- Durch die Gleichung $F(x,y) = 0$ wird in einer Umgebung eines Punktes $P(x_0, y_0)$ eine differenzierbare Funktion $y = f(x)$ implizit definiert, falls F dort stetig differenzierbar ist und wenn gilt: $F(x_0, y_0) = 0$ und $F_y(x_0, y_0) \neq 0$. Es ist dann $f'(x) = -\left.\dfrac{F_x(x,y)}{F_y(x,y)}\right|_{y=f(x)}$.

- Für die auf $U(\vec{x}^{\,0}),\ \vec{x}^{\,0} \in \mathbb{R}^n$ definierten Funktionen $f_j : \mathbb{R}^n \to \mathbb{R}, \quad (j = 1, 2, \ldots, k)$ gelte:

$$\left.\begin{array}{ll}(i) & f_j \in C^1(U(\vec{x}^{\,0})) \\ (ii) & f_j(\vec{x}^{\,0}) = 0\end{array}\right\} \qquad (iii) \begin{vmatrix} \frac{\partial f_1}{\partial x_1} & \frac{\partial f_1}{\partial x_2} & \cdots & \frac{\partial f_1}{\partial x_k} \\ \frac{\partial f_2}{\partial x_1} & \frac{\partial f_2}{\partial x_2} & \cdots & \frac{\partial f_2}{\partial x_k} \\ \vdots & \vdots & & \vdots \\ \frac{\partial f_k}{\partial x_1} & \frac{\partial f_k}{\partial x_2} & \cdots & \frac{\partial f_k}{\partial x_k} \end{vmatrix} \neq 0 \text{ an } \vec{x}^{\,0}\,.$$

Dann ist das (nichtlineare) Gleichungssystem

$$\begin{aligned} f_1(x) &= f_1(x_1, x_2, \ldots, x_n) = 0, \\ f_2(x) &= f_2(x_1, x_2, \ldots, x_n) = 0, \\ &\vdots \\ f_k(x) &= f_k(x_1, x_2, \ldots, x_n) = 0 \qquad \text{mit } x_1, x_2, \ldots, x_n \in \mathbb{R} \end{aligned}$$

lokal nach den Variablen $x_1, x_2, \ldots, x_k$ auflösbar, d.h. es gibt ein $\delta > 0$ und es gibt k Funktionen in den $(n-k)$ Variablen $x_{k+1}, x_{k+2}, \ldots, x_n$:

$$\begin{aligned} x_1 &= \varphi_1(x_{k+1}, \ldots, x_n), \\ x_2 &= \varphi_2(x_{k+1}, \ldots, x_n), \\ &\vdots \\ x_k &= \varphi_k(x_{m+1}, \ldots, x_n), \end{aligned}$$

die für $|x_j - x_j^0| < \delta,\ j = k+1, k+2, \ldots, n$ definiert und stetig differenzierbar sind, so dass identisch gilt:

$$\begin{aligned} &f_1\Big(\varphi_1(x_{k+1}, \ldots, x_n), \varphi_2(x_{k+1}, \ldots, x_n), \ldots, \varphi_k(x_{k+1}, \ldots, x_n), x_{k+1}, \ldots, x_n\Big) = 0, \\ &f_2\Big(\varphi_1(x_{k+1}, \ldots, x_n), \varphi_2(x_{k+1}, \ldots, x_n), \ldots, \varphi_k(x_{k+1}, \ldots, x_n), x_{k+1}, \ldots, x_n\Big) = 0, \\ &\vdots \\ &f_k\Big(\varphi_1(x_{k+1}, \ldots, x_n), \varphi_2(x_{k+1}, \ldots, x_n), \ldots, \varphi_k(x_{k+1}, \ldots, x_n), x_{k+1}, \ldots, x_n\Big) = 0. \end{aligned}$$

- Sei die Abbildung $\vec{f} : \mathbb{R}^n \to \mathbb{R}^n$ auf $U(\vec{x}^{\,0}),\ \vec{x}^{\,0} \in \mathbb{R}^n$ gegeben und es gelte:

$$\text{(i) } \vec{f} \in C^1\big(U(\vec{x}^{\,0})\big), \quad \text{(ii) } \det \frac{d\vec{f}}{d\vec{x}} = \begin{vmatrix} \frac{\partial f_1}{\partial x_1} & \frac{\partial f_1}{\partial x_2} & \cdots & \frac{\partial f_1}{\partial x_n} \\ \frac{\partial f_2}{\partial x_1} & \frac{\partial f_2}{\partial x_2} & \cdots & \frac{\partial f_2}{\partial x_n} \\ \vdots & \vdots & & \vdots \\ \frac{\partial f_n}{\partial x_1} & \frac{\partial f_n}{\partial x_2} & \cdots & \frac{\partial f_n}{\partial x_n} \end{vmatrix} \neq 0 \text{ in } U(\vec{x}^{\,0}).$$

Dann wird eine Umgebung $\tilde{U}(\vec{x}^0) \subset U(\vec{x}^0)$ eineindeutig auf eine Umgebung $\tilde{V}(\vec{y}^0)$ abgebildet, wobei $\vec{y}^0 = \vec{f}(\vec{x}^0)$. D.h. auf $\tilde{V}(\vec{y}^0)$ existiert $\vec{f}^{-1}$. Ferner ist $\vec{f}^{-1}$ auf $\tilde{V}(\vec{y}^0)$ stetig differenzierbar und es gilt:

$$\frac{d\vec{f}^{-1}}{d\vec{y}}(\vec{y}) = \left(\frac{d\vec{f}}{d\vec{x}}\left(\vec{f}^{-1}(\vec{y})\right)\right)^{-1} \qquad \text{bzw.} \qquad J_{\vec{f}^{-1}} = \left(J_{\vec{f}}\right)^{-1} .$$

1.5.2 Musterbeispiele

1. Gegeben ist die Funktion $y(x)$ in impliziter Darstellung:

$$(1 - x^2)e^{y^2} + x + y = 2 .$$

Ermitteln Sie $y'(1)$ und $y''(1)$.

Lösung:

Aus $(1 - x^2)e^{y^2(x)} + x + y(x) = 2$ folgt zunächst für $x = 1$: $y(1) = 1$. Differentiation nach x liefert: $-2xe^{y^2(x)} + (1-x^2)2y(x)y'(x)e^{y^2(x)} + 1 + y'(x) = 0$. $\Longrightarrow$ $\underline{y'(1) = 2e - 1}$.
Eine weitere Differentiation nach x liefert dann:
$-2e^{y^2(x)} - 2x2y(x)y'(x)e^{y^2(x)} - 4xy(x)y'(x)e^{y^2(x)} + 2(1 - x^2)\big(y'(x)\big)^2 e^{y^2(x)} +$
$2(1 - x^2)y(x)y''(x)e^{y^2(x)} + 4(1 - x^2)\big(y(x)y'(x)\big)^2 e^{y^2(x)} + y''(x) = 0.$
$\Longrightarrow$ $\underline{y''(1) = 16e^2 - 6e}$.

2. Berechnen Sie die partiellen Ableitungen erster Ordnung der durch die Gleichung

$$x^3y^3 + x^3z^3 + y^3z^3 + xyz + xy = 0$$

implizit gegebenen Funktion $z = z(x, y)$ im Punkt $P(1, 1)$.

Lösung:

Einsetzen des Punktes $P(1, 1)$ liefert die Gleichung $z^3 + z = 2$ mit der einzigen reellen Lösung $z = -1$.
Differentiation nach x ergibt: $3x^2y^3 + 3x^2z^3 + 3x^3z^2z_x + 3y^3z^2z_x + yz + xyz_x + y = 0$, woraus folgt: $\underline{z_x(1, 1) = 0}$.
Differentiation nach y ergibt: $3x^3y^2 + 3x^3z^2z_y + 3y^2z^3 + 3y^3z^2z_y + xz + xyz_y + x = 0$, woraus folgt: $\underline{z_y(1, 1) = 0}$.
Bemerkung: Aus Symmetriegründen hätten wir gleich auf $z_y(1, 1) = 0$ schließen können.

3. Gegeben ist das Funktionensystem

$$f(x, y, z) = z^2 - 2y - xz = 0 , \qquad g(x, y, z) = zy + x^2 = 0 .$$

a) Zeigen Sie, dass es in einer geeigneten Umgebung von $P(1, 1, -1)$ zwei Funktionen $\varphi(z)$ und $\psi(z)$ gibt, so dass in $U(1, 1, -1)$ gilt: $f\big(\varphi(z), \psi(z), z\big) \equiv 0$ und $g\big(\varphi(z), \psi(z), z\big) \equiv 0$.
b) Bestimmen Sie $\varphi(z)$ und $\psi(z)$ explizit.

Lösung:

zu a):

Die Funktionen f und g sind stetig differenzierbar und es gilt: $f(1,1,-1)=0$ und $g(1,1,-1)=0$. Ferner ist $\begin{vmatrix} \frac{\partial f}{\partial x} & \frac{\partial f}{\partial y} \\ \frac{\partial g}{\partial x} & \frac{\partial g}{\partial y} \end{vmatrix}_P = \begin{vmatrix} -z & -2 \\ 2x & z \end{vmatrix}_P = -z^2+4x\Big|_{(1,1,-1)} = 3 \neq 0$.

Damit existieren aber die zwei Funktionen $\varphi(z)$ und $\psi(z)$ in $U(1,1,-1)$.

zu b):

Aus $g(x,y,z)=0$ folgt in $U(1,1,-1)$ die eindeutig bestimmte Auflösung $x=\sqrt{-yz}$. Einsetzen in $f(x,y,z)=0$ liefert: $z^2-2y-\sqrt{-yz}\,z=0$ bzw. $z^2-2y=\sqrt{-yz}\,z$, woraus durch Quadrieren folgt: $z^4-4yz^2+4y^2=-yz^3$ bzw. $y^2+\left(\frac{z^3}{4}-z^2\right)y+\frac{z^4}{4}=0$.

Von den beiden Wurzeln $y=\left(\frac{z^2}{2}-\frac{z^3}{8}\right)\pm\sqrt{\left(\frac{z^2}{2}-\frac{z^3}{8}\right)^2-\frac{z^4}{4}}$ kommt nur jene mit „+" in Frage, da y in einer Umgebung von $y_0=1$ liegen muss. Dann ist aber

$$y=\psi(z)=\left(\frac{z^2}{2}-\frac{z^3}{8}\right)+z^2\sqrt{\frac{z^2}{64}-\frac{z}{8}} \quad \text{und in weiterer Folge:}$$

$$x=\varphi(z)=\sqrt{\left(\frac{z^4}{8}-\frac{z^3}{2}\right)-z^3\sqrt{\frac{z^2}{64}-\frac{z}{8}}}\,.$$

4. Gegeben ist das Funktionensystem

$$f_1(x,y,z)=x^2-y+xz=0\,, \qquad f_2(x,y,z)=xy-y^2+z^2=0\,.$$

Untersuchen Sie, ob dieses System in der Umgebung der Punkte $P(1,1,0)$ bzw. $Q(0,0,0)$ eindeutig nach x und nach y auflösbar ist: $x=\varphi_1(z),\ y=\varphi_2(z)$. Bestimmen Sie ferner φ_1' und φ_2' im Punkt P.

Lösung:

$f_1,f_2\in C^1(\mathbb{R}^2)$, $f_1\big|_P=f_1\big|_Q=f_2\big|_P=f_2\big|_Q=0$. Weiters:

$\det J := \begin{vmatrix} \frac{\partial f_1}{\partial x} & \frac{\partial f_1}{\partial y} \\ \frac{\partial f_2}{\partial x} & \frac{\partial f_2}{\partial y} \end{vmatrix} = \begin{vmatrix} 2x+z & -1 \\ y & x-2y \end{vmatrix} = 2x^2-4xy+xz-2yz+y$. Daraus folgt:

$\det J|_P=-1\neq 0$ und $\det J|_Q=0$, d.h das Funktionensystem ist um P lokal auflösbar, um Q hingegen nicht. In $U(1,1,0)$ gilt dann:

$f_1\big(\varphi_1(z),\varphi_2(z),z\big)=\varphi_1^2(z)-\varphi_2(z)+\varphi_1(z)z\equiv 0$ und

$f_2\big(\varphi_1(z),\varphi_2(z),z\big)=\varphi_1(z)\varphi_2(z)-\varphi_2^2(z)+z^2\equiv 0$.

Differentiation nach z liefert dann an der Stelle P:

$2\varphi_1(0)\varphi_1'(0)-\varphi_2'(0)+\varphi_1(0)=0$ und $\varphi_1'(0)\varphi_2(0)+\varphi_1(0)\varphi_2'(0)-2\varphi_2(0)\varphi_2'(0)=0$.

Wegen $\varphi_1(0)=1$ und $\varphi_2(0)=1$ folgt das lineare Gleichungssystem:

$$\begin{aligned} 2\varphi_1'(0)-\varphi_2'(0) &= -1 \\ \varphi_1'(0)-\varphi_2'(0) &= 0 \end{aligned} \qquad \text{mit den Lösungen} \quad \underline{\varphi_1'(0)=-1,\ \varphi_2'(0)=-1.}$$

5. Untersuchen Sie, ob die Funktion

$$f(x,y,z)=e^x-y^2z+x\ln(1+z)-1=0$$

in einer Umgebung von $P(0,0,0)$ bzw. $Q(0,1,0)$ lokal nach z auflösbar ist. Geben Sie im Fall der Auflösbarkeit eine lineare Approximation von f um den betreffenden

Punkt an.

Lösung:
f ist ist in einer Umgebung von P bzw. Q stetig differenzierbar. $f|_P = f|_Q = 0$. Aus $\frac{\partial f}{\partial z} = -y^2 + \frac{x}{1+z}$ folgt: $\left.\frac{\partial f}{\partial z}\right|_{P(0,0,0)} = 0$ und $\left.\frac{\partial f}{\partial z}\right|_{Q(0,1,0)} = -1 \neq 0$. Daher ist f in einer Umgebung von $P(0,0,0)$ nicht lokal nach z auflösbar, in einer Umgebung von $Q(0,1,0)$ aber schon.
Differentiation von $e^x - y^2 z(x,y) + x \ln\Big(1 + z(x,y)\Big) - 1 = 0$ nach x bzw. y liefert:
$e^x - y^2 z_x + \ln(1+z) - \frac{x}{1+z} z_x = 0$ bzw. $-2yz - y^2 z_y + \frac{x}{1+z} z_y = 0$.
Für den Punkt $Q(0,1,0)$ folgt dann wegen $z(0,1) = 0$: $z_x(0,1) = 1$ und $z_y(0,1) = 0$ $\Longrightarrow z^*(x,y) = x$.

6. Berechnen Sie die partiellen Ableitungen z_x und z_y der durch $xyz^2 + z^3 y + x^2 z = 0$ implizit definierten Funktion $z(x,y)$ im Punkt $(x_0, y_0) = (1,1)$.

Lösung:
Für $x = y = 1$ folgt: $z^2 + z^3 + z = 0$ mit der einzigen reellen Lösung $z = 0$.
Differentiation von $xyz^2(x,y) + z^3(x,y)y + x^2 z(x,y) = 0$ nach x bzw. y liefert: $yz^2 + 2xyzz_x + 3yz^2 z_x + 2xz + x^2 z_x = 0$ bzw. $xz^2 + 2xyzz_y + 3yz^2 z_y + z^3 + x^2 z_y = 0$.
Einsetzen von $(x_0, y_0) = (1,1)$ ergibt: $z_x(1,1) = z_y(1,1) = 0$.

7. Berechnen Sie die erste Ableitung der durch

$$\sqrt[3]{x^2} + \sqrt[3]{7y^2} = 4$$

implizit gegebenen Funktion $y = y(x)$ im Punkt $x_0 = 1$ für den Zweig $y > 0$.
Lösung:
Aus $x = 1$ folgt $y(1) = \sqrt{\frac{27}{7}}$ und weiters durch implizites Differenzieren:
$\frac{2}{3} x^{-1/3} + \sqrt[3]{7}\, \frac{2}{3} y^{-1/3} y' = 0$. Das liefert: $y'(x) = -\frac{\sqrt[3]{y}}{\sqrt[3]{7x}}$ bzw. $y'(1) = -\sqrt{\frac{3}{7}}$.

8. Untersuchen Sie, für welche $\alpha \in \mathbb{R}$ das Funktionensystem

$$f_1(x,y,z) = x^2 e^z - y^2 = 0\,, \quad f_2(x,y,z) = \alpha x + y^2 - \sin z + \alpha - 1 = 0$$

in einer Umgebung von $(-1,1,0)$ nach x und nach y auflösbar ist.

Lösung:
Es gilt: $f_1, f_2 \in C^1(\mathbb{R}^3)$ und $f_1(-1,1,0) = f_2(-1,1,0) = 0$. Weiters:

$$\left.\begin{vmatrix} \frac{\partial f_1}{\partial x} & \frac{\partial f_1}{\partial y} \\ \frac{\partial f_2}{\partial x} & \frac{\partial f_2}{\partial y} \end{vmatrix}\right|_{(-1,1,0)} = \left.\begin{vmatrix} 2xe^z & -2y \\ \alpha & 2y \end{vmatrix}\right|_{(-1,1,0)} = \begin{vmatrix} -2 & -2 \\ \alpha & 2 \end{vmatrix} = -4 + 2\alpha \neq 0, \text{ falls } \alpha \neq 2.$$

Für alle $\alpha \in \mathbb{R} \setminus \{2\}$ ist das Funktionensystem lokal nach x und y auflösbar.

9. Untersuchen Sie, ob das nichtlineare Gleichungssystem

$$\begin{aligned} x &= u(v - \sin v) \\ y &= u(1 - \cos v) \end{aligned}$$

in der Umgebung des Punktes $u = 1, v = 2\pi$ auflösbar ist.

Lösung:
Die Auflösbarkeit dieses Gleichungssystems ist äquivalent mit der Umkehrbarkeit der Abbildung $\vec{F}(u,v) = \begin{pmatrix} x(u,v) \\ y(u,v) \end{pmatrix} = \begin{pmatrix} u(v-\sin v) \\ u(1-\cos v) \end{pmatrix}$.
Es gilt: $x(u,v), y(u,v) \in C^1(\mathbb{R}^2)$. Für die JACOBI-Determinante $\det J_{\vec{F}}(u,v)$ folgt:

$$\begin{vmatrix} \frac{\partial x}{\partial u} & \frac{\partial x}{\partial v} \\ \frac{\partial y}{\partial u} & \frac{\partial y}{\partial v} \end{vmatrix} = \begin{vmatrix} v-\sin v & u(1-\cos v) \\ 1-\cos v & u\sin v \end{vmatrix} = uv\sin v - u\sin^2 v - u(1-\cos v)^2.$$

Wegen $\det J_{\vec{F}}(1,2\pi) = 0$, ist das Gleichungssystem in der Umgebung von $(1,2\pi)$ nicht auflösbar.

10. Untersuchen Sie, ob die Funktion $\vec{f}: \mathbb{R}^2 \to \mathbb{R}^2$ mit $\vec{f}(x,y) = \begin{pmatrix} 3x^2 - xy \\ xy - y \end{pmatrix}$ in der Umgebung des Punktes $x = 1,\ y = 1$ umkehrbar ist.

Lösung:
$\vec{f}(x,y)$ ist auf ganz $\mathbb{R}^2$ stetig differenzierbar und besitzt die JACOBI-Determinante:

$$\det J_{\vec{f}}(x,y) = \begin{vmatrix} \frac{\partial f_1}{\partial x} & \frac{\partial f_1}{\partial y} \\ \frac{\partial f_2}{\partial x} & \frac{\partial f_2}{\partial y} \end{vmatrix} = \begin{vmatrix} 6x-y & -x \\ y & x-1 \end{vmatrix} = (6x-y)(x-1) + xy.$$

Wegen $\det J_{\vec{f}}(1,1) = 1 \neq 0$ ist $\vec{f}(x,y)$ in einer hinreichend kleinen Umgebung des Bildpunktes $f_1(1,1) = 2,\ f_2(1,1) = 0$ umkehrbar.

11. Untersuchen Sie, für welche Werte $u, v \in \mathbb{R}$ das folgende Funktionensystem eindeutig umkehrbar ist:

$$\begin{aligned} x &= u^2v^2 - 3uv \\ y &= uv + 2 \end{aligned}.$$

Lösung:
$x(u,v)$ und $y(u,v)$ sind auf ganz $\mathbb{R}^2$ stetig differenzierbar.
Für die JACOBI-Determinante folgt: $\begin{vmatrix} \frac{\partial x}{\partial u} & \frac{\partial x}{\partial v} \\ \frac{\partial y}{\partial u} & \frac{\partial y}{\partial v} \end{vmatrix} = \begin{vmatrix} 2uv^2 - 3v & 2u^2v - 3u \\ v & u \end{vmatrix} = 0$ für alle $(u,v) \in \mathbb{R}^2$. Daher ist das Funktionensystem ist für kein u, v umkehrbar.

12. Gegeben sind die Abbildungen
$\vec{f}: \mathbb{R}^2 \to \mathbb{R}^3$ mit $f_1 = x_1 + x_2$, $f_2 = x_1x_2$ und $f_3 = x_1^2 + x_2^2$ und
$\vec{g}: \mathbb{R}^3 \to \mathbb{R}^2$ mit $g_1 = (f_1 - f_2)f_3$ und $g_2 = f_1f_2f_3$.
Untersuchen Sie, ob in einer geeigneten Umgebung des Bildes von $P(1,1)$ die Abbildung $\vec{h} = \vec{g} \circ \vec{f}: \mathbb{R}^2 \to \mathbb{R}^2$ umkehrbar ist.

Lösung:
$\vec{f}$ und $\vec{g}$ und damit auch $\vec{h}$ sind überall stetig differenzierbar. $\vec{f}(1,1) = (2,1,2)^T$.

Es ist $J_{\vec{f}}(x,y) = \begin{pmatrix} \frac{\partial f_1}{\partial x_1} & \frac{\partial f_1}{\partial x_2} \\ \frac{\partial f_2}{\partial x_1} & \frac{\partial f_2}{\partial x_2} \\ \frac{\partial f_3}{\partial x_1} & \frac{\partial f_3}{\partial x_2} \end{pmatrix} = \begin{pmatrix} 1 & 1 \\ x_2 & x_1 \\ 2x_1 & 2x_2 \end{pmatrix}$ und damit $J_{\vec{f}}(1,1) = \begin{pmatrix} 1 & 1 \\ 1 & 1 \\ 2 & 2 \end{pmatrix}$.

Weiters ist $J_{\vec{g}}(f_1,f_2,f_3) = \begin{pmatrix} \frac{\partial g_1}{\partial f_1} & \frac{\partial g_1}{\partial f_2} & \frac{\partial g_1}{\partial f_3} \\ \frac{\partial g_2}{\partial f_1} & \frac{\partial g_2}{\partial f_2} & \frac{\partial g_2}{\partial f_3} \end{pmatrix} = \begin{pmatrix} f_3 & -f_3 & f_1 - f_2 \\ f_2f_3 & f_1f_3 & f_1f_2 \end{pmatrix}$ und damit

$J_{\vec{g}}(2,1,2) = \begin{pmatrix} 2 & -2 & 1 \\ 2 & 4 & 2 \end{pmatrix}$.

Aus $J_{\vec{h}}(1,1) = J_{\vec{g}}(2,1,2) J_{\vec{f}}(1,1) = \begin{pmatrix} 2 & -2 & 1 \\ 2 & 4 & 2 \end{pmatrix} \begin{pmatrix} 1 & 1 \\ 1 & 1 \\ 2 & 2 \end{pmatrix} = \begin{pmatrix} 2 & 2 \\ 10 & 10 \end{pmatrix}$ folgt $\det J_{\vec{h}}(1,1) = 0$. Daher ist $\vec{h}(x,y)$ in keiner Umgebung von $(1,1)$ umkehrbar.

13. Gegeben ist die Abbildung $\vec{f}: \mathbb{R}^3 \to \mathbb{R}^3$ durch:
$f_1 = xz - y^2$, $f_2 = 1 - 3xy$, $f_3 = 2z^2 - xy$.
Untersuchen Sie, ob in einer geeigneten Umgebung von $\vec{f}(\vec{x}^{\,0})$ mit $\vec{x}^{\,0} = (-1,1,-1)^T$ die Umkehrfunktion $\vec{f}^{\,-1}$ existiert.

Lösung:
$\vec{f}(x,y,z)$ ist auf ganz $\mathbb{R}^3$ stetig differenzierbar und besitzt die JACOBI-Determinante:

$\det J_{\vec{f}}(x,y,z) = \begin{vmatrix} \frac{\partial f_1}{\partial x} & \frac{\partial f_1}{\partial y} & \frac{\partial f_1}{\partial z} \\ \frac{\partial f_2}{\partial x} & \frac{\partial f_2}{\partial y} & \frac{\partial f_2}{\partial z} \\ \frac{\partial f_3}{\partial x} & \frac{\partial f_3}{\partial y} & \frac{\partial f_3}{\partial z} \end{vmatrix} = \begin{vmatrix} z & -2y & x \\ -3y & -3x & 0 \\ -y & -x & 4z \end{vmatrix}$. Daraus folgt:

$\det J_{\vec{f}}(-1,1,-1) = \begin{vmatrix} -1 & -2 & -1 \\ -3 & 3 & 0 \\ -1 & 1 & -4 \end{vmatrix} = \cdots = 36 \neq 0$. $\vec{f}(x,y,z)$ ist daher in der Umgebung des Bildpunktes $\vec{f}(-1,1,-1) = (0,4,3)^T$ umkehrbar.

14. Auf dem Gebiet $G := \mathbb{R}^2 \setminus \{x_1 + x_2 = -1\}$ ist die Funktion $\vec{f}: G \to \mathbb{R}^2$ gegeben durch

$$\vec{f}(x_1,x_2) = \left(\frac{x_1}{1+x_1+x_2}, \frac{x_2}{1+x_1+x_2}\right)^T .$$

(a) Berechnen Sie die Ableitung $\vec{f}'(x_1,x_2)$.
(b) Bestimmen Sie die Umkehrabbildung $\vec{f}^{\,-1}: \vec{f}(G) \to G$.
(c) Zeigen Sie, dass die Umkehrabbildung $\vec{f}^{\,-1}$ auf $\vec{f}(G)$ differenzierbar ist und berechnen Sie die Ableitung.

Lösung:

(a) $\vec{f}'(x_1,x_2) = \begin{pmatrix} \frac{\partial f_1}{\partial x_1} & \frac{\partial f_1}{\partial x_2} \\ \frac{\partial f_2}{\partial x_1} & \frac{\partial f_2}{\partial x_2} \end{pmatrix} = \cdots = \frac{1}{(1+x_1+x_2)^2} \begin{pmatrix} 1+x_2 & -x_1 \\ -x_2 & 1+x_1 \end{pmatrix}$.

(b) Aus $y_1 = \dfrac{x_1}{1+x_1+x_2}$ und $y_2 = \dfrac{x_2}{1+x_1+x_2}$ folgt durch Addition

$y_1 + y_2 = 1 - \dfrac{1}{1+x_1+x_2} = 1 - \dfrac{y_1}{x_1}$ und daraus: $x_1 = \dfrac{y_1}{1-y_1-y_2}$.

Analog folgt: $x_2 = \dfrac{y_2}{1-y_1-y_2}$ und damit schließlich:

$$\vec{f}^{\,-1}(y_1,y_2) = \left(\frac{y_1}{1-y_1-y_2}, \frac{y_2}{1-y_1-y_2}\right) .$$

(c) Analog zu a) erhalten wir damit:

$$(\vec{f}^{-1})'(y_1, y_2) = \frac{1}{(1 - y_1 - y_2)^2} \begin{pmatrix} 1 - y_2 & y_1 \\ y_2 & 1 - y_1 \end{pmatrix} .$$

1.5.3 Beispiele mit Lösungen

1. Berechnen Sie die erste Ableitung der durch

$$f(x, y) = ye^{x^2y} + x\cos y = 0$$

implizit gegebenen Funktion $y = y(x)$ im Punkt $x_0 = 0$.

Lösung: $y'(x) = -\dfrac{2xy^2e^{x^2y} + \cos y}{e^{x^2y} + x^2ye^{x^2y} - x\sin y}$, $y'(0) = -1$.

2. Gegeben ist das Funktionensystem

$$f_1(x, y, z) = x^2 + y^2 - z - 22 = 0 , \qquad f_2(x, y, z) = x + y^2 + z^3 = 0 .$$

a) Zeigen Sie, dass dieses System in der Umgebung des Punktes $P(4, 2, -2)$ eindeutig nach x und nach y auflösbar ist.

b) Bestimmen Sie ferner zwei Funktionen $\varphi_1(z)$ und $\varphi_2(z)$ derart, dass in $U(P)$ gilt: $f_i\big(\varphi_1(z), \varphi_2(z), z\big) \equiv 0$ für $i = 1, 2$.

Lösung:

$$\varphi_1(z) = \frac{1}{2} + \sqrt{\frac{1}{4} + z^3 + z + 22} , \qquad \varphi_2(z) = \sqrt{-z^3 - \frac{1}{2} - \sqrt{\frac{1}{4} + z^3 + z + 22}} .$$

3. Gegeben ist das Funktionensystem

$$f_1(x, y, z) = x^2 - 2y - e^{z-1} = 0 , \qquad f_2(x, y, z) = xy - z + 1 = 0 .$$

a) Zeigen Sie, dass es in einer geeigneten Umgebung des Punktes $P(1, 0, 1)$ zwei Funktionen $\varphi_1(z)$ und $\varphi_2(z)$ gibt, so dass dort gilt: $f_i\big(\varphi_1(z), \varphi_2(z), z\big) \equiv 0$ für $i = 1, 2$.

b) Bestimmen Sie ferner $\varphi_1'(1)$ und $\varphi_2'(1)$.

Lösung: $\varphi_1'(1) = \dfrac{3}{2}$, $\varphi_2'(1) = 1$.

4. Differenzieren Sie die nachfolgende implizit gegebene Funktion einmal nach x:

$$y\cos x - e^{xy} + \ln(xy) = 0 .$$

Lösung: $y'(x) = \dfrac{y\sin x + ye^{xy} - \frac{1}{x}}{\cos x - xe^{xy} + \frac{1}{y}}$.

5. Für welche Punkte $P(u, v, \varphi)$ ist das Funktionssystem

$$\begin{aligned} x &= uv\cos\varphi \\ y &= uv\sin\varphi \\ z &= u^2 - v^2 \end{aligned}$$

nicht umkehrbar?

Lösung: Nicht umkehrbar für $u = 0$ bzw $v = 0$.

6. Untersuchen Sie, ob das Funktionensystem

$$\begin{aligned} x &= a\cosh\alpha \ \sin\beta \ \cos\gamma \\ y &= a\cosh\alpha \ \sin\beta \ \sin\gamma \\ z &= a\sinh\alpha \ \cos\beta \end{aligned}$$

im Punkt $\alpha = 1,\ \beta = 0,\ \gamma = \pi/2$ eindeutig umkehrbar ist.

Lösung: Nicht umkehrbar.

7. Gegeben sind die Abbildungen
$\vec{f}:\ \mathbb{R}^2 \to \mathbb{R}^3$ mit $f_1 = x - y^2$, $f_2 = 1 + xy$ und $f_3 = x + y$ und
$\vec{g}:\ \mathbb{R}^3 \to \mathbb{R}^2$ mit $g_1 = f_1 + f_2 - f_3$ und $g_2 = f_1 f_2 - f_3^2$.
Untersuchen Sie, ob die Abbildung $\vec{h} = \vec{g} \circ \vec{f}:\ \mathbb{R}^2 \to \mathbb{R}^2$ in einer geeigneten Umgebung von $\vec{h}(x_0, y_0)$ mit $(x_0, y_0) = (1, 1)$ umkehrbar ist.

Lösung: Ja.

8. Gegeben sind die Abbildungen
$\vec{f}:\ \mathbb{R}^3 \to \mathbb{R}^2$ mit $f_1 = x + ze^y$, $f_2 = y^2 - z$ und
$\vec{g}:\ \mathbb{R}^2 \to \mathbb{R}^3$ mit $g_1 = f_1 - f_2$, $g_2 = f_1 f_2$ und $g_3 = \ln(f_1 + f_2)$.
Untersuchen Sie, ob die Abbildung $\vec{h} = \vec{g} \circ \vec{f}:\ \mathbb{R}^3 \to \mathbb{R}^3$ in einer geeigneten Umgebung von $\vec{h}(x_0, y_0, z_0)$ mit $(x_0, y_0, z_0) = (1, 0, 2)$ umkehrbar ist.

Lösung: Nein.

9. Gegeben ist die Abbildung $\vec{f}:\ \mathbb{R}^2 \to \mathbb{R}^2$ durch: $f_1 = x^y$, $f_2 = y^x$. Untersuchen Sie, ob in einer geeigneten Umgebung von $\vec{f}(\vec{x}^{\,0})$ mit $\vec{x}^{\,0} = (1, 1)^T$ die Umkehrfunktion $\vec{f}^{-1}$ existiert.

Lösung: Ja.

1.6 Extrema ohne Nebenbedingungen

1.6.1 Grundlagen

- Notwendiges Kriterium für Extrema:
  Sei $f : \mathbb{R}^n \to \mathbb{R}$ stetig differenzierbar in einer Umgebung eines Punktes $\vec{x}^{\,0}$ des Definitionsbereichs $D(f)$. Hat f an $\vec{x}^{\,0}$ ein relatives Extremum, so gilt notwendigerweise
  $$\operatorname{grad} f(\vec{x}^{\,0}) = \vec{0} \ .$$

- Eine Matrix $A \in M(n \times n; \mathbb{R})$ heißt positiv (negativ) definit, wenn ihre quadratische Form $Q(\vec{x}) = \vec{x}^T A\vec{x}$ für jeden Vektor $\vec{x} \neq \vec{0}$ nur positive (negative) Werte annehmen kann.

- Eine Matrix $A \in M(n \times n; \mathbb{R})$ ist positiv (negativ) definit, wenn alle ihre Eigenwerte positiv (negativ) sind.

- Eine Matrix $A \in M(n \times n; \mathbb{R})$ ist positiv definit, wenn alle ihre Hauptminoren positiv sind.

- Hinreichendes Kriterium für Extrema:
  Eine zweimal stetig differenzierbare Funktion $f : \mathbb{R}^n \to \mathbb{R}$, deren Gradient an einer Stelle $\vec{x}^{\,0}$ verschwindet, besitzt dort
  - ein isoliertes relatives Maximum, wenn ihre HESSE-Matrix negativ definit ist,
  - ein isoliertes relatives Minimum, wenn ihre HESSE-Matrix positiv definit ist.

1.6.2 Musterbeispiele

1. Bestimmen Sie die relativen Extrema der Funktion
$$f(x,y) = \ln(x+y) - \frac{x^3}{3} - y \ .$$

Lösung:
Die Funktion $f(x,y)$ ist in der Halbebene $x + y > 0$ definiert und dort jedenfalls zweimal stetig differenzierbar. Notwendig für das Vorliegen eines Extremums ist $\operatorname{grad} f = \vec{0}$, d.h. $f_x = \dfrac{1}{x+y} - x^2 = 0$ und $f_y = \dfrac{1}{x+y} - 1 = 0$. Subtraktion der beiden Gleichungen liefert $x^2 = 1$ und damit $x = \pm 1$. Aus der zweiten Gleichung folgt dann $y = 0$ oder $y = 2$. An $P_1(1,0)$ und $P_2(-1,2)$ liegen dann möglicherweise Extrema vor. Hinreichend für das Vorliegen eines Extremums im $\mathbb{R}^2$ ist $\Delta := \det\begin{pmatrix} f_{xx}(x,y) & f_{xx}(x,y) \\ f_{xy}(x,y) & f_{yy}(x,y) \end{pmatrix} > 0$ an $P_1(1,0)$ bzw. $P_2(-1,2)$. Mit $f_{xx} = -\dfrac{1}{(x+y)^2} - 2x$, $f_{xy} = -\dfrac{1}{(x+y)^2}$ und $f_{yy} = -\dfrac{1}{(x+y)^2}$ folgt: $\Delta = \dfrac{2x}{(x+y)^2}$ und damit $\Delta|_{P_1} = 2 > 0$ und $\Delta|_{P_2} = -2 < 0$. Daher liegt bei $P_1(1,0)$ ein Extremum vor, das wegen $f_{xx}|P_1 = -3 < 0$ ein Maximum ist. $P_2(-1,2)$ ist wegen $\Delta|_{P_2} < 0$ ein Sattelpunkt.

2. Bestimmen Sie alle Extrema der Funktion $f(x,y) = e^{x-y} + x^3 + 3x^2 - x + y$.

   Lösung:
   f ist auf ganz $\mathbb{R}^2$ jedenfalls zweimal stetig differenzierbar. Die notwendigen Bedingungen für das Vorliegen eines Extremums sind: $f_x = e^{x-y} + 3x^2 + 6x - 1 = 0$ und $f_y = -e^{x-y} + 1 = 0$. Aus der zweiten Bedingung folgt $y = x$ und damit durch Einsetzen in die erste Bedingung: $1 + 3x^2 + 6x - 1 = 0$, d.h. $x_1 = 0$ und $x_2 = -2$. Damit erhalten wir zwei Kandidaten für ein Extremum: $P_1(0,0)$ und $P_2(-2,-2)$. Aus $f_{xx} = e^{x-y} + 6x + 6$, $f_{xy} = -e^{x-y}$ und $f_{yy} = e^{x-y}$ folgt:
   $\Delta = \begin{vmatrix} e^{x-y} + 6x + 6 & -e^{x-y} \\ -e^{x-y} & e^{x-y} \end{vmatrix} = \cdots = (6x+6)e^{x-y} \Longrightarrow \Delta_{P_1} = 6 > 0$ und $\Delta_{P_2} = -6 < 0$. $P_1(0,0)$ ist dann wegen $\Delta_{P_1} > 0$ ein Extremum und zwar wegen $f_{xx}(0,0) = 7 > 0$ ein Minimum. $P_2(-2,-2)$ ist wegen $\Delta_{P_2} < 0$ kein Extremum.

3. Untersuchen Sie die Funktion $f(x,y,z) = x^2 + y^2 e^z + z^2$ auf Extrema. Gibt es auch absolute Extrema?

   Lösung:
   f ist auf ganz $\mathbb{R}^3$ jedenfalls zweimal stetig differenzierbar. Die notwendigen Bedingungen für das Vorliegen eines Extremums sind: $f_x = 2x = 0$, $f_y = 2ye^z = 0$ und $y^2e^z + 2z = 0$. Sie werden nur von $x = y = z = 0$ erfüllt. Ob in $P(0,0,0)$ ein Extremum vorliegt ist nun mit Hilfe der HESSE-Matrix

   $$H(x,y,z) = \begin{pmatrix} f_{xx}(x,y,z) & f_{xy}(x,y,z) & f_{xz}(x,y,z) \\ f_{xy}(x,y,z) & f_{yy}(x,y,z) & f_{yz}(x,y,z) \\ f_{xz}(x,y,z) & f_{yz}(x,y,z) & f_{zz}(x,y,z) \end{pmatrix} = \begin{pmatrix} 2 & 0 & 0 \\ 0 & 2e^z & 2ye^z \\ 0 & 2ye^z & 2 + y^2e^z \end{pmatrix}$$

   zu entscheiden. Im Punkt $P(0,0,0)$ ist $H(0,0,0) = \begin{pmatrix} 2 & 0 & 0 \\ 0 & 2 & 0 \\ 0 & 0 & 2 \end{pmatrix}$. Diese Matrix ist positiv definit, da die quadratische Form $\vec{x}^T H(0,0,0)\vec{x} = 2x^2 + 2y^2 + 2z^2$ für $\vec{x} \neq \vec{0}$ nur positive Werte annehmen kann. Damit liegt aber bei $P(0,0,0)$ ein Minimum vor. $f(x,y,z) \geq 0$ auf ganz $\mathbb{R}^3$ und $f(0,0,0) = 0$. Daher handelt es sich um ein absolutes Minimum.

4. Bestimmen Sie die relativen Extrema der Funktion

   $$f(x,y) = x^2 + xy + y^2 - 3ax - 3by, \quad a,b \in \mathbb{R}\,.$$

   Gibt es auch absolute Extrema?

   Lösung:
   $f \in C^2(\mathbb{R}^2)$. Die beiden notwendigen Bedingungen $f_x = 2x + y - 3a = 0$ und $f_y = x + 2y - 3b = 0$ sind nur für $x = 2a - b$, $y = -a + 2b$ erfüllt. Daher ist $P(2a-b, -a+2b)$ das einzige mögliche Extremum. Die hinreichende Bedingung $f_{xx}f_{yy} - f_{xy}^2 > 0$ ist mit $f_{xx} = 2$, $f_{xy} = 1$ und $f_{yy} = 2$ erfüllt. P ist dann ein Minimum. Um zu entscheiden, ob ein absolutes Minimum vorliegt, verschieben wir P in den Ursprung: $x = 2a - b + \xi$, $y = -a + 2b + \eta$, woraus folgt:
   $\hat{f}(\xi,\eta) = (2a-b+\xi)^2 + (2a-b+\xi)(-a+2b+\eta) + (-a+2b+\eta)^2 - 3a(2a-b+\xi) - 3b(-a+2b+\eta) = \cdots = \xi^2+\xi\eta+\eta^2-3a^2+3ab-3b^2 = \frac{\xi^2}{2}+\frac{\eta^2}{2}+\frac{(\xi+\eta)^2}{2}-3(a^2-ab+b^2) \geq -3(a^2-ab+b^2)$. Daher ist $P(2a-b, -a+2b)$ ein absolutes Minimum.

5. Untersuchen Sie, ob die Funktion

$$f(x,y) = \sin x + \sin y + \cos(x+y) \quad \text{in} \quad B: \; 0 \le x \le \frac{\pi}{2}\,, \; 0 \le y \le 2\pi$$

ein relatives Extremum besitzt.

Lösung:
f ist im betrachteten Bereich B zweimal stetig differenzierbar. Die notwendigen Bedingungen für das Vorliegen von relativen Extrema lauten:
$f_x = \cos x - \sin(x+y) = 0$ und $f_y = \cos y - \sin(x+y) = 0$.
Subtraktion liefert: $\cos x = \cos y$ mit den Lösungen $y_1 = x$ und $y_2 = 2\pi - x$. Durch Einsetzen von y_1 in $\cos x - \sin(x+y) = 0$ folgt: $\cos x - \sin(2x) = 0$ bzw. $\cos x(1 - 2\sin x) = 0$ mit den Lösungen: $x_1 = \frac{\pi}{2}$ und $x_2 = \frac{\pi}{6}$. Damit liegen bei $P_1\left(\frac{\pi}{2}\,,\frac{\pi}{2}\right)$ und $P_2\left(\frac{\pi}{6}\,,\frac{\pi}{6}\right)$ möglicherweise lokale Extrema vor. Für $y_2 = 2\pi - x$ folgt aus $\cos x - \sin(x+y) = 0$: $\cos x = 0$ mit der Lösung $x_3 = \frac{\pi}{2}$. Das ergibt ein weiteres mögliches lokales Extremum bei $P_3\left(\frac{\pi}{2}\,,\frac{3\pi}{2}\right)$. Die hinreichende Bedingung $\Delta = f_{xx}f_{yy} - f_{xy}^2 > 0$ ergibt mit $\Delta|_{P_1} = -1 < 0$, $\Delta|_{P_2} = \frac{3}{4} > 0$ und $\Delta|_{P_3} = -1 < 0$, dass ein Extremum nur bei P_2 vorliegt und wegen $f_{xx}|_{P_2} = -\frac{1}{2} < 0$ handelt es sich dabei um ein relatives Maximum. Wir untersuchen nun auf Randmaxima:
$f(x,0) = \sin x + \cos x$ ist maximal bei $x = \frac{\pi}{4}$ mit dem Funktionswert $\sqrt{2}$.
$f\left(\frac{\pi}{2}\,,y\right)$ ist konstant mit $f = 1$.
$f(x,2\pi) = \sin x + \cos(x+2\pi)$ ist maximal bei $x = \frac{\pi}{4}$ mit dem Funktionswert $\sqrt{2}$.
$f(0,y) = \sin y + \cos y$ ist maximal bei $y = \frac{\pi}{4}$ mit dem Funktionswert $\sqrt{2}$.
Da $f|_{P_2} = \frac{3}{2} > \sqrt{2}$, liegt an P_2 sogar ein absolutes Maximum vor.

6. Zeigen Sie, dass die Funktion $f(x,y,z) = \cosh x + e^y - \ln z - \dfrac{y}{e} + \dfrac{z}{2}$ im Punkt $P(0,-1,2)$ ein Minimum annimmt.

Lösung:
f ist in der Umgebung des Punktes P jedenfalls zweimal stetig differenzierbar. Die notwendige Bedingung $\operatorname{grad} f(0,-1,2)$ ist wegen $f_x(0,-1,2) = \sinh x|_P = 0$, $f_y(0,-1,2) = e^y - \frac{1}{e}\Big|_P = 0$ und $f_z(0,-1,2) = -\frac{1}{z} + \frac{1}{2}\Big|_P = 0$ erfüllt.
Für die hinreichende Bedingung werden die zweiten Ableitungen benötigt:
$f_{xx}(0,-1,2) = \cosh x|_P = 1$, $f_{xy}(0,-1,2) = 0$, $f_{xz}(0,-1,2) = 0$,
$f_{yy}(0,-1,2) = e^y|_P = \frac{1}{e}$, $f_{yz}(0,-1,2) = 0$, $f_{zz}(0,-1,2) = \frac{1}{z^2}\Big|_P = \frac{1}{4}$.

Die HESSE-Matrix im Punkt P ist dann $H(0,-1,2) = \begin{pmatrix} 1 & 0 & 0 \\ 0 & \frac{1}{e} & 0 \\ 0 & 0 & \frac{1}{4} \end{pmatrix}$. Sie ist offensichtlich positiv definit. Daher ist liegt bei P ein Minimum vor.

7. Untersuchen Sie für welche Werte $a \in \mathbb{R}$, $|a| > 3$, die Funktion $f(x,y) = x^2 + ay^2 + 3xy$ relative Extrema besitzt.

Lösung:
Es ist $f \in C^2(\mathbb{R}^2)$. Aus den notwendigen Bedingungen $f_x(x,y) = 2x + 3y = 0$ und $f_y(x,y) = 2ay + 3x = 0$ folgt wegen $|a| > 3$ die einzig mögliche Stelle für ein relatives Extremum der Punkt $P(0,0)$.

Da $\Delta = f_{xx}f_{yy} - f_{xy}^2 = 2(2a) - 3^2$ positiv sein soll, liegt nur für $a > \frac{9}{4}$ ein Extremum vor.

8. Untersuchen Sie, für welche Werte von $a, b \in \mathbb{R}$, $a \neq 0$, $b \neq 0$ die Funktion $f(x,y) = x^2e^y + ax + by$ ein Extremum besitzt.

Lösung:
f ist in ganz $\mathbb{R}^2$ zweimal stetig differenzierbar. Aus den notwendigen Bedingungen $f_x(x,y) = 2xe^y + a = 0$ und $f_y(x,y) = x^2e^y + b = 0$ folgt nach Elimination von e^y zunächst $x = \dfrac{2b}{a}$ und weiters durch Einsetzen etwa in die erste Gleichung $y = \ln\left(-\dfrac{a^2}{4b}\right)$. Damit muss bereits gelten: $b < 0$.
Die hinreichende Bedingung $\Delta = f_{xx}f_{yy} - f_{xy}^2 = 2e^y\,x^2e^y - (2xe^y)^2 = -2x^2e^y > 0$ ist unabhängig von a und b in ganz $\mathbb{R}^2$ nicht erfüllbar. Daher besitzt f für kein a, b ein Extremum.

9. Ermitteln Sie die relativen Extrema der Funktion

$$f(x,y) = ax^2 + 2xy + ay^2 - ax - ay\ , \quad a \in \mathbb{R},\ a^2 \neq 1$$

in Abhängigkeit von a.

Lösung:
f ist in ganz $\mathbb{R}^2$ zweimal stetig differenzierbar. Notwendig für das Vorliegen von Extrema ist:
$f_x(x,y) = 2ax + 2y - a = 0$ und $f_y(x,y) = 2x + ay - a = 0$.
Dieses Gleichungssystem besitzt die Lösung $x = y = \dfrac{a}{2(1+a)}$.
Ob im Punkt $P\left(\dfrac{a}{2(1+a)}, \dfrac{a}{2(1+a)}\right)$ ein Extremum vorliegt, folgt aus der hinreichenden Bedingung. Es ist $\Delta = f_{xx}f_{yy} - f_{xy}^2 = 4(a^2 - 1)$. Damit gilt:

a) Für $a < -1$ existiert ein relatives Maximum bei $(x_0, y_0) = \left(\dfrac{a}{2(a+1)}, \dfrac{a}{2(a+1)}\right)$.

b) Für $a > 1$ existiert ein relatives Minimum bei $(x_0, y_0) = \left(\dfrac{a}{2(a+1)}, \dfrac{a}{2(a+1)}\right)$.

c) Für $-1 < a < 1$ hat f keine relativen Extrema.

10. Sei $f(x,y) := (y - x^2)(y - 2x^2)$ für alle $x, y \in \mathbb{R}$. Zeigen Sie, dass $\operatorname{grad} f(0,0) = \vec{0}$ ist, aber f im Ursprung kein lokales Extremum hat.

Lösung:
$\operatorname{grad} f(x,y) = \begin{pmatrix} -2x(y-2x^2) - 4x(y-x^2) \\ (y-2x^2) + (y-x^2) \end{pmatrix}$, d.h. $\operatorname{grad} f(0,0) = \vec{0}$.

f nimmt unterhalb der Parabel $y = x^2$ und oberhalb der Parabel $y = 2x^2$ nur positive Werte an, zwischen diesen beiden Parabeln aber nur negative Werte. Dann existieren aber in jeder Umgebung des Ursprungs sowohl Punkte mit positiven und solche mit negativen Funktionswerten, so dass im Ursprung kein lokales Extremum vorliegen kann.

11. Ermitteln Sie die absoluten Extrema der Funktion $f(x,y) = 1 - x^2 - xy$ auf der Kreisscheibe $K:\ x^2 + y^2 \leq 1$.

    Lösung:
    Aus $f_x = 0$ und $f_y = 0$ folgt $x = y = 0$. Damit ist $P(0,0)$ möglicherweise ein lokales Extremum. Wegen $\Delta = f_{xx}f_{yy} - f_{xy}^2 = -2\cdot 0 - (-1)^2 = -1 < 0$ ist P kein Extremum. Da f stetig ist und K kompakt, muss f auf K sowohl Maximum als auch Minimum annehmen. Diese müssen dann aber auf dem Rand von K liegen. Parametrisierung der Kreislinie: $x(t) = \cos t,\ y = \sin t,\ 0 \leq t \leq 2\pi$ führt zum Extremwertproblem: $\tilde{f}(t) = f\big(x(t), x(t)\big) = 1 - \cos^2 t - \sin t \cos t$ soll auf $[0, 2\pi]$ extremal werden. Mit $\tilde{f}'(t) = 2\sin t \cos t - \cos^2 t + \sin^2 t = 0$ folgt: $\sin(2t) - \cos(2t) = 0$ mit den Lösungen $t_1 = \frac{\pi}{8}$, $t_2 = \frac{5\pi}{8}$, $t_3 = \frac{9\pi}{8}$ und $t_4 = \frac{13\pi}{8}$. Die zugehörigen Funktionswerte von $\tilde{f}$ sind $\tilde{f}(t_1) = \tilde{f}(t_3) = \frac{1-\sqrt{2}}{2}$ und $\tilde{f}(t_2) = \tilde{f}(t_4) = \frac{1+\sqrt{2}}{2}$. Die den Parameterwerten t_1 und t_3 entsprechenden Punkte $P_{1/3}\left(\pm\sqrt{\dfrac{1+\sqrt{2}}{2\sqrt{2}}}, \pm\sqrt{\dfrac{\sqrt{2}-1}{2\sqrt{2}}}\right)$ sind absolute Minima.

    Analog sind die Punkte $P_{2/4}\left(\pm\sqrt{\dfrac{\sqrt{2}-1}{2\sqrt{2}}}, \pm\sqrt{\dfrac{1-\sqrt{2}}{2\sqrt{2}}}\right)$ absolute Maxima.

1.6.3 Beispiele mit Lösungen

1. Bestimmen Sie die Extrema der Fläche $z = 4x^2 + \dfrac{x+y}{xy} + y$.

   Lösung: $P_1\left(\frac{1}{2}, 1, 5\right)$ ist Extremum (Minimum), $P_2\left(\frac{1}{2}, -1, 1\right)$ ist kein Extremum.

2. Bestimmen Sie die relativen Extrema der Fläche

   $$z = e^{2(x-y)} + \frac{x^3}{3} + \sqrt{6}\,x^2 + 2y.$$

   Lösung: Relatives Minimum bei $x_0 = 2 - \sqrt{6}$, $y_0 = 2 - \sqrt{6}$.

3. Für welche $\alpha \in \mathbb{R}$ besitzt die Fläche $z = \alpha x^2 + xy - 3y^2$ im Ursprung ein Maximum?

   Lösung: $\alpha < -\dfrac{1}{12}$.

4. Bestimmen Sie die relativen Extrema der Funktion

   $$z(x,y) = (a + x + y)^2 + (b - x + y)^2, \quad a, b \in \mathbb{R}.$$

   Lösung: Relatives Minimum an $x_0 = \dfrac{b-a}{2}$, $y_0 = -\dfrac{a+b}{2}$.

5. Berechnen Sie die im Bereich $0 \leq x \leq \frac{\pi}{2}$, $0 \leq y \leq \frac{\pi}{2}$ liegenden relativen Extrema der Funktion $z(x,y) = \sin x + \sin y + \sin(x+y)$.

   Lösung: Maximum bei $P\left(\dfrac{\pi}{3}, \dfrac{\pi}{3}, \dfrac{5\sqrt{3}}{2}\right)$.

6. Bestimmen Sie die relativen Extrema der Fläche

$$4z = 4\ln\left(\frac{y}{x}\right) + x^2 + 2\frac{x}{y} - 2\ln|y|, \quad xy \neq 0.$$

Lösung: Relative Minima bei $P_1\left(1, 1, \frac{3}{4}\right)$ und $P_2\left(-1, -1, \frac{3}{4}\right)$.

7. Untersuchen Sie die Funktion $f(x, y, z) = x\ln(y^2 + z^2) - yz$ im ersten Oktanten auf lokale Extrema.

   Lösung: Es gibt keine Extrema im ersten Oktanten.

8. Ermitteln Sie jene Bedingungen, denen α, $\beta \in \mathbb{R}$, $\alpha \neq 0$ genügen müssen, damit die Fläche $z(x, y) = \alpha x^4 + y^2 e^y - \beta x$ bei $(x_0, y_0) = (1, 0)$ ein relatives Extremum besitzt.

   Lösung: $\beta = 4\alpha$, $\alpha > 0$.

9. Prüfen Sie, ob die Fläche $z = \ln\left(\frac{y}{x}\right) + x^2 + xy$, $xy \neq 0$, relative Extrema besitzt.

   Lösung: Keine relativen Extrema.

10. Untersuchen Sie, ob die Funktion $f(x, y, z) = y + \frac{x^2}{2} + xy + ze^y + \frac{z^2}{2}$ im $\mathbb{R}^3$ ein relatives Extremum besitzt.

    Lösung: Es gibt kein Extremum im $\mathbb{R}^3$.

11. Bestimmen Sie jene $a \in \mathbb{R}$, $a \neq 0$, für welche die Funktion

$$z(x, y) = a\ln(x + y) - ax^2 - 6y$$

relative Maxima besitzt und geben Sie letztere an.

Lösung: $a > 0$, relatives Maximum bei $(x_0, y_0) = \left(\frac{3}{a}, \frac{a^2 - 18}{6a}\right)$.

12. Bestimmen Sie die lokalen Extrema der Funktion $f(x, y) = (x - y)^3 + (x + y)^3 - 6x$.

    Lösung:
    Mögliche Extrema bei $P_1(1, 0)$, $P_2(0, -1)$, $P_3(-1, 0)$, $P_4(0, 1)$.
    P_1 ist lokales Minimum, P_3 lokales Maximum, P_2 und P_4 sind Sattelpunkte.

1.7 Extrema mit Nebenbedingungen

1.7.1 Grundlagen

Bei derartigen Probemstellungen kann man entweder mittels der Nebenbedingungen jeweils eine Variable eliminieren, was rein technisch oft unmöglich ist, oder man nimmt weitere Variable hinzu (LAGRANGE'sche Parameter) und hat dann auch ein Problem ohne Nebenbedingungen.

- LAGRANGE'sche Multiplikatorregel:
  Sei $f : \mathbb{R}^n \to \mathbb{R}$ eine differenzierbare Funktion auf einer offenen Menge X. Seien ferner $g_l : \mathbb{R}^n \to \mathbb{R}$, $l = 1, \ldots, m$ linear unabhängige stetig differenzierbare Funktionen auf X. Hat unter diesen Voraussetzungen f an $\vec{x}^{\,0} \in X$ ein relatives Extremum, wobei nur jene $\vec{x} \in X$ betrachtet werden, für die alle $g_l(\vec{x}) = 0$ sind, so gibt es Zahlen $\lambda_1, \lambda_2, \ldots, \lambda_m$, so dass gilt:

  $$\frac{\partial f(x^0)}{\partial x_\nu} + \sum_{l=1}^{m} \lambda_l \frac{\partial g_l(x^0)}{\partial x_\nu} = 0 \quad \text{für } \nu = 1, 2, \ldots, n \, .$$

  $\lambda_1, \lambda_2, \ldots, \lambda_m$ heißen LAGRANGE'sche Parameter bzw. LAGRANGE'sche Multiplikatoren.

1.7.2 Musterbeispiele

1. Ermitteln Sie drei positive Zahlen x, y, z, deren Summe gleich 11 und deren gewichtetes quadratisches Mittel $\frac{x^2}{6} + \frac{y^2}{3} + \frac{z^2}{2}$ minimal ist.
   Lösung:
   Es soll also die Funktion $f(x, y, z) = \frac{x^2}{6} + \frac{y^2}{3} + \frac{z^2}{2}$ unter der Nebenbedingung $g(x, y, z) = x + y + z - 11 = 0$ minimal werden.
   Nach der Multiplikatorregel von LAGRANGE bilden wir dazu die Funktion

   $$F(x, y, z, \lambda) := \frac{x^2}{6} + \frac{y^2}{3} + \frac{z^2}{2} + \lambda(x + y + z - 11) \, ,$$

   deren Gradient an der gesuchten Extremalstelle Null sein soll. Das liefert das Gleichungssystem $\frac{x}{3} + \lambda = 0$, $\frac{2y}{3} + \lambda = 0$, $z + \lambda = 0$ und $x + y + z - 11 = 0$.
   Aus der ersten und zweiten Gleichung folgt $x = 2y$, aus den zweiten und dritten folgt $z = \frac{2y}{3}$. Einsetzen in die vierte Gleichung (d.i. die Nebenbedingung) ergibt: $x = 6, \; y = 3$ und $z = 2$.

   Bemerkungen:

   a) Die Funktion $\hat{f}(x, y) = \frac{x^2}{6} + \frac{y^2}{3} + \frac{1}{2}(11 - x - y)^2$, die sich durch Elimination der Nebenbedingung ergibt, ist stetig und nach unten beschränkt und hat daher sicher ein Minimum. Da es nur eine Extremalstelle gibt, muss es sich dabei um das Minimum handeln.
   b) Das betrachtete Problem kann auch geometrisch formuliert werden: Bestimmen

Sie das größte Ellipsoid der Form $\frac{x^2}{6}+\frac{y^2}{3}+\frac{z^2}{2}=d$, das die Ebene $x+y+z=11$ berührt.

2. Berechnen Sie den kürzesten Abstand des Nullpunktes zur Hyperbel

$$x^2+8xy+7y^2-225=0\ .$$

Lösung:
Der Abstand eines beliebigen Punktes $P(x,y)$ der Hyperbel vom Ursprung ist durch $d(x,y)=\sqrt{x^2+y^2}$ gegeben. Mit $d(x,y)$ wird auch $d^2(x,y)=x^2+y^2=:f(x,y)$ extremal. Gesucht wird also ein Punkt $P(x,y)$, für den die Funktion $f(x,y)=x^2+y^2$ extremal wird unter der Nebenbedingung $g(x,y)=x^2+8xy+7y^2-225=0$. Nach der Multiplikatorregel von LAGRANGE sollen dann im gesuchten Punkt P die partiellen Ableitungen von $F(x,y,\lambda)=x^2+y^2+\lambda(x^2+8xy+7y^2-225=0)$ verschwinden.
Das liefert das nichtlineare Gleichungssystem:
$2x+\lambda(2x+8y)=0\ ,\quad 2y+\lambda(8x+14y)=0\quad$ und $\quad x^2+8xy+7y^2=225.$
Subtraktion der mit x multiplizierten zweiten Gleichung von der mit y multiplizierten ersten Gleichung ergibt: $\lambda(8y^2-12xy-8x^2)=0$. λ kann nicht Null sein, da sonst aus den ersten beiden Gleichungen $x=0$ und $y=0$ folgt und der Punkt $P(0,0)$ nicht auf der Hyperbel liegt, d.h. dass die Nebenbedingung nicht erfüllt ist. Dann gilt aber $8y^2-12xy-8x^2$ mit den Wurzeln: $y_1=2x$ und $y_2=-\frac{x}{2}$.
Einsetzen von y_1 in die Nebenbedingung liefert $x^2+16x^2+28x^2=225$ mit den Wurzeln $x_{1/2}=\pm\sqrt{5}$, während sich mit y_2 durch Einsetzen die in $\mathbb{R}$ unlösbare Gleichung $x^2-4x^2+\frac{7}{4}x^2=225$ ergibt. Damit erhalten wir zwei Punkte $P_1(\sqrt{5},2\sqrt{5})$ und $P_2(-\sqrt{5},-2\sqrt{5})$, die beide den Abstand $\underline{d=5}$ vom Ursprung besitzen.

3. Untersuchen Sie, an welchen Stellen die Funktion
$f(x,y,z)=x^2+yz+z$ unter der Nebenbedingung
$g(x,y,z)=x^2+y^2-z^2=0$ möglicherweise Extrema besitzt.

Lösung:
Im Sinne der Multiplikatorregel von LAGRANGE bilden wir die Funktion

$$F(x,y,z,\lambda):=f(x,y,z)+\lambda g(x,y,z)=x^2+yz+z+\lambda(x^2+y^2-z^2)\ ,$$

deren Gradient an Extremstellen Null sein soll. Das liefert das nichtlineare Gleichungssystem

(1) $\frac{\partial F}{\partial x}=2x+2\lambda x=0,$

(2) $\frac{\partial F}{\partial y}=z+2\lambda y=0,$

(3) $\frac{\partial F}{\partial z}=y+1-2\lambda z=0,$

(4) $\frac{\partial F}{\partial \lambda}=x^2+y^2-z^2=0.$

Aus (1) folgt entweder $x=0$ oder $\lambda=-1$. Solche „Verzweigungen“ treten beim

Lösen nichtlinearer Gleichungssysteme häufig auf.

a) $\underline{x=0}$:
Aus (2) folgt $z = -2\lambda y$, woraus durch Einsetzen in (3) sich $y + 1 + 4\lambda^2 y = 0$ ergibt. Damit erhalten wir: $y = -\frac{1}{1+4\lambda^2}$ und $z = \frac{2\lambda}{1+4\lambda^2}$. Einsetzen in (4) liefert schließlich $\lambda_{1/2} = \pm\frac{1}{2}$ und damit die möglichen Extremstellen $P_1\left(0, -\frac{1}{2}, \frac{1}{2}\right)$ und $P_2\left(0, -\frac{1}{2}, -\frac{1}{2}\right)$.

b) $\underline{\lambda = -1}$:
Aus (2) und (3) folgt dann $y = -\frac{1}{5}$ und $z = -\frac{2}{5}$, woraus durch Einsetzen in (4) sich die Gleichung $x^2 + \frac{1}{25} - \frac{4}{25} = 0$ mit den Lösungen $x = \pm\frac{\sqrt{3}}{5}$ ergibt. Das liefert zwei weitere Kandidaten für Extrema: $P_{3/4}\left(\pm\frac{\sqrt{3}}{5}, -\frac{1}{5}, -\frac{2}{5}\right)$.

4. Bestimmen Sie die absoluten Extrema der Funktion $f(x,y) = x^2 + 4xy + 4y^2$ unter der Nebenbedingung $g(x,y) = x^2 + y^2 - 1 = 0$.

Lösung:
Wir bilden im Sinne de LAGRANGE-schen Multiplikatorregel die Funktion:

$$F(x,y,\lambda) = x^2 + 4xy + 4y^2 + \lambda(x^2 + y^2 - 1)\ ,$$

deren Gradient in Extremalpunkten Null wird. Das liefert das Gleichungssystem

$$(1)\quad \frac{\partial F}{\partial x} = 2x + 4y + 2\lambda x = 0,$$

$$(2)\quad \frac{\partial F}{\partial y} = 4x + 8y + 2\lambda y = 0,$$

$$(3)\quad \frac{\partial F}{\partial \lambda} = x^2 + y^2 - 1 = 0.$$

Aus (1) folgt $y = -\frac{1+\lambda}{2}x$ und weiters durch Einsetzen in (2): $(\lambda^2 + 5\lambda)x = 0$. Der Fall $x = 0$ liefert wegen (1) $y = 0$, was aber (3) widerspricht. Damit verbleiben die beiden Fälle $\lambda = 0$ und $\lambda = -5$.
Für $\lambda = 0$ folgt aus (1): $x = -2y$ und in weiterer Folge aus (3): $y = \pm\frac{1}{\sqrt{5}}$ und $x = \mp\frac{2}{\sqrt{5}}$. Das ergibt zwei mögliche Extrema: $P_1\left(-\frac{2}{\sqrt{5}}, \frac{1}{\sqrt{5}}\right)$, $P_2\left(\frac{2}{\sqrt{5}}, -\frac{1}{\sqrt{5}}\right)$.
Für $\lambda = -5$ folgt aus (1): $y = 2x$ und in weiterer Folge aus (3): $x = \pm\frac{1}{\sqrt{5}}$ und $y = \pm\frac{2}{\sqrt{5}}$. Das ergibt zwei mögliche Extrema: $P_3\left(\frac{1}{\sqrt{5}}, \frac{2}{\sqrt{5}}\right)$, $P_4\left(-\frac{1}{\sqrt{5}}, -\frac{2}{\sqrt{5}}\right)$.
Die Nebenbedingung $x^2 + y^2 - 1 = 0$ beschreibt eine kompakt Menge (Kreislinie). Die stetige Funktion f nimmt dort Maximum und Minimum an.
Wegen $f|_{P_1} = f|_{P_2} = 0$ hat f an den Stellen P_1 und P_2 absolute Minima und wegen $f|_{P_3} = f|_{P_4} = 5$ hat f an den Stellen P_3 und P_4 absolute Maxima.

5. Bestimmen Sie alle relativen und absoluten Extrema der Funktion $f(x,y,z) = -xy+z^2-3x+5y$ unter der Nebenbedingung $g(x,y,z) = x+y+z-1 = 0$.

Lösung:
Da hier auch auf absolute Extrema untersucht werden soll und die Nebenbedingung keine kompakte Menge beschreibt und da ferner die Nebenbedingung eine einfache lineare Funktion ist, ist es zweckmäßig, anstatt die Multiplikatorregel von LAGRANGE zu verwenden, eine Variable (z.B. y) zu eliminieren. Mit $y = 1-x-z$ folgt dann: $\hat{f}(x,z) = x^2 + xz + z^2 - 9x - 5z + 5$. Mit $\hat{f}_x = 2x + z - 9 = 0$ und $\hat{f}_z = x + 2z - 5 = 0$ erhalten wir: $x = \dfrac{13}{3}$ und $z = \dfrac{1}{3}$.
Aus der hinreichenden Bedingung $\Delta = \hat{f}_{xx}\hat{f}_{zz} - \hat{f}_{xz}^2 = 3 > 0$ folgt, dass ein Minimum vorliegt. Mit Hilfe der Translation $x = \xi + \frac{13}{3}$ und $z = \zeta + \frac{1}{3}$ erhalten wir:

$$\tilde{f}(\xi,\zeta) = \xi^2 + \xi\zeta + \zeta^2 - \frac{46}{3} = \frac{\xi^2}{2} + \frac{\zeta^2}{2} + \frac{(\xi+\zeta)^2}{2} - \frac{46}{3} \geq -\frac{46}{3}\,.$$

Da also $\tilde{f}$ und damit f nach unten beschränkt ist, liegt bei $P\left(\dfrac{13}{3}, -\dfrac{11}{3}, \dfrac{1}{3}\right)$ ein absolutes Minimum vor. Die y-Koordinate von P ergab sich dabei aus der Nebenbedingung.

6. Die Oberfläche einer oben offenen kreiszylindrischen Tonne sei gegeben. In welchem Verhältnis müssen Radius und Höhe gewählt werden, damit der Volumsinhalt der Tonne möglichst groß wird?

Lösung:
Es soll also $V(r,h) = r^2\pi h$ unter der Nebenbedingung $g(r,h) = r^2\pi + 2r\pi h - O = 0$ maximal werden. Im Sinne der Multiplikatorregel von LAGRANGE bilden wir die Funktion

$$F(r,h,\lambda) = V(r,h) + \lambda g(r,h) = r^2\pi h + \lambda(r^2\pi + 2r\pi h - O)$$

und setzen deren Gradienten Null. Das liefert die folgenden Gleichungen:

(1) $\dfrac{\partial F}{\partial r} = 2r\pi h + \lambda(2r\pi + 2\pi h) = 0,$

(2) $\dfrac{\partial F}{\partial h} = r^2\pi + \lambda 2r\pi = 0,$

(3) $\dfrac{\partial F}{\partial \lambda} = r^2\pi + 2r\pi h - O = 0.$

Aus (2) folgt $\lambda = -\dfrac{r}{2}$ und weiter durch Einsetzen in (1): $\underline{h = r}$.

7. Bestimmen Sie die stationären Stellen der Funktion $f(x,y,z) = x^2 + xz + y^2$ unter der Nebenbedingung $g(x,y,z) = x + y + z - 1 = 0$. Handelt es sich dabei um Extrema?

Lösung:
Hier ist es wieder zweckmäßig, aus der Nebenbedingung eine Variable zu eliminieren (z.B. z). Mit $z = 1 - x - y$ erhalten wir dann ein Extremalproblem ohne Nebenbedingung: $\hat{f}(x,y) = x^2 + x(1-x-y) + y^2 = y^2 - xy + x$. Wegen der notwendigen

Bedingungen $\hat{f}_x = -y+1 = 0$ und $\hat{f}_y = 2y-x = 0$ folgt: $\hat{P}(2,1)$ ist ein mögliches Extremum von $\hat{f}(x,y)$. Aus der notwendigen Bedingung $\Delta = \hat{f}_{xx}\hat{f}_{zz} - \hat{f}_{xz}^2 - 1 < 0$ folgt, dass an $\hat{P}(2,1)$ kein Extemum von $\hat{f}$ vorliegt. Dann hat aber auch f an $P(2,1,-2)$ kein Extremum.

8. Bestimmen Sie alle Extrema der Funktion $f(x_1,x_2,x_3,x_4) = x_1x_2x_3x_4$ unter der Nebenbedingung $g(x_1,x_2,x_3,x_4) = x_1+x_2+x_3+x_4-8 = 0$, mit $x_1, x_2, x_3, x_4z \geq 0$.

Lösung: Der Gradient der Funktion

$$F(x_1,x_2,x_3,x_4) = f(x_1,x_2,x_3,x_4)+\lambda g(x_1,x_2,x_3,x_4) = x_1x_2x_3x_4+\lambda(x_1+x_2+x_3+x_4-8)$$

muss an einer Extremstelle Null werden. Das liefert das Gleichungssystem:

(1) $\dfrac{\partial F}{\partial x_1} = x_2x_3x_4 + \lambda = 0,$

(2) $\dfrac{\partial F}{\partial x_2} = x_1x_3x_4 + \lambda = 0,$

(3) $\dfrac{\partial F}{\partial x_3} = x_1x_2x_4 + \lambda = 0,$

(4) $\dfrac{\partial F}{\partial x_4} = x_1x_2x_3 + \lambda = 0,$

(5) $\dfrac{\partial F}{\partial \lambda} = x_1 + x_2 + x_3 + x_4 - 8 = 0.$

Aus (1) – (2) folgt: $x_3x_4(x_2 - x_1) = 0$. Für $x_3 = 0$ oder $x_4 = 0$ ist f Null und daher minimal. Es verbleibt $x_2 = x_1$. Analog folgt aus (1) – (3): $x_3 = x_1$ und aus (1) – (4): $x_4 = x_1$. Einsetzen in (5) liefert $x_1 = x_2 = x_3 = x_4 = 2$. Der minimale Wert von f wird auf den Hyperflächen $x_1 = 0$, $x_2 = 0$, $x_3 = 0$ und $x_4 = 0$ angenommen. Im Punkt $P(2,2,2,2)$ wird dann aber das Maximum angenommen.

9. Bestimmen Sie alle Extrema der Funktion $f(x,y,z) = x^2 + yz - y^2 + z^2$ unter der Nebenbedingung $g(x,y,z) = 1 - x^2 - y^2 - z^2 = 0$.

Lösung: Wir bilden die Funktion

$$F(x,y,z,\lambda) := f(x,y,z) + \lambda g(x,y,z) = x^2 + yz - y^2 + z^2 + \lambda(1 - x^2 - y^2 - z^2)$$

und forden das Verschwinden des Gradienten. Das liefert das Gleichungssystem:

(1) $\dfrac{\partial F}{\partial x} = 2x - 2\lambda x = 2x(1-\lambda) = 0,$

(2) $\dfrac{\partial F}{\partial y} = z - 2y - 2\lambda y = z - 2y(1+\lambda) = 0,$

(3) $\dfrac{\partial F}{\partial z} = y + 2z - 2\lambda z = y + 2z(1-\lambda) = 0,$

(4) $\dfrac{\partial F}{\partial \lambda} = 1 - x^2 - y^2 - z^2 = 0.$

Aus (1) folgt entweder $\lambda = 1$ oder $x = 0$.

a) $\underline{\lambda = 1}$:

Wegen (3) ist $y = 0$, ferner wegen (2): $z = 0$ und schließlich wegen (4): $x = \pm 1$. Damit sind $P_1(1, 0, 0$ und $P_2(-1, 0, 0)$ mögliche Extrema von f.

b) $\underline{x = 0}$:

Aus (2) und (3) folgt $y + 4y(1 - \lambda^2) = 0$ mit den Lösungen $y = 0$ bzw. $\lambda = \pm\dfrac{\sqrt{5}}{2}$.

α) $\underline{y = 0}$:
Wegen (2) ist dann $z = 0$, was aber in (4) einen Widerspruch liefert.

β) $\underline{\lambda = \pm\dfrac{\sqrt{5}}{2}}$:
Aus (2) folgt dann $z = y(2 \pm \sqrt{5})$. Einsetzen in (4) liefert:
$1 - y^2\left(1 + (2 \pm \sqrt{5})^2\right) = 0$ bzw. $y = \pm\dfrac{1}{\sqrt{10 \pm 4\sqrt{5}}}$ und in weiterer Folge
$z = \pm\dfrac{2 \pm \sqrt{5}}{\sqrt{10 \pm 4\sqrt{5}}}$. Damit hat f an den Stellen

$$P_3\left(0, \frac{1}{\sqrt{10 + 4\sqrt{5}}}, \frac{2 + \sqrt{5}}{\sqrt{10 + 4\sqrt{5}}}\right), \ P_4\left(0, -\frac{1}{\sqrt{10 + 4\sqrt{5}}}, -\frac{2 + \sqrt{5}}{\sqrt{10 + 4\sqrt{5}}}\right)$$

$$P_5\left(0, \frac{1}{\sqrt{10 - 4\sqrt{5}}}, \frac{2 - \sqrt{5}}{\sqrt{10 - 4\sqrt{5}}}\right), \ P_6\left(0, -\frac{1}{\sqrt{10 - 4\sqrt{5}}}, -\frac{2 - \sqrt{5}}{\sqrt{10 - 4\sqrt{5}}}\right)$$

möglicherweise Extrema.

Da die Nebenbedingung eine kompakte Menge definiert (Oberfläche der Einheitskugel) nimmt f dort sowohl Maximum als auch Minimum an.
Wegen $f|_{P_1} = f|_{P_2} = 1$, $f|_{P_3} = f|_{P_4} = \frac{\sqrt{5}}{2}$ und $f|_{P_5} = f|_{P_6} = -\frac{\sqrt{5}}{2}$ besitzt f an P_3 und P_4 absolute Maxima und an den Stellen P_5 und P_6 absolute Minima.

10. Bestimmen Sie alle Extrema der Funktion $f(x, y, z) = x^2 + yz - y^2 + z^2$ unter der Nebenbedingung $g(x, y, z) = 1 - x^2 - y^2 - z^2 = 0$, indem Sie mittels der Nebenbedingung die Variable x eliminieren.

Lösung:
Mit $x^2 = 1 - y^2 - z^2$ aus der Nebenbedingung folgt: $\hat{f}(y, z) = 1 - 2y^2 + yz$ soll auf Extrema untersucht werden. Aus den notwendigen Bedingungen $\hat{f}_y = -4y + z = 0$ und $\hat{f}_z = y = 0$ folgt $y = z = 0$ und daher $\hat{Q}(0, 0)$ als mögliches Extremum. Die hinreichende Bedingung $\Delta = \hat{f}_{yy}\hat{f}_{zz} - \hat{f}_{yz}^2 = -1$ zeigt, dass an $\hat{Q}$ kein Extremum vorliegt. Warum erhalten wir im Gegensatz zur Lösung mittels der Methode von LAGRANGE hier keine Extrema? Wir haben zwar die Variable x mittels der Nebenbedingung eliminiert. Sie hat aber doch noch einen Einfluss auf das Extremalproblem für $\hat{f}(y, z)$. Im ursprünglichen Problem können y und z nur Werte annehmen, für die gilt: $y^2 + z^2 \leq 1$. Diese Einschränkung durch die Nebenbedingung bleibt aber erhalten, d.h. aber, dass wir Extrema nur im Einheitskreis $y^2 + z^2 \leq 1$ suchen. Solche können aber auch am Rand liegen. Parametrisierung des Randes: $y = \cos t$, $z = \sin t$ liefert das Extremalproblem: $\tilde{f}(t) = \hat{f}(\cos t, \sin t) = 1 - 2\cos^2 t + \cos t \sin t$ soll auf $[0, 2\pi]$ extremal werden. Die Gleichung $\tilde{f}'(t) = 4 \sin t \cos t - \sin^2 t + \cos^2 t = 0$ bzw. $2\sin(2t) + \cos(2t) = 0$ hat die Lösungen $t_1 = \frac{1}{2}\arcsin\left(\frac{1}{\sqrt{5}}\right)$, $t_2 = 2\pi - \frac{1}{2}\arcsin\left(\frac{1}{\sqrt{5}}\right)$, $t_3 = \pi + \frac{1}{2}\arcsin\left(\frac{1}{\sqrt{5}}\right)$ und $t_4 = \pi - \frac{1}{2}\arcsin\left(\frac{1}{\sqrt{5}}\right)$.

Daraus ergeben sich aber genau die Punkte $\hat{P}_1$ bis $\hat{P}_4$, die den Punkten P_3 bis P_6 des vorigen Beispiels entsprechen.

11. Bestimmen Sie das absolute Minimum der Funktion

$$f(x, y, z) = x + 2y + 3z \ , \qquad x, y, z > 0$$

unter der Nebenbedingung $g(x, y, z) = xyz - 36 = 0$.

Lösung:
Aus $F(x, y, z, \lambda) := f(x, y, z) + \lambda g(x, y, z) = x + 2y + 3z + \lambda(xyz - 36)$ folgt nach der LAGRANGE'schen Multiplikatorregel das Gleichungssystem

(1) $\dfrac{\partial F}{\partial x} = 1 + \lambda yz = 0,$

(2) $\dfrac{\partial F}{\partial y} = 2 + \lambda xz = 0,$

(3) $\dfrac{\partial F}{\partial z} = 3 + \lambda xy = 0,$

(4) $\dfrac{\partial F}{\partial \lambda} = xyz - 36 = 0.$

(2)−2(1) liefert: $\lambda z(x - 2y)$ und wegen $z > 0$ folgt dann: $x = 2y$.
(3)−3(1) liefert: $\lambda y(x - 2z)$ und wegen $y > 0$ folgt dann: $x = 3z$.
Einsetzen in (4) ergibt $x \frac{x}{2} \frac{x}{3} = 36$ bzw. $x = 6$ und daraus weiters: $y = 3$ und $z = 2$.
Dass es sich dabei um ein Minimum handelt, kann geometrisch gedeutet werden: Es soll eine Ebene $E: \ x + 2y + 3z = d$ ermittelt werden, die den Eckpunkt $P(x, y, z)$ eines Quaders im ersten Oktanten, der dem Ursprung gegenüberliegt, gerade enthält.

12. Ermitteln Sie die absoluten Extrema der Funktion $f(x, y, z) = x^2 + y^2 + z^2$ unter den Nebenbedingungen $g_1(x, y, z) = z - x^2 - y^2 = 0$ und $g_2(x, y, z) = x + y + z - 4 = 0$.

Lösung:
Gemäß der Multiplikatorregel von LAGRANGE bilden wir die Funktion

$$F(x, y, z, \lambda_1, \lambda_2) = f + \lambda_1 g_1 + \lambda_2 g_2 = x^2 + y^2 + z^2 + \lambda_1(z - x^2 - y^2) + \lambda_2(x + y + z - 4) \ ,$$

deren Gradient an einer möglichen Extremstelle verschwinden soll. Das liefert das Gleichungssystem:

(1) $\dfrac{\partial F}{\partial x} = 2x - 2\lambda_1 x + \lambda_2 = 2(1 - \lambda_1)x + \lambda_2 = 0,$

(2) $\dfrac{\partial F}{\partial y} = 2y - 2\lambda_1 y + \lambda_2 = 2(1 - \lambda_1)y + \lambda_2 = 0,$

(3) $\dfrac{\partial F}{\partial z} = 2z + \lambda_1 + \lambda_2 = 0,$

(4) $\dfrac{\partial F}{\partial \lambda_1} = z - x^2 - y^2 = 0,$

(5) $\dfrac{\partial F}{\partial \lambda_2} = x + y + z - 4 = 0.$

Aus (2)−(1) folgt $2(1 - \lambda_1)(y - x)$. Der Fall $\lambda_1 = 1$ liefert wegen (1) dann $\lambda_2 = 0$

und wegen (3): $z = -\frac{1}{2}$, was aber (4) widerspricht. Es verbleibt dann nur der Fall $y = x$. Einsetzen in (4) und (5) liefert $z = 2x^2$ und $z = 4 - 2x$, was zur Gleichung $2x^2 = 4 - 2x$ führt, deren Lösungen $x_1 = 1$ und $x_2 = -2$ sind. Insgesamt ergeben sich dann als mögliche Extremastellen: $P_1(1,1,2)$ und $P_2(-2,-2,8)$.
Die Nebenbedingungen definieren eine kompakte Menge, nämlich die Schnittkurve (Ellipse) des Paraboloids $z = x^2+y^2$ und der Ebene $x+y+z = 4$. Auf dieser nimmt die stetige Funktion f Maximum und Minimum an. Wegen $f|_{P_1} = 6$ und $f|_{P_2} = 72$ liegt an P_1 ein Minimum und an P_2 ein Maximum vor.

1.7.3 Beispiele mit Lösungen

1. Bestimmen Sie die absoluten Extrema der Funktion
$f(x,y,z) = x^2 + xz - y^2 + z^2$ unter der Nebenbedingung
$g(x,y,z) = x^2 + y^2 + z^2 - 1 = 0$.

   Lösung:
   Absolute Maxima bei $P_1\left(\frac{1}{\sqrt{2}}\,,0\,,\frac{1}{\sqrt{2}}\right)$ und bei $P_2\left(-\frac{1}{\sqrt{2}}\,,0\,,-\frac{1}{\sqrt{2}}\right)$,
   absolute Minima bei $P_3(0,1,0)$ und bei $P_4(0,-1,0)$.

2. Der Radius des Basiskreises und die Höhe eines geraden Kreiskegels sollen bei gegebener Mantelfläche so gewählt werden, da das Volumen maximal wird.

   Lösung: $h = \sqrt{2}\,r$.

3. Bestimmen Sie jenen Punkt Q auf dem Paraboloid $x^2+y^2 = 2z+9$, der vom Punkt $P(4,6,1)$ den kürzesten Abstand hat.

   Lösung: $Q(2,3,2)$.

4. Bestimmen Sie alle Extrema der Funktion $f(x,y,z) = \dfrac{x}{2} - y^2 + z^2$ unter der Nebenbedingung $g(x,y,z) = x^2 + y^2 + 2z^2 - 1 = 0$.

   Lösung:
   $P_1\left(\frac{1}{2}\,,0,\sqrt{\frac{3}{8}}\right)$ und $P_2\left(\frac{1}{2}\,,0,-\sqrt{\frac{3}{8}}\right)$ sind absolute Maxima,

   $P_3\left(-\frac{1}{4}\,,\frac{\sqrt{15}}{4}\,,0\right)$ und $P_4\left(-\frac{1}{4}\,,-\frac{\sqrt{15}}{4}\,,0\right)$ sind absolute Minima.

5. Bestimmen Sie alle Extrema der Funktion $f(x,y,z) = xy - z^2 - xz$ unter der Nebenbedingung $g(x,y,z) = x + y - z - 1 = 0$.

   Lösung: Maximum im Punkt $P(\frac{1}{2}\,,\frac{1}{2}\,,0)$.

6. Welche Punkte der Fläche $z = 1 + x^3 + 2y$ kommen als Kandidaten für Extrema unter der Nebenbedingung $x^2 + 2y^2 - 2 = 0$ in Frage?

   Lösung:
   $P_1(0,1)$, $P_2(0,-1)$, $P_3\left(\sqrt{\frac{3+\sqrt{7}}{3}}\,,\frac{1}{\sqrt{9+3\sqrt{7}}}\right)$, $P_4\left(-\sqrt{\frac{3+\sqrt{7}}{3}}\,,-\frac{1}{\sqrt{9+3\sqrt{7}}}\right)$,

$$P_5\left(\sqrt{\frac{3-\sqrt{7}}{3}}, \frac{1}{\sqrt{9-3\sqrt{7}}}\right), P_6\left(-\sqrt{\frac{3-\sqrt{7}}{3}}, -\frac{1}{\sqrt{9-3\sqrt{7}}}\right).$$

7. Bestimmen Sie die stationären Punkte der Funktion

$$f(x,y,z) = (x-1)^2 + (y-2)^2 + (z-1)^2$$

unter der Nebenbedingung $x^2 + y^2 = z^2$.

Lösung: $P_1\left(\frac{2}{5+\sqrt{5}}, \frac{4}{5+\sqrt{5}}, -\frac{1}{1+\sqrt{5}}\right), P_2\left(\frac{2}{5-\sqrt{5}}, \frac{4}{5-\sqrt{5}}, \frac{1}{-1+\sqrt{5}}\right)$.

8. Berechnen Sie die Extremwerte der folgenden Funktionen unter den angegebenen Nebenbedingungen:

a) $f(x,y,z) = \sin\left(\frac{x}{2}\right)\sin\left(\frac{y}{2}\right)\sin\left(\frac{z}{2}\right), \quad NB: \ x+y+z=\pi, \quad x,y,z \geq 0.$

b) $f(x,y) = \cos^2 x + 2\sin^2 y, \quad NB: \ y - x = \frac{\pi}{2}$.

Lösungen:

a) Minima: $P_1(\pi,0,0)$, $P_2(0,\pi,0)$, $P_3(0,0,\pi)$, Maximum: $P_4\left(\frac{\pi}{3}, \frac{\pi}{3}, \frac{\pi}{3}\right)$.

b) Rel. Maximum an $x = k\pi, k \in \mathbb{Z}$, rel. Minimum an $x = \frac{2k+1}{2}\pi, k \in \mathbb{Z}$.

9. Einem Kreis mit Radius R ist ein Dreieck maximaler Fläche einzuschreiben. Bestimmen Sie die Seitenlängen.
Lösung: $a = b = c = \sqrt{3}\,R$.

10. Ermitteln Sie die absoluten Extrema der Funktion $f(x,y)$ unter der Nebenbedingung $g(x,y) = 0$.

a) $f(x,y) = \frac{x+4y-1}{\sqrt{1+x^2+4y^2}}, \qquad g(x,y) = x^2 + 4y^2 - 15.$

b) $f(x,y,z) = 12x^2 + 4y^2 - 2z^2 - 8yz, \quad g(x,y,z) = 2x^2 + y^2 + z^2 - 5.$

Lösungen:

a) Absolutes Maximum bei $P_1(\sqrt{3}, \sqrt{3})$ und absolutes Minimum bei $P_2(-\sqrt{3}, -\sqrt{3})$.

b) Absolute Minima bei $P_{1,2}(0, \pm 1, \pm 2)$,
absolute Maxima auf der Ellipse $2x^2 + 5z^2 = 5, \ y = -2z$.

1.8 Kurven im $\mathbb{R}^n$

1.8.1 Grundlagen

- Kurven im $\mathbb{R}^n$:
  - Sei $\vec{x} : \mathbb{R} \to \mathbb{R}^n$ eine stetige Abbildung eines Intervalls $[a,b] \subset \mathbb{R}$ in den $\mathbb{R}^n$. $\vec{x}(t) = \big(x_1(t), x_2(t), \ldots, x_n(t)\big)^T$ heißt Weg im $\mathbb{R}^n$.
  - Die Bildmenge K eines Weges im $\mathbb{R}^n$ heißt Kurve im $\mathbb{R}^n$.
  - Ist $\vec{x}(a) = \vec{x}(b)$, so heißt K geschlossen.
  - Folgt aus $\vec{x}(t_1) = \vec{x}(t_2)$ stets $t_1 = t_2$, so heißt K JORDAN-Kurve.
  - $(\vec{x}(t), [a,b])$ heißt Parameterdarstellung von K.
  - K heißt glatt, wenn alle Komponentenfunktionen $x_i(t)$ von $\vec{x}(t)$ stetig differenzierbar sind und $\vec{x}(t) \neq \vec{0}$ auf $[a,b]$ ist.

- Bogenlängen von Kurven: Sei K stückweise glatt, so ist K rektifizierbar und es gilt für die Bogenlänge von K: $L_K = \displaystyle\int_a^b \|\vec{x}'(t)\| dt$.

- Ebene Kurven:
  - Eine ebene Kurve $\vec{x}(t) = \begin{pmatrix} x(t) \\ y(t) \end{pmatrix}$ besitzt am Punkt $P\big(x(t), y(t)\big)$ die Krümmung $k(t) = \dfrac{\dot{x}\ddot{y} - \dot{y}\ddot{x}}{(\dot{x}^2 + \dot{y}^2)^{3/2}}$ bzw. den Krümmungsradius $\rho(t) = \dfrac{(\dot{x}^2 + \dot{y}^2)^{3/2}}{|\dot{x}\ddot{y} - \dot{y}\ddot{x}|}$.
  - Eine ebene Kurve, dargestellt durch $y = y(x)$ besitzt am Punkt $P(x,y)$ die Krümmung $k(x) = \dfrac{y''}{(1 + y'^2)^{3/2}}$ und den Krümmungsradius $\rho(x) = \dfrac{(1 + y'^2)^{3/2}}{|y''|}$.
  - Sei K eine ebene Kurve, dargestellt durch $\vec{x}(t) = \begin{pmatrix} x(t) \\ y(t) \end{pmatrix}$. Die Kurve K^* mit den Koordinatenfunktionen $\xi(t) = x(t) - \dot{y}\dfrac{\dot{x}^2 + \dot{y}^2}{\dot{x}\ddot{y} - \dot{y}\ddot{x}}$ und $\eta(t) = y(t) + \dot{x}\dfrac{\dot{x}^2 + \dot{y}^2}{\dot{x}\ddot{y} - \dot{y}\ddot{x}}$ heißt Evolute von K.

- Raumkurven:
  - Sei K eine Raumkurve, dargestellt durch $\vec{x}(t) = \big(x(t), y(t), z(t)\big)$. Falls $\vec{x}(t)$ an der Stelle t_0 zweimal stetig differenzierbar ist und $\dot{\vec{x}}(t_0)$ und $\ddot{\vec{x}}(t_0)$ linear unabhängig sind, spannen letztere eine Ebene auf. Sie heißt Schmiegebene.
  - Die Raumkurve K sei dreimal stetig differenzierbar. Existieren die Vektoren $\vec{t}(t) := \dfrac{\dot{\vec{x}}(t)}{\|\dot{\vec{x}}(t)\|}$, $\vec{b}(t) := \dfrac{\dot{\vec{x}}(t) \times \ddot{\vec{x}}(t)}{\|\dot{\vec{x}}(t) \times \ddot{\vec{x}}(t)\|}$ und $\vec{h}(t) := \vec{b}(t) \times \vec{t}(t)$, so bilden sie ein lokales Orthonormalsystem des $\mathbb{R}^3$, das begleitende Dreibein. Sie heißen Tangenten-, Binormalen- und Hauptnormalenvektor der Kurve K.

– Falls K dreimal stetig differenzierbar ist und $\dot{\vec{x}}(t) \neq \vec{0}$ und $\dot{\vec{x}}(t) \times \ddot{\vec{x}}(t) \neq \vec{0}$, sind Krümmung und Torsion von K definiert:

$$k(t) := \frac{\|\dot{\vec{x}}(t) \times \ddot{\vec{x}}(t)\|}{\|\dot{\vec{x}}(t)\|^3} \quad \text{und} \quad \tau := \frac{\left(\dot{\vec{x}}(t), \ddot{\vec{x}}(t), \dddot{\vec{x}}(t)\right)}{\|\dot{\vec{x}}(t) \times \ddot{\vec{x}}(t)\|} .$$

1.8.2 Musterbeispiele

1. Gegeben ist die Kurve $K \subset \mathbb{R}^3$ durch

$$\vec{x}(t) = \left(1 - t, \ln t, \frac{t^2}{4}\right)^T, \quad 1 \le t \le \sqrt{e} .$$

Zeigen Sie, dass die Kurve rektifizierbar ist und berechnen Sie anschließend die Bogenlänge von K.

Lösung: Auf dem Intervall $[1, \sqrt{e}\,]$ sind die Komponentenfunktionen $x_i(t)$ von $\vec{x}(t)$ stetig differenzierbar. Daher ist K rektifizierbar und es gilt: $L_K = \int_1^{\sqrt{e}} \|\vec{x}'(t)\| dt$.

Mit $\vec{x}'(t) = \left(-1, \frac{1}{t}, \frac{t}{2}\right)^T$ folgt daraus:

$$L_K = \int_1^{\sqrt{e}} \sqrt{1 + \frac{1}{t^2} + \frac{t^2}{4}} dt = \int_1^{\sqrt{e}} \sqrt{\left(\frac{1}{t} + \frac{t}{2}\right)^2} dt = \int_1^{\sqrt{e}} \left(\frac{1}{t} + \frac{t}{2}\right) dt =$$

$$= \left(\ln t + \frac{t^2}{4}\right)\Bigg|_1^{\sqrt{e}} = \frac{1}{2} + \frac{e}{4} - \frac{1}{4} = \frac{1+e}{4} .$$

2. Untersuchen Sie, ob die Kurve K, dargestellt durch

$$\vec{x}(t) = \left(1 - t^2, \sqrt{t}, \sin t\right)^T, \quad 0 \le t \le 5$$

eine JORDAN-Kurve ist.

Lösung:
K ist eine JORDAN-Kurve, falls $\vec{x}(t_1) = \vec{f}(t_2) \Longleftrightarrow t_1 = t_2$, d.h. falls für mindestens ein $i \in \{1, 2, 3\}$ gilt: $x_i(t_1) = x_i(t_2) \Longleftrightarrow t_1 = t_2$. Für $i = 2$ erhalten wir tatsächlich $\sqrt{t_1} = \sqrt{t_2} \Longleftrightarrow t_1 = t_2$. Somit ist K eine JORDAN-Kurve.

3. Untersuchen Sie, ob die Kurve K, dargestellt durch

$$\vec{x}(t) = (2t - \pi \sin t, 2 - \pi \cos t)^T, \quad t \in [-\pi, \pi]$$

eine JORDAN-Kurve ist.

Lösung:
Sei $\vec{x}(t_1) = \vec{x}(t_2)$. Aus $x_2(t_1) = x_2(t_2)$ folgt: $2 - \pi \cos t_1 = 2 - \pi \cos t_2$ d.h.
$\cos t_1 = \cos t_2$ und daraus: $t_1 = t_2$ <u>oder</u> $t_1 = -t_2$. Mit $t_1 = -t_2$ folgt:
$x_1(t_1) - x_1(t_2) = x_1(-t_2) - x_1(t_2) = -2t_2 - \pi \sin(-t_2) - 2t_2 + \pi \sin(t_2) = 2\pi \sin t_2 - 4t_2$.
Dieser Ausdruck wird Null für $t_2 = \frac{\pi}{2}$. Dann ist $t_1 = -\frac{\pi}{2} \neq t_2$.
Damit ist K keine JORDAN-Kurve.

4. Gegeben ist die Kurve $K \subset \mathbb{R}^3$ durch: $\vec{x}(t) = \begin{pmatrix} 1-t \\ \sqrt{3}\,t \\ \sqrt{t^3} \end{pmatrix}$, $t \geq 0$.

   Bestimmen Sie die Länge des Kurvenstücks von $A(1,0,0)$ nach $B(0,\sqrt{3},1)$. Zeigen Sie ferner, dass K eine ebene Kurve ist.

   Lösung:

   Der Punkt A entspricht dem Parameterwert $t_1 = 0$ und der Punkt $B(0,\sqrt{3},1)$ dem Parameterwert $t_2 = 1$.

   Ferner gilt: $\dot{\vec{x}}(t) = \begin{pmatrix} -1 \\ \sqrt{3} \\ \frac{3}{2}\sqrt{t} \end{pmatrix} \Longrightarrow \|\dot{\vec{x}}\| = \sqrt{1+3+\frac{9}{4}t} = \frac{1}{2}\sqrt{16-9t}$.

   $$L = \int_0^1 \|\dot{\vec{x}}\|\,dt = \frac{1}{2}\int_0^1 \sqrt{16-9t}\,dt = \frac{1}{2}\,\frac{2}{3}\,\frac{1}{9}(16+9t)^{3/2}\Big|_0^1 = \frac{125-64}{27} = \frac{61}{27}\,.$$

   Wegen $\sqrt{3}x + y = \sqrt{3} - \sqrt{3}t + \sqrt{3}t = \sqrt{3}$ (unabhängig von t), liegt die Kurve K in der Ebene $\sqrt{3}x + y = \sqrt{3}$. Eine andere Möglichkeit besteht im Nachweis, dass der Binormalenvektor konstant ist oder dass die Torsion Null ist.

   $$\ddot{\vec{x}}(t) = \begin{pmatrix} 0 \\ 0 \\ \frac{3}{4\sqrt{t}} \end{pmatrix}, \vec{b} = \frac{\dot{\vec{x}} \times \ddot{\vec{x}}}{\|\dot{\vec{x}} \times \ddot{\vec{x}}\|} = \begin{pmatrix} \sqrt{3}/2 \\ 1/2 \\ 0 \end{pmatrix}, \dddot{\vec{x}}\,(t) = \begin{pmatrix} 0 \\ 0 \\ -\frac{3}{8t\sqrt{t}} \end{pmatrix}, \tau = \frac{(\dot{\vec{x}},\ddot{\vec{x}},\dddot{\vec{x}})}{\|\dot{\vec{x}} \times \ddot{\vec{x}}\|^2} = 0.$$

5. Gegeben ist die Raumkurve

   $$\vec{x}(t) = \begin{pmatrix} \sqrt{t}\cos t \\ \sqrt{t}\sin t \\ t \end{pmatrix} \quad , \qquad t \geq 0\,.$$

   Bestimmen Sie die Bogenlänge des Kurvenstücks zwischen $0 \leq t \leq 9$. Auf welcher Fläche liegt die Kurve?

   Lösung:

   $$\dot{\vec{x}}(t) = \begin{pmatrix} \frac{1}{2\sqrt{t}}\cos t - \sqrt{t}\sin t \\ \frac{1}{2\sqrt{t}}\sin t + \sqrt{t}\cos t \\ 1 \end{pmatrix} \Longrightarrow \|\dot{\vec{x}}(t)\|^2 = \frac{1}{4t}\cos^2 t - \cos t \sin t + t\sin^2 t +$$

   $$+\frac{1}{4t}\sin^2 t + \sin t\cos t + t\cos^2 t + 1 = \frac{1}{4t} + 1 + t = \left(\frac{1}{2\sqrt{t}} + \sqrt{t}\right)^2 .$$

   $$\Longrightarrow L = \int_0^9 \left(\frac{1}{2\sqrt{t}} + \sqrt{t}\right) dt = \left(\sqrt{t} + \frac{2}{3}t^{3/2}\right)\Big|_0^9 = 21.$$

   Wegen $x^2 + y^2 = t\cos^2 t + t\sin^2 t = t = z$ liegt die Raumkurve auf dem Paraboloid $z = x^2 + y^2$.

6. Gegeben ist die Kurve $K \subset \mathbb{R}^4$ durch

   $$\vec{x}(t) = \left(t\cos t,\, t\sin t,\, \sqrt{3}\,t,\, \frac{4}{3}t\sqrt{-t}\right)^T \quad , \qquad t \in [-3,-1]\,.$$

Berechnen Sie die Bogenlänge von K.

Lösung:

Aus $\vec{x}'(t) = \left(\cos t - t\sin t,\ \sin t + t\cos t,\ \sqrt{3},\ 2\sqrt{-t}\right)^T$ folgt:

$$\|\vec{x}'(t)\|^2 = \cos^2 t - 2t\sin t\cos t + t^2\sin^2 t + \sin^2 t + 2t\sin t\cos t + t^2\cos^2 t + 3 + 4t =$$
$$= 4 + 4t + t^2 = (2+t)^2 \Longrightarrow \|\vec{f}'(t)\| = |2+t|.\quad \text{Damit erhalten wir:}$$

$$L_K = \int_{-3}^{-1} |2+t|dt = \int_{-3}^{-2}(-2-t)dt + \int_{-2}^{-1}(2+t)dt = -\frac{(2+t)^2}{2}\bigg|_{-3}^{-2} + \frac{(2+t)^2}{2}\bigg|_{-2}^{-1} =$$
$$= \frac{1}{2} + \frac{1}{2} = 1.$$

Bemerkung: Hätten wir nach dem Wurzelziehen auf den Absolutbetrag vergessen, hätten wir die „unmögliche“ Bogenlänge 0 erhalten.

7. Gegeben ist die Kurve K im $\mathbb{R}^2$ durch

$$\vec{x}(t) = \begin{pmatrix} \cos t + \cos^2 t \\ \sin t + \sin t\cos t \end{pmatrix}, \qquad 0 \le t \le 2\pi\ .$$

Untersuchen Sie, in welchen Punkten der Tangentenvektor an K existiert. Bestimmen Sie ferner die Krümmung im Punkt $P(2,0)$ sowie die Bogenlänge von K.

Lösung:

Nachdem $\vec{x}(t)$ differenzierbar ist, existiert der Tangentenvektor in allen Punkten, in denen der Vektor $\dot{\vec{x}}(t)$ nicht Null ist.

$$\dot{\vec{x}}(t) = \begin{pmatrix} -\sin t - 2\sin t\cos t \\ \cos t + \cos^2 t - \sin^2 t \end{pmatrix} \stackrel{!}{=} \begin{pmatrix} 0 \\ 0 \end{pmatrix} \quad\Longrightarrow\quad \begin{cases} -\sin t(1 + 2\cos t) = 0 \\ \cos t + 2\cos^2 t - 1 = 0 \end{cases}.$$

Die erste Gleichung ist erfüllt für $t = 0$, $t = \pi$ oder für $\cos t = \frac{1}{2}$. Von diesen 3 Möglichkeiten erfüllt nur der Fall $t = \pi$ auch die zweite Gleichung. Dieser Fall entspricht dem Punkt $Q(0,0)$. Hier existiert der Tangentenvektor an K nicht.
Für die Krümmung im Punkt $P(2,0)$ (entspricht dem Parameterwert $t = 0$ bzw. $t = 2\pi$ - die Kurve K ist geschlossen) benötigen wir noch die zweite Ableitung.

$$\ddot{\vec{x}}(t) = \begin{pmatrix} -\cos t - 2\cos^2 t + 2\sin^2 t \\ -\sin t - 4\sin t\cos t \end{pmatrix}. \qquad \text{Es gilt: } \dot{\vec{x}}(0) = \begin{pmatrix} 0 \\ 2 \end{pmatrix},\quad \ddot{\vec{x}}(0) = \begin{pmatrix} -3 \\ 0 \end{pmatrix}$$

$$\Longrightarrow \kappa(0) = \frac{\dot{x}_1\ddot{x}_2 - \dot{x}_2\ddot{x}_1}{(\dot{x}_1{}^2 + \dot{x}_2{}^2)^{3/2}} = \frac{0\cdot 0 - 2(-3)}{(0^2+2^2)^{3/2}} = \frac{3}{4}\ .$$

$$\|\dot{\vec{x}}(t)\|^2 = \sin^2 t + 4\sin^2 t\cos t + 4\sin^2 t\cos^2 t + \cos^2 t + \cos^4 t + \sin^4 t + 2\cos^3 t -$$
$$-2\cos t\sin^2 t - 2\sin^2 t\cos^2 t =$$
$$= \underbrace{\sin^2 t + \cos^2 t)}_{1} + \underbrace{(\cos^4 t + 2\sin^2 t\cos^2 t + \sin^4 t)}_{1} + 2\sin^2 t\cos t + 2\cos^3 t =$$
$$= 2 + 2\cos t(\underbrace{\sin^2 t + \cos^2 t}_{1}) = 2(1+\cos t) = 4\cos^2\left(\frac{t}{2}\right). \qquad \text{Daraus folgt:}$$

$$L_K = \int_0^{2\pi} \|\dot{\vec{x}}(t)\|dt = \int_0^{2\pi} 2|\cos(t/2)|dt = 2\int_0^{\pi}\cos(t/2)dt - 2\int_{\pi}^{2\pi}\cos(t/2)dt =$$

$$= 4\sin(t/2)\Big|_0^{\pi} - 4\sin(t/2)\Big|_{\pi}^{2\pi} = 4 + 4 = 8.$$

8. Gegeben ist die Kurve K im $\mathbb{R}^3$ durch

$$\vec{x}(t) = \begin{pmatrix} \ln t \\ t \\ e^t \end{pmatrix} \quad , \qquad t \in \mathbb{R}\ .$$

Bestimmen Sie im Punkt $P(0,1,e)$ das begleitende Dreibein, die Krümmung und die Torsion.

Lösung:

$$\dot{\vec{x}}(t) = \begin{pmatrix} \frac{1}{t} \\ 1 \\ e^t \end{pmatrix} , \quad \ddot{\vec{x}}(t) = \begin{pmatrix} -\frac{1}{t^2} \\ 0 \\ e^t \end{pmatrix} , \quad \dddot{\vec{x}}(t) = \begin{pmatrix} \frac{2}{t^3} \\ 0 \\ e^t \end{pmatrix} \quad \text{und weiterhin mit } t_P = 1:$$

$$\dot{\vec{x}}(1) = \begin{pmatrix} 1 \\ 1 \\ e \end{pmatrix} , \quad \ddot{\vec{x}}(1) = \begin{pmatrix} -1 \\ 0 \\ e \end{pmatrix} , \quad \dddot{\vec{x}}(1) = \begin{pmatrix} 2 \\ 0 \\ e \end{pmatrix} . \quad \text{Damit erhalten wir in } P:$$

$$\vec{t} = \frac{1}{\sqrt{2+e^2}} \begin{pmatrix} 1 \\ 1 \\ e \end{pmatrix} , \quad \dot{\vec{x}} \times \ddot{\vec{x}} = \begin{pmatrix} e \\ -2e \\ 1 \end{pmatrix} \Longrightarrow \vec{b} = \frac{1}{\sqrt{1+5e^2}} \begin{pmatrix} e \\ -2e \\ 1 \end{pmatrix} .$$

$$\vec{h} = \vec{b} \times \vec{t} = \frac{1}{\sqrt{2+11e^2+5e^4}} \begin{pmatrix} -1-2e^2 \\ 1-e^2 \\ 3e \end{pmatrix} . \quad \text{Weiterhin erhalten wir:}$$

$$\kappa = \frac{\|\dot{\vec{x}} \times \ddot{\vec{x}}\|}{\|\dot{\vec{x}}\|^3} = \frac{\sqrt{1+5e^2}}{(2+e^2)^{3/2}} \quad , \qquad \tau = \frac{(\dot{\vec{x}}, \ddot{\vec{x}}, \dddot{\vec{x}})}{\|\dot{\vec{x}} \times \ddot{\vec{x}}\|^2} = \frac{3e}{1+5e^2} .$$

9. Gegeben ist die Raumkurve

$$\vec{x}(t) = \begin{pmatrix} 1+t \\ 1+t^2 \\ 1+t^3 \end{pmatrix} \quad , \qquad t \in \mathbb{R}\ .$$

Bestimmen Sie das begleitende Dreibein in jenem Punkt der Kurve, in dem die Torsion maximal ist. Berechnen Sie ferner in diesem Punkt die Krümmung und geben Sie die Schmiegebene an.

Lösung:

$$\dot{\vec{x}}(t) = \begin{pmatrix} 1 \\ 2t \\ 3t^2 \end{pmatrix} , \quad \ddot{\vec{x}}(t) = \begin{pmatrix} 0 \\ 2 \\ 6t \end{pmatrix} , \quad \dddot{\vec{x}}(t) = \begin{pmatrix} 0 \\ 0 \\ 6 \end{pmatrix} \qquad \text{und weiterhin:}$$

$$\dot{\vec{x}}(t) \times \ddot{\vec{x}}(t) = \begin{pmatrix} 6t^2 \\ -6t \\ 2 \end{pmatrix} \quad \text{sowie} \quad \left(\dot{\vec{x}}(t), \ddot{\vec{x}}(t), \dddot{\vec{x}}(t)\right) = 12, \quad \text{woraus folgt:}$$

$$\tau(t) = \frac{\left(\dot{\vec{x}}(t), \ddot{\vec{x}}(t), \dddot{\vec{x}}(t)\right)}{\|\dot{\vec{x}}(t) \times \ddot{\vec{x}}(t)\|^2} = \frac{12}{36t^4+36t^2+4} , \qquad \frac{d\tau}{dt} = -\frac{12 \cdot 36(4t^3+2t)}{(36t^4+36t^2+4)^2} \stackrel{!}{=} 0\ .$$

Die Torsion ist daher bei $t = 0$ extremal (maximal). Das entspricht dem Punkt $P(1,1,1)$. Damit ergibt sich für das begleitende Dreibein in diesem Punkt:

$$\vec{t}(0) = \begin{pmatrix} 1 \\ 0 \\ 0 \end{pmatrix}, \quad \vec{b}(0) = \begin{pmatrix} 0 \\ 0 \\ 1 \end{pmatrix} \Longrightarrow \vec{h}(0) = \begin{pmatrix} 0 \\ 1 \\ 0 \end{pmatrix} \quad \text{und ferner:}$$

$$\kappa(0) = \frac{\|\dot{\vec{x}}(0) \times \ddot{\vec{x}}(0)\|}{\|\dot{\vec{x}}(0)\|^3} = \frac{2}{1} = 2.$$

Für die Schmiegebene - deren Normalenvektor $\vec{b}$ ist - erhalten wir dann: $z = 1$.

10. Gegeben ist die Raumkurve

$$\vec{x}(t) = \begin{pmatrix} \frac{1}{2} + \frac{1}{2}\cos t \\ \frac{1}{2}\sin t \\ \frac{1}{2} - \frac{1}{2}\cos t \end{pmatrix}, \qquad 0 \le t \le 2\pi\ .$$

Zeigen Sie, dass sie eine geschlossene JORDAN-Kurve ist und bestimmen Sie die maximalen bzw. minimalen Werte für die Krümmung. Berechnen Sie ferner die Torsion und ermitteln Sie die Schmiegebene. Auf welchen Flächen liegt die Kurve und um welche Kurve handelt es sich?

Lösung:

Aus $x_1(t_1) = x_1(t_2)$ folgt $\cos t_1 = \cos t_2 \Longleftrightarrow t_1 = t_2$ oder $t_2 = 2\pi - t_1$. Aus $x_2(t_1) = x_2(t_2)$ folgt $\sin t_1 = \sin t_2 \Longleftrightarrow t_1 = t_2$ oder $t_2 = \pi - t_1$. Dann gilt aber: $\vec{x}(t_1) = \vec{x}(t_2) \Longleftrightarrow t_1 = t_2$, d.h. die Kurve ist eine JORDAN-Kurve und wegen $\vec{x}(0) = \vec{x}(2\pi)$ ist sie geschlossen.

$$\dot{\vec{x}}(t) = \frac{1}{2}\begin{pmatrix} -\sin t \\ \cos t \\ \sin t \end{pmatrix}, \quad \ddot{\vec{x}}(t) = \frac{1}{2}\begin{pmatrix} -\cos t \\ -\sin t \\ \cos t \end{pmatrix}, \quad \dddot{\vec{x}}(t) = \frac{1}{2}\begin{pmatrix} \sin t \\ -\cos t \\ -\sin t \end{pmatrix} = -\dot{\vec{x}}(t)\,,$$

$$\dot{\vec{x}}(t) \times \ddot{\vec{x}}(t) = \frac{1}{4}\begin{pmatrix} 1 \\ 0 \\ 1 \end{pmatrix}, \quad \|\dot{\vec{x}}(t)\| = \frac{1}{2}\sqrt{1+\sin^2 t} \Longrightarrow \kappa(t) = \frac{\frac{1}{4}\sqrt{2}}{\frac{1}{8}(1+\sin^2 t)^{3/2}}\,.$$

$\dot{\kappa}(t) = -\dfrac{6\sqrt{2}\sin t\cos t}{(1+\sin^2 t)^{5/2}} \overset{!}{=} 0$, was für $t = 0$, $t = \frac{\pi}{2}$, $t = \pi$, $t = \frac{3\pi}{2}$ und $t = 2\pi$ erfüllt ist. Damit ergibt sich: $\kappa_{max} = 2\sqrt{2}$ und $\kappa_{min} = 1$. Wegen $\dddot{\vec{x}}(t) = -\dot{\vec{x}}(t)$ ist $\left(\dot{\vec{x}}(t), \ddot{\vec{x}}(t), \dddot{\vec{x}}(t)\right) = 0$, d.h. $\tau(t) \equiv 0$. Daher liegt die Kurve in einer Ebene - ihrer Schmiegebene. (Dies hätte man auch schon an der Konstanz des Binormalenvektors erkennen können. Die Schmiegebene hat dann die Gleichung $x_1 + x_3 = 1$.

Wegen $x_1^2 + 2x_2^2 + x_3^2 = \frac{1}{4} + \frac{1}{2}\cos t + \frac{1}{4}\cos^2 t + 2\frac{1}{4}\sin^2 t + \frac{1}{4} - \frac{1}{2}\cos t + \frac{1}{4}\cos^2 t =$
$= \frac{1}{2} + \frac{1}{2}\underbrace{(\sin^2 t + \cos^2 t)}_{1} = 1$ liegt die Raumkurve auch auf dem Ellipsoid

$x_1^2 + 2x_2^2 + x_3^2 = 1$, ist also die Schnittkurve dieses Ellipsoids mit der Ebene $x_1 + x_3 = 1$, also eine Ellipse.

11. Gegeben ist die ebene Kurve

$$x(t) = t - \sin t, \quad y(t) = 1 - \cos t, \qquad t \in \mathbb{R}\ .$$

Bestimmen Sie den Radius des Krümmungskreises im Punkt $P(\frac{\pi}{2}, -1, 1)$. Ermitteln Sie ferner die Evolute dieser Kurve und zeigen Sie, dass es sich dabei im Wesentlichen um die gleiche Kurve handelt.

Lösung:

$\dot{x}(t) = 1 - \cos t,\ \ddot{x}(t) = \sin t,\ \dot{y}(t) = \sin t,\ \ddot{y}(t) = \cos t$

$$\rho(t) = \frac{(\dot{x}^2(t) - \dot{y}^2(t))^{3/2}}{|\dot{x}(t)\ddot{y}(t) - \ddot{x}(t)\dot{y}(t)|} = \frac{\left((1-\cos t)^2 + \sin^2 t\right)^{3/2}}{|\cos t(1-\cos t) - \sin t \sin t|} =$$

$$= \frac{(1 - 2\cos t + \cos^2 t + \sin^2 t)^{3/2}}{|\cos t - \cos^2 t - \sin^2 t|} = \frac{\left(2(1-\cos t)\right)^{3/2}}{1-\cos t} = \sqrt{8}\sqrt{1-\cos t}\ .$$

Der Punkt P entspricht dem Parameterwert $t = \frac{\pi}{2}$, woraus folgt: $\rho\left(\frac{\pi}{2}\right) = \sqrt{8}$.

Als nächstes ermitteln wir die Evolute:

$$\xi(t) = x(t) - \dot{y}(t)\frac{\dot{x}^2(t) + \dot{y}^2(t)}{\dot{x}(t)\ddot{y}(t) - \ddot{x}(t)\dot{y}(t)} = t - \sin t - \sin t\frac{2(1-\cos t)}{\cos t - 1} = t + \sin t.$$

$$\eta(t) = y(t) + \dot{x}(t)\frac{\dot{x}^2(t) + \dot{y}^2(t)}{\dot{x}(t)\ddot{y}(t) - \ddot{x}(t)\dot{y}(t)} = 1 - \cos t + (1-\cos t)(-2) = -1 + \cos t.$$

Setzen wir $t = \pi + \tau$, so erhalten wir:

$\hat{\xi}(\tau) = (\pi + \tau) + \sin(\pi + \tau) = \pi + (\tau - \sin\tau) = \pi + x(\tau),$

$\hat{\eta}(\tau) = -1 + \cos(\pi + \tau) = -1 - \cos\tau = -2 + (1 - \cos\tau) = -2 + y(\tau).$

D.h. die Evolute der Kurve erhält man durch Parallelverschiebung der ursprünglichen Kurve um π nach rechts und um 2 nach unten.

Bemerkung:

Die vorliegende Kurve ist eine Zykloide.

1.8.3 Beispiele mit Lösungen

1. Untersuchen Sie, ob die Kurve K mit der Darstellung

$$\vec{x}(t) = \left(\frac{t^2}{1+t^2}, \cosh t, t^3\right)^T, \quad t \in [-1, 5]$$

eine rektifizierbare JORDAN-Kurve ist.

Lösung: Ja.

2. Gegeben ist die Kurve K mit der Darstellung

$$\vec{x}(t) = \left(\ln t, t, \frac{t^2}{2}, \cos t, \sin t\right)^T, \quad t \in [1, \sqrt{e}]\ .$$

Zeigen Sie, dass K eine rektifizierbare JORDAN-Kurve ist und berechnen Sie ihre Bogenlänge.

Lösung: $L(K) = \frac{e}{2}$.

3. Bestimmen Sie das begleitende Dreibein der Kurve

$$\vec{x}(t) = 5\sin t\,\vec{e}_1 - 3\cos t\,\vec{e}_2 - 4\cos t\,\vec{e}_3$$

im Punkt $P(5,0,0)$.

Lösung: $\vec{t} = \left(0, \frac{3}{5}, \frac{4}{5}\right)^T, \quad \vec{h} = (-1,0,0)^T, \quad \vec{b} = \left(0, -\frac{4}{5}, \frac{3}{5}\right)^T.$

4. Bestimmen Sie die Bogenlänge der Kurve $x = t^2,\ y = \frac{t}{3}(t^2-3)$ zwischen den Schnittpunkten mit der x-Achse.

Lösung: $s = 4\sqrt{3}$.

5. Gegeben ist die Raumkurve $\vec{x}(t) = \begin{pmatrix} e^t\cos t \\ \sin t \\ \pi^2 - t^2 \end{pmatrix}, \quad t \in \mathbb{R}$.

a) Bestimmen Sie das begleitende Dreibein im Punkt $P(1,0,\pi^2)$.

b) In welchen Punkten durchstößt die Kurve $\vec{x}(t)$ die xy-Ebene und welchen Winkel schließt sie dort mit der z-Richtung ein?

Lösung: a) $\vec{t} = \frac{1}{\sqrt{2}}\begin{pmatrix} 1 \\ 1 \\ 0 \end{pmatrix}, \ \vec{h} = \begin{pmatrix} 0 \\ 0 \\ -1 \end{pmatrix}, \ \vec{b} = \frac{1}{\sqrt{2}}\begin{pmatrix} -1 \\ 1 \\ 0 \end{pmatrix}.$

b) $P_1(-e^{\pi},0,0),\ P_2(-e^{-\pi},0,0),\ \cos\gamma_1 = \frac{-2\pi}{\sqrt{e^{2\pi}+1+4\pi^2}},$

$\cos\gamma_2 = \frac{2\pi}{\sqrt{e^{-2\pi}+1+4\pi^2}}.$

6. Gegeben ist die Raumkurve $\vec{x}(t) = \begin{pmatrix} t+t^2 \\ t^2 \\ t-t^2 \end{pmatrix}$.

a) Bestimmen Sie das begleitende Dreibein in dem Punkt der Kurve, für welchen $\|\dot{\vec{x}}\|$ ein Extremum ist.

b) Bestimmen Sie den Durchstoßpunkt der Geraden $\vec{y}(s) = (1, 2+s, 1+s)^T$, ($s$ Parameter), mit der Schmiegebene im Punkt $t_0 = 0$ an die gegebene Raumkurve.

Lösung:

a) $t = 0,\ P(0,0,0),\ \vec{t} = \frac{1}{\sqrt{2}}\begin{pmatrix} 1 \\ 0 \\ 1 \end{pmatrix}, \vec{h} = \frac{1}{\sqrt{3}}\begin{pmatrix} 1 \\ 1 \\ -1 \end{pmatrix}, \vec{b} = \frac{1}{\sqrt{6}}\begin{pmatrix} -1 \\ 2 \\ 1 \end{pmatrix}.$

b) $Q\left(1, \frac{2}{3}, -\frac{1}{3}\right)$.

7. Mit α werde der Winkel, unter dem sich die beiden Kurven $x^2 + y^2 = 36$ und $y^2 = 16x,\ y \geq 0$, schneiden, bezeichnet. Berechnen Sie $\tan\alpha$.

Lösung: $\tan\alpha = -\frac{5}{\sqrt{2}}$.

8. Bestimmen Sie im Punkt $P(\pi, 2, \pi^2)$ das begleitende Dreibein der Kurve

$$\vec{x}(t) = (t + \sin t,\ 1 - \cos t, t^2)^T,\ t \in \mathbb{R}.$$

Geben Sie ferner alle Punkte der Kurve an, in denen der Tangentenvektor parallel zur z-Achse ist.

Lösung: $\vec{t}_p = \begin{pmatrix} 0 \\ 0 \\ 1 \end{pmatrix}$, $\vec{h}_p = \begin{pmatrix} 0 \\ -1 \\ 0 \end{pmatrix}$, $\vec{b}_p = \begin{pmatrix} 1 \\ 0 \\ 0 \end{pmatrix}$;

$P_k\Big((2k+1)\pi,\ 1,\ (2k+1)^2\pi^2\Big),\ k \in \mathbb{Z}.$

9. Gegeben ist die Raumkurve

$$\vec{x}(t) = \begin{pmatrix} t^2 \\ 2t \\ t - t^2 \end{pmatrix}, \quad t \in \mathbb{R}.$$

a) Bestimmen Sie im Punkt $P(0,0,0)$ Krümmung, Torsion und die Gleichung der Schmiegebene.

b) Ermitteln Sie jenen Punkt auf der Raumkurve, in dem die Krümmung maximal ist.

Lösung:

a) $t_0 = 0, \quad \kappa(0) = \dfrac{6}{\sqrt{125}}, \quad \tau(0) = 0, \quad$ Schmiegebene: $2x - y + 2z = 0$.

b) $t^* = \dfrac{1}{4}, \quad Q\left(\dfrac{1}{16}, \dfrac{1}{2}, \dfrac{3}{16}\right)$.

10. Bestimmen Sie die Evolute der gleichseitigen Hyperbel $y = \dfrac{1}{x}$.

Lösung: $\quad \xi = \dfrac{3x}{2} + \dfrac{1}{2x^3}, \quad \eta = \dfrac{3}{2x} + \dfrac{x^3}{2}$.

11. Ermitteln Sie eine Parameterdarstellung der Schnittkurve der Fläche

$$z = x^3 - y^3 + 3xy$$

mit der Ebene $2x = y$.

Lösung: $\quad x(t) = t,\ y(t) = 2t,\ z(t) = -7t^3 + 6t^2$.

12. Bestimmen Sie die Bogenlänge der Kurve

$$x(t) = \frac{1}{3}\Big(t^2 + 15\Big)^{3/2}, \quad y(t) = \frac{5}{2}\Big(t\sqrt{1-t^2} + \arcsin t\Big), \quad -\frac{1}{2} \le t \le \frac{1}{2}.$$

Lösung: $\quad L = \dfrac{59}{12}$.

13. Gegeben ist die Raumkurve

$$\vec{x}(t) = \begin{pmatrix} t^3 + 4t \\ -t \\ \cos t \end{pmatrix}, \quad t \in \mathbb{R}.$$

Bestimmen Sie jene Punkte der Kurve, in denen der Binormalenvektor parallel zur xy-Ebene ist.

Lösung: $P(0,0,1)$.

14. Gegeben ist die Raumkurve

$$\vec{x}(t) = \begin{pmatrix} 2+t^2 \\ 3+t^3 \\ 1+t \end{pmatrix}, \quad t \in \mathbb{R}.$$

Bestimmen Sie das begleitende Dreibein, die Krümmung und die Torsion in jenen Punkten der Kurve, in denen die Funktion $\|\ddot{x}\|^4$ ein relatives Minimum besitzt.

Lösung:

$$t_0 = 0\,,\ \kappa(0) = 2\,,\ \tau(0) = 3\,,\ \vec{t}(0) = \begin{pmatrix} 0 \\ 0 \\ 1 \end{pmatrix},\ \vec{b}(0) = \begin{pmatrix} 0 \\ 1 \\ 0 \end{pmatrix},\ \vec{h}(0) = \begin{pmatrix} 1 \\ 0 \\ 0 \end{pmatrix}.$$

15. Führen Sie in der Kurve

$$\vec{x} = 3\cos t\,\vec{e}_1 + 5\sin t\,\vec{e}_2 + 4\cos t\,\vec{e}_3$$

als neuen Parameter die Bogenlänge s ein, wobei der Punkt $P(3,0,4)$ dem Parameter $s_0 = 0$ entsprechen soll und berechnen Sie Tangente, Normale und Binormale. Zeigen Sie, dass die Kurve auf einer Kugel liegt. Welchen Radius besitzt sie?

Lösung: $s = 5t,\ \vec{t}(s) = \left(-\frac{3}{5}\sin\frac{s}{5}, \cos\frac{s}{5}, -\frac{4}{5}\sin\frac{s}{5}\right)^T,$

$$\vec{h}(s) = \left(-\frac{3}{5}\cos\frac{s}{5}, -\sin\frac{s}{5}, -\frac{4}{5}\cos\frac{s}{5}\right)^T,\ \vec{b}(s) = \left(-\frac{4}{5}, 0, \frac{3}{5}\right)^T,\ R = 5.$$

16. Gegeben sind die Flächen $x^2 + y^2 = \sqrt[3]{(6z)^2},\ \ \frac{y}{x} = \tan\sqrt[3]{6z}$.
Bestimmen Sie:
a) Die Schnittkurve $\vec{x}(t)$ der Flächen. (Hinweis: Setzen Sie $6z = t^3$.)
b) Die Bogenlänge der Schnittkurve von $z = 0$ bis $z = \frac{1}{6}$.
c) Das begleitende Dreibein im Punkt $z = 0$ der Schnittkurve.

Lösung:

$$\text{a) } \vec{x}(t) = \begin{pmatrix} t\ \cos t \\ t\ \sin t \\ \frac{t^3}{6} \end{pmatrix},\quad \text{b) } s = \frac{7}{6},\quad \text{c) } \vec{t} = \begin{pmatrix} 1 \\ 0 \\ 0 \end{pmatrix},\ \vec{h} = \begin{pmatrix} 0 \\ 1 \\ 0 \end{pmatrix},\ \vec{b} = \begin{pmatrix} 0 \\ 0 \\ 1 \end{pmatrix}.$$

17. Bestimmen Sie die Gleichung der Tangente und der Normalen der Zykloide $\left\{\begin{array}{l} x = 6(t-\sin t) \\ y = 6(1-\cos t) \end{array}\right.$ im Punkt $z = \frac{\pi}{3}$.

Lösung: $\vec{x}(\lambda) = \begin{pmatrix} 2\pi - 3\sqrt{3} \\ 3 \end{pmatrix} + \lambda \begin{pmatrix} 1 \\ \sqrt{3} \end{pmatrix},\ \vec{y}(\tau) = \begin{pmatrix} 2\pi - 3\sqrt{3} \\ 3 \end{pmatrix} + \tau \begin{pmatrix} -\sqrt{3} \\ 1 \end{pmatrix}.$

18. Gegeben sind die Raumkurven $\vec{x}_1(t) = \begin{pmatrix} -1+t^2 \\ t^2 \\ e^t \end{pmatrix}, \quad \vec{x}_2(\tau) = \begin{pmatrix} \cos\tau \\ \sin\tau \\ \frac{\tau}{\pi} \end{pmatrix}$.

    a) In welchem Punkt schneiden sich diese Raumkurven?
    b) Unter welchem Winkel schneiden sich diese beiden Raumkurven?
    c) Welche Ebene wird von den beiden Tangentenvektoren im Schnittpunkt aufgespannt?
    d) Bestimmen Sie Tangenten-, Normalen- und Binormalenvektor für die Kurve $\vec{x}_2(\tau)$ im Punkt $\left(\frac{1}{\sqrt{2}}, \frac{1}{\sqrt{2}}, \frac{1}{4}\right)$.

Lösung: a) $P(-1,0,1)$, b) $\cos\alpha = \dfrac{1}{\sqrt{1+\pi^2}}$, c) $x=-1$,

$$\text{d) } \vec{t} = \frac{1}{\sqrt{1+\pi^2}} \begin{pmatrix} \frac{-\pi}{\sqrt{2}} \\ \frac{\pi}{\sqrt{2}} \\ 1 \end{pmatrix}, \ \vec{h} = \begin{pmatrix} -\frac{1}{\sqrt{2}} \\ -\frac{1}{\sqrt{2}} \\ 0 \end{pmatrix}, \ \vec{b} = \frac{1}{\sqrt{1+\pi^2}} \begin{pmatrix} \frac{1}{\sqrt{2}} \\ -\frac{1}{\sqrt{2}} \\ \pi \end{pmatrix}.$$

1.9 Mehrfachintegrale

1.9.1 Grundlagen

- Für stückweise stetige und beschränkte Integranden darf bei Mehrfachintegralen die Reihenfolge der Integrale vertauscht werden.

- Normalbereiche im $\mathbb{R}^2$:
Ein Bereich B heißt Normalbereich bezüglich der x-Achse, wenn es zwei Zahlen $a, b \in \mathbb{R}$ gibt und wenn es ferner auf $[a, b]$ zwei Funktionen $f(x)$ und $g(x)$ gibt, so dass gilt:
$$B = \Big\{(x, y) \,|\, a \le x \le b,\ f(x) \le y \le g(x)\Big\} .$$
Dann ist $\iint_B F(x,y)dxdy = \int_{x=a}^{b} \int_{y=f(x)}^{g(x)} F(x,y)dxdy = \int_{x=a}^{b} \left(\int_{y=f(x)}^{g(x)} F(x,y)\, dy \right) dx.$
Analoges gilt für Normalbereiche bezüglich der y-Achse:
$$B = \Big\{(x, y) \,|\, f(y) \le x \le g(y),\ c \le y \le d\Big\} .$$

- Normalbereiche im $\mathbb{R}^3$:
Ein Bereich B heißt Normalbereich bezüglich der xy-Ebene, wenn es zwei Zahlen $a, b \in \mathbb{R}$, zwei Funktionen $u(x)$ und $v(x)$ auf $[a, b]$ sowie zwei Funktionen $f(x, y)$ und $g(x, y)$ auf
$A = \Big\{(x, y) \,|\, a \le x \le b,\ u(x) \le y \le v(x)\Big\}$ gibt, so dass gilt:
$B = \Big\{(x, y, z) \,|\, a \le x \le b,\ u(x) \le y \le v(x),\ f(x, y) \le z \le g(x, y)\Big\}$.
A ist dabei die Projektion von B in die xy-Ebene.
Dann ist: $\iiint_B F(x, y, z)\, dx\, dy\, dz = \int_{x=a}^{b} \left[\int_{y=u(x)}^{v(x)} \left(\int_{f(x,y)}^{g(x,y)} F(x, y, z)\, dz \right) dy \right] dx$.
Die Normalbereiche bezüglich der anderen Koordinatenebenen sind anaolg definiert.

- Eigenschaften von Mehrfachintegralen:
Für stückweise stetige Integranden und stückweise glatte Ränder ∂B sind Mehrfachintegrale
a) linear, d.h. $\underset{B}{\int \cdots \int} [\lambda f(x_1, \ldots, x_n) + \mu g(x_1, \ldots, x_n)]\, dx_1 \ldots dx_n =$
$$= \lambda \underset{B}{\int \cdots \int} f(x_1, \ldots, x_n) dx_1 \ldots dx_n + \mu \underset{B}{\int \cdots \int} g(x_1, \ldots, x_n) dx_1 \ldots dx_n,$$
b) additiv bezüglich des Integrationsbereiches B:
Sei $B_1, \ldots, B_m$ eine Zerlegung von B, wobei $B_1 \cup B_2 \cup \ldots \cup B_m = B$.
$B_i \cap B_j$ enthält nur Randkomponenten von B_i bzw B_j. Dann gilt:
$$\underset{B}{\int \cdots \int} f(x_1, \ldots, x_n) dx_1 \ldots dx_n = \underset{B_1}{\int \cdots \int} f(x_1), \ldots, x_n) dx_1 \ldots dx_n + \cdots$$
$$\cdots + \underset{B_m}{\int \cdots \int} f(x_1 \ldots, x_n) dx_1 \ldots dx_n.$$

c) Positivität:

Sei $f(x_1,\ldots,x_n) \geq 0$ auf B. Dann gilt: $\int\limits_B \cdots \int f(x_1,\ldots,x_n)dx_1\ldots dx_n \geq 0$.

- Transformationsformel für Doppelintegrale:
Unter einer Koordinatentransformation $x = x(u,v)$, $y = y(u,v)$ werde der Bereich B der xy-Ebene umkehrbar eindeutig auf einen Bereich B^* der uv-Ebene abgebildet. Dann gilt:

$$\boxed{\iint_B f(x,y)dx\,dy = \iint_{B^*} f\big(x(u,v),y(u,v)\big)\left|\det\frac{\partial(x,y)}{\partial(u,v)}\right|du\,dv\,.}$$

1.9.2 Musterbeispiele

1. Berechnen Sie das Doppelintegral

$$I = \iint_B \left(xy + \frac{1}{(1+x+y)^2}\right) dx\,dy\ ,$$

wobei B das Innere des Dreiecks mit den Eckpunkten $P(0,0)$, $Q(0,1)$ und $R(2,2)$ bezeichnet.

Lösung:

B ist ein Normalbereich und ist durch $B = \left\{(x,y)\,\middle|\, x \leq y \leq 1+\frac{x}{2}\,,\ 0 \leq x \leq 2\right\}$ gegeben. Damit erhalten wir:

$$I = \int_{x=0}^{2} dx \int_{y=x}^{1+\frac{x}{2}} \left(xy + \frac{1}{(1+x+y)^2}\right) dy = \int_{x=0}^{2} dx \left(x\frac{y^2}{2} - \frac{1}{1+x+y}\right)\Bigg|_{y=x}^{1+\frac{x}{2}} =$$

$$= \int_0^2 \left[\frac{x}{2}\left(1+\frac{x}{2}\right)^2 - \frac{1}{2+\frac{3x}{2}} - \frac{x^3}{2} + \frac{1}{1+2x}\right] dx =$$

$$= \int_0^2 \left(\frac{x}{2} + \frac{x^2}{2} - \frac{3}{8}x^3 - \frac{1}{2+\frac{3x}{2}} + \frac{1}{1+2x}\right) dx =$$

$$= \frac{x^2}{4}+\frac{x^3}{6}-\frac{3x^4}{32}-\frac{2}{3}\ln\left(2+\frac{3x}{2}\right)+\frac{1}{2}\ln(1+2x)\Big|_0^2 = 1+\frac{4}{3}-\frac{3}{2}-\frac{2}{3}\ln 5+\frac{1}{2}\ln 5+\frac{2}{3}\ln 2 =$$

$$= \frac{5}{6} - \frac{1}{6}\ln 5 + \frac{3}{2}\ln 2 \approx 1.027.$$

2. Berechnen Sie das Doppelintegral

$$I = \iint_B \frac{x}{1+xy}\,dx\,dy\ ,$$

wobei B jener ebene Bereich ist, der von den Kurven $y = 1/x$, $y = 1$ und $x = 2$ eingeschlossen ist.

Lösung:

B ist ein Normalbereich und ist durch $B = \left\{(x,y)\,\middle|\,\frac{1}{x} \leq y \leq 1\,,\ 1 \leq x \leq 2\right\}$ gegeben. Damit erhalten wir:

$$I = \int_{x=1}^{2} dx \int_{\frac{1}{x}}^{1} \frac{x}{1+xy}\, dy = \int_{x=1}^{2} \ln(1+xy)\Big|_{y=\frac{1}{x}}^{1} dx = \int_{1}^{2} \Big(\ln(1+x) - \ln 2\Big)\, dx \stackrel{p.I.}{=}$$

$$= x\ln(1+x)\Big|_1^2 - \int_1^2 \frac{x}{1+x}\, dx - \ln 2 = 2\ln 3 - 2\ln 2 - x\Big|_1^2 + \ln(1+x)\Big|_1^2 =.$$

$$= 2\ln 3 - 2\ln 2 - 1 + \ln 3 - \ln 2 = 3\ln 3 - 3\ln 2 - 1 = 3\ln\tfrac{3}{2} - 1.$$

3. Berechnen Sie das Doppelintegral

$$I = \iint_B (x^2 - y)\, dx\, dy\ ,$$

über den Normalbereich $B = \left\{(x,y)\,\middle|\, \frac{1}{y} \le x \le \frac{2}{y}\,,\ 1 \le y \le 2\right\}$.

Lösung:
B ist ein Normalbereich insbesondere bezüglich der y-Achse. Damit erhalten wir:

$$I = \int_{y=1}^{2} dy \int_{x=\frac{1}{y}}^{\frac{2}{y}} (x^2 - y)\, dx = \int_{y=1}^{2} \left(\frac{x^3}{3} - xy\right)\Bigg|_{x=\frac{1}{y}}^{\frac{2}{y}} dy = \int_1^2 \left(\frac{7}{3y^3} - 1\right) dy =$$

$$= \left(-\frac{7}{6y^2} - y\right)\Bigg|_1^2 = -\frac{7}{24} - 2 + \frac{7}{6} + 1 = -\frac{1}{8}\,.$$

Bemerkung: Die Koordinatentransformation $u = xy,\ v = y$ und somit $x = \dfrac{u}{v},\ y = v$ führt den Bereich B über in den Rechtecksbereich $\tilde{B}:\ 1 \le u \le 2,\ 1 \le y \le 2$.
Die zugehörige JACOBI-Determinante ist $1/y$, womit wir erhalten:

$$I = \int_{u=1}^{2}\int_{v=1}^{2} \left(\frac{u^2}{v^2} - v\right) \frac{1}{v}\, du\, dv = \cdots = -\frac{1}{8}\,.$$

4. Berechnen Sie das Doppelintegral

$$I = \iint_B \left(xy - \frac{y}{\sqrt{x^2+y^2}}\right) dx\, dy\ ,$$

über den Bereich $B:\ 0 \le y \le \sqrt{2x - x^2},\ 0 \le x \le 2$.

Lösung:
Da es sich hier um ein uneigentliches Integral handelt, schreiben wir:

$$I = \lim_{\varepsilon\to 0} \int_{x=\varepsilon}^{2} dx \int_0^{\sqrt{2x-x^2}} \left(xy - \frac{y}{\sqrt{x^2+y^2}}\right) dy =$$

$$= \lim_{\varepsilon\to 0} \int_{x=\varepsilon}^{2} \left(\frac{xy^2}{2} - \sqrt{x^2+y^2}\right)\Bigg|_{y=0}^{\sqrt{2x-x^2}} dx =$$

$$= \lim_{\varepsilon\to 0} \int_{x=\varepsilon}^{2} \left(\frac{x}{2}(2x - x^2) - \sqrt{x^2 + (2x - x^2)} + \sqrt{x^2}\right) dx =$$

$$= \lim_{\varepsilon\to 0} \int_{x=\varepsilon}^{2} \left(x^2 - \frac{x^3}{2} - \sqrt{2x} + x\right) dx = \lim_{\varepsilon\to 0} \left(\frac{x^3}{3} - \frac{x^4}{8} - \frac{2\sqrt{2}}{3}x^{3/2} + \frac{x^2}{2}\right)\Bigg|_{x=\varepsilon}^{2} =$$

$$= \lim_{\varepsilon\to 0}\left(\frac{8}{3} - 2 - \frac{2\sqrt{2}}{3}2\sqrt{2} + 2 - \frac{\varepsilon^3}{3} + \frac{\varepsilon^4}{8} + \frac{2\sqrt{2}}{3}\varepsilon^{3/2} - \frac{\varepsilon^2}{2}\right) = 0.$$

Bemerkung:
In Polarkoordinaten geht der Bereich B über in $\tilde{B}:\ 0 \le r \le 2\cos\varphi,\ 0 \le \varphi \le \pi/2$ und wir erhalten:

$$I = \lim_{\varepsilon\to 0}\int_{\varphi=0}^{\pi/2}\int_{r=\varepsilon}^{2\cos\varphi}\left(r^2\sin\varphi\cos\varphi - \frac{r\sin\varphi}{r}\right) r\,dr\,d\varphi =$$

$$= \lim_{\varepsilon\to 0}\int_{\varphi=0}^{\pi/2}\left(\frac{2^4}{4}\sin\varphi\cos^5\varphi - \frac{2^2}{2}\sin\varphi\cos^2\varphi - \frac{\varepsilon^4}{4}\sin\varphi\cos^5\varphi - \frac{\varepsilon^2}{2}\sin\varphi\cos^2\varphi\right)d\varphi =$$

$$= \left(-\frac{4}{6}\cos^6\varphi + \frac{2}{3}\cos^3\varphi\right)\Big|_0^{\pi/2} = \frac{4}{6} - \frac{2}{3} = 0.$$

5. Berechnen Sie den Inhalt des von den Flächen

$$z = \sqrt{2 + x^2 + y^2} \quad \text{und} \quad z = x^2 + y^2$$

eingeschlossenen Volumenbereichs.

Lösung:
Bei der ersten Fläche handelt es sich um den oberen Teil eines zweischaligen Rotationshyperboloids und bei der zweiten um ein Rotationsparaboloid (beide mit der z-Achse als Rotationsachse. Durch Gleichsetzen der z-Werte erhalten wir die Projektion der Schnittkurve in die xy-Ebene. Da es sich um Rotationsflächen handelt, verwenden wir Zylinderkoordinaten und erhalten so für die Projektion der Schnittkurve in die xy-Ebene: $\sqrt{2 + r^2} = r^2$ bzw. durch Quadrieren: $2 + r^2 = r^4$. Die einzige positive reelle Wurzel dieser biquadratischen Gleichung ist $r = \sqrt{2}$. Nachdem der Kreisbereich $r \le \sqrt{2}$ hier auch die Projektion des Volumenbereichs in die xy-Ebene ist, erhalten wir:

$$V = \int_{\varphi=0}^{2\pi}\int_{r=0}^{\sqrt{2}}\int_{z=r^2}^{\sqrt{2+r^2}} r\,dr\,d\varphi\,dz = 2\pi\int_{r=0}^{\sqrt{2}} r(\sqrt{2+r^2} - r^2)\,dr = 2\pi\int_0^{\sqrt{2}} r\sqrt{2+r^2}\,dr -$$

$$-2\pi\int_0^{\sqrt{2}} r^3\,dr = \frac{2\pi}{3}(2+r^2)^{3/2}\Big|_0^{\sqrt{2}} - \frac{\pi}{2}r^4\Big|_0^{\sqrt{2}} = \frac{2\pi}{3}8 - \frac{2\pi}{3}2\sqrt{2} - \frac{\pi}{2}4 = \cdots =$$

$$= \frac{2\pi}{3}(5 - 2\sqrt{2}).$$

6. Berechnen Sie den Inhalt des von der Fläche

$$z^2 = (x^2 + y^2)(1 - x^2 - y^2)$$

eingeschlossenen Volumenbereichs.

Lösung:
Bei der gegebenen Fläche handelt es sich um eine bezüglich der xy-Ebene symmetrische Rotationsfläche mit der z-Achse als Rotationsachse. Ihre Gleichung in Zylinderkoordinaten lautet: $z^2 = r^2(1 - r^2)$ bzw. für die obere oder untere Hälfte: $z = \pm r\sqrt{1 - r^2}$. Der „Profilschnitt“ ist dann eine „Achterschleife“ , d.h. es handelt sich um eine torusartige Fläche. Für den Volumeninhalt erhalten wir unter

Berücksichtigung der Symmetrie:

$$V = 2\int_{\varphi=0}^{2\pi}\int_{r=0}^{1}\int_{z=0}^{r\sqrt{1-r^2}} r\,dr\,d\varphi\,dz = 4\pi\int_0^1 r^2\sqrt{1-r^2}\,dr\ .$$

Mit der Substitution $r = \sin t$ folgt dann:

$$V = 4\pi\int_0^{\pi/2}\sin^2 t\cos^2 t\,dt = \pi\int_0^{\pi/2}\sin^2(2t)\,dt = \pi\int_0^{\pi/2}\frac{1}{2}\big(1-\cos(4t)\big)\,dt =$$

$$= \frac{\pi}{2}\big(t - \frac{1}{4}\sin(4t)\big)\Big|_0^{\pi/2} = \frac{\pi^2}{4}\ .$$

7. Berechnen Sie den Inhalt des von den Flächen

$$x^2+y^2 = z^2+z,\ z\geq 0 \quad \text{und} \quad z = 2-\sqrt{x^2+y^2}$$

eingeschlossenen Volumenbereichs.

Lösung:
Bei der ersten Fläche handelt es sich um den oberen Teil eines zweischaligen Rotationshyperboloids mit dem Scheitel im Ursprung (in expliziter Form geschrieben: $z = -\frac{1}{2}+\sqrt{\frac{1}{4}+x^2+y^2}$ und bei der zweiten um den unteren Teil eines Drehkegels mit der Spitze im Punkt $P(0,0,2)$ (beide mit der z-Achse als Rotationsachse). Durch Gleichsetzen der z-Werte erhalten wir die Projektion der Schnittkurve in die xy-Ebene. Da es sich um Rotationsflächen handelt, verwenden wir Zylinderkoordinaten und erhalten so für die Projektion der Schnittkurve in die xy-Ebene: $r^2 = (2-r)^2+2-r$ bzw. weiters: $r = 6/5$. Nachdem der Kreisbereich $r\leq 6/5$ hier auch die Projektion des Volumenbereichs in die xy-Ebene ist, erhalten wir:

$$V = \int_{\varphi=0}^{2\pi}\int_{r=0}^{6/5}\int_{z=-\frac{1}{2}+\sqrt{\frac{1}{4}+r^2}}^{2-r} r\,dr\,d\varphi\,dz = 2\pi\int_0^{6/5} r\left(2-r+\frac{1}{2}-\sqrt{\frac{1}{4}+r^2}\right)dr =$$

$$= 2\pi\int_0^{6/5}\frac{5r}{2}\,dr - 2\pi\int_0^{6/5} r^2\,dr - 2\pi\int_0^{6/5} r\sqrt{\frac{1}{4}+r^2}\,dr =$$

$$= \left(2\pi\frac{5}{2}\frac{1}{2}\left(\frac{6}{5}\right)^2 - 2\pi\frac{1}{3}\left(\frac{6}{5}\right)^3 - 2\pi\frac{1}{3}\left(\frac{1}{4}+r^2\right)^{3/2}\right)\Bigg|_0^{6/5} =$$

$$= 2\pi\left(\frac{153}{125}-\frac{1}{3}\left(\frac{1}{4}+\frac{36}{25}\right)^{3/2}+\frac{1}{24}\right) = \cdots = \frac{16\pi}{15}\ .$$

8. Berechnen Sie den Inhalt des von der Fläche

$$|z| = 2x-x^2-y^2$$

eingeschlossenen Volumenbereichs.

Lösung:
Bei der gegebenen Fläche handelt es sich um eine bezüglich der xy-Ebene symmetrische Rotationsfläche mit einer zur z-Achse parallelen Achse durch den Punkt $P(1,0,0)$ als Rotationsachse.(Rotationsparaboloide) Daher ist es zweckmäßig, geeignete Zylinderkoordinaten zu verwenden: $x = 1+r\cos\varphi,\quad y = r\sin\varphi,\quad z = z$. Der obere Teil der Rotationsfläche wird dann durch die Gleichung $z = 1-r^2$ beschrieben.

Damit erhalten wir:

$$V = 2\int_{\varphi=0}^{2\pi}\int_{r=0}^{1}\int_{z=0}^{1-r^2} r\,dr\,d\varphi\,dz = 4\pi\int_0^1 (1-r^2)r\,dr = 4\pi\int_0^1 (r-r^3)dr =$$

$$= 4\pi\left(\frac{r^2}{2}-\frac{r^4}{4}\right)\Big|_0^1 = 4\pi\left(\frac{1}{2}-\frac{1}{4}\right) = \pi.$$

9. Berechnen Sie den Inhalt des von den Flächen

$$z = x^2 + 2y^2 \quad \text{und} \quad z = 1 - x^2 - y^2$$

eingeschlossenen Volumenbereichs B.

Lösung:
Bei der ersten Fläche handelt es sich um ein nach oben geöffnetes elliptisches Paraboloid mit Scheitel im Ursprung und bei der zweiten um ein nach unten geöffnetes Rotationsparaboloid mit Scheitel in $P(0,0,1)$. Durch Gleichsetzen der z-Werte erhalten wir die Projektion der Schnittkurve in die xy-Ebene. $\bar{B}: 2x^2+3y^2 \leq 1$. Dies ist die Gleichung einer Ellipse. Es gilt:

$$B = \Big\{(x,y,z)\,\Big|\, x^2+2y^2 \leq z \leq 1-x^2-y^2,\ -\frac{1}{\sqrt{3}}\sqrt{1-2x^2} \leq y \leq \frac{1}{\sqrt{3}}\sqrt{1-2x^2}\,,$$

$$-\frac{1}{\sqrt{2}} \leq x \leq \frac{1}{\sqrt{2}}\Big\}.$$ Damit erhalten wir:

$$V = \int_{-\frac{1}{\sqrt{2}}}^{\frac{1}{\sqrt{2}}}\int_{-\frac{1}{\sqrt{3}}\sqrt{1-2x^2}}^{\frac{1}{\sqrt{3}}\sqrt{1-2x^2}}\int_{x^2+2y^2}^{1-x^2-y^2} dx\,dy\,dz = \int_{-\frac{1}{\sqrt{2}}}^{\frac{1}{\sqrt{2}}}\int_{-\frac{1}{\sqrt{3}}\sqrt{1-2x^2}}^{\frac{1}{\sqrt{3}}\sqrt{1-2x^2}} (1-2x^2-3y^2)dx\,dy =$$

$$= 4\int_0^{\frac{1}{\sqrt{2}}}\int_0^{\frac{1}{\sqrt{3}}\sqrt{1-2x^2}} (1-2x^2-3y^2)dx\,dy = 4\int_0^{\frac{1}{\sqrt{2}}} (y-2x^2y-y^3)\Big|_0^{\frac{1}{\sqrt{3}}\sqrt{1-2x^2}} dx =$$

$$= \frac{4}{\sqrt{3}}\int_0^{\frac{1}{\sqrt{2}}}\left(\sqrt{1-2x^2}-2x^2\sqrt{1-2x^2}-\frac{1}{3}(1-2x^2)^{3/2}\right)dx =$$

$$= \frac{4}{\sqrt{3}}\int_0^{\frac{1}{\sqrt{2}}}\left[\sqrt{1-2x^2}\big(1-2x^2\big)-\frac{1}{3}(1-2x^2)^{3/2}\right]dx = \frac{8}{3\sqrt{3}}\int_0^{\frac{1}{\sqrt{2}}}(1-2x^2)^{3/2}dx\,.$$

Die Substitution $x = \frac{1}{\sqrt{2}}\sin t$ liefert dann:

$$V = \frac{8}{3\sqrt{3}}\frac{1}{\sqrt{2}}\int_0^{\frac{\pi}{2}}\cos^4 t\,dt = \frac{8}{3\sqrt{3}}\frac{1}{\sqrt{2}}\int_0^{\frac{\pi}{2}}\left[\frac{1}{2}\Big(\cos(2t)+1\Big)\right]^2 dt =$$

$$= \frac{2}{3\sqrt{6}}\Bigg(\underbrace{\int_0^{\pi/2}\cos^2(2t)\,dt}_{\frac{\pi}{4}} + 2\underbrace{\int_0^{\pi/2}\cos(2t)\,dt}_{0} + \underbrace{\int_0^{\pi/2}dt}_{\frac{\pi}{2}}\Bigg) = \frac{\pi}{2\sqrt{6}}\,.$$

10. Berechnen Sie den Inhalt des von der Fläche

$$(x^2+y^2+z^2)^2 = a^2(x^2+y^2), \quad a > 0$$

eingeschlossenen Volumenbereichs.

Lösung:
Bei der gegebenen Fläche handelt es sich um eine bezüglich der xy-Ebene symmetrische Rotationsfläche mit der z-Achse als Rotationsachse. Ein „Profilschnitt" in Zylinderkoordinaten liefert: $(r^2+z^2)^2 = a^2r^2$ bzw. $r^2 \pm ar + z^2 = 0$ oder weiters: $z^2 + \left(r \pm \frac{a}{2}\right)^2 = \frac{a^2}{4}$. Das sind Kreise um die Punkte $P_{1/2}(\pm\frac{a}{2}, 0)$. Somit liegt eine Torusfläche (mit „Kehlkreisradius" 0) vor. Für den Volumensinhalt erhalten wir dann:

$$V = 2\int_{\varphi=0}^{2\pi}\int_{r=0}^{a}\int_{z=0}^{\sqrt{ar-r^2}} r\,dr\,d\varphi\,dz = 4\pi\int_0^a r\sqrt{ar-r^2}dr =$$

$$= 4\pi\int_0^a r\sqrt{\frac{a^2}{4} - \left(r-\frac{a}{2}\right)^2}\,dr.$$

Mit der Substitution: $r = \frac{a}{2}(1-\cos t)$ erhalten wir:

$$V = 4\pi\frac{a^3}{8}\int_0^\pi (1-\cos t)\sin^2 t\,dt = \frac{a^3\pi}{2}\Big(\underbrace{\int_0^\pi \sin^2 t\,dt}_{\frac{\pi}{2}} - \underbrace{\int_0^\pi \sin^2 t\cos t\,dt}_{0}\Big) = \frac{a^3\pi^2}{4}\,.$$

Bemerkung:
Im vorliegenden Beispiel ist eine Transformation auf Kugelkoordinaten möglich und sinnvoll: $x = r\sin\vartheta\cos\varphi,\ y = r\sin\vartheta\sin\varphi,\ z = r\cos\vartheta$
Die Gleichung der Fläche wird dann: $r^4 = a^2r^2\sin^2\vartheta$ bzw. $r = a\sin\vartheta$. Der Volumenbereich B wird somit beschrieben durch:

$$B = \Big\{(r,\vartheta,\varphi)\,\Big|\,0 \le r \le a\sin\vartheta, 0 \le \vartheta \le \pi, 0 \le \varphi \le 2\pi\Big\}\,.$$

Damit erhalten wir für den Volumeninhalt:

$$V = \int_{\varphi=0}^{2\pi}\int_{\vartheta=0}^{\pi}\int_{r=0}^{a\sin\vartheta} r^2\sin\vartheta\,dr\,d\vartheta\,d\varphi = 2\pi\int_{\vartheta=0}^{\pi}\frac{r^3}{3}\Big|_0^{a\sin\vartheta}\sin\vartheta\,d\vartheta =$$

$$= \frac{2\pi a^3}{3}\underbrace{\int_0^\pi \sin^4\vartheta\,d\vartheta}_{\frac{3\pi}{8}} = \frac{a^3\pi^2}{4}\,.$$

11. Berechnen Sie den Inhalt jenes von den Flächen

$$x^2+y^2 = 1+z^2, \quad \text{und} \quad x^2+y^2 = 2-z^2$$

eingeschlossenen Volumenbereichs, der den Koordinatenursprung enthält.

Lösung:
Bei der ersten Fläche handelt es sich um ein einschaliges Rotationshyperboloid mit „Kehlkreisradius" 1 und bei der zweiten um eine Kugel um den Ursprung mit Radius $\sqrt{2}$. Wir verwenden wieder Zylinderkoordinaten Der Volumenbereich ist bezüglich der xy-Ebene symmetrisch. Es genügt daher, über den oberen Teil zu integrieren. Die untere Begrenzungsfläche ist für $r \le 1$ die Ebene $z = 0$ und für $r \ge 1$ die Fläche $z = \sqrt{r^2-1}$. Die Projektion der Schnittkurve der beiden Flächen in die xy-Ebene ist wegen $r^2 - 1 = 2 - r^2$ durch $r = \sqrt{\frac{3}{2}}$ gegeben. Damit erhalten wir für den Volumeninhalt:

$$V = 2\left(\int_{\varphi=0}^{2\pi}\int_{r=0}^{1}\int_{z=0}^{\sqrt{2-r^2}} r\,dr\,d\varphi\,dz + \int_{\varphi=0}^{2\pi}\int_{r=1}^{\sqrt{\frac{3}{2}}}\int_{z=\sqrt{r^2-1}}^{\sqrt{2-r^2}} r\,dr\,d\varphi\,dz\right) =$$

$$= 4\pi\left(\int_0^1 r\sqrt{2-r^2}dr + \int_1^{\sqrt{\frac{3}{2}}} r\left(\sqrt{2-r^2}-\sqrt{r^2-1}\right)dr\right) =$$

$$= 4\pi\left(-\frac{1}{3}(2-r^2)^{3/2}\Big|_0^1 - \frac{1}{3}(2-r^2)^{3/2}\Big|_1^{\sqrt{\frac{3}{2}}} - \frac{1}{3}(r^2-1)^{3/2}\Big|_1^{\sqrt{\frac{3}{2}}}\right) =$$

$$= 4\pi\left(-\frac{1}{3}+\frac{2\sqrt{2}}{3}-\frac{1}{3}\frac{1}{2\sqrt{2}}+\frac{1}{3}-\frac{1}{3}\frac{1}{2\sqrt{2}}\right) = \cdots = 2\sqrt{2}\pi\ .$$

12. Berechnen Sie den Inhalt jenes von den Flächen

$$z = x^2 + y^2, \quad z = 4 \quad \text{und} \quad x^2 + y^2 = 2x$$

eingeschlossenen Volumenbereichs, für den $(x-1)^2 + y^2 \leq 1$ gilt.

Lösung:
Es handelt sich dabei offensichtlich um jenen Teil des Zylinders $x^2 + y^2 = 2x$, der unten durch das Rotationsparaboloid $z = x^2 + y^2$ und oben durch die Ebene $z = 4$ begrenzt wird. Damit erhalten wir für den Volumeninhalt:

$$V = \int_{x=0}^{2}\int_{y=-\sqrt{2x-x^2}}^{\sqrt{2x-x^2}}\int_{z=x^2+y^2}^{4} dx\,dy\,dz = \int_{x=0}^{2}\int_{y=-\sqrt{2x-x^2}}^{\sqrt{2x-x^2}}(4-x^2-y^2)dx\,dy =$$

$$= 2\int_{x=0}^{2}\int_{y=0}^{\sqrt{2x-x^2}}(4-x^2-y^2)dx\,dy =$$

$$= 2\int_0^2\left((4-x^2)\sqrt{2x-x^2}-\frac{1}{3}(2x-x^2)\sqrt{2x-x^2}\right)dx =$$

$$= 2\int_0^2\left(4-\frac{2}{3}x-\frac{2}{3}x^2\right)\sqrt{1-(x-1)^2}\,dx\ .$$

Mit der Substitution: $x = 1 + \sin\xi$ erhalten wir:

$$V = 2\int_{-\frac{\pi}{2}}^{\frac{\pi}{2}}\left(4-\frac{2}{3}-\frac{2}{3}\sin\xi-\frac{2}{3}-\frac{4}{3}\sin\xi-\frac{2}{3}\sin^2\xi\right)\cos^2\xi\,d\xi =$$

$$= \frac{16}{3}\underbrace{\int_{-\frac{\pi}{2}}^{\frac{\pi}{2}}\cos^2\xi\,d\xi}_{\frac{\pi}{2}} - 4\underbrace{\int_{-\frac{\pi}{2}}^{\frac{\pi}{2}}\sin\xi\cos^2\xi\,d\xi}_{0} - \frac{1}{3}\underbrace{\int_{-\frac{\pi}{2}}^{\frac{\pi}{2}}\sin^2(2\xi)\,d\xi}_{\frac{\pi}{2}} = \frac{5\pi}{2}\ .$$

13. Berechnen Sie

$$I = \iiint_B \frac{dxdydz}{\sqrt{x^2+y^2+z^2}}\ ,$$

wobei B das Innere der Kugel $x^2 + y^2 + z^2 - 2Ry = 0$ ist.

Lösung:
Der Mittelpunkt der Kugel B liegt auf der positiven y-Achse. In Anbetracht des Nenners des Integrals verwenden wir Kugelkoordinaten, allerdings in der Form:

$\begin{cases} x = r\sin\vartheta\sin\varphi \\ z = r\sin\vartheta\cos\varphi \\ y = \cos\vartheta \end{cases}$. Einsetzen in die Kugelgleichung $x^2+y^2+z^2-2Ry=0$ liefert: $r^2-2Rr\cos\vartheta=0$ und damit $r=2R\cos\vartheta$. Wegen $r\geq 0$ kann dann ϑ nur Werte zwischen 0 und $\frac{\pi}{2}$ annehmen. Damit erhalten wir für den Integrationsbereich B^* in Kugelkoordinaten: $B^*: \begin{cases} 0\leq r\leq 2R\cos\vartheta \\ 0\leq\vartheta\leq\frac{\pi}{2} \\ 0\leq\varphi\leq 2\pi \end{cases}$. Dann ist

$$I=\int_{\vartheta=0}^{\frac{\pi}{2}}\int_{r=0}^{2R\cos\vartheta}\int_{\varphi=0}^{2\pi}\frac{r^2\sin\vartheta\,dr\,d\vartheta\,d\varphi}{r}=2\pi\int_{\vartheta=0}^{\frac{\pi}{2}}\frac{r^2}{2}\bigg|_0^{2R\cos\vartheta}\sin\vartheta\,d\vartheta=$$

$$=4R^2\pi\int_0^{\frac{\pi}{2}}\cos^2\vartheta\sin\vartheta\,d\vartheta=4R^2\pi\left(-\frac{\cos^3\vartheta}{3}\right)\bigg|_0^{\frac{\pi}{2}}=\frac{4R^2\pi}{3}\,.$$

14. Berechnen Sie den Schwerpunkt des von den Kurven $y=x$ und $y=\sqrt{x}$ eingeschlossenen Flächenstücks D, wobei die Massenbelegung konstant ist, d.h. $\rho(x,y)=1$.

Lösung:

Es ist $x_s=\dfrac{\iint_D x\,dx\,dy}{\iint_D dx\,dy}$ und $y_s=\dfrac{\iint_D y\,dx\,dy}{\iint_D dx\,dy}$, wobei $D: \begin{cases} x\leq y\leq\sqrt{x} \\ 0\leq x\leq 1 \end{cases}$.

Mit $\displaystyle\iint_D dx\,dy=\int_{x=0}^1\int_{y=x}^{\sqrt{x}}dx\,dy=\int_0^1(\sqrt{x}-x)\,dx=\frac{2}{3}x^{3/2}-\frac{x^2}{2}\bigg|_0^1=\frac{1}{6}$,

$\displaystyle\iint_D x\,dx\,dy=\int_{x=0}^1\int_{y=x}^{\sqrt{x}}x\,dx\,dy=\int_0^1 x(\sqrt{x}-x)\,dx=\frac{2}{5}x^{5/2}-\frac{x^3}{3}\bigg|_0^1=\frac{1}{15}$ und

$\displaystyle\iint_D y\,dx\,dy=\int_{x=0}^1\int_{y=x}^{\sqrt{x}}y\,dx\,dy=\int_0^1\frac{y^2}{2}\bigg|_x^{\sqrt{x}}dx=\frac{1}{2}\int_0^1(x-x^2)dx=\cdots=\frac{1}{12}$

ergibt das dann: $x_s=\dfrac{2}{5}$, $y_s=\dfrac{1}{2}$.

15. Berechnen Sie das Trägheitsmoment der von den Kurven $y=e^{-x},\ y=0,\ x=0$ $(x\geq 0)$ begrenzten Fläche D bezüglich der x-Achse, wenn $\rho(x,y)=x$ die Flächenbelegung darstellt.

Lösung:

Mit $D: \begin{cases} 0\leq y\leq e^{-x} \\ 0\leq x<\infty \end{cases}$ erhalten wir: $\displaystyle I_x=\iint_D\rho(x)y^2\,dx\,dy=\int_0^\infty\int_{y=0}^{e^{-x}}xy^2\,dx\,dy=$

$$=\int_{x=0}^\infty x\,\frac{y^3}{3}\bigg|_x^{e^{-x}}dx=\frac{1}{3}\int_0^\infty xe^{-3x}dx=\cdots=\frac{1}{27}\,.$$

16. Berechnen Sie das Trägheitsmoment I_x bezüglich der x-Achse des von den Flächen $x=0,\ y=0,\ z=0,\ y^2+x^2=4,\ z=\sqrt{x^2+y^2}$ eingeschlossenen Volumens, wobei $\rho(x,y,z)=1$ ist.

Lösung:

Es ist $\displaystyle I_x=\iiint_B(y^2+z^2)dx\,dy\,dz$ mit $B: \begin{cases} 0\leq z\leq\sqrt{x^2+y^2} \\ 0\leq y\leq\sqrt{4-x^2} \\ 0\leq x\leq 2 \end{cases}$. Das liefert:

$$I_x = \int_{x=0}^{2} \int_{y=0}^{\sqrt{4-x^2}} \int_{z=0}^{\sqrt{x^2+y^2}} (y^2+z^2) dx\, dy\, dz = \int_{x=0}^{2} \int_{y=0}^{\sqrt{4-x^2}} \left(y^2 z + \frac{z^3}{3} \right) \Bigg|_0^{\sqrt{x^2+y^2}} dx\, dy =$$

$$= \int_{x=0}^{2} \int_{y=0}^{\sqrt{4-x^2}} \left(y^2 \sqrt{x^2+y^2} + \frac{1}{3}(x^2+y^2)^{3/2} \right) dx\, dy \; .$$

Da es sich bei dem Integrationsbereich dieses Doppelintegrals um einen Viertelkreis in ersten Quadranten handelt, sind Polarkoordinaten zweckmäßig. Damit folgt:

$$I_x = \int_{r=0}^{2} \int_{\varphi=0}^{\frac{\pi}{2}} \left(r^3 \sin^2\varphi + \frac{r^3}{3} \right) r\, dr\, d\varphi = \underbrace{\int_0^2 r^4 dr}_{\frac{32}{5}} \underbrace{\int_0^{\frac{\pi}{2}} \sin^2\varphi\, d\varphi}_{\frac{\pi}{4}} + \frac{\pi}{6} \underbrace{\int_0^2 r^4 dr}_{\frac{32}{5}} = \frac{8\pi}{3} \; .$$

1.9.3 Beispiele mit Lösungen

1. Berechnen Sie den Inhalt des Fächenstücks, das von der Kurve $y^2 = \dfrac{1-x}{x}$ und der y-Achse eingeschlossen wird.

   Lösung: $A = \pi$.

2. Berechnen Sie das Doppelintegral $I = \iint_D (x^2 + 2y)\, dxdy$, wobei D jener ebene Bereich ist, der von den Kurven $y = -x^2$ und $y = -\sqrt{x}$ eingeschlossen wird.

   Lösung: $I = -\dfrac{3}{14}$.

3. Berechnen Sie den Schwerpunkt des von den Kurven $y = x$ und $y = x^2$ eingeschlossenen Flächenstücks, wobei die Massenbelegung $\rho(x, y) = x + y^2$ ist.

   Lösung: $x_s = \dfrac{63}{100}$, $y_s = \dfrac{161}{300}$.

4. Ein Drehkörper, dessen Profil durch die Gleichung $r = z(1-z)$ beschrieben wird, ist mit einer Flüssigkeit gefüllt, deren Dichte durch $\rho(r, z) = 2 - z$ gegeben ist. Berechnen Sie die Masse der Flüssigkeit.

   Lösung: $m = \dfrac{\pi}{20}$.

5. Berechnen Sie den Inhalt jenes Volumenbereiches, der von den Flächen $x = 1$ $x = 2$, $y = 0$, $y = 1$, $z = 0$ und $z = \dfrac{1}{x(1+\sqrt{x-1})}$ eingeschlossen wird.

   Lösung: $V = \dfrac{\pi}{4} - \ln\sqrt{2}$.

6. Berechnen Sie das Dreifachintegral

   $$I = \iiint_B (x^2 + y^2) z\, dxdydz \; ,$$

   wobei B jenen Volumenbereich bezeichnet, der von den Flächen $z = 5\sqrt{1 - x^2 - y^2}$ und $z = -\sqrt{1 - x^2 - y^2}$ eingeschlossen wird.

   Lösung: $I = 2\pi$.

7. Berechnen Sie den Inhalt jenes Volumenbereiches, der von den Flächen $|x|+|y|=1$, $z=0$ und $z=x^2+y+2$ eingeschlossen wird.

   Lösung: $V=\frac{13}{3}$.

8. Berechnen Sie für $a>\frac{1}{2}$:

$$I=\iint_B\left(\frac{x^2-y^2}{x^2+y^2}\right)^2 dx\,dy\ ,\quad B:\ \begin{cases} 1\le x^2+y^2\le 4a^2\\ -x\le y\le 0\end{cases}\ .$$

   Für welche a gilt $I=\frac{\pi}{2}$?

   Lösung: $I=\frac{\pi}{16}(4a^2-1)\ ,\quad a=\frac{3}{2}$.

9. Berechnen Sie das Volumen, das von den Flächen (gegeben in Zylinderkoordinaten) $z=0,\ 4az=4a^2-r^2$ und $r=2a\sqrt{\cos\varphi}$ $(a>0)$, eingeschlossen wird.

   Lösung: $V=\frac{a^3}{2}(8-\pi)$.

10. Eine BESSEMER-Birne von der Gestalt eines Drehkörpers, dessen Profil die Gleichung $9r^2=z(3-z)^2$ hat, ist bis zur Höhe $z=2$ mit homogener Flüssigkeit der Dichte ρ gefüllt. Berechnen Sie den Schwerpunkt $S(x_s,y_s,z_s)$.

    Lösung: $S\left(0,0,\frac{16}{15}\right)$.

11. Berechnen Sie den Volumeninhalt des Körpers, der von der Fläche $(x^2+y^2+z^2)^2=z^3$ eingeschlossen wird.

    Lösung: $V=\frac{\pi}{15}$.

1.10 Oberflächen und Oberflächenintegrale

1.10.1 Grundlagen

- Sei F eine Fläche im $\mathbb{R}^3$, dargestellt durch $z = f(x,y)$ über B (Projektion von F in die xy-Ebene). Dann gilt für den Flächeninhalt von F:

$$\boxed{O(F) = \iint_B \sqrt{1 + \left(\frac{\partial f}{\partial x}\right)^2 + \left(\frac{\partial f}{\partial y}\right)^2}\, dx\, dy\,.}$$

- Sei F eine Fläche im $\mathbb{R}^3$, dargestellt durch $\vec{x}(u,v) = \begin{pmatrix} x(u,v) \\ y(u,v) \\ z(u,v) \end{pmatrix}$ mit dem Parameterbereich B^*. Dann gilt: $O(F) = \iint_{B^*} \|\vec{x}_u \times \vec{x}_v\| du\, dv$.

- $do = \|\vec{x}_u \times \vec{x}_v\| du\, dv$ heißt skalares Oberflächenelement.

- Sei $F : \vec{x}(u,v)$ ein Flächenstück in Parameterdarstellung mit dem Parameterbereich B^* und $h(x,y,z)$ eine Skalarfunktion, so heißt
$$\iint_{B^*} h\big(x(u,v), y(u,v), z(u,v)\big) do = \iint_{B^*} h\big(x(u,v), y(u,v), z(u,v)\big) \|\vec{x}_u \times \vec{x}_v\| du\, dv$$
skalares Oberflächenintegral von h über F.

- Sei $F : \; z = f(x,y)$ ein Flächenstück über dem Bereich B der xy-Ebene. Dann ist das skalare Oberflachenintegral von h über F gegeben durch:
$$\iint_B h\big(x, y, z(x,y)\big) \sqrt{1 + \left(\frac{\partial f}{\partial x}\right)^2 + \left(\frac{\partial f}{\partial y}\right)^2}\, dx\, dy\,.$$

- Sei $F : \vec{x}(u,v)$ ein Flächenstück in Parameterdarstellung mit dem Parameterbereich B^* und $\vec{v} = \begin{pmatrix} v_1 \\ v_2 \\ v_3 \end{pmatrix}$ ein Vektorfeld, d.h. $\vec{v} : \mathbb{R}^3 \longrightarrow \mathbb{R}^3$. Mit der Flächennormalen $\vec{n} = \vec{x}_u \times \vec{x}_v$ heißt dann
$$\Phi(F) = \iint_F \vec{v} \cdot d\vec{o} = \iint_F (\vec{v}, \vec{n}) do = \iint_{B^*} (\vec{v}, \vec{x}_u, \vec{x}_v) du\, dv$$
vektorielles Oberflächenintegral von $\vec{v}$ über F bzw. „Fluss von $\vec{v}$ durch F" .

- Sei F ein Flächenstück über einem Bereich B der xy-Ebene, gegeben durch die explizite Darstellung $z = f(x,y)$. Mit der Flächennormalen $\vec{n} = (-f_x, -f_y, 1)^T$ folgt für das Oberflächenintegral von $\vec{v}$ über F: $\iint_F \vec{v} \cdot d\vec{o} = \iint_B (\vec{v}, \vec{n})\, dx\, dy$.

- Häufig wird das Oberflächenintegral in der Form
$$\iint_F \vec{v} \cdot d\vec{o} = \iint_F (v_1\, dy\, dz + v_2\, dz\, dx + v_3\, dx\, dy$$
geschrieben.

1.10.2 Musterbeispiele

1. Berechnen Sie den Flächeninhalt jenes Teilstückes des Paraboloides $z = x^2 + y^2$, welches innerhalb der Kugel $x^2 + y^2 + z^2 = 2$ liegt.

   Lösung:
   Durch Gleichsetzen der z-Werte erhalten wir die Projektion der Schnittkurve in die xy-Ebene: $x^2+y^2+(x^2+y^2)^2 = 2 \Longrightarrow x^2+y^2 = 1$. Die zweite Lösung $x^2+y^2 = -2$ entfällt. Dann ist aber $B : x^2 + y^2 \leq 1$. Für das Paraboloid gilt: $z_x = 2x$ und $z_y = 2y$. Das liefert:

   $$O(F) = \iint_B \sqrt{1 + z_x^2 + z_y^2}\, dx\, dy = \iint_{x^2+y^2\leq 1} \sqrt{1 + 4(x^2 + y^2)}\, dx\, dy.$$

   Da sowohl der Integrand als auch B nur von $x^2 + y^2$ abhängen, ist es naheliegend, Polarkoordinaten zu verwenden:

   $O(F) = \int_{r=0}^{1} \int_{\varphi=0}^{2\pi} \sqrt{1 + 4r^2}\, r\, dr\, d\varphi = 2\pi \int_0^1 \sqrt{1 + 4r^2}\, r\, dr$. Mit der Substitution $\rho = 1 + 4r^2$ folgt daraus: $O(F) = 2\pi \frac{1}{8} \int_1^5 \sqrt{\rho}\, d\rho = \frac{\pi}{4} \frac{2}{3} \rho^{3/2} \Big|_1^5 = \frac{\pi}{6}(\sqrt{125} - 1)$.

2. Berechnen Sie den Inhalt jenes Teiles der Fläche

   $$z = h\left(1 - \frac{1}{a}\sqrt{x^2 + y^2}\right); \quad 0 \leq z \leq h, \quad h > 0, \quad a > 0, \quad \text{für den gilt:}$$

   $$\left(x - \frac{a}{2}\right)^2 + y^2 \leq \frac{a^2}{4}.$$

   Lösung:
   Es handelt sich hier um jenes Stück eines nach unten geöffneten Kegels mit Spitze in $(0, 0, h)$, das innerhalb des Zylinders mit Radius $\frac{a}{2}$ parallel zur z-Achse liegt. Der Integrationsbereich ist $B : \left(x - \frac{a}{2}\right)^2 + y^2 \leq \frac{a^2}{4}$. Mit $z_x = \frac{h}{a} \frac{x}{\sqrt{x^2 + y^2}}$ und $z_y = \frac{h}{a} \frac{x}{\sqrt{x^2 + y^2}}$ folgt dann:

   $$O(F) = \iint_B \sqrt{1 + \frac{h^2}{a^2}\left(\frac{x^2}{x^2 + y^2} + \frac{y^2}{x^2 + y^2}\right)}\, dx\, dy = \iint_B \sqrt{1 + \frac{h^2}{a^2}}\, dx\, dy.$$

   Der Integrationsbereich enthält hier zwar nicht $x^2 + y^2$ direkt. Trotzdem sind Polarkoordinaten vorteilhaft.

   $\left(x - \frac{a}{2}\right)^2 + y^2 \leq \frac{a^2}{4} \Longleftrightarrow x^2 + y^2 - ax \leq 0$, woraus folgt $r \leq a\cos\varphi$. Damit ist der transformierte Integrationsbereich $B^* : 0 \leq r \leq a\cos\varphi\,,\ -\frac{\pi}{2} \leq \varphi \leq \frac{\pi}{2}$.
   Das liefert dann:

   $$O(F) = \sqrt{1 + \frac{h^2}{a^2}} \int_{-\frac{\pi}{2}}^{\frac{\pi}{2}} \int_0^{a\cos\varphi} r\, dr\, d\varphi = \sqrt{1 + \frac{h^2}{a^2}} \int_{-\frac{\pi}{2}}^{\frac{\pi}{2}} \frac{r^2}{2}\Big|_0^{a\cos\varphi} d\varphi =$$

   $$= \sqrt{1 + \frac{h^2}{a^2}} \frac{a^2}{2} \underbrace{\int_{-\frac{\pi}{2}}^{\frac{\pi}{2}} \cos^2\varphi\, d\varphi}_{\frac{\pi}{2}} = \frac{a\pi}{4}\sqrt{a^2 + h^2}.$$

Bemerkung:
Da es sich bei B um einen Kreis mit Radius $\frac{a}{2}$ handelt, hätten wir uns mit der Erkenntnis $O(F) = \sqrt{1 + \frac{h^2}{a^2}} \underbrace{\iint_B dx\,dy}_{A_B}$, wobei $A_B = \frac{a^2\pi}{4}$ ist, einiges an Rechenarbeit ersparen können.

3. Berechnen Sie den Inhalt jenes Stückes der Fläche $z = \cosh\left(\frac{x+y}{\sqrt{2}}\right)$, dessen Projektion in die xy-Ebene das Dreieck ABC mit den Eckpunkten $A(0,0)$, $B(1,1)$ und $C(1,-1)$ ist.

Lösung:
Für den Integrationsbereich B gilt: $-x \le y \le x\,,\ 0 \le x \le 1$. Mit $z_x = \frac{1}{\sqrt{2}} \sinh\left(\frac{x+y}{\sqrt{2}}\right)$ und $z_y = \frac{1}{\sqrt{2}} \sinh\left(\frac{x+y}{\sqrt{2}}\right)$ folgt: $\sqrt{1 + z_x^2 + z_y^2} = \sqrt{1 + \sinh^2\left(\frac{x+y}{\sqrt{2}}\right)} = \cosh\left(\frac{x+y}{\sqrt{2}}\right)$.

Das liefert:

$$O(F) = \int_{x=0}^{1} \int_{y=-x}^{x} \cosh\left(\frac{x+y}{\sqrt{2}}\right) dx\,dy = \sqrt{2} \int_{x=0}^{1} \sinh\left(\frac{x+y}{\sqrt{2}}\right)\Big|_{y=-x}^{x} dx =$$

$$= \sqrt{2} \int_0^1 \sinh(\sqrt{2}x)\,dx = \cosh(\sqrt{2}x)\Big|_0^1 = \cosh\sqrt{2} - 1.$$

4. Gegeben ist die Fläche

$$\vec{x}(u,v) = \begin{pmatrix} (2+\cos v)\cos u \\ (2+\cos v)\sin u \\ \sin v \end{pmatrix} \qquad 0 \le u \le 2\pi,\ 0 \le v \le 2\pi\,.$$

Berechnen Sie den Flächeninhalt.

Lösung:
Mit $\vec{x}_u = \begin{pmatrix} -(2+\cos v)\sin u \\ (2+\cos v)\cos u \\ 0 \end{pmatrix}$ und $\vec{x}_v = \begin{pmatrix} -\sin v\cos u \\ -\sin v\sin u \\ \cos v \end{pmatrix}$ erhalten wir:

$$\vec{x}_u \times \vec{x}_v = \begin{vmatrix} \vec{e}_1 & \vec{e}_2 & \vec{e}_3 \\ -(2+\cos v)\sin u & (2+\cos v)\cos u & 0 \\ -\sin v\cos u & -\sin v\sin u & \cos v \end{vmatrix} = \begin{pmatrix} (2+\cos v)\cos u\cos v \\ (2+\cos v)\sin u\cos v \\ (2+\cos v)\sin v \end{pmatrix}.$$

Damit folgt:
$\|\vec{x}_u \times \vec{x}_v\| = \sqrt{(2+\cos v)^2(\cos^2 u\cos^2 v + \sin^2 u\cos^2 v + \sin^2 v)} = (2+\cos v)$ und weiters: $O(F) = \int_{v=0}^{2\pi} \int_{u=0}^{2\pi} (2+\cos v)\,du\,dv = 2\pi \int_0^{2\pi} (2+\cos v)\,dv = 2\pi\, 4\pi = 8\pi^2$.

5. Gegeben ist das Vektorfeld $\vec{v}(x,y,z) = \begin{pmatrix} x \\ 3y \\ -z \end{pmatrix}$. Berechnen Sie den Fluß durch die Fläche $x^2 + y^2 + z^2 = 2z$.

Lösung:
Wir stellen die Fläche $x^2 + y^2 + (z-1)^2 = 1$ mittels Kugelkoordinaten dar:

$$\begin{cases} x = \sin\vartheta\cos\varphi \\ y = \sin\vartheta\sin\varphi \quad , \qquad 0 \le \vartheta \le \pi \ , \ 0 \le \varphi \le 2\pi. \\ z = 1 + \cos\vartheta \end{cases}$$

Mit $\vec{x}_\vartheta = \begin{pmatrix} \cos\vartheta\cos\varphi \\ \cos\vartheta\sin\varphi \\ -\sin\vartheta \end{pmatrix}$ und $\vec{x}_\varphi = \begin{pmatrix} -\sin\vartheta\sin\varphi \\ \sin\vartheta\cos\varphi \\ 0 \end{pmatrix}$ folgt:

$\vec{n} = \vec{x}_\vartheta \times \vec{x}_\varphi = \begin{pmatrix} \sin^2\vartheta\cos\varphi \\ \sin^2\vartheta\sin\varphi \\ \sin\vartheta\cos\vartheta \end{pmatrix}$. Weiters ist dann:

$(\vec{v}, \vec{n}) = \sin^3\vartheta\cos^2\varphi + 3\sin^3\vartheta\sin^2\varphi - (1+\cos\vartheta)\sin\vartheta\cos\vartheta.$

$$\Longrightarrow O(F) = \int_{\vartheta=0}^{\pi}\int_{\varphi=0}^{2\pi}\Big[\sin^3\vartheta(\cos^2\varphi + 3\sin^2\varphi) - (1+\cos\vartheta)\sin\vartheta\cos\vartheta\Big]d\vartheta\, d\varphi =$$

$$= \underbrace{\int_0^{\pi}\sin^3\vartheta\, d\vartheta}_{\frac{4}{3}}\underbrace{\int_0^{2\pi}(1+2\sin^2\varphi)\, d\varphi}_{4\pi} - 2\pi\underbrace{\int_0^{\pi}(\cos\vartheta\sin\vartheta + \cos^2\vartheta\sin\vartheta)\, d\vartheta}_{\frac{2}{3}} = 4\pi.$$

6. Berechnen Sie das Oberflächenintegral

$$I = \iint_F (x+z)dydz + (1-xy)dzdx + (x^2+y^2)dxdy\ .$$

Dabei ist F jenes Stück der Fläche $x - y + z - 2 = 0$, dessen Projektion in die xy-Ebene durch das Dreieck ABC mit den Eckpunkten $A(0,0)$, $B(1,0)$ und $C(1,6)$ bestimmt ist.

Lösung:
Die Projektion B von F in die xy-Ebene ist: $B: 0 \le y \le 6x,\ 0 \le x \le 1$. Mit der Vektorfunktion $\vec{v} = (x+z, 1-xy, x^2+y^2)^T$ und dem Normalenvektor der Fläche (Ebene) $x - y + z - 2 = 0$: $\vec{n} = (1, -1, 1)^T$ folgt:

$$O(F) = \int_{x=0}^{1}\int_{y=0}^{6x}\Big(x + (2-x+y) - (1-xy) + (x^2+y^2)\Big)\, dx\, dx =$$

$$= \int_{x=0}^{1}\int_{y=0}^{6x}(1+y+xy+x^2+y^2)\, dx\, dy = \int_{x=0}^{1}\Big(y+\frac{y^2}{2}+\frac{xy^2}{2}+x^2y+\frac{y^2}{3}\Big)\Big|_{y=0}^{6x} dx =$$

$$= \int_0^1 (6x + 18x^2 + 18x^3 + 6x^3 + 72x^3)\, dx = 33.$$

7. Berechnen Sie das skalare Oberflächenintegral

$$I = \iint_F e^{-z} do, \qquad F: z^2 = x^2 + y^2, \qquad 0 \le z \le 1.$$

Lösung:
Für positive z ist F explizit darstellbar: $z = \sqrt{x^2+y^2}$. Die Projektion von F in die xy-Ebene ist $B: x^2 + y^2 \le 1$. Mit

$$do = \sqrt{1 + z_x^2 + z_y^2} = \sqrt{1 + \frac{x^2}{x^2+y^2} + \frac{y^2}{x^2+y^2}}\, dx\, dy = \sqrt{2}\, dx\, dy$$

folgt: $I = \iint_{x^2+y^2\le 1} e^{\sqrt{x^2+y^2}}\sqrt{2}dx\,dy$.

Die Auswertung dieses Integrals erfolgt klarerweise in Polarkoordinaten:

$$I = \sqrt{2}\int_{\varphi=0}^{2\pi}\int_{r=0}^{1} e^{-r}r\,dr\,d\varphi = 2\sqrt{2}\,\pi\Big(-re^{-r}-e^{-r}\Big)\Big|_0^1 = 2\sqrt{2}\,\pi\frac{e-2}{e}\,.$$

8. Berechnen Sie das skalare Oberflächenintegral $I = \iint_F \frac{do}{1+z}$ über jenen Teil der Oberfläche der Kugel $x^2+y^2+z^2=R^2$, der ganz in der Halbebene $x \ge 0$ liegt.

Lösung:
Wir verwenden für F Kugelkoordinaten:

$$\vec{x}(\vartheta,\varphi) = R\begin{pmatrix}\sin\vartheta\cos\varphi\\ \sin\vartheta\sin\varphi\\ \cos\vartheta\end{pmatrix}, \quad -\frac{\pi}{2}\le\varphi\le\frac{\pi}{2}\,,\ 0\le\vartheta\le\pi\,.$$

Mit $\vec{x}_\vartheta = R\begin{pmatrix}\cos\vartheta\cos\varphi\\ \cos\vartheta\sin\varphi\\ -\sin\vartheta\end{pmatrix}$ und $\vec{x}_\varphi = R\begin{pmatrix}-\sin\vartheta\sin\varphi\\ \sin\vartheta\cos\varphi\\ 0\end{pmatrix}$ folgt:

$$\vec{x}_\vartheta\times\vec{x}_\varphi = R^2\begin{pmatrix}-\sin^2\vartheta\cos\varphi\\ \sin^2\vartheta\sin\varphi\\ \sin\vartheta\cos\vartheta\end{pmatrix} \Longrightarrow do = \|\vec{x}_\vartheta\times\vec{x}_\varphi\|d\vartheta d\varphi = R\sin\vartheta\,d\vartheta d\varphi.$$

Damit erhalten wir:

$$I = R^2\int_{\varphi=-\frac{\pi}{2}}^{\frac{\pi}{2}}\int_{\vartheta=0}^{\pi}\frac{\sin\vartheta}{1+R\cos\vartheta}\,d\vartheta\,d\varphi = -R\pi\ln(1+R\cos\vartheta)\Big|_0^\pi = R\pi\ln\left(\frac{1+R}{1-R}\right).$$

1.10.3 Beispiele mit Lösungen

1. Berechnen Sie den Inhalt jenes Teils der Fläche $z=\sqrt{x^2-y^2}$, dessen Projektion auf die xy-Ebene das Innere des Dreiecks mit den Ecken $A(0,0)$, $B(2,1)$, $C(2,2)$ ergibt.

   Lösung: $A = 2\sqrt{6}$.

2. Bestimmen Sie den Inhalt jenes Flächenstückes, welches der Zylinder $x^2+y^2=9 \quad (0\le z\le 8\pi)$ aus der Fläche $z = 4\arctan\left(\frac{y}{x}\right)$ herausschneidet.

   Lösung: $A = 15\pi + 16\pi\ln 2$.

3. Bestimmen Sie den Flächeninhalt jenes Teils des Paraboloids $2az = x^2-y^2$, $0<a$, dessen Projektion auf die xy-Ebene innerhalb der Lemniskate $r = a\sqrt{\cos 2\varphi}$ liegt.

   Lösung: $A = \frac{a^2}{9}(20-3\pi)$.

4. Berechnen Sie den Inhalt jenes Teils der Fläche $z(x,y) = \frac{1}{2}\ln(x^2+y^2)$, dessen Projektion auf die xy-Ebene das Kreisringgebiet $D=\{(x,y)\mid 1\le x^2+y^2\le 4\}$ ist.

   Lösung: $A = \left[2\sqrt{5}-\sqrt{2}+\ln\left(\frac{2+\sqrt{5}}{1+\sqrt{2}}\right)\right]\pi$.

5. Berechnen Sie den Inhalt jenes Stückes der Fläche

$$\vec{x}(u,v) = \begin{pmatrix} -u+3v+23 \\ 2u-v-12 \\ u+4v-7 \end{pmatrix},$$

für das $|u+3|+|v-3| \leq 1$ gilt.

Lösung: $A = 2\sqrt{155}$.

6. Unter gewissen Voraussetzungen ist der Wärmefluß pro Flächeneinheit proportional zum negativen Temperaturgradienten. Berechnen Sie für das Temperaturfeld

$$T(x,y,z) = \frac{6}{(x^2+y^2)^{3/2}}, \quad x^2+y^2 > 16$$

den gesamten Wärmefluß durch den Zylindermantel $S:\ x^2+y^2=25,\ 0 \leq z \leq 2$.

Lösung: $\Phi = \dfrac{72\pi}{125}$.

7. Berechnen Sie das skalare Oberflächenintegral $I = \iint_F x do$. Dabei ist F jenes Stück der Fläche

$z = \sqrt{R^2-x^2-y^2}$, dessen Projektion in die xy-Ebene das Quadrat mit den Eckpunkten $A(0,0)$, $B\left(\dfrac{R}{\sqrt{2}}, 0\right)$, $C\left(\dfrac{R}{\sqrt{2}}, \dfrac{R}{\sqrt{2}}\right)$ und $D\left(0, \dfrac{R}{\sqrt{2}}\right)$ ist.

Lösung: $I = \dfrac{R^3}{4}$.

8. Berechnen Sie das skalare Oberflächenintegral $\iint_F (x+3y) do$,

wobei F die Fläche $z = x^2,\ 0 \leq y \leq 1,\ -1 \leq x \leq 1$ ist.

Lösung: $\dfrac{3}{4}(\text{Arsinh}2 + 2\sqrt{5})$.

1.11 Kurvenintegrale

1.11.1 Grundlagen

- Sei $h(x,y,z)$ eine stetige Funktion und $C : \vec{x}(t)$ eine stückweise glatte Kurve. Dann heißt $\int_C h(x,y,z)\,ds = \int_{t_1}^{t_2} h\big(x(t),y(t),z(t)\big)\|\dot{\vec{x}}(t)\|dt$ Kurvenintegral 1. Art bzw. skalares Kurvenintegral über h längs C.

- Sei $\vec{v}(x,y,z)\begin{pmatrix} v_1 \\ v_2 \\ v_3 \end{pmatrix}$ ein stetiges Vektorfeld und $C : \vec{x}(t)$ eine stückweise glatte Kurve. Dann heißt

  $$\int_C \vec{v}\cdot d\vec{x} = \int_C v_1 dx + v_2 dy + v_3 dz = \int\limits_{t_0}^{t_1} \big(v_1\dot{x}(t) + v_2\dot{y}(t) + v_3\dot{z}(t)\big)dt\ ,$$

  wobei $v_i = v_i\big(x(t),y(t),z(t)\big)$, Kurvenintegral 2. Art bzw. vektorielles Kurvenintegral bzw. Wegintegral über $\vec{v}$ längs C.

- Kurvenintegrale hängen im Allgemeinen vom Weg ab. Falls aber $\vec{v}$ ein Gradientenfeld ist, d.h. dass eine Skalarfunktion $f(x,y,z)$ existiert, so dass $\vec{v} = \text{grad} f$ gilt, ist das Kurvenintegral wegunabhängig.

1.11.2 Musterbeispiele

1. Berechnen Sie das Kurvenintegral

   $$L = \int_C (x+2y)dx + 3dy + yzdz$$

   längs der Kurve $C : \vec{x}(t)\begin{pmatrix} \cos t \\ \sin t \\ t \end{pmatrix}, \quad 0 \le t \le 2\pi.$

   Lösung:
   Wir setzen in die Vektorfunktion $\vec{v}(x,y,z) = (x+2y, 3, yz)^T$ die Parametrisierung von C ein: $\vec{v} = (\cos t + 2\sin t, 3, t\sin t)^T$. Mit $\dot{\vec{x}}(t) = (-\sin t, \cos t, 1)^T$ folgt dann:
   $L = \int_0^{2\pi} \big(-\sin t\cos t - 2\sin^2 t + 3\cos t + t\sin t\big)dt =$

   $$= -\underbrace{\int_0^{2\pi}\sin t\cos t\,dt}_{0} - 2\underbrace{\int_0^{2\pi}\sin^2 t\,dt}_{\pi} + 3\underbrace{\int_0^{2\pi}\cos t\,dt}_{0} + \int_0^{2\pi} t\sin t\,dt \overset{p.I.}{=}$$

   $$= -2\pi - t\cos t\Big|_0^{2\pi} + \underbrace{\int_0^{2\pi}\cos t\,dt}_{0} = -4\pi.$$

2. Berechnen Sie das Kurvenintegral

   $$\int_C (y^2dx - 2x^2dy + zdz),$$

wobei C die Schnittkurve der Flächen $y = x^2$ und $z = x$ ist, vom Punkt $A(0,0,0)$ bis zum Punkt $B(1,1,1)$.

Lösung:
Zunächst parametrisieren wir die Schnittkurve: Mit $x(t) = t$ folgt $y(t) = t^2$ und $z(t) = t$. Es ist $\vec{v}\big(x(t), y(t), z(t)\big) = (t^4, -2t^2, t)^T$ und $\dot{\vec{x}} = (1, 2t, 1)^T$ mit $0 \le t \le 1$.

$$\Longrightarrow L = \int_0^1 (t^4 - 4t^3 + t)dt = -\frac{3}{10}\,.$$

3. Berechnen Sie das Kurvenintegral

$$L = \int\limits_{\substack{A\\(C)}}^{B} (x - \cos(\pi z))dx + \frac{z}{1+y^2}dy + ye^x dz$$

von $A(0,0,0)$ nach $B(1,1,1)$ längs der Schnittkurve C der beiden Flächen $x = y^2$ und $y = z$.

Lösung:
Es ist $\vec{x}(t) = (t^2, t, t)^T$, $\dot{\vec{x}}(t) = (2t, 1, 1)^T$ und $\vec{v} = \left(t^2 - \cos(\pi t), \frac{t}{1+t^2}, te^{t^2}\right)^T$.

$$\Longrightarrow L = \int_0^1 \Big(2t^3 - 2t\cos(\pi t) + \frac{t}{1+t^2} + te^{t^2}\Big)dt = \cdots =$$
$$= \left(\frac{t^4}{2} - 2t\frac{\sin(\pi t)}{\pi} - \frac{2}{\pi^2}\cos(\pi t) + \frac{1}{2}\ln(1+t^2) + \frac{e^{t^2}}{2}\right)\Bigg|_0^1 = \frac{e}{2} + \frac{1}{2}\ln 2 + \frac{4}{\pi^2}\,.$$

4. Berechnen Sie das Kurvenintegral

$$L = \int_C \frac{x^2}{x^2+y^2}\,dx + \frac{x}{x^2+y^2}\,dy$$

mit $C:\ x^2 + y^2 = 9$ (entgegen dem Uhrzeigersinn orientiert).

Lösung:
Mit $\vec{x}(t) = (3\cos t, 3\sin t)^T$, $\dot{\vec{x}}(t) = (-3\sin t, 3\cos t)^T$ und $\vec{v} = \left(\cos^2 t, \frac{\cos t}{3}\right)^T$ folgt:

$$L = \int_0^{2\pi} (-3\cos^2 t \sin t + \cos^2 t)dt = \underbrace{\cos^3 t\Big|_0^{2\pi}}_{0} + \underbrace{\int_0^{2\pi} \cos^2 t\,dt}_{\pi} = \pi.$$

5. Gegeben ist das Vektorfeld $\vec{v}(x,y,z) = \begin{pmatrix} x+y \\ z \\ 3 \end{pmatrix}$, wobei C die Schnittkurve der Flächen $z = 1 - x^2$ und $x^2 + y^2 = 1$ ist. Berechnen Sie das Kurvenintegral $L = \int_C \vec{v}\,d\vec{x}$.

Lösung:

Mit $\vec{x}(t) = \begin{pmatrix} \cos t \\ \sin t \\ \sin^2 t \end{pmatrix}$, $t \in [0, 2\pi]$, $\dot{\vec{x}}(t) = \begin{pmatrix} -\sin t \\ \cos t \\ 2\sin t \cos t \end{pmatrix}$, $\vec{v} = \begin{pmatrix} \cos t + \sin t \\ \sin^2 t \\ 3 \end{pmatrix}$

folgt:

$$L = \int_0^{2\pi} \big(-\sin t \cos t - \sin^2 t + \cos t - \cos t \sin^2 t + 2 \sin t \cos t) dt =$$
$$= 5 \underbrace{\int_0^{2\pi} \sin t \cos t \, dt}_{0} - \underbrace{\int_0^{2\pi} \sin^2 t \, dt}_{\pi} + \underbrace{\int_0^{2\pi} \cos t \, dt}_{0} - \underbrace{\int_0^{2\pi} \cos t \sin^2 t \, dt}_{0} = -\pi.$$

6. Gegeben ist die Vektorfunktion $\vec{v}(x,y,z) = \begin{pmatrix} y^2 + yz\cos(xy) \\ 2xy + xz\cos(xy) \\ \sin(xy) + 2z \end{pmatrix}$. Berechnen Sie $\int \vec{v} \cdot d\vec{x}$ entlang des Geradenstücks von $(0,0,1)$ bis $(\pi,1,0)$.

Lösung:

Mit $\vec{x}(t) = \begin{pmatrix} \pi t \\ t \\ 1-t \end{pmatrix}$, $t \in [0,1]$, $\dot{\vec{x}}(t) = \begin{pmatrix} \pi \\ 1 \\ -1 \end{pmatrix}$, $\vec{v} = \begin{pmatrix} t^2 + t(1-t)\cos(\pi t^2) \\ 2\pi t^2 + \pi t(1-t)\cos(\pi t^2) \\ \sin(\pi t^2) + 2(1-t) \end{pmatrix}$

folgt:

$$L = \int_0^1 \Big(\pi t^2 + \pi t(1-t)\cos(\pi t^2) + 2\pi t^2 + \pi t(1-t)\cos(\pi t^2) - \sin(\pi t^2) - 2(1-t)\Big) dt =$$
$$= 3\pi \int_0^1 t^2 dt + \int_0^1 2\pi t(1-t)\cos(\pi t^2) dt - \int_0^1 \sin(\pi t^2) dt - \int_0^1 2(1-t) dt =$$
$$= \pi t^3\Big|_0^1 + (1-t)\sin(\pi t^2)\Big|_0^1 + \int_0^1 \sin(\pi t^2) dt - \int_0^1 \sin(\pi t^2) dt + (1-t)^2\Big|_0^1 = \cdots = \pi - 1.$$

Bemerkung: Manchmal heben sich unangenehme Integrale auf.

7. Die Wärmemenge Q, die eine abgeschlossene Gasmenge vom Zustand $A : (p_1, T_1, V_1)$ in den Zustand $B : (p_2, T_2, V_2)$ überführt, ist gegeben durch

$$Q = \int_A^B c_V \, dT + \frac{nRT}{V} \, dV \, ,$$

wobei c_V die spezifische Wärme bei konstantem Volumen, R die Gaskonstante und n die Anzahl der Mole der Gasmenge bezeichnet. Zeigen Sie, dass Q wegabhängig ist, indem Sie folgende Wege wählen:
a) Zuerst eine Isotherme und anschließend eine Isochore,
b) zuerst eine Isochore und anschließend eine Isotherme.

Lösung:

Wir führen die zwei Zwischenzustände $C : (p^*, T_1, V_2)$ und $D : (\hat{p}, T_2, V_1)$ ein.

a) $Q_1 = \int_A^B \left(c_V \, dT + \frac{nRT_1}{V} \, dV\right) = \int_A^C \frac{nRT}{V} \, dV + \int_C^B c_V \, dT =$
$$= \int_{V_1}^{V_2} nRT_1 \frac{dV}{V} + c_V \int_{T_1}^{T_2} dT = nRT_1 \ln\left(\frac{V_2}{V_1}\right) + c_V(T_2 - T_1).$$

b) $Q_2 = \int_A^B c_V \, dT + \frac{nRT_1}{V} \, dV = \int_A^D c_V \, dT + \int_D^B \frac{nRT}{V} \, dV =$
$$= c_V \int_{T_1}^{T_2} dT + nRT_2 \int_{V_1}^{V_2} \frac{dV}{V} = c_V(T_2 - T_1) + nRT_2 \ln\left(\frac{V_2}{V_1}\right).$$

Offensichtlich ist $Q_1 \neq Q_2$, d.h. es liegt Wegabhängigkeit vor.

8. Berechnen Sie das Kurvenintegral 1. Art: $I = \int\limits_{\substack{A\\(C)}}^{B} (x+y^2+z^3)ds$ von $A(0,1,0)$ nach $B(1,0,\frac{\pi}{2})$ längs $C:\ \vec{x}(t) = \begin{pmatrix} \sin t \\ \cos t \\ t \end{pmatrix}$.

   Lösung:
   Aus $\dot{\vec{x}}(t) = \begin{pmatrix} \cos t \\ -\sin t \\ 1 \end{pmatrix}$ folgt: $\|\dot{\vec{x}}(t)\| = \sqrt{2}$. Damit erhalten wir:

   $$I = \sqrt{2}\int_0^{\frac{\pi}{2}} (\sin t + \cos^2 t + t^3)\, dt = \sqrt{2}\Big(-\cos t\Big|_0^{\frac{\pi}{2}} + \underbrace{\int_0^{\frac{\pi}{2}} \cos^2 t\, dt}_{\frac{\pi}{4}} + \frac{\pi^4}{64}\Big) =$$

   $$= \sqrt{2}\left(1 + \frac{\pi}{4} + \frac{\pi^4}{64}\right).$$

9. Berechnen Sie das Kurvenintegral 1. Art: $I = \int_C (xz + y)\, ds$ von $A(1,0,0)$ nach $B(0,1,0)$ längs C. Dabei ist C die Schnittkurve der beiden Flächen $x + y^2 = 1$ und $z = 0$.

   Lösung:
   Mit $y = t$ erhalten wir eine Parametrisierung der Schnittkurve C:

   $\vec{x}(t) = \begin{pmatrix} 1-t^2 \\ t \\ 0 \end{pmatrix}$, $\quad 0 \le t \le 1$ und in weiterer Folge: $\|\dot{\vec{x}}(t)\| = \sqrt{1+4t^2}$.

   Damit folgt dann: $I = \int_0^1 t\sqrt{1+4t^2}\, dt = \frac{1}{12}(1+4t^2)^{\frac{3}{2}}\Big|_0^1 = \frac{1}{12}(\sqrt{125} - 1)$.

1.11.3 Beispiele mit Lösungen

1. Berechnen Sie das Kurvenintegral

   $$L = \int_C (2x + yz)dx + (xz - z)dy + (xy - y)dz$$

   entlang der Kurve C von $A(-1,0,1)$ nach $B(1,0,1)$, wobei C durch $\vec{x}(t) = \begin{pmatrix} \sin\ t \\ \cos\ t \\ 1 \end{pmatrix}$ gegeben ist.

   Lösung: $L = 0$.

2. Berechnen Sie das Kurvenintegral

   $$L = \int_C (y^2 + 2xz)dx + (2xy - 1)dy + (x^2 + 3z^2)dz$$

   längs der Kurve C:

   $$\varphi(t) = \begin{pmatrix} 2\cos t \\ \sin t \\ t \end{pmatrix}, \qquad 0 \le t \le \pi\,.$$

Lösung: $L = 4\pi + \pi^3$.

3. Berechnen Sie das Kurvenintegral

$$L = \int_C \vec{v}\,d\vec{x} \quad \text{für} \quad \vec{v}(x,y,z) = \begin{pmatrix} x-y \\ \dfrac{-y}{1+x} \\ -1 \end{pmatrix}.$$

Dabei ist C die Schnittkurve der Flächen $2x + 2y + z + 1 = 0$ und $z = x^2 + y^2$.

Lösung: $L = 3\pi$.

4. Berechnen Sie das Kurvenintegral

$$L = \int_C \frac{-y\,dx + x\,dy}{x^2 + y^2}$$

längs der Berandung des Quadrats $-1 \leq x \leq 1,\ -1 \leq y \leq 1$. Dabei sei C entgegen dem Uhrzeigersinn orientiert.

Lösung: $L = 2\pi$.

5. Berechnen Sie das Kurvenintegral $L = \displaystyle\int_C \frac{x\,dx - y\,dy}{(x-y)^2}$, wobei C die geradlinige Verbindung der beiden Punkte $A(1,0)$ und $B(2,1)$ ist.

Lösung: $L = 1$.

6. Berechnen Sie das Kurvenintegral

$$L = \int_C (x - y^2)dx + dy + (16z - xy)dz$$

längs der Schnittkurve der beiden Flächen $y = \sqrt{x},\ z = 1$ zwischen $x = 0$ und $x = 1$.

Lösung: $L = 1$.

7. Berechnen Sie das Kurvenintegral

$$L = \int_C -y\,dx + x\,dy + z\,dz$$

längs der Schnittkurve der beiden Flächen $x^2 + y^2 - z = 0$ und $y + z = \dfrac{3}{4}$.

Lösung: $L = 2\pi$.

8. Berechnen Sie das Kurvenintegral $L = \displaystyle\int_C xy\,dx + (e^y + x^2)dy$ längs der Kurve C: $\vec{x}(t) = \begin{pmatrix} 1 + \cos t \\ \sin t \end{pmatrix}$ von $t = 0$ nach $t = 2\pi$.

Lösung: $L = \pi$.

9. Berechnen Sie das Kurvenintegral 1. Art $L = \int_C \sqrt{x^2 + y^2 + 8z^2}\, ds$, wobei C die Punkte $A(0,0,0)$ und $B(-\pi, 0, \pi^2/2)$ entlang der Kurve $\vec{x}(t) = \begin{pmatrix} t\cos t \\ t\sin t \\ t^2/2 \end{pmatrix}$ verbindet.

   Lösung: $L = \frac{\pi^2}{2}(1 + \pi^2)$.

10. Für die Gesamtladung Q einer mit Ladung der Längendichte $\rho(x,y)$ belegten ebenen Kurve C gilt:

$$Q = \int_C \rho(x,y)\; ds\ .$$

   Berechnen Sie Q, wenn C die obere Hälfte eines Kreises mit dem Mittelpunkt (x_0, y_0) und Radius $a > 0$ ist und die Ladungsdichte durch $\rho(x,y) = 1 + y$ gegeben ist.
   Lösung: $Q = a(1 + y_0)\pi + 2a^2$.

11. Berechnen Sie näherungsweise das Kurvenintegral 1. Art

$$I = \int_C \frac{yz}{1 + 2x^2} ds,$$

   wobei C jenes Stück der Schnittkurve der Flächen $x^2 + z - 1 = 0$ und $y - 4 = 0$ ist, für welches die z-Koordinate positiv ist.

   Lösung: $I \approx 5,08$ (mit Maple).

   Das exakte Ergebnis wäre: $I = -2\sqrt{5} + 11\ln(2 + \sqrt{5}) - 3\sqrt{2}\ln\left(\frac{\sqrt{5} + \sqrt{2}}{\sqrt{5} - \sqrt{2}}\right)$.

Kapitel 2

Vektoranalysis

2.1 Differentialoperatoren

2.1.1 Grundlagen

- Der Vektordifferentialoperator $\nabla := \begin{pmatrix} \frac{\partial}{\partial x} \\ \frac{\partial}{\partial y} \\ \frac{\partial}{\partial z} \end{pmatrix}$ heißt Nabla-Operator. Er lässt sich sowohl auf Skalarfunktionen $f : \mathbb{R}^3 \to \mathbb{R}$ als auch auf Vektorfunktionen $\vec{v} : \mathbb{R}^3 \to \mathbb{R}^3$ anwenden:

  (i) $\nabla f(x,y,z) = \begin{pmatrix} \frac{\partial f}{\partial x} \\ \frac{\partial f}{\partial y} \\ \frac{\partial f}{\partial z} \end{pmatrix} =: \operatorname{grad} f(x,y,z),$

  (ii) $(\nabla, \vec{v})(x,y,z) = \dfrac{\partial v_1}{\partial x} + \dfrac{\partial v_2}{\partial y} + \dfrac{\partial v_3}{\partial z} =: \operatorname{div} \vec{v} \quad \cdots$ Divergenz von $\vec{v}$,

  (iii) $(\nabla \times \vec{v})(x,y,z) = \begin{pmatrix} \frac{\partial v_3}{\partial y} - \frac{\partial v_2}{\partial z} \\ \frac{\partial v_1}{\partial z} - \frac{\partial v_3}{\partial x} \\ \frac{\partial v_2}{\partial x} - \frac{\partial v_1}{\partial y} \end{pmatrix} =: \operatorname{rot} \vec{v} \quad \cdots$ Rotor von $\vec{v}$.

- Seien $f, \vec{v}, \vec{w}$ geeignet oft differenzierbare Skalar- bzw. Vektorfunktionen. Dann gelten die folgenden Identitäten:

  1. $\operatorname{rot} \operatorname{grad} f \equiv 0,$
  2. $\operatorname{div} \operatorname{rot} \vec{v} \equiv 0,$
  3. $\operatorname{div}(f\vec{v}) \equiv (\vec{v}, \operatorname{grad} f) + f \operatorname{div} \vec{v},$
  4. $\operatorname{rot} \operatorname{rot} \vec{v} \equiv \operatorname{grad} \operatorname{div} \vec{v} - \Delta \vec{v},$
  5. $\operatorname{div}(\vec{v} \times \vec{w}) \equiv (\vec{w}, \operatorname{rot} \vec{v}) - (\vec{v}, \operatorname{rot} \vec{w}),$
  6. $\operatorname{rot}(f\vec{v}) \equiv \operatorname{grad} f \times \vec{v} + f \operatorname{rot} \vec{v},$
  7. $\operatorname{rot}(\vec{v} \times \vec{w}) \equiv \vec{v} \operatorname{div} \vec{w} - \vec{w} \operatorname{div} \vec{v} + (\vec{w}, \nabla)\vec{v} - (\vec{v}, \nabla)\vec{w} \equiv$

     $$\equiv \vec{v} \operatorname{div} \vec{w} - \vec{w} \operatorname{div} \vec{v} + \frac{d\vec{v}}{d\vec{x}} \vec{w} - \frac{d\vec{w}}{d\vec{x}} \vec{v}.$$

2.1.2 Musterbeispiele

1. Berechnen Sie $\vec{w} = \text{rot}\Big(\text{grad div}\,\vec{u} + \vec{v}\Big)$ mit $\vec{u} = xyz\begin{pmatrix}1\\1\\1\end{pmatrix}$, $\vec{v} = \begin{pmatrix}z\\x\\y\end{pmatrix}$.

   Lösung:

   $$\vec{w} = \text{rot}\Big(\text{grad div}\,\vec{u} + \vec{v}\Big) = \underbrace{\text{rot grad div}\,\vec{u}}_{\vec{0}} + \text{rot}\,\vec{v} = \begin{pmatrix}\frac{\partial y}{\partial y} - \frac{\partial x}{\partial z}\\ \frac{\partial z}{\partial z} - \frac{\partial y}{\partial x}\\ \frac{\partial x}{\partial x} - \frac{\partial z}{\partial y}\end{pmatrix} = \begin{pmatrix}1\\1\\1\end{pmatrix}.$$

2. Berechnen Sie $\vec{v} = \text{rot}(\vec{u} \times \text{ grad} f)$ mit $\vec{u} = (x, y, z)^T$, $\quad f = x + 2y + 3z$.

   Lösung:
   Mit $\text{grad} f = (1, 2, 3)^T$ folgt:

   $$\vec{v} = \text{rot}(\vec{u} \times \text{ grad} f) = \vec{u}\underbrace{\text{div grad} f}_{0} - \text{grad} f \text{ div}\,\vec{u} + \frac{d\vec{u}}{d\vec{x}}\,\text{grad} f - \underbrace{\frac{d(\text{grad} f)}{d\vec{x}}}_{0}\,\vec{u} =$$

   $$= -\begin{pmatrix}1\\2\\3\end{pmatrix}\cdot 3 + \begin{pmatrix}1 & 0 & 0\\0 & 1 & 0\\0 & 0 & 1\end{pmatrix}\begin{pmatrix}1\\2\\3\end{pmatrix} = \begin{pmatrix}-2\\-4\\-6\end{pmatrix}.$$

3. Bilden Sie den Ausdruck $\vec{z} = \text{grad div}\,\vec{v} + \text{rot grad} f$,
   mit $\vec{v} = \begin{pmatrix}x^2y\\y^2z\\z^2x\end{pmatrix}$, $\quad f = x^2y + y^2z + z^2x$.

   Lösung:

   $$\vec{z} = \text{grad div}\,\vec{v} + \underbrace{\text{rot grad} f}_{\vec{0}} = \text{grad}(2xy + 2yz + 2xz) = 2\begin{pmatrix}y+z\\x+z\\x+y\end{pmatrix}.$$

4. Gegeben sind die Vektorfunktionen

   $$\vec{u} = \begin{pmatrix}z\\x\\y\end{pmatrix}, \qquad \vec{v} = \begin{pmatrix}x\\y\\1-z^2\end{pmatrix}.$$

   Berechnen Sie $\text{rot}(\vec{u}\,\text{div}\vec{v})$.

   Lösung:

   $$\text{rot}(\,\vec{u}\,\text{div}\,\vec{v}) = \text{div}\,\vec{v}\,\text{rot}\,\vec{u} + \text{grad div}\,\vec{v} \times \vec{u} = (2-2z)\begin{pmatrix}1\\1\\1\end{pmatrix} + \begin{pmatrix}0\\0\\-2\end{pmatrix} \times \begin{pmatrix}2x\\-2z\\0\end{pmatrix} =$$

   $$= \begin{pmatrix}2+2x-2z\\2-4z\\2-2z\end{pmatrix}.$$

5. Berechnen Sie $f = \text{div}(\vec{a} \times \vec{b})$ mit: $\vec{a} = \begin{pmatrix}x\\-z\\y\end{pmatrix}$ und $\vec{b} = \begin{pmatrix}1\\x\\z\end{pmatrix}$.

Lösung:

$f = \text{div}(\vec{a} \times \vec{b}) = (\vec{b}, \text{rot}\,\vec{a}) - (\vec{a}, \text{rot}\,\vec{b})$. Mit $\text{rot}\,\vec{a} = \begin{pmatrix} 2 \\ 0 \\ 0 \end{pmatrix}$ und $\text{rot}\,\vec{b} = \begin{pmatrix} 0 \\ 0 \\ 1 \end{pmatrix}$ folgt:

$$f = \begin{pmatrix} 1 \\ x \\ z \end{pmatrix} \cdot \begin{pmatrix} 2 \\ 0 \\ 0 \end{pmatrix} + \begin{pmatrix} x \\ -z \\ y \end{pmatrix} \cdot \begin{pmatrix} 0 \\ 0 \\ 1 \end{pmatrix} = 2 - y\ .$$

2.1.3 Beispiele mit Lösungen

1. Gegeben sei das Vektorfeld

$$\vec{v}(x, y, z) = \begin{pmatrix} z^2 - y^2 \\ xyz \\ x + y. \end{pmatrix}$$

Bilden Sie den Ausdruck $\vec{A} = \text{rot}(\text{rot}\,\vec{v}) - \text{grad}(\text{div}\,\vec{v})$.

Lösung: $\vec{A} = \vec{0}$.

2. Berechnen Sie $\vec{v} = \text{rot}\Big((\vec{a}\,\text{div}\,\vec{b}) \times \vec{c}\Big)$ mit

$$\vec{a} = \begin{pmatrix} x - z \\ y \\ x + z \end{pmatrix}, \qquad \vec{b} = \begin{pmatrix} x - y^2 z \\ 2y - x \\ z - 3x^2 \end{pmatrix}, \qquad \vec{c} = \begin{pmatrix} 2 \\ -1 \\ 3 \end{pmatrix}.$$

Lösung: $\vec{v} = \begin{pmatrix} -28 \\ 8 \\ -16 \end{pmatrix}$.

3. Berechnen Sie $\text{rot}(f\vec{v})$, wobei $f = x^2 + y^2$ und $\vec{v} = \begin{pmatrix} z \\ z^2 \\ z^3 \end{pmatrix}$.

Lösung: $\text{rot}(f\vec{v}) = \begin{pmatrix} 2yz^3 - 2x^2 z - 2y^2 z \\ x^2 + y^2 - 2xz^3 \\ 2xz^2 - 2yz \end{pmatrix}$.

4. Berechnen Sie $\vec{w} = \text{rot}(\vec{u}\,\text{div}\,\vec{v})$ mit $\vec{u} = \begin{pmatrix} yz \\ xz \\ xy \end{pmatrix}$ und $\vec{v} = \begin{pmatrix} x^2 \\ y^2 \\ z^2 \end{pmatrix}$.

Lösung: $\vec{w} = \begin{pmatrix} 2x(y - z) \\ 2y(z - x) \\ 2z(x - y) \end{pmatrix}$.

5. Berechnen Sie

a) $(\vec{u} \times \nabla) \times \vec{v}$ mit $\vec{u} = \begin{pmatrix} x \\ y \\ z \end{pmatrix}$ und $\vec{v} = \begin{pmatrix} yz \\ xz \\ xy \end{pmatrix}$,

b) $\operatorname{div}(\vec{w} \times \vec{z})$ mit $\vec{w} = \begin{pmatrix} xy \\ -y^2 \\ z^2 \end{pmatrix}$ und $\vec{z} = \begin{pmatrix} 2z^2 \\ -y \\ y^3 \end{pmatrix}$ im Punkt $P(1,1,1)$.

Lösung: a) $(\vec{u} \times \nabla) \times \vec{v} = 2\vec{v}$, b) $\operatorname{div}(\vec{w} \times \vec{z})\Big|_P = 0$.

2.2 Satz von GAUSS

2.2.1 Grundlagen

- Integralsatz von GAUSS:
  Sei B ein stückweise glatter Normalbereich im $\mathbb{R}^3$ und $\vec{v}$ eine stetig differenzierbare Vektorfunktion. Dann gilt:

$$\boxed{\iint_{\partial B} \vec{v}\cdot d\vec{o} = \iiint_B \operatorname{div}\vec{v}dV} \ .$$

2.2.2 Musterbeispiele

1. Berechnen Sie das Oberflächenintegral

$$I = \iint_{\partial B}(x+e^{z^2})dy\,dz + (x^2-y^2+z^2)dz\,dx + (1-xyz)dx\,dy \ .$$

Dabei ist B jener Bereich, der von den beiden Flächen $z = 2-\sqrt{x^2+y^2}$ und $z=\sqrt{x^2+y^2}$ eingeschlossen wird.

Lösung:

Bei den beiden Flächen handelt es sich um einen nach unten geöffneten Drehkegel mit Spitze bei $S(0,0,2)$ ind einen nach oben geöffneten Drehkegel mit Spitze im Ursprung. Sie schneiden sich längs eines Kreises, dessen Projektion in die xy-Ebene durch $2-\sqrt{x^2+y^2}=\sqrt{x^2+y^2}$, d.h. durch $x^2+y^2=1$ gegeben ist.

Unter Verwendung des Satzes von GAUSS erhalten wir:

$I = \iiint_B \operatorname{div}\vec{v}\,dx\,dy\,dz$, wobei $\vec{v} = (x+e^{z^2}, x^2-y^2+z^2, 1-xyz)^T$, woraus wir dann $\operatorname{div}\vec{v} = 1-2y-xy$ erhalten. Verwenden wir ferner wegen der Rotationssymmetrie des Integrationsbereiches B Zylinderkoordinaten, so folgt:

$$I = \int_{\varphi=0}^{2\pi}\int_{r=0}^{1}\int_{z=r}^{2-r}(1-2r\sin\varphi - r^2\sin\varphi\cos\varphi)r\,dr\,d\varphi\,dz =$$

$$= \underbrace{\int_{\varphi=0}^{2\pi}d\varphi}_{2\pi}\int_{r=0}^{1}\int_{z=r}^{2-r} r\,dr\,dz - \underbrace{\int_{\varphi=0}^{2\pi}\sin\varphi\,d\varphi}_{0}\int_{r=0}^{1}\int_{z=r}^{2-r} r^2\,dr\,dz-$$

$$= \underbrace{\int_{\varphi=0}^{2\pi}\frac{1}{2}\sin(2\varphi)\,d\varphi}_{0}\int_{r=0}^{1}\int_{z=r}^{2-r} r^3\,dr\,dz = 2\pi\int_0^1 r(2-r-r)dr = 4\pi\int_0^1(r-r^2)dr =$$

$$= 4\pi\left(\frac{r^2}{2}-\frac{r^3}{3}\right)\Bigg|_0^1 = 4\pi\left(\frac{1}{2}-\frac{1}{3}\right) = \frac{2\pi}{3} \ .$$

Bemerkung:

Ohne Verwendung von Zylinderkoordinaten hätten wir erhalten:

$$I = \iiint_B(1-2y-xy)\,dx\,dy\,dz = \iiint_B dx\,dy\,dz - \iiint_B 2y\,dx\,dy\,dz - \iiint_B xy\,dx\,dy\,dz.$$

Wegen der Symmetrie des Integrationsbereiches bezüglich der xz- und der yz-Ebene sind das zweite und das dritte Integral Null. Das erste entspricht aber genau dem

Volumeninhalt des Bereiches B. Dieser besteht aus zwei Drehkegeln mit Radius 1 und Höhe 1, woraus durch elementare Überlegungen folgt: $I = 2\,\frac{1^2\pi}{3} = \frac{2\pi}{3}$.

2. Berechnen Sie das Oberflächenintegral

$$I = \iint_{\partial B} (x^2 + e^{z^2})dy\,dz + (1 + xz^2)dz\,dx + (x^2 + y^2 + z^2)dx\,dy\ .$$

Dabei ist B jener Bereich, der von den beiden Flächen $x^2 + y^2 + z^2 = 1$ und $x^2 + y^2 + (z-1)^2$ eingeschlossen wird.

Lösung:
Bei den beiden Flächen handelt es sich um zwei Kugeln mit Radius 1 und Mittelpunkten im Ursprung bzw. im Punkt $P(0,0,1)$. Sie schneiden sich längs eines Kreises in der Ebene $z = \frac{1}{2}$, dessen Projektion in die xy-Ebene durch $x^2 + y^2 = \frac{3}{4}$ gegeben ist.
Unter Verwendung des Satzes von GAUSS erhalten wir:

$I = \iiint_B \operatorname{div}\vec{v}\,dx\,dy\,dz$, wobei $\vec{v} = (x^2 + e^{z^2}, 1 + xz^2, x^2 + y^2 + z^2)^T$, woraus wir dann $\operatorname{div}\vec{v} = 2x + 2z$ erhalten. Verwenden wir ferner wegen der Rotationssymmetrie des Integrationsbereiches B Zylinderkoordinaten, so folgt:

$$I = \int_{\varphi=0}^{2\pi} \int_{r=0}^{\frac{\sqrt{3}}{2}} \int_{z=1-\sqrt{1-r^2}}^{\sqrt{1-r^2}} (2r\cos\varphi + 2z)r\,dr\,d\varphi\,dz =$$

$$= 2\underbrace{\int_{\varphi=0}^{2\pi} \cos\varphi\,d\varphi}_{0} \int_{r=0}^{\frac{\sqrt{3}}{2}} \int_{z=1-\sqrt{1-r^2}}^{\sqrt{1-r^2}} r^2\,dr\,dz + 2\pi \int_{r=0}^{\frac{\sqrt{3}}{2}} z^2\Big|_{z=1-\sqrt{1-r^2}}^{\sqrt{1-r^2}} r\,dr =$$

$$= 2\pi \int_{r=0}^{\frac{\sqrt{3}}{2}} (1-r^2-1+2\sqrt{1-r^2}-1+r^2)r dr = -2\pi \int_0^{\frac{\sqrt{3}}{2}} r\,dr + 4\pi \int_{r=0}^{\frac{\sqrt{3}}{2}} r\sqrt{1-r^2}\,dr =$$

$$= -\pi r^2\Big|_0^{\frac{\sqrt{3}}{2}} - \frac{4\pi}{3}(1-r^2)^{3/2}\Big|_0^{\frac{\sqrt{3}}{2}} = -\frac{3\pi}{4} - \frac{4\pi}{3}\left(\frac{1}{8} - 1\right) = -\frac{3\pi}{4} + \frac{7\pi}{6} = \frac{5\pi}{12}\ .$$

Bemerkung:

Ohne Verwendung von Zylinderkoordinaten hätten wir erhalten:
$I = \iiint_B (2x + 2z)dx\,dy\,dz = 2\iiint_B x\,dx\,dy\,dz + 2\iiint_B z\,dx\,dy\,dz.$
Während das erste Integral aus Symmetriegründen Null ist, hat das zweite die Bedeutung des „Schweremoments“ bezüglich der xy-Ebene und ist daher das Produkt aus z-Koordinate des Volumenschwerpunktes mit dem Volumeninhalt des Bereiches B. Der Bereich B besteht aus zwei Kugelkalotten mit Radius 1 und Höhe $h = \frac{1}{2}$. Damit liegt der Schwerpunkt in $S\left(0, 0, \frac{1}{2}\right)$. Mit der elementargeometrischen Volumenformel für Kugelkalotten $V_K = \frac{h^2\pi}{3}(3r - h)$ erhalten wir ohne Mehrfachintegrationen auszuführen das Ergebnis für I.

3. Gegeben ist die Vektorfunktion

$$\vec{v}(x,y,z) = \begin{pmatrix} z^2+y^2 \\ x^2+y^2 \\ 2y^2 \end{pmatrix} .$$

Berechnen Sie das Oberflächenintegral $\iint_{\partial B} \vec{v}\cdot d\vec{o}$, wobei B jener räumliche Bereich ist, der von den Flächen $x^2+x^2=1$, $z=x+y$ und $z=10-x-2y$ eingeschlossen wird.

Lösung:

Nachdem B ein von zwei Ebenen begrenzte Bereich eines Kreiszylinders ist, verwenden wir Zylinderkoordinaten. Unter Verwendung des GAUSS'schen Satzes erhalten wir $I := \iint_{\partial B} \vec{v}\cdot d\vec{o} = \iiint_B \operatorname{div}\vec{v}\, dV$ und weiters wegen $\operatorname{div}\vec{v} = 2y$:

$$I = \iint\limits_{x^2+y^2\le 1} \int_{z=x+y}^{10-x-2y} 2y\, dx\, dy\, dz = \iint\limits_{x^2+y^2\le 1} 2y(10-x-2y-x-y)\, dx\, dy =$$

$$= \iint\limits_{x^2+y^2\le 1} (20y-4xy-6y^2)\, dx\, dy =$$

$$= \int_{\varphi=0}^{2\pi}\int_{r=0}^{1} (20r\sin\varphi - 4r^2\sin\varphi\cos\varphi - 6r^2\sin^2\varphi) r\, dr\, d\varphi =$$

$$= 20\underbrace{\int_0^{2\pi}\sin\varphi\, d\varphi}_{0}\int_0^1 r^2\, dr - 4\underbrace{\int_0^{2\pi}\sin\varphi\cos\varphi\, d\varphi}_{0}\int_0^1 r^3\, dr - 6\underbrace{\int_0^{2\pi}\sin^2\varphi\, d\varphi}_{\pi}\int_0^1 r^3\, dr =$$

$$= -6\pi\frac{r^4}{4}\Big|_0^1 = -\frac{3\pi}{2} .$$

4. Berechnen Sie

$$\iint_B (y^2+z^2)\, dy\, dz + x(y+z)\, dz\, dx + zx^2\, dx\, dy ,$$

wobe B die Oberfläche des von den Flächen $z=2-\sqrt{x^2+y^2}$, $x^2+y^2=1$ und $z=-\sqrt{1-x^2-y^2}$ eingeschlossenen Bereichs ist.

Lösung:

Der Bereich B ist jener Teil eines Drehzylinders mit Radius 1, der unten durch eine Halbkugel und oben durch einen Drehkegel abgeschlossen ist. Wir transformieren daher wieder auf Zylinderkoordinaten. Unter Verwendung des GAUSS'schen Satzes erhalten wir mit $\operatorname{div}\vec{v} = x + x^2$:

$$I = \int_{\varphi=0}^{2\pi}\int_{r=0}^{1}\int_{z=-\sqrt{1-r^2}}^{2-r} (r\cos\varphi + r^2\cos^2\varphi) r\, dr\, d\varphi\, dz =$$

$$= \int_{\varphi=0}^{2\pi}\int_{r=0}^{1} (r\cos\varphi + r^2\cos^2\varphi)\left(2-r+\sqrt{1-r^2}\right) r\, dr\, d\varphi =$$

$$= \underbrace{\int_0^{2\pi}\cos\varphi\, d\varphi}_{0}\int_0^1 r^2\left(2-r+\sqrt{1-r^2}\right) dr + \underbrace{\int_0^{2\pi}\cos^2\varphi\, d\varphi}_{\pi}\int_0^1 r^3\left(2-r+\sqrt{1-r^2}\right) dr =$$

$$= \pi\left(2\underbrace{\int_0^1 r^3\, dr}_{\frac{1}{4}} - \underbrace{\int_0^1 r^4\, dr}_{\frac{1}{5}} + \underbrace{\int_0^1 r^3\sqrt{1-r^2}\, dr}_{I_1}\right) = \pi\left(\frac{1}{2}-\frac{1}{5}+I_1\right) .$$

Zur Berechnung von I_1 substituieren wir: $1 - r^2 = u^2$ und erhalten damit:

$$I_1 = \int_0^1 (1-u^2)u^2\,du = \underbrace{\int_0^1 u^2\,du}_{\frac{1}{3}} - \underbrace{\int_0^1 u^4\,du}_{\frac{1}{5}} = \frac{1}{3} - \frac{1}{5} = \frac{2}{15}\,.$$

Insgesamt folgt dann: $I = \left(\frac{1}{2} - \frac{1}{5} + \frac{2}{15}\right) = \frac{13\pi}{30}\,.$

5. Gegeben ist die Vektorfunktion

$$\vec{v}(x,y,z) = \begin{pmatrix} xy \\ x+yz \\ yz \end{pmatrix}$$

und jener Bereich $B \subset \mathbb{R}^3$, der von den Flächen $z=0$, $z=\sqrt{4-x^2-y^2}$ und $z=\sqrt{x^2+y^2-1}$ eingeschlossen ist und den Koordinatenursprung nicht enthält. Berechnen Sie das Oberflächenintegral $I = \iint_{\partial B} \vec{v}\cdot d\vec{o}$.

Lösung:

Der Bereich B ist ein ringförmiger Bereich, der innen von einem einschaligen Rotationshyberboloid, außen von einer Kugel und unten von der xy-Ebene begrenzt wird. Da wir zur Berechnung von I den Satz von GAUSS verwenden, bestimmen wir $\operatorname{div}\vec{v} = 2y+z$. Wegen der Rotationssymmetrie transformieren wir auf Zylinderkoordinaten. Die beiden Rotationsflächen schneiden sich längs eines Kreises mit Radius $r = \sqrt{\frac{5}{2}}$ in der Ebene $z = \sqrt{\frac{3}{2}}$. Würden wir zunächst über z integrieren, müssten wir die r-Integration bei $r = \sqrt{\frac{5}{2}}$ unterteilen. Es ist daher zweckmäßig, als erstes über die Variable r zu integrieren. Damit erhalten wir:

$$I = \int_{\varphi=0}^{2\pi}\int_{z=0}^{\sqrt{\frac{3}{2}}}\int_{r=\sqrt{1+z^2}}^{\sqrt{4-z^2}} (2r\sin\varphi + z)r\,dr\,d\varphi\,dz =$$

$$= \underbrace{\int_0^{2\pi}\sin\varphi\,d\varphi}_{0}\int_{z=0}^{\sqrt{\frac{3}{2}}}\int_{r=\sqrt{1+z^2}}^{\sqrt{4-z^2}} 2r^2\,dr\,dz + \underbrace{\int_0^{2\pi}d\varphi}_{2\pi}\int_{z=0}^{\sqrt{\frac{3}{2}}} z\frac{r^2}{2}\bigg|_{r=\sqrt{1+z^2}}^{\sqrt{4-z^2}}dz =$$

$$= \pi\int_{z=0}^{\sqrt{\frac{3}{2}}} z(4-z^2-1-z^2)dz = \pi\int_{z=0}^{\sqrt{\frac{3}{2}}}(3z-2z^3)dz =$$

$$= \pi\left(\frac{3}{2}z^2 - \frac{z^4}{2}\right)\bigg|_0^{\sqrt{\frac{3}{2}}} = \pi\left(\frac{9}{4}-\frac{9}{8}\right) = \frac{9\pi}{8}\,.$$

6. Berechnen Sie das Oberflächenintegral

$$I = \iint_{\partial B}(2xy+z^3)dy\,dz + (x^2-y^2)dz\,dx + (z+xy)dx\,dy\,.$$

Dabei ist B jener Bereich, der von den beiden Flächen $z = 8-(x^2+y^2)$ und $z = 1+2x+2y$ eingeschlossen wird.

Lösung:

Der Bereich B ist ein Stück eines unten durch eine Ebene abgeschnittenen Rotationsparaboloids dessen Projektion in die xy-Ebene wegen $8-(x^2+y^2) = 1+2x+2y$

d.h. durch $(x+1)^2+(y+1)^2 \leq 9$ gegeben ist. Dabei handelt es sich um den Kreis $K_3(-1,-1)$. Damit erhalten wir unter Verwendung des GAUSS'schen Satzes und unter Berücksichtigung von $\operatorname{div}\vec{v} = \operatorname{div}(2xy+z^3, x^2-y^2, z+xy)^T = 1$:

$$I = \iint\limits_{(x+1)^2+(y+1)^2\leq 9} \int_{z=1+2x+2y}^{8-(x^2+y^2)} dx\,dy\,dz = \iint\limits_{(x+1)^2+(y+1)^2\leq 9} \Big(8-(x^2+y^2)-1-2x-2y\Big)\,dx\,dy =$$

$$= \iint\limits_{(x+1)^2+(y+1)^2\leq 9} \Big(9-(x+1)^2-(y+1)^2\Big)\,dx\,dy\,.$$

Zur Auswertung dieses Doppelintegrals verwenden wir Polarkoordinaten um den Punkt $M(-1,-1)$: $x=-1+r\cos\varphi$, $y=-1+r\sin\varphi$ und erhalten damit:

$$I = \int_{\varphi=0}^{2\pi}\int_{r=0}^{3}(9-r^2)r\,dr\,d\varphi = 2\pi\left(\frac{9}{2}r^2-\frac{r^4}{4}\right)\Bigg|_0^3 = 2\pi\left(\frac{81}{2}-\frac{81}{4}\right) = \frac{81\pi}{2}\,.$$

7. Berechnen Sie das Oberflächenintegral

$$I = \iint_{\partial B}(x+z^2)dy\,dz + (z-y)dz\,dx + x^2 z dx\,dy\,.$$

Dabei ist B jener Bereich, der von den beiden Zylindern $x^2+z^2=1$ und $x^2+y^2=1$ eingeschlossen wird.

Lösung:

Wir verwenden den Satz von GAUSS und berechnen $\operatorname{div}\vec{v} = \operatorname{div}(x+z^2, z-y, x^2z)^T = x^2$. Der Bereich B ist ein Normalbereich und es gilt:

$$-\sqrt{1-x^2} \leq z \leq \sqrt{1-x^2}\,, \quad -\sqrt{1-x^2} \leq y \leq \sqrt{1-x^2}\,, \quad -1 \leq x \leq 1$$

Damit erhalten wir für das Integral:

$$I = \int_{x=-1}^{1}\int_{y=-\sqrt{1-x^2}}^{\sqrt{1-x^2}}\int_{z=-\sqrt{1-x^2}}^{\sqrt{1-x^2}} x^2\,dx\,dy\,dz = 2\int_{x=-1}^{1}\int_{y=-\sqrt{1-x^2}}^{\sqrt{1-x^2}} x^2\sqrt{1-x^2}\,dx\,dy =$$

$$= 4\int_{-1}^{1} x^2\sqrt{1-x^2}\sqrt{1-x^2}\,dx = 8\int_0^1 (x^2-x^4)\,dx = 8\left(\frac{1}{3}-\frac{1}{5}\right) = \frac{16}{15}\,.$$

Bemerkung: Der Volumeninhalt des „Durchdringungsstückes" zweier Zylinder hängt nicht von π ab!

8. Gegeben ist die Vektorfunktion

$$\vec{v}(x,y,z) = \begin{pmatrix} x \\ 3y \\ -z \end{pmatrix}$$

Berechnen Sie den Fluß durch die Fläche $x^2+y^2+z^2=2z$
a) direkt nach Definition,
b) unter Verwendung des GAUSS'schen Satzes.

Lösung:

zu a) Wegen $x^2+y^2+(z-1)^2=1$ verwenden wir Kugelkoordinaten um den Punkt $M(0,0,1)$:
$x=\sin\vartheta\cos\varphi\,,\quad y=\sin\vartheta\sin\varphi\,,\quad z=1+\cos\vartheta \quad \text{mit} \quad 0\leq\varphi\leq 2\pi\,,\ 0\leq\vartheta\leq\pi.$

$$\vec{n} = \frac{1}{\sqrt{x^2+y^2+(z-1)^2}} \begin{pmatrix} x \\ y \\ z-1 \end{pmatrix} = \begin{pmatrix} \sin\vartheta\cos\varphi \\ \sin\vartheta\sin\varphi \\ \cos\vartheta \end{pmatrix}, \quad do = \sin\vartheta\, d\vartheta\, d\varphi$$

$$\Longrightarrow \Phi = \int_{\varphi=0}^{2\pi}\int_{\vartheta=0}^{\pi} \begin{pmatrix} \sin\vartheta\cos\varphi \\ 3\sin\vartheta\sin\varphi \\ -1-\cos\vartheta \end{pmatrix} \cdot \begin{pmatrix} \sin\vartheta\cos\varphi \\ \sin\vartheta\sin\varphi \\ \cos\vartheta \end{pmatrix} \sin\vartheta\, d\vartheta\, d\varphi =$$

$$= \int_{\varphi=0}^{2\pi}\int_{\vartheta=0}^{\pi} \Big(\sin^3\vartheta(\cos^2\varphi + 3\sin^2\varphi) - (1+\cos\vartheta)\cos\vartheta\sin\vartheta \Big)\, d\vartheta\, d\varphi =$$

$$= \underbrace{\int_0^{2\pi} (1+2\sin^2\varphi)\, d\varphi}_{4\pi} \underbrace{\int_0^{\pi} \sin^3\vartheta\, d\vartheta}_{\frac{4}{3}} - \underbrace{\int_0^{2\pi} d\varphi}_{2\pi} \underbrace{\int_0^{\pi} (1+\cos\vartheta)\cos\vartheta\sin\vartheta\, d\vartheta}_{\frac{2}{3}} = 4\pi.$$

zu b) Mittels des GAUSS'schen Satzes:
$\Phi = \iiint_B \operatorname{div}\vec{v}\, dV$, wobei $\operatorname{div}\vec{v} = 3$, d.h. $\Phi = 3\iiint_B dV = 3V_{\text{Kugel}} = 4\pi$.

2.2.3 Beispiele mit Lösungen

1. Berechnen Sie das Oberflächenintegral $\iint_{\partial B} \vec{v}\cdot d\vec{o}$, wobei

$$\vec{v} = \begin{pmatrix} x^2+\sin y \\ y^2+\cos z \\ z^2+e^x \end{pmatrix}$$

und ∂B die Oberfläche der Pyramide mit den Eckpunkten $A(0,0,0)$, $B(1,0,0)$, $C(0,1,0)$ und $D(1,0,1)$ ist.
Lösung: $\frac{1}{3}$.

2. Berechnen Sie das Oberflächenintegral

$$I = \iint_F (\vec{v}\cdot\vec{n})do \qquad \text{mit} \qquad \vec{v} = \begin{pmatrix} y^2z^2 \\ xy \\ x^2y^2z \end{pmatrix},$$

wobei F die Oberfläche des räumlichen Bereichs ist, der durch die beiden Flächen $z = \sqrt{x^2+y^2} - 3$ und $4z = \sqrt{x^2+y^2}$ eingeschlossen wird.
Lösung: $I = \frac{512}{7}\pi$.

3. Berechnen Sie das Oberflächenintegral

$$I = \iint_F x\, dy\, dz + (3yz^2+x^2)dz\, dx - z^3 dx\, dy$$

wobei F die Oberfläche von $\quad (x^2+y^2+z^2)^2 = a^3x, \quad a > 0 \quad$ ist.

Lösung: $I = \frac{\pi}{3}a^3$.

4. Berechnen Sie das Oberflächenintegral

$$I = \int_R xy\,dy\,dz + z^2 dz\,dx + (x-z)dx\,dy,$$

wobei R die Oberfläche jenes Körpers ist, der durch die Flächen $x^2+y^2=1$, $z=0$, $z=x^2+y^2$ begrenzt ist.

Lösung: $I = -\dfrac{\pi}{2}$.

5. Berechnen Sie mit Hilfe des GAUSS'schen Satzes das Oberflächenintegral

$$I = \iint_B [\ln(y-z)+x]dy\,dz + (2xz-y^2)dz\,dx + (4-xy)dx\,dy,$$

wobei B die Oberfläche jenes Teils der Einheitskugel ist, der im 1. Oktanten liegt.

Lösung: $I = \dfrac{\pi}{24}$.

6. Berechnen Sie mit Hilfe des GAUSS'schen Satzes das Oberflächenintegral

$$I = \iint_S xyz\,dy\,dz - \frac{1}{2}y^2 z\,dz\,dx + (x^2-y^2+z^2)dx\,dy$$

über die Oberfläche des Würfels

$$\begin{cases} 0 & \leq x & \leq 1 \\ 0 & \leq y & \leq 1 \\ 0 & \leq z & \leq 1 \end{cases} .$$

Lösung: $I = 1$.

7. Berechnen Sie das Integral

$$\iint_S (\vec{v}, \vec{n})do$$

wobei S die Oberfläche des Bereiches $|x|+|y|+|z| \leq 1$, $z \geq 0$ und $\vec{v} = \left(\frac{1}{2}x^2,\ z,\ xy\right)^T$ ist.

Lösung: 0.

8. Berechnen Sie das Oberflächenintegral

$$I = \iint_S (x^2+y)dydz + (3xy+z)dzdx + (-x^2-y^2+z^2)dxdy\ .$$

Dabei bezeichnet S die Oberfläche des von den Flächen $z=\sqrt{9+x^2+y^2}$ und $z=5$ eingeschlossenen Volumenbereiches.

Lösung: $I = 128\pi$.

9. Berechnen Sie das Oberflächenintegral $I = \iint_S \vec{v}\cdot d\vec{o}$, wobei $\vec{v} = \begin{pmatrix} xy+e^z \\ x^2+y^2+z^2 \\ \sin(x+y)+z \end{pmatrix}$ und S die Oberfläche des von den Flächen $z=-1+\sqrt{x^2+y^2}$ und $z=\sqrt{1-x^2-y^2}$ eingeschlossenen Volumenbereiches ist.

Lösung: $I = \pi$.

10. Berechnen Sie das Oberflächenintegral

$$I = \iint_{\partial B} (x^3 + e^y)dydz + (1 - xz)dzdx + (z^2 - y^2)dxdy\ .$$

Dabei bezeichnet B jenen Bereich, der von den Flächen $z = 0$, $z = 4 - x^2 - y^2$ und $x^2 + y^2 = 1$ eingeschlossen wird.

Lösung: $I = \dfrac{89\pi}{6}$.

11. Berechnen Sie das Oberflächenintegral

$$I = \iint_{\partial B} \left(x^2 + \frac{y}{1+z}\right) dy\, dz + (2 - 2xy)\, dx\, dz + x^2 z^2\, dx\, dy\ .$$

Dabei ist ∂B die Oberfläche des von den Flächen $z = \sqrt{1 - x^2}$, $z = 0$, $y = 0$ und $y = 1$ eingeschlossenen Volumenbereichs.

Lösung: $I = \dfrac{4}{15}$.

12. Berechnen Sie das Oberflächenintegral

$$I = \iint_F \left(x - \frac{y}{z}\right) dy\, dz + (2 - 3xy)dz\, dx + \frac{1}{1 + x^2 + y^2} dx\, dy.$$

Dabei ist F die Oberfläche jenes räumlichen Bereiches, der von den Flächen $z = x^2 + y^2$, $z = 1$, $z = 2$ eingeschlossen wird.

Lösung: $I = \dfrac{3\pi}{2}$.

13. Berechnen Sie das Oberflächenintegral

$$I = \iint_S xy^2\, dydz + x^2 y\, dzdx + z\, dxdy\ .$$

Dabei ist S die Oberfläche des von den Flächen $z = 0$, $z = \cos(x^2 + y^2)$ und $x^2 + y^2 = \dfrac{\pi}{2}$ eingeschlossenen Volumenbereiches, der die z-Achse enthält.

Lösung: $I = \dfrac{\pi^2}{2}$.

2.3 Satz von GREEN-RIEMANN

2.3.1 Grundlagen

- Integralsatz von GREEN-RIEMANN:
  Sei B ein stückweise glatter Normalbereich im $\mathbb{R}^2$ und $\vec{v}$ eine stetig differenzierbare Vektorfunktion. Dann gilt:

$$\boxed{\iint_B \left(\frac{\partial v_2}{\partial x} - \frac{\partial v_1}{\partial y}\right) dx\, dy = \int_{\partial B} v_1 dx + v_2 dy} \; .$$

  Dabei ist die Orientierung der Randkurve ∂B so zu wählen, dass B stets zur Linken liegt.

2.3.2 Musterbeispiele

1. Gegeben ist das Vektorfeld

$$\vec{v}(x,y) = \begin{pmatrix} xy^2 - 2x \\ x - e^y \end{pmatrix} .$$

   Berechnen Sie $L = \int_{\partial B} \vec{v} \cdot d\vec{x}$, wobei B der Rand des Gebietes B ist, das von den Kurven $y = x + 2$ und $y = x^2$ eingeschlossen wird. Dabei ist ∂B im mathematisch positiven Sinn orientiert.

   Lösung:
   Wir verwenden den Satz von GREEN-RIEMANN:

$$L = \int_{\partial B} \vec{v} \cdot d\vec{x} = \iint_B \left(\frac{\partial v_2}{\partial x} - \frac{\partial v_1}{\partial y}\right) dx\, dy = \iint_B (1 - 2xy) dx\, dy \; .$$

   Der Bereich B ist durch $x^2 \le y \le x + 2, \; -1 \le x \le 2$ gegeben. (Die beiden Kurven $y = x^2$ und $y = x + 2$ schneiden sich in den Punkten $x = -1$ und $x = 2$.)
   Damit erhalten wir:

$$L = \int_{x=-1}^{2} \int_{y=x^2}^{x+2} (1 - 2xy) dx\, dy = \int_{-1}^{2} (y - xy^2)\Big|_{y=x^2}^{x+2} dx =$$

$$= \int_{-1}^{2} \left(2 + x - x(2+x)^2 - x^2 + x^5\right) dx = \int_{-1}^{2} (2 - 3x - 5x^2 - x^3 + x^5) dx =$$

$$= \left(2x - \frac{3}{2}x^2 - \frac{5}{3}x^3 - \frac{x^4}{4} + \frac{x^6}{6}\right)\Bigg|_{-1}^{2} = \cdots = -\frac{27}{4} \; .$$

2. Berechnen Sie

$$L = \int_C 2(x+y) dx + (x^2 + y^2) dy \; .$$

   Dabei besteht C aus den beiden Teilkurven:

   $C_1: \; y = -\sqrt{2x - x^2} \quad , \quad 0 \le x \le 2.$
   $C_2: \; y = \frac{1}{2}\sin(\pi x) \quad , \quad 0 \le x \le 2.$

   Lösung:
   Wir verwenden den Satz von GREEN-RIEMANN. Dabei schließt die Kurve C den Bereich B: $-\sqrt{2x - x^2} \le y \le \frac{1}{2}\sin(\pi x), \; 0 \le x \le 2$ ein. Damit erhalten wir:

$$L = \int_C v_1(x,y)dx + v_2(x,y)dy = \iint_B \left(\frac{\partial v_2}{\partial x} - \frac{\partial v_1}{\partial y}\right) dx\,dy \text{ und weiters mit}$$

$v_1(x,y) = 2(x+y)$ und $v_2(x,y) = x^2 + y^2$:

$$L = \int_C 2(x+y)dx+(x^2+y^2)dy = \iint_B (2x-2)dx\,dy = \int_{x=0}^{2}\int_{y=-\sqrt{2x-x^2}}^{\frac{1}{2}\sin(\pi x)}(2x-2)dx\,dy =$$

$$= 2\int_0^2 (x-1)y\Big|_{y=-\sqrt{2x-x^2}}^{\frac{1}{2}\sin(\pi x)} dx = \int_0^2 (x-1)\sin(\pi x)dx + \int_0^2 (x-1)\sqrt{1-(x-1)^2}dx =$$

$$= -\frac{1}{\pi}(x-1)\cos(\pi x)\Big|_0^2 + \frac{1}{\pi}\int_0^2 \cos(\pi x)dx - \frac{1}{3}\left(1-(x-1)^2\right)^{3/2}\Big|_0^2 =$$

$$= -\frac{2}{\pi} + \frac{1}{\pi^2}\underbrace{\sin(\pi x)\Big|_0^2}_{0} - 0 = -\frac{2}{\pi}\,.$$

3. Berechnen Sie

$$L = \int_{\partial B}(x^2-y)dx + xy\,dy$$

längs der positiv orientierten Berandung ∂B des Bereichs B, die von den Kurven $x = \sqrt{1-y}$, $x = 0$ und $y = 0$ gebildet wird - einerseits direkt als Linienintegral und andererseits mit Hilfe eines Integralsatzes.

Lösung:

Wir zerlegen den Rand ∂B in drei oben angeführten Randkomponenten.

$C_1:\ x(t) = t,\ y(t) = 0,\quad 0 \le t \le 1,$

$C_2:\ x(t) = t,\ y(t) = 1-t^2,\quad$ von $t = 1$ nach $t = 0$,

$C_3:\ x(t) = 0,\ y(t) = 1-t,\quad 0 \le t \le 1.$

Damit erhalten wir:

$$L_1 = \int_{C_1}(x^2-y)dx + xy\,dy = \int_0^1 t^2 dt = \frac{1}{3}\,.$$

$$L_2 = \int_{C_1}(x^2-y)dx + xy\,dy = \int_1^0 \left(t^2-(1-t^2)\right)dt + \int_1^0 t(1-t^2)(-2t)dt =$$

$$= \int_0^1(-t^2+1-t^2+2t^2-2t^4)dt = \int_0^1(1-2t^4)dt = 1-\frac{2}{5} = \frac{3}{5}\,.$$

$$L_3 = \int_{C_1}(x^2-y)dx + xy\,dy = 0.$$

Insgesamt folgt dann: $L = L_1 + L_2 + L_3 = \frac{1}{3} + \frac{3}{5} + 0 = \frac{14}{15}\,.$

Andererseits können wir L auch mit Hilfe des Satzes von Green-Riemann berechnen. Mit $f(x,y) = x^2-y$ und $g(x,y) = xy$ erhalten wir:

$$L = \int_{\partial B} f(x,y)dx + g(x,y)dy = \iint_B \left(\frac{\partial g}{\partial x} - \frac{\partial f}{\partial y}\right) dx\,dy = \int_{x=0}^{1}\int_{y=0}^{1-x^2}(y+1)dx\,dy =$$

$$= \int_{x=0}^{1}\left(y+\frac{y^2}{2}\right)\Big|_{y=0}^{1-x^2} = \int_{x=0}^{1}\left(1-x^2+\frac{1}{2}-x^2+\frac{x^4}{2}\right)dx =$$

$$= \int_{x=0}^{1}\left(\frac{3}{2}-2x^2+\frac{x^4}{2}\right) = \left(\frac{3}{2}-\frac{2}{3}+\frac{1}{10}\right) = \frac{14}{15}\,.$$

4. Berechnen Sie

$$L = \int_{\partial B} xy^2 dx + xydy ,$$

wobei ∂B aus den Randkomponenten

$C_1 : \ y = \sqrt{2x - x^2} \quad , \quad 0 \le x \le 2,$
$C_2 : \ y = 0 \quad , \quad 2 \le x \le 4,$
$C_3 : \ y = \sqrt{4x - x^2} \quad , \quad 0 \le x \le 4,$

besteht und in positiver Richtung orientiert ist.

Lösung:

Wir verwenden den Satz von GREEN-RIEMANN. Dabei besteht die untere Berandung von B aus den Kurven C_1 und C_2. Damit erhalten wir mit $v_1(x, y) = xy^2$ und $v_2(x, y) = xy$:

$$L = \int_{\partial B} v_1(x,y)dx + v_2(x,y)dy = \iint_B \left(\frac{\partial v_2}{\partial x} - \frac{\partial v_1}{\partial y} \right) dx\, dy =$$

$$= \int_{x=0}^{2} \int_{y=\sqrt{2x-x^2}}^{\sqrt{4x-x^2}} (y - 2xy) dx\, dy + \int_{x=2}^{4} \int_{y=0}^{\sqrt{4x-x^2}} (y - 2xy) dx\, dy =$$

$$= \int_{x=0}^{2} (1-2x) \frac{y^2}{2} \bigg|_{y=\sqrt{2x-x^2}}^{\sqrt{4x-x^2}} dx + \int_{x=2}^{4} (1-2x) \frac{y^2}{2} \bigg|_{y=0}^{\sqrt{4x-x^2}} dx =$$

$$= \frac{1}{2} \int_{x=0}^{2} (1-2x)(4x - x^2 - 2x + x^2) dx + \frac{1}{2} \int_{x=2}^{4} (1-2x)(4x - x^2) dx =$$

$$= \frac{1}{2} \int_{x=0}^{2} (2x - 4x^2) dx + \frac{1}{2} \int_{x=2}^{4} (4x - 9x^2 + 2x^3) dx =$$

$$= \frac{1}{2} \left(x^2 - \frac{4}{3} x^3 \right) \bigg|_0^2 + \frac{1}{2} \left(2x^2 - 3x^3 + \frac{1}{2} x^4 \right) \bigg|_2^4 =$$

$$= 2 - \frac{16}{3} + 16 - 96 + 64 - 4 + 12 - 4 = -10 - \frac{16}{3} = -\frac{46}{3} .$$

Bemerkung:

Der vorliegende Bereich B kann auch in einfacher Weise mittels Polarkoordinaten dargestellt werden: $2\cos\varphi \le r \le 4\cos\varphi, \ 0 \le \varphi \le \pi/2$. Damit erhalten wir:

$$L = \int_{\varphi=0}^{\pi/2} \int_{r=2\cos\varphi}^{4\cos\varphi} \big(r \sin\varphi (1 - 2r\cos\varphi) \big) r\, dr\, d\varphi = \int_{\varphi=0}^{\pi/2} \sin\varphi \int_{r=2\cos\varphi}^{4\cos\varphi} r^2\, dr\, d\varphi -$$

$$-2 \int_{\varphi=0}^{\pi/2} \sin\varphi \cos\varphi \int_{r=2\cos\varphi}^{4\cos\varphi} r^3\, dr\, d\varphi = \frac{64}{3} \int_0^{\pi/2} \sin\varphi \cos^3\varphi\, d\varphi -$$

$$-\frac{8}{3} \int_0^{\pi/2} \sin\varphi \cos^3\varphi\, d\varphi - 128 \int_{\varphi=0}^{\pi/2} \sin\varphi \cos^5\varphi\, d\varphi + 8 \int_{\varphi=0}^{\pi/2} \sin\varphi \cos^5\varphi\, d\varphi =$$

$$= -\frac{16}{3} \cos^4\varphi \bigg|_0^{\pi/2} + \frac{2}{3} \cos^4\varphi \bigg|_0^{\pi/2} + \frac{64}{3} \cos^6\varphi \bigg|_0^{\pi/2} - \frac{4}{3} \cos^6\varphi \bigg|_0^{\pi/2} =$$

$$= \frac{16}{3} - \frac{2}{3} - \frac{64}{3} + \frac{4}{3} = -\frac{46}{3} .$$

5. Berechnen Sie das Kurvenintegral $L = \int_C (\cos x + 3yx^2)dx + (x^3 + xy)dy$, wobei C die Berandung jenes Bereiches ist, für dessen Punkte gilt: $x^2 + y^2 \leq 1$ <u>und</u> $x^2 + \left(y + \frac{3}{4}\right)^2 \geq \frac{1}{16}$.

Lösung:
Wir verwenden den Satz von GREEN-RIEMANN. Mit $v_1(x, y) = \cos x + 3yx^2$ und $v_2 = x^3 + xy$ folgt: $\frac{\partial v_2}{\partial x} - \frac{\partial v_1}{\partial y} = 3x^2 + y - 3x^2 = y$ und weiters: $L = \iint_B y\,dx\,dy$. Der Integrationsbereich B besteht dabei aus jenem Teil des Einheitskreises K_1, der die Kreisscheibe K_2 nicht enthält. K_2 ist die Kreisscheibe mit Mittelpunkt $M_2\left(0, -\frac{3}{4}\right)$ und Radius $r_2 = \frac{1}{4}$. Die Gerade $g: \ y = -\frac{1}{4}$ zerlegt B in 3 Normalbereiche bezüglich der y-Achse:
B_1: Jener Teil von K_1, der oberhalb von g liegt,
B_2: jener Teil von K_1, der unterhalb von g und links von K_2 liegt und
B_3: jener Teil von K_1, der unterhalb von g und rechts von K_2 liegt.

Es gilt: $L = \iint_B y\,dx\,dy = \iint_{B_1} y\,dx\,dy + \iint_{B_2} y\,dx\,dy + \iint_{B_3} y\,dx\,dy$.

Aus Symmetriegründen sind die Integrale über B_2 und B_3 gleich. Dann ist

$$L = \int_{y=-\frac{1}{2}}^{1} \int_{x=-\sqrt{1-y^2}}^{\sqrt{1-y^2}} y\,dx\,dy + 2\int_{y=-1}^{-\frac{1}{2}} \int_{\sqrt{1-y^2}}^{x=\sqrt{\frac{1}{16}-\left(y+\frac{3}{4}\right)^2}} y\,dx\,dy =$$

$$= \underbrace{2\int_{-\frac{1}{2}}^{1} y\sqrt{1-y^2}\,dy}_{I_1} \underbrace{-2\int_{-1}^{-\frac{1}{2}} y\sqrt{1-y^2}\,dy}_{I_2} \underbrace{+2\int_{-1}^{-\frac{1}{2}} y\sqrt{\frac{1}{16} - \left(y + \frac{3}{4}\right)^2}\,dy}_{I_3}.$$

$$I_1 = -\frac{2}{3}(1-y^2)^{3/2}\Big|_{-\frac{1}{2}}^{1} = \cdots = \frac{\sqrt{3}}{4}. \quad I_2 = \frac{2}{3}(1-y^2)^{3/2}\Big|_{-1}^{-\frac{1}{2}} = \cdots = \frac{\sqrt{3}}{4}.$$

Da die beiden Integrale sich aufheben, verbleibt nur noch I_3. Mit der Substitution $y = -\frac{3}{4} + \frac{1}{4}\sin t$ erhalten wir:

$$I_3 = \int_{-\frac{\pi}{2}}^{\frac{\pi}{2}} \left(-\frac{3}{4} + \frac{1}{4}\sin t\right)\frac{\cos^2 t}{16}\,dt = -\frac{3}{64}\underbrace{\int_{-\frac{\pi}{2}}^{\frac{\pi}{2}} \cos^2 t\,dt}_{\frac{\pi}{2}} + \frac{1}{64}\underbrace{\int_{-\frac{\pi}{2}}^{\frac{\pi}{2}} \sin t\cos^2 t\,dt}_{0} = -\frac{3\pi}{128}$$

und damit letztlich: $\underline{L = -\frac{3\pi}{64}}$.

Bemerkung:
Es geht auch einfacher. Nach den Rechenregeln für Mehrfachintegrale gilt:

$$\iint_B y\,dx\,dy = \iint_{K_1} y\,dx\,dy - \iint_{K_2} y\,dx\,dy .$$

Während das erste Integral aus Symmetriegründen Null ist, bedeutet das zweite das „Schweremoment" der Kreisscheibe K_2 bezüglich y. Dieses ist aber gleich dem Produkt der Schwerpunktskoordinate y_s und dem Flächeninhalt von K_2. Wegen $y_s = -\frac{3}{4}$ und $A_{K_2} = \frac{\pi}{16}$ folgt dann $L = -\frac{3\pi}{64}$.

2.3.3 Beispiele mit Lösungen

1. Berechnen Sie das Kurvenintegral

$$L = \int_{\bar{R}} xy\,dx + (x^2 + y)dy,$$

wobei $\bar{R}$ die Berandung jenes Bereiches ist, der von den Kurven $y = x^2$ und $y = \sqrt{x}$ eingeschlossen wird.

Lösung: $L = \dfrac{3}{20}$.

2. Berechnen Sie mit Hilfe des GREEN'schen Satzes für die Ebene das Kurvenintegral

$$\int_C (2ydx + e^{y^3} dy) .$$

C ist der Rand der Ellipse $25x^2 + 9y^2 = 225$ und wird im Gegenuhrzeigersinn durchlaufen.

Lösung: -30π.

3. Berechnen Sie das Integral

$$\int_C (xy^2dx + \ln ydy) .$$

C ist der Rand des Dreieckes mit den Eckpunkten $(0,0), (2,0), (0,2)$ und ist entgegen dem Uhrzeigersinn zu durchlaufen.

Lösung: $-\dfrac{4}{3}$.

4. Berechnen Sie

$$\int_C (\cos x \sin y - x^2y^2)dx + \sin x \cos ydy,$$

wobei C der Rand des durch $y = x^2$ und $y = 1$ beschränkten Bereichs ist, der im Gegenuhrzeigersinn durchlaufen wird.

Lösung: $\dfrac{8}{21}$.

5. Berechnen Sie das Integral

$$\int_C (xy^2dx + e^ydy),$$

wobei C die Kurve $r = 1 + \cos\varphi$ ist und im Gegenuhrzeigersinn durchlaufen wird.

Lösung: 0.

6. Berechnen Sie mit Hilfe des GREEN'schen Satzes für die Ebene das Kurvenintegral

$$\int_C \left(\frac{1}{2}y^2dx + \frac{1}{3}x^3dy\right),$$

wobei C der Rand des Bereiches $|x| + |y| \leq 1$ ist, der im Gegenuhrzeigersinn durchlaufen wird.

Lösung: $1/3$.

7. Berechnen Sie das Kurvenintegral (mit Hilfe des GREEN'schen Satzes in der Ebene)

$$L = \int_{\dot{R}} (x^2 - y^2)dx + (1 - x)ydy$$

entlang der Berandung des Dreieckes $A(0,0),\ B(1,0),\ C(1,1)$.

Lösung: $L = \frac{1}{6}$.

8. Berechnen Sie:

$$L = \int_C (x^4 - xy)dx + (x^2 + \cos y)dy \ ,$$

wobei $C:\ x^2 + y^2 = 2x$ positiv orientiert ist.

Lösung: $L = 3\pi$.

9. Berechnen Sie das Kurvenintegral

$$L = \int_C (\sin x + xy^2)\, dx + (e^y \cos y + x)\, dy$$

längs der Berandung C des von den Kurven $y = x^2$ und $x + y = 2$ eingeschlossenen Bereichs. C werde dabei im mathematisch positiven Sinn durchlaufen.

Lösung: $L = \frac{63}{4}$.

10. Berechnen Sie das Kurvenintegral

$$L = \int_C (x^2 + 2xy)\, dx + 2x^2\, dy$$

längs der Berandung des Kreisrings $1 \leq x^2 + y^2 \leq 9$.

Lösung: $L = 0$.

2.4 Satz von STOKES

2.4.1 Grundlagen

- Sei $\vec{v} = \big(v_1(x,y,z), v_2(x,y,z), v_3(x,y,z)\big)$ ein stetig differenzierbares Vektorfeld und F eine stückweise glatte orientierte Fläche in $\mathbb{R}^3$. Dann gilt

$$\boxed{\iint_F \mathrm{rot}\vec{v} \cdot d\vec{o} = \oint_{C=\partial F} \vec{v} \cdot d\vec{s}} \; .$$

- Die Randkurve C ist dabei so zu orientieren, dass sie mit dem Normalenvektor der Fläche F eine Rechtsschraube bildet.

- Die vorgegebene Fläche F kann durch eine andere F' ersetzt werden, wenn sie dieselbe Randkurve besitzt.

2.4.2 Musterbeispiele

1. Berechnen Sie das Kurvenintegral

$$L = \int_C (x - 2y^2 z)dx + (x^3 - z^2)dy + (x^2 + y^2)dz \; .$$

Dabei ist C die Schnittkurve der beiden Flächen $z^2 = x^2 + y^2$ und $z = \dfrac{8}{x^2+y^2}$, die vom Ursprung aus gesehen im Uhrzeigersinn orientiert ist.

Lösung:

Die beiden Flächen sind Rotationsflächen jeweils mit der z-Achse als Drehachse. Die Schnittkurve ist daher ein Kreis. Seine Projektion in die xy-Ebene erhalten wir durch Gleichsetzen der z-Werte: $x^2 + y^2 = \dfrac{64}{(x^2+y^2)^2}$, d.h. $x^2 + y^2 = 4$. Der zugehörige z-Wert ist 2. Wir verwenden den Satz von STOKES:

$$L = \int_{\partial B} \vec{v} \cdot d\vec{x} = \iint_B (\mathrm{rot}\vec{v} \cdot \vec{n})do \; , \quad \text{wobei } \vec{v} = (x - 2y^2 z, x^3 - z^2, x^2 + y^2)^T.$$

Da im Satz von STOKES die linke Seite nur von der Berandung ∂B abhängt, können wir auf der rechten Seite jedes glatte Flächenstück B wählen, sofern die Berandung die gleiche bleibt. Im vorliegenden Fall wählen wir dann für B die Kreisscheibe $x^2 + y^2 = 4$ in der Ebene $z = 2$. Dann gilt: $\vec{n} = \vec{e}_3$ und $do = dx\,dy$. Ferner gilt $\mathrm{rot}\vec{v} = (2y + 2z, -2y^2 - 2x, 3x^2 + 4yz)^T$. Damit erhalten wir:

$$L = \iint\limits_{x^2+y^2 \le 4} \Big(3x^2 + 4y \underbrace{z(x,y)}_{2}\Big)dx\,dy = \iint\limits_{x^2+y^2 \le 4} (3x^2 + 8y)dx\,dy$$

und weiters unter Verwendung von Polarkoordinaten:

$$L = \int_{r=0}^{2} \int_{\varphi=0}^{2\pi} (3r^2 \cos^2\varphi + 8r \sin\varphi) r\,dr\,d\varphi = 3 \underbrace{\int_{r=0}^{2} r^3 dr}_{\frac{2^4}{4}} \underbrace{\int_{\varphi=0}^{2\pi} \cos^2\varphi\,d\varphi}_{\pi} +$$

$$+8 \underbrace{\int_{r=0}^{2} r^2 dr}_{\frac{2^3}{3}} \underbrace{\int_{\varphi=0}^{2\pi} \sin\varphi\,d\varphi}_{0} = 12\pi.$$

2. Berechnen Sie den Absolutbetrag des Kurvenintegrals

$$L = \int_C (x - yz)dx + (1 + z^2)dy - 2xydz \ .$$

Dabei ist C die Schnittkurve der beiden Flächen $2x^2 + y^2 = 1 + z^2$ und $z = x$.
Lösung:
Bei den Flächen handelt es sich um ein einschaliges elliptisches Hyperboloid und um eine Ebene. Die Projektion der Schnittkurve C in die xy-Ebene folgt aus

$2x^2 + y^2 = 1 + x^2$ zu $x^2 + y^2 = 1$. Wir verwenden den Satz von STOKES:

$L = \int_{\partial B} \vec{v} \cdot d\vec{x} = \iint_B (\text{rot}\vec{v} \cdot \vec{n})do \ ,$ wobei $\vec{v} = (x - yz, 1 + z^2, -2xy)^T$.

Als B wählen wir das durch C berandete Stück der Ebene $z = x$. Dann gilt: $\vec{n} = \frac{1}{\sqrt{2}}(1, 0, -1)^T$ und $do = \sqrt{2}\, dx\, dy$. Ferner gilt $\text{rot}\vec{v} = (-2x - 2z, y, z)^T$.
Damit erhalten wir:

$$L = \iint\limits_{x^2+y^2 \le 1} \Big(-2x - 3\underbrace{z(x,y)}_{x}\Big)dx\,dy = \iint\limits_{x^2+y^2 \le 1} (-5x)dx\,dy = 0.$$

Bemerkung:
Das letzte Integral ist Null, da der Integrationsbereich bezüglich x symmetrisch ist, der Integrand jedoch ungerade in x.

3. Berechnen Sie das Kurvenintegral

$$L = \int_C (x + y - z)dx + (1 + 3x)dy + (y^2 - x)dz$$

längs der Schnittkurve C der beiden Flächen

$$z = \sqrt{x^2 + y^2 - 2x + 1} \quad \text{und} \quad z = \sqrt{1 - x^2 - y^2} \ ,$$

wobei C - vom Ursprung aus gesehen - im Uhrzeigersinn orientiert ist.
Lösung:
Bei den Flächen handelt es sich um den oberen Teil eines zweischaligen Drehhyperboloids mit einer zur z-Achse parallelen Drehachse durch den Punkt $P(1, 0, 0)$ - der auch Scheitel des Hyperboloids ist - und um den oberen Teil der Kugel $K_1(0, 0, 0)$. Die Projektion der Schnittkurve C in die xy-Ebene folgt aus

$x^2 + y^2 - 2x + 1 = 1 - x^2 - y^2$ zu $\left(x - \frac{1}{2}\right)^2 + y^2 = \frac{1}{4}$. Wir verwenden den Satz von STOKES:

$L = \int_{\partial B} \vec{v} \cdot d\vec{x} = \iint_B (\text{rot}\vec{v} \cdot \vec{n})do \ ,$ wobei $\vec{v} = (x + y - z, 1 + 3x, y^2 - x)^T$.

Als B wählen wir das durch C berandete Stück der Halbkugel $z = \sqrt{1 - x^2 - y^2}$.

Dann gilt: $\vec{n} = \left(x, y, \sqrt{1 - x^2 - y^2}\right)^T$ und $do = \dfrac{dx\,dy}{\sqrt{1 - x^2 - y^2}}$.

Ferner gilt $\text{rot}\vec{v} = (2y, 0, 2)^T$. Damit erhalten wir unter Berücksichtigung von

$\bar{B} : \left(x - \frac{1}{2}\right)^2 + y^2 \le \frac{1}{4} \qquad L = \iint_{\bar{B}} \left(2xy + 2\sqrt{1 - x^2 - y^2}\,\right) \dfrac{dx\,dy}{\sqrt{1 - x^2 - y^2}}$.

Zur Berechnung dieses Integrals transformieren wir auf Polarkoordinaten: $x = r\cos\varphi,\ y = \sin\varphi$ und erhalten damit den transformierten Bereich $\bar{B}^*$: $-\frac{\pi}{2} \le \varphi \le \frac{\pi}{2},\quad 0 \le r \le \cos\varphi$. Damit erhalten wir:

$$L = \iint_{\bar{B}^*} \left(2r^2 \sin\varphi\cos\varphi + 2\sqrt{1-r^2}\right) \frac{r\,dr\,d\varphi}{\sqrt{1-r^2}} =$$

$$= \int_{-\pi/2}^{\pi/2} d\varphi\, \sin\varphi\, \cos\varphi \int_{r=0}^{\cos\varphi} \frac{r^2}{\sqrt{1-r^2}}\, 2r\,dr + 2\int_{-\pi/2}^{\pi/2} d\varphi \int_{r=0}^{\cos\varphi} r\,dr =$$

$$= \int_{-\pi/2}^{\pi/2} d\varphi\, \sin\varphi\, \cos\varphi \left(\frac{2}{3}(1-r^2)^{3/2} - 2\sqrt{1-r^2}\right)\Big|_{r=0}^{\cos\varphi} + \int_{-\pi/2}^{\pi/2} d\varphi\, r^2\Big|_{r=0}^{\cos\varphi} =$$

$$= \underbrace{\int_{-\pi/2}^{\pi/2} \Big(|\sin\varphi|^3 \sin\varphi\, \cos\varphi - 2|\sin\varphi| \sin\varphi\, \cos\varphi - \frac{4}{3}\sin\varphi\, \cos\varphi\Big) d\varphi}_{0} +$$

$$+ \int_{-\pi/2}^{\pi/2} \cos^2\varphi\, d\varphi = \frac{\pi}{2}\,.$$

Bemerkung:

Unter Berücksichtigung von Symmetrien und Interpretation von Integralen können wir einfacher zum Ergebnis gelangen:

$$L = \iint_{\bar{B}} \left(2xy + 2\sqrt{1-x^2-y^2}\right) \frac{dx\,dy}{\sqrt{1-x^2-y^2}} = \iint_{\bar{B}} \frac{2xy}{\sqrt{1-x^2-y^2}}\,dx\,dy + 2\iint_{\bar{B}} dx\,dy\,.$$

Das erste Integral ist Null, da der Bereich $\bar{B}$ bezüglich y - also bezüglich der x-Achse - symmetrisch ist, der Integrand jedoch bezüglich y eine ungerade Funktion ist. Das zweite Integral stellt den Flächeninhalt von $\bar{B}$ dar. Da es sich hierbei um einen Kreis mit Radius $\frac{1}{2}$ handelt, erhalten wir sofort für L das Ergebnis $\frac{\pi}{2}$.

4. Berechnen Sie den Absolutbetrag des Kurvenintegrals

$$L = \int_C (x+z^2)dx + (1-xy)dy + 3z\,dz\,.$$

C ist die Schnittkurve der beiden Flächen $z = x^2 + y^2 + 1$ und $2x + 2y - 2z + 3 = 0$.

Lösung:

Bei den Flächen handelt es sich um ein Drehparaboloid und um eine Ebene. Die Projektion der Schnittkurve C in die xy-Ebene folgt aus $x^2 + y^2 + 1 = x + y + \frac{3}{2}$ zu $\left(x - \frac{1}{2}\right)^2 + \left(y - \frac{1}{2}\right)^2 = 1$. Wir verwenden den Satz von STOKES:

$$L = \int_{\partial B} \vec{v} \cdot d\vec{x} = \iint_B (\mathrm{rot}\vec{v} \cdot \vec{n})do\,, \quad \text{wobei } \vec{v} = (x+z^2, 1-xy, 3z)^T.$$

Als B wählen wir das durch C berandete Stück der Ebene $z = x + y + \frac{3}{2}$. Dann gilt: $\vec{n} = \frac{1}{\sqrt{3}}(1,1,-1)^T$ und $do = \sqrt{3}\,dx\,dy$. Ferner gilt $\mathrm{rot}\vec{v} = (0, 2z, -y)^T$.

Damit erhalten wir unter Berücksichtigung von $\bar{B}$: $\left(x - \frac{1}{2}\right)^2 + \left(y - \frac{1}{2}\right) \le 1$

$$L = \iint_{\bar{B}} \left(2z(x,y) + y\right) dx\,dy = \iint_{\bar{B}} (2x + 3y + 3)\,dx\,dy\,.$$

Zur Berechnung dieses Integrals transformieren wir auf geeignete Polarkoordinaten:

$x = \frac{1}{2} + r\cos\varphi,\ y = \frac{1}{2} + \sin\varphi,\ dx\,dy = r\,dr\,d\varphi$ und erhalten damit den transformierten Bereich $\bar{B}^* : \ 0 \le \varphi \le 2\pi,\ 0 \le r \le 1$. Damit erhalten wir:

$$L = \int_{\varphi=0}^{2\pi}\int_{r=0}^{1}\left(1 + 2r\cos\varphi + \frac{3}{2} + 3r\sin\varphi + 3\right) r\,dr\,d\varphi = \frac{11}{2}\underbrace{\int_{\varphi=0}^{2\pi} d\varphi}_{2\pi}\underbrace{\int_{r=0}^{1} r\,dr}_{1/2} +$$

$$+2\underbrace{\int_{\varphi=0}^{2\pi}\cos\varphi\,d\varphi}_{0}\underbrace{\int_{r=0}^{1} r^2\,dr}_{1/3} +3\underbrace{\int_{\varphi=0}^{2\pi}\sin\varphi\,d\varphi}_{0}\underbrace{\int_{r=0}^{1} r^2\,dr}_{1/3} = \frac{11\pi}{2}\ .$$

Bemerkung:

Die Translation $x = \frac{1}{2} + \xi,\ y = \frac{1}{2} + \eta$ transformiert $\bar{B}$ in den Einheitskreis E und wir erhalten: $L = \iint_{\bar{B}} (2x + 3y + 3)\,dx\,dy = \iint_E \left(\frac{11}{2} + 2\xi + 3\eta\right) d\xi\,d\eta$.

Aus Symmetriegründen ist nur das Integral $\iint_E d\xi\,d\eta$ von Null verschieden und entspricht dem Flächeninhalt des Einheitskreises, woraus folgt: $L = \frac{11\pi}{2}$.

5. Berechnen Sie das Kurvenintegral

$$L = \int_C (xy - z^2)dx + (1 + y + xz)dy + 3xy\,dz\ .$$

C ist die Schnittkurve der beiden Flächen $z = x^2 + y^2$ und $z = \sqrt{x^2 + y^2}$, die - vom Ursprung aus gesehen - im Uhrzeigersinn orientiert ist.

Lösung:

Bei den Flächen handelt es sich um ein Drehparaboloid und um einen Drehkegel, beide mit der z-Achse als Rotationsachse. Sie schneiden sich daher längs einer Kreislinie. Gleichsetzen der z-Werte liefert: $x^2 + y^2 = 1$ und $z = 1$. Wir verwenden den Satz von STOKES:

$$L = \int_{\partial B} \vec{v}\cdot d\vec{x} = \iint_B (\mathrm{rot}\vec{v}\cdot\vec{n})do\ , \quad \text{wobei } \vec{v} = (xy - z^2, 1 + y + xz, 3xy)^T.$$

Für B kann die Kegelfläche mit $z \le 1$ oder das entsprechende Stück der Paraboloidfläche gewählt werden. Da aber die Randkurve C eine ebene Kurve ist, kann auch die Einheitskreisscheibe in der Ebene $z = 1$ gewählt werden. Das hat den Vorteil, dass dann der Normalenvektor konstant ist. Mit $\mathrm{rot}\,\vec{v}(x, y, z) = (2x, -3y - 2z, z - x)^T$ und $\vec{n} = (0, 0, 1)^T$ folgt:

$$L = \iint_{x^2+y^2\le 1} \left(z(x,y) - x\right)dx\,dy = \iint_{x^2+y^2\le 1} (1 - x)dx\,dy =$$

$$= \iint_{x^2+y^2\le 1} dx\,dy - \iint_{x^2+y^2\le 1} x\,dx\,dy.$$

Das zweite Integral ist aus Symmetriegründen Null, während das erste den Flächeninhalt der Kreisscheibe $x^2 + y^2 \le 1$ darstellt. Damit folgt letztlich: $L = \pi$.

2.4.3 Beispiele mit Lösungen

1. Berechnen Sie das Kurvenintegral

$$L = \int_{\partial F} 2xy\,dx + x^2\,dy + (1 + x - z)\,dz$$

längs der Schnittkurve der beiden Flächen $z = x^2 + y^2$, $2x + 2y + z = 7$. Dabei werde die Berandung ∂F vom Ursprung aus gesehen im Uhrzeigersinn durchlaufen.
Lösung: $L = 18\pi$.

2. Berechnen Sie das Kurvenintegral

$$L = \int_C (x^2 - y^3 + z^2)\,dx + (xy - z^2)\,dy + 2xz\,dz.$$

Dabei ist C die Schnittkurve der beiden Flächen $(x-y)^2+z^2 = 2$ und $x+y+z = 0$, die von $P(1,1,1)$ aus gesehen entgegen dem Uhrzeigersinn orientiert ist.
Lösung: $L = \dfrac{3\pi}{4}$.

3. Berechnen Sie das Kurvenintegral

$$L = \int_C \frac{xy}{1+x^2}dx + (1-z)dy + xydz$$

längs der Schnittkurve C der beiden Flächen $x^2 + y^2 + z^2 = 9 \quad z = 2\sqrt{2}$ dem Betrage nach.

Lösung: $|L| = 0$.

4. Gegeben ist das Vektorfeld

$$\vec{v}(x,y,z) = \begin{pmatrix} x+y \\ z \\ 3 \end{pmatrix}.$$

Berechnen Sie des Absolutbetrag des Kurvenintegrals $L = \int_C \vec{v} \cdot d\vec{x}$ mit Hilfe des STOKES'schen Satzes, wobei C die Schnittkurve der beiden Flächen $z = 1 - x^2$ und $y^2 + x^2 = 1$ ist.

Lösung: $|L| = \pi$.

5. Berechnen Sie das Kurvenintegral $L = \int_C (\vec{v}, \vec{t})ds$ mit $\vec{v} = \begin{pmatrix} y-z \\ x^2 \\ y+1 \end{pmatrix}$,
wobei C die Schnittkurve der Flächen $z = xy$ und $x^2 + y^2 = 4$ ist,
a) direkt als Kurvenintegral,
b) als Flächenintegral mit Hilfe des Satzes von STOKES.

Lösung: $L = -4\pi$.

6. Berechnen Sie das Kurvenintegral

$$L = \int_C (e^{x^2} + y)dx + (z+y)dy + (x^2 + y^2)dz$$

längs der Berandung C des Flächenstückes

$$x + 2y + z = 1, \quad 0 \le x \le 1, \quad -1 \le y \le 1.$$

(dabei verläuft C vom Ursprung aus gesehen im Uhrzeigersinn).

Lösung: $L = -8$.

7. Berechnen Sie den Absolutbetrag des Integrals $L = \int_C (\vec{v}, \vec{t}) ds$, wobei $\vec{v} = (-y, x, z)^T$ und C die Randkurve des ebenen Viereckes mit den Eckpunkten $A(1,2,0)$, $B(4,1,1)$, $C(-1,6,1)$, $D(3,8,4)$ ist.

   Lösung: $|L| = 40$.

8. Gegeben ist das Kurvenintegral $L = \int_C x^2y^3 dx + dy + z dz$, wobei C die gegen den Uhrzeigersinn orientierte Kreislinie $x^2 + y^2 = a^2$ in der xy-Ebene bezeichnet. Berechnen Sie das Kurvenintegral sowohl direkt als auch mit Hilfe des Integralsatzes von STOKES.

   Lösung. $L = \frac{\pi}{8} a^6$.

9. Berechnen Sie den Absolutbetrag des Integrals $\int_C (\vec{v}, \vec{t}) ds$, wobei $\vec{v} = (-y, x, z)^T$ und C die Schnittkurve der Flächen $x^2 + y^2 = 4$ und $y + z = 1$ ist.

   Lösung: 8π.

10. Berechnen Sie den absoluten Betrag des Kurvenintegrals

$$L = \int_C (x - y) dx + 2\, dy + e^z\, dz \ .$$

   Dabei ist C die Schnittkurve der beiden Flächen $z = x^2 + y^2 - \frac{1}{2}$ und $2z = x^2 - y^2$.

   Lösung: $|L| = \frac{\pi}{\sqrt{3}}$.

2.5 Wegunabhängigkeit von Kurvenintegralen, Potentiale

2.5.1 Grundlagen

- Das Kurvenintegral eines Gradientenfeldes ist wegunabhängig.

- Integrabilitätsbedingungen:
  Sei $\vec{v}(x_1,\ldots,x_n)=\begin{pmatrix} v_1\\ \vdots \\ v_n\end{pmatrix}$ auf der offenen Menge $G\subset \mathbb{R}^n$ ein stetig differenzierbares Vektorfeld. Notwendig dafür, dass $\vec{v}$ ein Gradientenfeld ist, ist die Symmetrie der Ableitungen, d.h.

$$\frac{\partial v_j}{\partial x_k}=\frac{\partial v_k}{\partial x_j} \quad \text{für alle} \quad j,k\in\{1,\ldots,n\}\ .$$

  Im Falle $n=3$ ist dies gleichbedeutend mit rot $\vec{v}=\vec{0}$.

- Das Vektorfeld $\vec{v}(x_1,\ldots,x_n)=\begin{pmatrix} v_1\\ \vdots \\ v_n\end{pmatrix}$ sei auf der offenen und einfach zusammenhängenden Menge $G\subset \mathbb{R}^n$ stetig differenzierbar. Dann gilt:
  $\vec{v}$ ist ein Gradientenfeld $\Longleftrightarrow \dfrac{\partial v_j}{\partial x_k}=\dfrac{\partial v_k}{\partial x_j}$ für alle $j,k\in\{1,\ldots,n\}$.

- Stammfunktion bzw. Potential:
  Ein Gradientenfeld $\vec{v}(x_1,\ldots,x_n)$ besitzt auf G eine Stammfunktion $f(x_1,\ldots,x_n)$, das wie im eindimensionalen Fall durch das Integral als Funktion der oberen Grenze definiert werden kann:

$$f(x_1,\ldots,x_n)=\int_{(x_{1,0},\ldots,x_{n,0})}^{(x_1,\ldots,x_n)} \vec{v}\cdot d\vec{x}\ .$$

- Das Potential eines Gradientenfeldes $\vec{v}(x_1,\ldots,x_n)$ kann auch durch Integration der n Gleichungen $\dfrac{\partial f}{\partial x_i}=v_i,\ i=1,\ldots,n$ ermittelt werden.

- Ein Vektorfeld $\vec{A}\in C^1(G)$ heißt Vektorpotential des Vektorfeldes $\vec{v}$, wenn in G $\vec{v}=\text{rot}\,\vec{A}$ gilt. Notwendig für die Existenz eines Vektorpotentials ist div$\vec{v}=0$.

- Ein solches Vektorpotential ist durch

$$\vec{A}=\int_0^1 t\,\vec{v}\big(\vec{x}_0+t(\vec{x}-\vec{x}_0)\big)\times(\vec{x}-\vec{x}_0)\,dt$$

  gegeben. Jedes weitere Vektorpotential unterscheidet sich von diesem nur durch ein Gradientenfeld.

2.5.2 Musterbeispiele

1. Bestimmen Sie $g(x,y)$ derart, dass der Integrand des Kurvenintegrals
$$L = \int_C \frac{x}{x^2+y^2}\,dx + g(x,y)dy$$
den Integrabilitätsbedingungen genügt. Für welche Gebiete $G \subset \mathbb{R}^2$ ist dann das Integral wegunabhängig?
Lösung:
Aus den Integrabilitätsbedingungen $\dfrac{\partial v_i}{\partial x_k} = \dfrac{\partial v_k}{\partial x_i}$ für $i,k=1,2,\ i\neq k$ folgt:
$\dfrac{\partial}{\partial y}\left(\dfrac{x}{x^2+y^2}\right) = \dfrac{\partial g}{\partial x}$ d.h. $\dfrac{-2xy}{(x^2+y^2)^2} = \dfrac{\partial g}{\partial x}$. Durch Integration erhalten wir daraus $g(x,y) = \dfrac{y}{x^2+y^2} + \varphi(y)$, wobei $\varphi(y)$ eine beliebige differenzierbare Funktion bedeutet.
Wegunabhängigkeit liegt z.B. vor in Sterngebieten, die den Ursprung nicht enthalten.

2. Untersuchen Sie, ob das Kurvenintegral
$$L = \int\limits_{\substack{A\\(C)}}^{B} (2y-x)dx - 2(yz+x)dy + (z+z^2-x)dz$$
mit $A(0,1,0)$ und $B(1,0,1)$ vom Weg C abhängt. Berechnen Sie ferner L längs C:
$\vec{x}(t) = \begin{pmatrix} t \\ 1-t \\ t^2 \end{pmatrix}, \quad 0 \le t \le 1.$
Lösung:
Aus $\vec{v}(x,y,z) = \begin{pmatrix} 2y-x \\ -2yz-2x \\ z+z^2-x \end{pmatrix}$ folgt: $\operatorname{rot}\vec{v}(x,y,z) = \begin{pmatrix} 2y \\ 1 \\ -4 \end{pmatrix} \neq \vec{0}$. Daher ist das Kurvenintegral L wegabhängig.
Als nächstes berechnen wir das Kurvenintegral L längs des vorgegebenen Weges:
$$L = \int_0^1 \vec{v}\big(x(t),y(t),z(t)\big)\cdot\dot{\vec{x}}(t)\,dt =$$
$$= \int_0^1 \Big(\big[2y(t)-x(t)\big]\cdot 1 + \big[-2y(t)z(t)-2x(t)\big](-1) + \big[z(t)+z^2(t)-x(t)\big]2t\Big)dt =$$
$$= \int_0^2 \Big(2-2t-t+2(1-t)t^2+2t+2t^3+2t^5-2t^2\Big)dt =$$
$$= \int_0^2 (2t^5-t+2)dt = \left(\frac{t^6}{3}-\frac{t^2}{2}+2t\right)\Bigg|_0^1 = \frac{1}{3}-\frac{1}{2}+2 = \frac{11}{6}\,.$$

3. Untersuchen Sie, ob das Kurvenintegral
$$L = \int\limits_{\substack{A\\(C)}}^{B} 2x_1\,dx_1 + x_3\,dx_2 + (x_2-2x_3)dx_3 + x_5\,dx_4 + x_4\,dx_5$$

vom Weg C unabhängig ist, wobei $A(0,1,2,0,1)$ und $B(1,0,1,0,0)$.
Welchen Wert besitzt L, wenn für C die geradlinige Verbindung von A nach B im $\mathbb{R}^5$ gewählt wird?

Lösung:

$\vec{v}(x_1,x_2,x_3,x_4,x_5) = (2x_1, x_3, x_2-2x_3, x_5, x_4)^T \in C^1(\mathbb{R}^5)$. Da der $\mathbb{R}^5$ ein Sterngebiet bezüglich aller seiner Punkte ist, sind die Integrabilitätsbedingungen hinreichend. Es gilt:

$$\frac{\partial v_1}{\partial x_2} = 0 = \frac{\partial v_2}{\partial x_1}, \quad \frac{\partial v_1}{\partial x_3} = 0 = \frac{\partial v_3}{\partial x_1}, \quad \frac{\partial v_1}{\partial x_4} = 0 = \frac{\partial v_4}{\partial x_1}, \quad \frac{\partial v_1}{\partial x_5} = 0 = \frac{\partial v_5}{\partial x_1},$$

$$\frac{\partial v_2}{\partial x_3} = 1 = \frac{\partial v_3}{\partial x_2}, \quad \frac{\partial v_2}{\partial x_4} = 0 = \frac{\partial v_4}{\partial x_2}, \quad \frac{\partial v_2}{\partial x_5} = 0 = \frac{\partial v_5}{\partial x_2}, \quad \frac{\partial v_3}{\partial x_4} = 0 = \frac{\partial v_4}{\partial x_3},$$

$$\frac{\partial v_3}{\partial x_5} = 0 = \frac{\partial v_5}{\partial x_3}, \quad \frac{\partial v_4}{\partial x_5} = 1 = \frac{\partial v_5}{\partial x_4},$$

d.h. die Integrabilitätsbedingungen sind erfüllt und das Integral ist daher wegunabhängig.
Wir berechnen L längs der geradlinigen Verbindung von A nach B:

$C: \ \vec{x}(t) = (0,1,2,0,1)^T + t(1,-1,-1,0,-1)^T$ und $\dot{\vec{x}}(t) = (1,-1,-1,0,-1)^T$
Damit erhalten wir:

$$L = \int_0^1 \Big(2t\cdot 1 + (2-t)(-1) + [1-t-2(2-t)](-1) + 0 + 0\Big)dt =$$
$$= \int_0^1 (2t-2+t-1+t+4-2t)dt = \int_0^1 (1+2t)dt = (t+t^2)\Big|_0^1 = 2.$$

4. Zeigen Sie, dass das Kurvenintegral

$$L = \int_{\substack{A\\(C)}}^{B} 2x_1\,dx_1 + x_3\,dx_2 + (x_2+x_4)dx_3 + x_3\,dx_4$$

vom Weg C unabhängig ist. Bestimmen Sie ferner den Wert von L für $A(0,0,0,0)$ und $B(1,1,0,1)$ mit Hilfe der Stammfunktion (Potential).

Lösung:

$\vec{v}(x_1,x_2,x_3,x_4) = (2x_1, x_3, x_2+x_4, x_3)^T \in C^1(\mathbb{R}^4)$. Da der $\mathbb{R}^4$ ein Sterngebiet bezüglich aller seiner Punkte ist, sind die Integrabilitätsbedingungen hinreichend. Es gilt:

$$\frac{\partial v_1}{\partial x_2} = 0 = \frac{\partial v_2}{\partial x_1}, \quad \frac{\partial v_1}{\partial x_3} = 0 = \frac{\partial v_3}{\partial x_1}, \quad \frac{\partial v_1}{\partial x_4} = 0 = \frac{\partial v_4}{\partial x_1}, \quad \frac{\partial v_2}{\partial x_3} = 1 = \frac{\partial v_3}{\partial x_2},$$

$$\frac{\partial v_2}{\partial x_4} = 0 = \frac{\partial v_4}{\partial x_2}, \quad \frac{\partial v_3}{\partial x_4} = 1 = \frac{\partial v_4}{\partial x_3},$$

d.h. die Integrabilitätsbedingungen sind erfüllt und das Integral ist daher wegunabhängig. Die Vektorfunktion $\vec{v}$ besitzt ein Potential f, d.h. es gilt dann $\vec{v} = \text{grad} f$.

Integration der ersten Komponente $\dfrac{\partial f}{\partial x_1} = 2x_1 = v_1$ liefert: $f = x_1^2 + \varphi(x_2,x_3,x_4)$.

Integration der zweiten Komponente: $\dfrac{\partial f}{\partial x_2} = \dfrac{\partial \varphi}{\partial x_2} = x_3 = v_2$ liefert:

$\varphi(x_2, x_3, x_4) = x_2x_3 + \psi(x_3, x_4)$, d.h. $f = x_1^2 + x_2x_3 + \psi(x_3, x_4)$.

Integration der dritten Komponente: $\dfrac{\partial f}{\partial x_3} = x_2 + \dfrac{\partial \psi}{\partial x_3} = x_2 + x_4 = v_3$ liefert:

$\psi(x_3, x_4) = x_3x_4 + \chi(x_4)$, d.h. $f = x_1^2 + x_2x_3 + x_3x_4 + \chi(x_4)$.

Integration der letzten Komponente: $\dfrac{\partial f}{\partial x_4} = x_3 + \chi'(x_4) = x_3 = v_4$ liefert:

$\chi(x_4) = c$ d.h. ist konstant. Somit: $f(x_1, x_2, x_3, x_4) = x_1^2 + x_2x_3 + x_3x_4 + c$.

Damit erhalten wir: $L = f(B) - f(A) = 1 + c - c = 1$.

5. Bestimmen Sie $\lambda \in \mathbb{R}$ so, dass das Kurvenintegral

$$L = \int\limits_{\substack{A \\ (C)}}^{B} \frac{\lambda y dx + x dy}{y(x+y)}$$

vom Weg C unabhängig ist, und ermitteln Sie L für $A(0, 2)$ und $B(3, 2)$.

Lösung:

Die Integrabilitätsbedingung lautet: $\dfrac{\partial}{\partial y}\dfrac{\lambda y}{y(x+y)} = \dfrac{\partial}{\partial x}\dfrac{x}{y(x+y)}$, woraus wegen

$-\dfrac{\lambda}{(x+y)^2} = \dfrac{1}{y(x+y)} - \dfrac{x}{y(x+y)^2} = \dfrac{1}{x+y}$ folgt: $\lambda = -1$.

Für das Potential $\varphi(x, y)$ gilt: $\dfrac{\partial \varphi}{\partial x} = -\dfrac{1}{x+y}$ und $\dfrac{\partial \varphi}{\partial y} = \dfrac{x}{y(x+y)}$.

Integration der ersten Gleichung liefert $\varphi(x, y) = -\ln(x+y) + \psi(y)$. Die „Integrationskonstante“ $\psi(y)$ wird dann durch Einsetzen in die zweite Gleichung bestimmt: $-\dfrac{1}{x+y} + \psi'(y) = \dfrac{x}{y(x+y)} \Longrightarrow \psi'(y) = \dfrac{1}{y}$. Das ergibt das Potential $\varphi(x, y) = \ln\left(\dfrac{y}{x+y}\right)$. Daraus folgt: $L = \varphi\Big|_B - \varphi\Big|_A = \varphi(3, 2) - \varphi(0, 2) = \ln\left(\dfrac{2}{5}\right)$.

6. Bestimmen Sie ein Vektorpotential $\vec{A}$ für die Vektorfunktion $\vec{v} = \begin{pmatrix} -y \\ x \\ 0 \end{pmatrix}$.

Lösung:

Mit dem naheliegenden Ansatz $\vec{A} = \begin{pmatrix} 0 \\ 0 \\ A_3(x, y) \end{pmatrix}$ folgt aus $\text{rot}\vec{A} = \vec{v}$:

$\begin{pmatrix} \frac{\partial A_3(x,y)}{\partial y} \\ -\frac{\partial A_3(x,y)}{\partial x} \\ 0 \end{pmatrix} \stackrel{!}{=} \begin{pmatrix} -y \\ x \\ 0 \end{pmatrix}$. Integration liefert: $A_3(x, y) = -\dfrac{x^2 + y^2}{2}$.

7. Bestimmen Sie ein Vektorpotential $\vec{A}$ für die Vektorfunktion

$$\vec{v} = \begin{pmatrix} x \\ y \\ -2z \end{pmatrix}.$$

Lösung:
Wir verwenden die Formel

$$\vec{A} = \int_0^1 t\,\vec{v}\big(\vec{x}_0 + t(\vec{x} - \vec{x}_0)\big) \times (\vec{x} - \vec{x}_0)\,dt$$

mit $\vec{x}_0 = \vec{0}$:

$$\vec{A} = \int_0^1 t \begin{pmatrix} tx \\ ty \\ -2tz \end{pmatrix} \times \begin{pmatrix} x \\ y \\ z \end{pmatrix} dt = \begin{pmatrix} 3yz \\ -3xz \\ 0 \end{pmatrix} \int_0^1 t^2\,dt = \begin{pmatrix} yz \\ -xz \\ 0 \end{pmatrix}.$$

2.5.3 Beispiele mit Lösungen

1. Gegeben ist das Kurvenintegral

$$L = \int_C (2x + z)dx + (2y - z^2)dy + (x - 2yz)dz\,.$$

a) Zeigen Sie, dass dieses Kurvenintegral vom Weg unabhängig ist.
b) Wählen Sie eine Kurve mit dem Anfangspunkt $P(1, -1, 0)$ und dem Endpunkt $Q(0, 2, 4)$, längs derer das Kurvenintegral zu berechnen ist.

Lösung: $L = -30$.

2. Prüfen Sie, ob das folgende Kurvenintegral vom Integrationsweg abhängt:

$$\int_C (x - z)dx + e^y dy - x dz\,.$$

Lösung: rot $\vec{v} = \vec{0}$, d.h. das Kurvenintegral ist vom Weg unabhängig.

3. Untersuchen Sie, ob das Kurvenintegral

$$L = \int_C (x^2 + z)dx + y^4 dy + z dz$$

vom Weg C abhängig ist.

Lösung: Wegabhängig.

4. Für welche Skalarfunktion $v_3(x, y, z)$ ist das folgende Kurvenintegral wegunabhängig?

$$\int_C xy\,dx + \frac{x^2}{2}\,dy + v_3(x, y, z)\,dz$$

Lösung: $v_3(x, y, z) = \varphi(z)$ mit φ beliebig.

5. Zeigen Sie, dass das Kurvenintegral

$$\int_C \cos y \sin z\,dx - x \sin y \sin z\,dy + x \cos y \cos z\,dz$$

vom Weg unabhängig ist. Berechnen Sie das Integral für den Fall, dass C ein Integrationsweg ist, der $A(0, 0, 0)$ mit $B(0, -1, 1)$ verbindet.

Lösung: 0.

6. Untersuchen Sie, für welche $\alpha \in \mathbb{R}$ das Kurvenintegral

$$L = \int_C (2x + yz)\,dx + (xz + \alpha z)\,dy + (xy - y)\,dz$$

wegunabhängig ist.

Lösung: $\alpha = -1$.

7. Zeigen Sie, dass das Kurvenintegral

$$L = \int\limits_{\substack{A \\ (C)}}^{B} \frac{x}{1+x^2+y^2}\,dx + \frac{y}{1+x^2+y^2}\,dy$$

vom Weg C unabhängig ist. Berechnen Sie das Integral für den Fall, dass C ein beliebiger Integrationsweg ist, der $A(1,0)$ mit $B(0,1)$ verbindet.

Lösung: $L = 0$.

8. Gegeben ist das Vektorfeld

$$\vec{v}(x,y,z) = \begin{pmatrix} x + e^y + \cos z \\ xe^y + y + z \\ -x\sin z + y \end{pmatrix}.$$

Prüfen Sie, ob es eine Stammfunktion $f(x,y,z)$ gibt, d.h. dass gilt: $\vec{v} = \operatorname{grad} f$. Ermitteln Sie im Fall der Existenz diese Stammfunktion.

Lösung: $f(x,y,z) = \dfrac{x^2}{2} + xe^y + x\cos z + \dfrac{y^2}{2} + yz + C$.

9. Unter welchen Bedingungen an die Konstanten $a, b, c, \alpha, \beta, \gamma$ stellt

$$\vec{v} = \begin{pmatrix} ax^2 + 2bxy + cy^2 \\ \alpha x^2 + 2\beta xy + \gamma y^2 \end{pmatrix}$$

ein konservatives Vektorfeld dar? Wie lautet die zugehörige Stammfunktion?

Lösung: $\alpha = b,\ \beta = c \qquad f(x,y) = \dfrac{ax^3}{3} + bx^2y + cxy^2 + \dfrac{\gamma y^3}{3} + D$.

10. Ermitteln Sie ein Vektorpotential zu $\vec{v} = \left(\dfrac{2y}{x^2+y^2}, \dfrac{-2x}{x^2+y^2}, 0\right)^T$.

Lösung: $\vec{A} = \left(0, 0, \ln(x^2+y^2)\right)^T$.

Kapitel 3

Gewöhnliche Differentialgleichungen

3.1 Gewöhnliche Differentialgleichungen erster Ordnung

3.1.1 Grundlagen

- Explizite Form:
  $y'(x) = f\big(x, y(x)\big)$. Eine Lösung ist eine auf einem gewissen Intervall differenzierbare Funktion, die dort die Differentialgleichung identisch erfüllt.

Eine Reihe spezieller Differentialgleichungen erster Ordnung lassen sich elementar integrieren (lösen).

- $\boxed{y'(x) = f(x)}$. Sei $F(x)$ eine Stammfunktion von $f(x)$. Dann ist $\underline{y(x) = F(x) + C}$.

- $\boxed{y'(x) = f\big(y(x)\big)}$. Sei $F(y)$ eine Stammfunktion von $\dfrac{1}{f(y)}$.
  Dann ist: $1 = \dfrac{y'}{f(y)} = \dfrac{d}{dx}F(y)$, woraus durch Integration nach x folgt: $\underline{F(y) = x + C}$.

- $\boxed{y'(x) = f(y)g(x)}$. Die Integration gelingt durch „Trennung der Veränderlichen" :
  $\dfrac{y'}{f(y)} = g(x)$. Sei $F(y)$ eine Stammfunktion von $\dfrac{1}{f(y)}$ und $G(x)$ eine solche von $g(x)$.
  Dann folgt durch Integration nach x:
  $$F(y) = \int \frac{dy}{f(y)} = \int \frac{y'(x)}{f\big(y(x)\big)}\,dx = \int g(x)\,dx = G(x) + C, \text{ d.h.}$$
  $$\underline{\int \frac{dy}{f(y)} = \int g(x)\,dx + C.}$$

- $\boxed{y'(x) = f(x)y}$ $\cdots$ lineare, homogene Differentialgleichung 1. Ordnung.
  Trennung der Veränderlichen liefert: $\dfrac{y'}{y} = f(x)$. Nach Integration über x folgt:
  $\ln|y| = \int f(x)\,dx + \ln C$ mit zunächst $C > 0$. Schließlich erhält man:
  $\underline{y(x) = Ce^{\int f(x)\,dx}\ ,\ C \in \mathbb{R} \text{ beliebig.}}$

- $\boxed{y'(x) = f(x)y + g(x)}$ $\cdots$ lineare, inhomogene Differentialgleichung 1. Ordnung.
  Mit dem Ansatz: $y(x) = C(x)e^{\int f(x)\,dx}$ (Variation der Konstanten) erhalten wir durch Einsetzen:
  $C'(x)e^{\int f(x)\,dx} + C(x)f(x) = C(x)f(x) + g(x)$, d.h. $C'(x) = g(x)e^{-\int f(x)\,dx}$, woraus schließlich folgt: $\underline{y(x) = \left(C + \int g(x)e^{-\int f(x)\,dx}\,dx\right)e^{\int f(x)\,dx} \text{ mit } C \in \mathbb{R} \text{ beliebig.}}$

- $\boxed{y = xy' + f(y')}$ $\cdots$ CLAIRAUT'sche Differentialgleichung.
  Durch Differenzieren nach x erhalten wir: $y' = y' + xy'' + f'(y')y''$ d.h. $y''\big(x+f'(y')\big) = 0$, woraus entweder $y'' = 0$ oder $x+f'(y') = 0$ folgt. In beiden Fällen müssen wir bedenken, dass sich durch das Differenzieren die Lösungsgesamtheit vergrößert hat. Daher müssen wir die so erhaltenen Lösungen noch in die ursprüngliche Differentialgleichung einsetzen.
  (i) $y'' = 0 \longrightarrow y(x) = Cx + D$, woraus durch Einsetzen folgt: $Cx + D = xC + f(C)$ d.h. $D = f(C)$. Somit: $\underline{y(x) = Cx + f(C)}$. Dies stellt eine Geradenschar dar.
  (ii) Aus den beiden Gleichungen $x = -f'(y')$ und $y = xy' + f(y')$ eliminieren wir y', wobei wir berücksichtigen, dass im Punkt (x, y) die Ableitung y' durch die Differentialgleichung für alle Lösungen bestimmt ist. Daher ist $y' = C$ und wir erhalten die Parameterdarstellung $\underline{\begin{cases} x = -f'(C) \\ y = -Cf'(C) + f(C) \end{cases}}$ der „singulären Lösung“ . Sie ist geometrisch die Einhüllende der Geradenschar unter (i).

- $\boxed{y = xf(y') + g(y')}$ $\cdots$ d'ALAMBERT'sche Differentialgleichung.
  Der Fall $f(y') \equiv y'$ entspricht der CLAIRAUT'schen Differentialgleichung. Sei nun $f(y') \not\equiv y'$, d.h. die Differentialgleichung enthält keine Gerade in ihrer Lösungsgesamtheit. Dann ist aber $y'' \not\equiv 0$. Wir setzen im Folgenden $y' = p$. Differentiation der d'ALAMBERT'schen Differentialgleichung nach x liefert:
  $p = f(p) + \big(xf'(p) + g'(p)\big)\dfrac{dp}{dx}$. Da $\dfrac{dp}{dx} \not\equiv 0$ ist, existiert lokal die Umkehrfunktion von $p(x)$ und damit $\dfrac{dx}{dp} = \dfrac{1}{\frac{dp}{dx}}$. Damit erhalten wir durch Multiplikation mit $\dfrac{dx}{dp}$:
  $$\big(\underbrace{p - f'(p)}_{a(p)}\big)\frac{dx}{dp} - x\underbrace{f'(p)}_{b(p)} = \underbrace{g'(p)}_{c(p)}, \quad \text{d.h.} \quad a(p)\frac{dx}{dp} + b(p)x = c(p).$$
  Dies ist aber eine lineare, inhomogene Differentialgleichung für $x(p)$. Einsetzen der Umkehrfunktion der Lösung dieser Differentialgleichung in die d'ALAMBERT'sche Differentialgleichung liefert dann deren Lösung.

- $\boxed{y' + f(x)y = g(x)y^\alpha}$ $\cdots$ BERNOULLI-Differentialgleichung.
  Die Fälle $y = 0$, $\alpha = 0$ und $\alpha = 1$ sind trivial: Für $\alpha > 0$ ist stets $y = 0$ eine Lösung und in den Fällen $\alpha = 0$ und $\alpha = 1$ ist die Differentialgleichung linear.
  In den übrigen Fällen multiplizieren wir die Gleichung mit $y^{-\alpha}$ und erhalten: $y^{-\alpha}y' + f(x)y^{1-\alpha} = g(x)$. Mit der Transformation $z(x) := \big(y(x)\big)^{1-\alpha}$ folgt mit $z'(x) = (1-\alpha)y^{-\alpha}y'$ durch Einsetzen: $\underline{z' + (1-\alpha)f(x)z = (1-\alpha)g(x)}$. Dies ist eine lineare, inhomogene Differentialgleichung, deren Lösung bereits bekannt ist.

- $\boxed{y' = f(x)y^2 + g(x)y + h(x)}$ $\cdots$ RICCATI-Differentialgleichung.

Die RICCATI-Differentialgleichung ist zwar nicht immer elementar integrierbar, wohl aber bei Kenntnis einer oder mehrerer partikulärer (spezieller) Lösungen.

1. Sei y_1 eine spezielle Lösung. Dann treffen wir den Ansatz: $y(x) = y_1(x) + \frac{1}{u(x)}$.

   Einsetzen liefert: $y_1' - \frac{u'}{u^2} = f(x)\left(y_1^2 + \frac{2y_1}{u} + \frac{1}{u^2}\right) + g(x)\left(y_1 + \frac{1}{u}\right) + h(x)$ und weiters:

   $\underbrace{\left(y_1' - f(x)y_1^2 - g(x)y_1 + h(x)\right)}_{0} = \frac{u'}{u^2} + \frac{2f(x)}{u} + \frac{f(x)}{u^2} + \frac{g(x)}{u}$.

   Nach Multiplikation mit u^2 erhalten wir die lineare Differentialgleichung $\underline{u' + \left(2f(x)y_1 + g(x)\right)u = -f(x)}$.

2. Seien y_1 und y_2 spezielle Lösungen mit $y_1 \neq y_2$. Dann treffen wir den Ansatz: $y(x) = y_2 + \frac{y_1 - y_2}{u(x)}$. Einsetzen liefert: $\underline{u(x) = 1 + Ce^{\int (y_1 - y_2)dx}}$.

3. Seien y_1, y_2 und y_3 paarweise verschiedene spezielle Lösungen. Dann gilt: $\frac{y - y_1}{y - y_3} : \frac{y_2 - y_1}{y_2 - y_3} = C$ d.h. das Doppelverhältnis dreier Lösungen ist konstant.

4. Seien $\alpha(x), \beta(x), \gamma(x)$ und $\delta(x)$ gegeben mit $\alpha\delta - \beta\gamma \neq 0$, dann führt die „gebrochen lineare Transformation" $y(x) = \frac{\alpha(x)z(x) + \beta(x)}{\gamma(x)z(x) + \delta(x)}$ $y(x)$ als Lösung einer RICCATI Gleichung über in $z(x)$, das wieder einer RICCATI Gleichung genügt und umgekehrt.

5. Sei $f(x) \neq 0$ auf I. Die Transformation $y(x) \to w(x)$ mit $y(x) = -\frac{1}{f(x)}\frac{w'(x)}{w(x)}$ führt die RICCATI-Gleichung über in die lineare Diff.Gleichung 2. Ordnung: $\underline{w'' - \left(g(x) + \frac{f'(x)}{f(x)}\right)w' + h(x)f(x)w = 0}$.

- $\boxed{y'(x) = f\left(\frac{y(x)}{x}\right)}$ $\cdots$ gleichgradig homogene Differentialgleichung.

Mit der Substitution $y(x) = xz(x)$ erhalten wir zunächst: $xz' + z = f(z)$ woraus durch Trennung der Veränderlichen folgt: $\frac{z'}{f(z) - z} = \frac{1}{x}$. Integration nach x liefert: $\underline{\int \frac{dz}{f(z) - z} = \ln x + C}$.

- $\boxed{y'(x) = f\left(\frac{ax + by + c}{\alpha x + \beta y + \gamma}\right)}$. Wir unterscheiden 3 Fälle:

1. $\alpha = \beta = 0$: $y' = f(Ax + By + C)$. Der Fall $B = 0$ ist trivial. Für $B \neq 0$ liefert die Substitution $z(x) = Ax + By(x) + C$: $z' = A + Bf(z)$ und weiters: $\underline{\int \frac{dz}{A + Bf(z)} = x + D}$.

2. $a\beta - \alpha b = 0$: $\Longrightarrow \exists \lambda \in \mathbb{R},\ \lambda \neq 0 : a = \lambda\alpha,\ b = \lambda\beta$. Damit erhalten wir:
$y' = f\left(\dfrac{\lambda(\alpha x + \beta y) + c}{(\alpha x + \beta y) + \gamma}\right)$. Mit der Substitution $z(x) = \alpha x + \beta y,\ \beta \neq 0$ folgt:
$$z' = \alpha + \beta f\left(\frac{\lambda z + c}{z + \gamma}\right) \Longrightarrow \underline{\int \frac{dz}{\alpha + \beta f\left(\frac{\lambda z + c}{z+\gamma}\right)} = x + D}.$$

3. $a\beta - \alpha b \neq 0$: Dann besitzt das Gleichungssystem
$$\begin{cases} a\xi + b\eta + c = 0 \\ \alpha\xi + \beta\eta + \gamma = 0 \end{cases} \quad \text{eine (eindeutige) Lösung } (\xi, \eta).$$
Mit der linearen Transformation $\begin{cases} x = u + \xi \\ y = v + \eta \end{cases}$ erhalten wir:
$$\frac{dv}{\underline{du}} = \frac{dy}{dx} = f\left(\frac{a(u+\xi) + b(v+\eta) + c}{\alpha(u+\xi) + \beta(v+\eta) + \gamma}\right) = f\left(\frac{au + bv}{\alpha u + \beta v}\right) = f\left(\frac{a + b\frac{v}{u}}{\alpha + \beta\frac{v}{u}}\right) =$$
$\underline{= F\left(\dfrac{v}{u}\right)}$. Dies ist aber eine gleichgradig homogene Differentialgleichung.

- $\boxed{y'' = f(x, y')}$ $\cdots$ y kommt nicht explizit vor.
Diese Differentialgleichung ist zwar zunächst von 2. Ordnung. Mit der Substitution $y'(x) = u(x)$ erhalten wir aber eine solche 1. Ordnung: $u' = f(x, u)$, deren Lösung dann noch zu integrieren ist.

- $\boxed{y'' = f(y, y')}$ $\cdots$ x kommt nicht explizit vor.
Falls $y' \neq 0$ auf dem Lösungsintervall I, existiert dort die Umkehrfunktion zu $y(x)$, d.h. wir können x durch y ausdrücken. Dann ist $y'(x) = \varphi(y)$, d.h. eine Funktion von y. Ferner ist dann $y''(x) = \dfrac{d}{dx}\varphi(y) = \dfrac{d\varphi(y)}{dy}y' = \varphi(y)\varphi'(y)$. Damit erhalten wir wieder eine Differentialgleichung 1. Ordnung $\varphi(y)\varphi'(y) = f\big(y, \varphi(y)\big)$, deren Lösung dann weiter nach x zu integrieren ist.

- Exakte Differentialgleichung:
Eine Differentialgleichung 1. Ordnung in expliziter Form läßt sich auch in der Form
$$P(x,y) + y'Q(x,y) = 0 \quad \text{bzw.} \quad P(x,y)dx + Q(x,y)dy = 0$$
schreiben. Ist dann die „Integrabilitätsbedingung“ $\dfrac{\partial P}{\partial y} = \dfrac{\partial Q}{\partial x}$ erfüllt, existiert eine Potentialfunktion (Stammfunktion) $F(x,y)$, für die gilt: $\text{grad}F = (P, Q)^T$. Wegen $dF = 0$ infolge der Differentialgleichung ist dann $F(x,y) = C$ eine Lösung in impliziter Form.

- Integrierender Faktor (EULER'scher Multiplikator):
Ist die Differentialgleichung $P(x,y)dx + Q(x,y)dy = 0$ nicht exakt, gibt es eine Funktion $M(x,y)$ derart, dass die Differentialgleichung
$$\underbrace{M(x,y)P(x,y)}_{\tilde{P}(x,y)}\,dx + \underbrace{M(x,y)Q(x,y)}_{\tilde{Q}(x,y)}\,dy = 0$$

exakt ist.

Solche spezielle Multiplikatoren findet man z.B. in folgenden Fällen, wobei $\frac{M'}{M} = F$:

a) $M = M(x)$ falls $\frac{P_y - Q_x}{Q} = F(x)$,

b) $M = M(y)$ falls $\frac{P_y - Q_x}{P} = -F(y)$,

c) $M = M(x+y)$ falls $\frac{P_y - Q_x}{P - Q} = -F(x+y)$,

d) $M = M(x \cdot y)$ falls $\frac{P_y - Q_x}{yQ - xP} = F(x \cdot y)$,

e) $M = M\left(\frac{x}{y}\right)$ falls $\frac{P_y - Q_x}{Q} x^2 = F\left(\frac{x}{y}\right)$,

f) $M = M(x^2 + y^2)$ falls $\frac{P_y - Q_x}{2(xQ - yP)} = F(x^2 + y^2)$.

- Differentialgleichung einer Kurvenschar:
  Aus der Gleichung der Kurvenschar $F\big(x, y(x), C\big) = 0$ kann der Scharparameter durch Differenzieren der Gleichung eliminiert werden. Das liefert dann die Differentialgleichung der Kurvenschar.

- Isogonale bzw. orthogonale Trajektorien:
  Zu einer gegebenen Kurvenschar $F\big(x, y_1(x), C_1\big) = 0$ soll eine weitere Schar $G\big(x, y_2(x), C_2\big) = 0$ so bestimmt werden, dass sie die erste Schar unter einem konstanten Winkel φ schneidet. Dafür muss gelten: $y_2' = \frac{y_1' + C}{1 - Cy_1'}$, wobei $C = \tan\varphi$.
  Soll der Schnitt unter rechtem Winkel erfolgen, muss gelten: $y_2' = -\frac{1}{y_1'}$.

3.1.2 Musterbeispiele

1. Bestimmen Sie alle Lösungen der Differentialgleichung

$$(1+x)y + (1-y)xy' = 0 .$$

Lösung:

Unter der Voraussetzung $x \neq 0$ und $y \neq 0$ lassen sich die Variablen x und y in der vorliegenden Differentialgleichung mittels Division durch xy trennen und wir erhalten: $\frac{1+x}{x} = \frac{y-1}{y} y'$. Integration nach x liefert unter Verwendung der Substitutionsformel für Integrale:

$$\int \frac{1+x}{x}\, dx = \int \frac{y-1}{y} y'\, dx = \int \frac{y-1}{y}\, dy$$

und weiters: $\ln|x| + x = y - \ln|y| + \tilde{C}$. Daraus folgt durch „Entlogarithmieren“ : $xe^x = e^y \frac{1}{y} e^{\tilde{C}}$ und schließlich mit $e^{\tilde{C}} = C$:

$$\boxed{xy = Ce^{y-x}} .$$

Bemerkungen:

a) Wegen $e^{\tilde{C}} = C$ ist zunächst $C > 0$. Durch Einsetzen in die Differentialgleichung sehen wir aber, dass C beliebig gewählt werden kann.

b) Der Fall $C = 0$ liefert dann auch die Lösungen $x = 0$ und $y = 0$, die wir zunächst aus rechentechnischen Gründen (Division) ausgeschlossen haben.

2. Bestimmen Sie alle Lösungen der Differentialgleichung

$$(x^2 - 1)y' + 2y = 0 \ .$$

Welche Lösungskurve enthält den Punkt $P(0, 1)$?

Lösung:
Trennung der Veränderlichen (wobei wir zunächst $x \neq \pm 1$ und $y \neq 0$ voraussetzen) und anschließende Integration liefert:

$$\int \frac{dy}{2y} = \underline{\int \frac{y'}{2y}\, dx = \int \frac{dx}{x^2 - 1}} = \frac{1}{2} \int \frac{dx}{x+1} - \frac{1}{2} \int \frac{dx}{x-1} \ ,$$

woraus folgt: $\ln|y| = \ln|x+1| - \ln|x-1| + \ln|C|$ bzw. weiterhin:

$$\boxed{y(x) = C\,\frac{x+1}{x-1}} \ .$$

Auch hier können wir letztlich $C = 0$ zulassen, da auch $y = 0$ Lösung ist. Die zwei Fälle $x \neq \pm 1$ sind im allgemeineren Sinne auch Lösungen der Differentialgleichung $(x^2 - 1)dy + 2y dx = 0$, sind aber in der allgemeinen Lösung nicht enthalten.
Aus $y(0) = -C = 1$ folgt $C = -1$ und damit die Lösungskurve $y(x) = \dfrac{1+x}{1-x}$.

3. Bestimmen Sie alle Lösungen der Differentialgleichung

$$x(y^2 - 1)y' + y(x^2 - 1) = 0 \ .$$

Lösung:
Trennung der Veränderlichen (wobei wir zunächst $x \neq 0$ und $y \neq 0$ voraussetzen) und anschließende Integration liefert:

$$\int \frac{y^2 - 1}{y}\, dy = \int \frac{1 - x^2}{x}\, dx$$

bzw. $\dfrac{y^2}{2} - \ln|y| = \ln|x| - \dfrac{x^2}{2} + C$, woraus wieder folgt:

$$\boxed{x^2 + y^2 = 2\ln|xy| + C} \ .$$

Hier sind die beiden ausgeschlossen Fälle $x = 0$ und $y = 0$ keine Lösungen.

4. Bestimmen Sie alle Lösungen der Differentialgleichung

$$y' = \tan(x + y) - 1 \ .$$

Bestimmen Sie jene Lösung, für die gilt: $y(0) = \pi$.

Lösung:
Hier ist zunächst eine Trennung der Variablen nicht möglich. Wir versuchen durch eine Variablentransformation auf eine „separierbare“ Differentialgleichung zu kommen. Es liegt nahe, die Substitution $x + y =: z(x)$ zu wählen. Dann erhalten wir mit $y' = z' - 1$ die transformierte Differentialgleichung $z' - 1 = \tan z - 1$ bzw. $z' = \tan z$. Aus $\int \frac{\cos z}{\sin z}\, dz = \int dx$ erhalten wir (zunächst wieder unter Ausschluß von $z = k\pi,\ k \in \mathbb{Z}$): $\ln|\sin z| = x + \ln|C|$ bzw. weiters nach Rücktransformation:

$$\boxed{\sin(x+y) = Ce^x}\ .$$

Der zunächst ausgeschlossene Fall $x + y = k\pi$, d.h. $\underline{y = k\pi - x}$ ist ebenfalls Lösung der Differentialgleichung und ist mit $C = 0$ in der allgemeinen Lösung mit enthalten. Aus $y(0) = \pi$ folgt $\sin\pi = C$, d.h. $C = 0$ und damit $y(x) = \pi - x$.

5. Bestimmen Sie alle Lösungen der Differentialgleichung

$$y(xy+1) + x(1 + xy + x^2y^2)y' = 0\ .$$

Lösung:
Auch hier ist zunächst eine Trennung der Variablen nicht möglich. Wir versuchen wieder durch eine Variablentransformation auf eine „separierbare“ Differentialgleichung zu kommen. Es liegt nahe, die Substitution $xy =: z(x)$ zu wählen. Dann erhalten wir mit $y + xy' = z'$ die transformierte Differentialgleichung

$$\frac{z}{x}(z+1) + (1 + z + z^2)\left(z' - \frac{z}{x}\right) = 0\ ,$$

woraus durch Vereinfachung folgt: $z^3 = (1 + z + z^2)xz'$. Diese Differentialgleichung läßt sich separieren und wir erhalten:

$$\int \frac{dx}{x} = \int \left(\frac{1}{z} + \frac{1}{z^2} + \frac{1}{z^3}\right) dz\ .$$

Das liefert: $\ln|x| = \ln|z| - \frac{1}{z} - \frac{1}{2z^2} - C$ bzw. nach Rücktransformation:

$$\boxed{\ln|y| = \frac{1}{xy} + \frac{1}{2x^2y^2} + C}\ .$$

Die weiteren Lösungen $\underline{x = 0}$ und $\underline{y = 0}$ sind in der allgemeinen Lösung nicht enthalten.

Bemerkung:
Alle Differentialgleichungen der Form $yf(xy) + xg(xy)y' = 0$ werden mittels der Substitution $xy = z(x)$ separierbar.

6. Bestimmen Sie alle Lösungen der Differentialgleichung

$$xy' - 3y = x^2\ .$$

Lösung:
Die vorliegende Differentialgleichung ist linear und inhomogen. Ihre allgemeine Lösung ist als Summe einer allgemeinen Lösung der homogenen Gleichung und einer partikulären Lösung der inhomogenen Gleichung darstellbar.
Jede lineare homogene Differentialgleichung 1. Ordnung ist durch Trennung der Variablen integrierbar. Aus $\frac{y'}{y} = \frac{3}{x}$ folgt durch Integration: $y_h = Cx^3$. Zur Gewinnung einer partikulären Lösung der inhomogenen Differentialgleichung „variieren" wir die Integrationskonstante: $y_i = C(x)x^3$. Einsetzen in die gegebene Differentialgleichung liefert: $x^4C'(x) + 3x^3C(x) - 3x^3C(x) = x^2$ bzw. $C'(x) = \frac{1}{x^2}$. Durch Integration folgt daraus $C(x) = -\frac{1}{x}$ und daraus $y_i = -x^2$. Damit erhalten wir für die allgemeine Lösung der Differentialgleichung:

$$\boxed{y(x) = Cx^3 - x^2} \ .$$

7. Bestimmen Sie alle Lösungen der Differentialgleichung

$$y' = \frac{y}{1 + x - y^2} \ .$$

Lösung:
Die vorliegende Differentialgleichung, als Gleichung mit x als unabhängiger Variablen, ist nicht linear. Wir schreiben sie um in eine Differentialgleichung mit y als unabhängiger Variablen:

$$\frac{1}{x'} = \frac{y}{1 + x - y^2} \qquad \text{bzw.} \qquad yx' - x = 1 - y^2 \ .$$

Letztere ist aber eine lineare Differentialgleichung. Die homogene Differentialgleichung hat die allgemeine Lösung $x(y) = Cy$. Eine partikuläre Lösung der inhomogenen Gleichung könnten wir wieder mittels Variation der Konstanten finden. Wir versuchen aber einen speziellen Lösungsansatz: $x_i(y) = a + by + cy^2$.
Dieser Ansatz wir durch folgende Überlegung motiviert: Die „rechte Seite" ist ein Polynom 2. Grades in y. Falls $x(y)$ ein Polynom n-ten Grades ist, so ist auch $yx(y) - x(y)$ ein Polynom vom Grad n. Wegen der Übereinstimmung mit der rechten Seite ist dann $n = 2$ zu wählen.
Einsetzen von $x_i(y) = a + by + cy^2$ in die Differentialgleichung liefert:

$$by + 2cy^2 - a - by - cy^2 = 1 - y^2 \ .$$

Koeffizientenvergleich ergibt: $a = -1$ und $c = -1$. Die Konstante b kann so nicht bestimmt werden. Dies liegt daran, dass y Lösung der homogenen Gleichung ist. Deshalb können wir $b = 0$ setzen und erhalten somit: $x_i(y) = -1 - y^2$ und letztendlich insgesamt:

$$\boxed{x = Cy - 1 - y^2} \ .$$

8. Bestimmen Sie alle Lösungen der Differentialgleichung

$$x^2y^2y' + xy^3 = 1 \ .$$

Lösung:
Auflösung dieser Differentialgleichung nach y' liefert:

$$y' = -\frac{1}{x}\,y + \frac{1}{x^2}\,y^{-2} \ .$$

Dies ist eine BERNOULLI-Differentialgleichung $y' = A(x)y + B(x)y^\alpha$. Sie geht mit der Transformation $z(x) = y^{1-\alpha}$ in eine lineare Differentialgleichung über.
Im vorliegenden Fall ist $\alpha = -2$. Wir setzen daher $z(x) = y^3$. Mit $z' = 3y^2y'$ erhalten wir die lineare Differentialgleichung :

$$\frac{x^2}{3}\,z' + xz = 1 \ .$$

Für die Lösung der homogenen Gleichung trennen wir die Variaben: $\frac{z'}{z} = -\frac{3}{x}$, woraus durch Integration folgt: $z_h = \frac{C}{x^3}$.
Um eine partikuläre Lösung der inhomogenen Gleichung zu bestimmen, variieren wir wieder die Integrationskonstante C, d.h. wir setzen: $z_i = \frac{C(x)}{x^3}$. Einsetzen in die Differentialgleichung liefert: $C'(x) = 3x$ bzw. $C(x) = \frac{3}{2}x^2$ d.h. $z_i(x) = \frac{3}{2x}$.
Mit $z(x) = z_h + z_i$ und $z = y^3$ erhalten wir schließlich:

$$\boxed{y^3 = \frac{C}{x^3} + \frac{3}{2x}} \ .$$

Bemerkung:
Die Transformation $z = y^3$ hätte man in der ursprünglichen Differentialgleichung $x^2y^2y' + xy^3 = 1$ direkt erkennen können.

9. Bestimmen Sie alle Lösungen der Differentialgleichung

$$y' - y = xy^5 \ .$$

Welche Lösungskurve enthält den Punkt $P(0, \sqrt{2})$?

Lösung:
Es handelt sich um eine BERNOULLI-Gleichung mit $\alpha = 5$. Mit der Transformation $z(x) = y^{1-\alpha} = y^{-4}$ erhalten wir die lineare Differentialgleichung $z' + 4z = -4x$. Die Lösung der homogenen Gleichung ist $z_h = Ce^{-4x}$. Eine partikuläre Lösung der inhomogenen Gleichung ist wegen der rechten Seite als Polynom 1. Grades anzusetzen: $z_i = a + bx$. Einsetzen liefert: $b + 4a + 4bx = -4x$, woraus durch Koeffizientenvergleich $b = -1$ und $a = \frac{1}{4}$ folgt. Damit ist die Lösung der linearen Differentialgleichung durch $z(x) = Ce^{-4x} - x - \frac{1}{4}$ gegeben. Insgesamt erhalten wir nach Rücktransformation:

$$\boxed{y^4 = \frac{4}{1 - 4x + De^{-4x}}} \ .$$

Eine weitere Lösung ist $y = 0$. Sie ist in der allgemeinen Lösung nicht enthalten.
Aus $y(0) = \sqrt{2}$ folgt $4 = \frac{4}{1+D} \Longrightarrow D = 0$. Die gesuchte Lösungskurve ist dann $y(x) = \sqrt[4]{\frac{4}{1-4x}}$.

10. Bestimmen Sie alle Lösungen der Differentialgleichung

$$y' = x^2 + \frac{y}{x} + \frac{y^2}{x^4} \, .$$

Lösung:
Es handelt sich um eine RICCATI-Differentialgleichung, d.h. eine Differentialgleichung der Form $y' = h(x) + g(x)y + f(x)y^2$, die sich bekanntlich mit Hilfe einer partikulären Lösung $y_p(x)$ mittels der Transformation $y(x) = y_p(x) + \dfrac{1}{v(x)}$ in die lineare Differentialgleichung

$$v' + \big(2f(x)y_p(x) + g(x)\big)v = -f(x)$$

überführen lässt.
Wir suchen also zunächst eine partikuläre Lösung unserer Differentialgleichung. Es liegt nahe, eine solche als Potenz von x zu suchen. Durch Probieren finden wir $y_p = x^3$. Damit erhalten wir die lineare Differentialgleichung

$$v' + \frac{3}{x}\,v = -\frac{1}{x^4} \, .$$

Die Lösung der homogenen Gleichung finden wir zu $v_h = \dfrac{C}{x^3}$. Mittels des Ansatzes $v_i(x) = \dfrac{C(x)}{x^3}$, d.h. Variation der Konstanten, folgt wegen $C'(x) = -\dfrac{1}{x}$ mit der Lösung $C(x) = -\ln|x|$ die partikuläre Lösung $v_p(x) = -\dfrac{\ln|x|}{x^3}$, woraus wir erhalten: $v(x) = \dfrac{C - \ln|x|}{x^3}$. Insgesamt folgt dann:

$$\boxed{y(x) = x^3 + \frac{x^3}{C - \ln|x|}} \, .$$

11. Bestimmen Sie alle Lösungen der Differentialgleichung

$$y' = (1 - x + x^2) + (1 - 2x)y + y^2 \, .$$

Lösung:
Wiederum handelt es sich um eine RICCATI-Differentialgleichung mit den Koeffizienten $f(x) = 1$, $g(x) = (1-2x)$ und $h(x) = 1-x+x^2$. Wie man leicht nachprüft, ist $y_p = x$ eine partikuläre Lösung. Mit dem Ansatz $y(x) = y_p(x) + \frac{1}{v(x)}$ erhalten wir die lineare Differentialgleichung $v' + v = -1$, deren allgemeine Lösung sich zu $v(x) = Ce^{-x} - 1$ ergibt. Damit erhalten wir:

$$\boxed{y(x) = x + \frac{1}{Ce^{-x} - 1}} \, .$$

Bei der Suche nach einer partikulären Lösung wäre es auch naheliegend gewesen, y_p als Polynom in x anzusetzen, wobei wegen der speziellen Form von $f(x)$, $g(x)$ und $h(x)$ ein Polynom 1. Grades als geeignet erscheint, d.h. $y_p = a + bx$. Einsetzen in

die Differentialgleichung liefert dann:
$b = 1 - x + x^2 + a - 2ax + bx - 2bx^2 + a^2 + 2abx + b^2$ bzw.
$(1 + a - b + a^2) + (-1 - 2a + b + 2ab)x + (1 - 2b + b^2)x^2 = 0$, woraus das (nichtlineare) Gleichungssystem $1 + a - b + a^2 = 0$, $-1 - 2a + b + 2ab$ und $1 - 2b + b^2$ folgt. Die letzte Gleichung besitzt die eindeutig bestimmte Lösung $b = 1$. Damit ist die zweite Gleichung automatisch erfüllt. Aus der ersten Gleichung ergibt sich für $b = 1$: $a + a^2 = 0$, d.h. die zwei Lösungen $a = 0$ und $a = -1$.
Somit erhalten wir zwei partikuläre Lösungen unserer Differentialgleichung: $y_1 = x$ (die wir bereits kennen) und $y_2 = x - 1$.
Mit der Kenntnis von zwei verschiedenen partikulären Lösungen y_1 und y_2 ist dann die allgemeine Lösung durch

$$y(x) = y_1(x) + \frac{y_2(x) - y_1(x)}{u(x)} \quad \text{mit} \quad u(x) = 1 + C\exp\left(\int (y_2 - y_1)dx\right)$$

bestimmt.
Für die gegebene Differentialgleichung ist dann $u(x) = 1 + Ce^{-x}$ und damit:

$$\boxed{y(x) = x + \frac{1}{Ce^{-x} - 1}}\ .$$

Eine weitere Lösungsmöglichkeit bei einer RICCATI-Differentialgleichung besteht darin, mittels der Transformation $y(x) = -\dfrac{1}{f(x)}\dfrac{w'(x)}{w(x)}$ für w die lineare Differentialgleichung

$$w'' - \left(g(x) - \frac{f'(x)}{f(x)}\right)w' + h(x)f(x)w = 0$$

zu erhalten und zu lösen.
In unserem Fall ist dies die Differentialgleichung

$$w'' + (2x - 1)w' + (1 - x + x^2)w = 0\ ,$$

deren Lösung mit den mit den Methoden für Differentialgleichungen 2. Ordnung zu $w(x) = (C_1 + C_2e^x)e^{-\frac{x^2}{2}}$ ermittelt werden kann. Damit erhalten wir für die Lösung der RICCATI-Differentialgleichung:

$$y(x) = -\frac{w'(x)}{w(x)} = -\big(\ln w(x)\big)' = -\frac{C_2e^x}{C_1 + C_2e^x} + x = x - \frac{1}{1 + \frac{C_1}{C_2}\,e^{-x}}\ ,$$

woraus mit $\dfrac{C_1}{C_2} = -C$ wiederum folgt:

$$\boxed{y(x) = x + \frac{1}{Ce^{-x} - 1}}\ .$$

12. Bestimmen Sie alle Lösungen der Differentialgleichung

$$yy' = 2y - x\ .$$

Lösung:
Wegen $y' = \dfrac{2y-x}{y} = \dfrac{2\frac{y}{x}-1}{\frac{y}{x}} = f\left(\dfrac{y}{x}\right)$ handelt es sich um eine gleichgradige homogene Differentialgleichung. Sie läßt sich bekanntlich durch die Substitution $z(x) := \frac{y}{x}$, d.h. $y = xz$ in eine separierbare Differentialgleichung transformieren. Im vorliegenden Fall erhalten wir damit: $xz' + z = \dfrac{2z-1}{z}$ bzw. weiters:

$xz' = \dfrac{-z^2+2z-1}{z} = -\dfrac{(z-1)^2}{z}$, woraus durch Trennung der Veränderlichen

$-\dfrac{z}{(z-1)^2}\,z' = \dfrac{1}{x}$ bzw. weiters $\left(-\dfrac{1}{z-1} - \dfrac{1}{(z-1)^2}\right) z' = \dfrac{1}{x}$ folgt.

Integration liefert: $-\ln|z-1| + \dfrac{1}{z-1} = \ln|x| + \ln|C|$, woraus wir nach Rücktransformation $-\ln\left|\dfrac{y}{x}-1\right| + \dfrac{1}{\frac{y}{x}-1} = \ln|x| + \ln|C|$ erhalten.

Vereinfachung liefert schließlich:

$$\boxed{C(y-x) = e^{\frac{x}{y-x}}}\,.$$

Eine weitere Lösung ist $\underline{y = x}$. Sie ist in der allgemeinen Lösung nicht enthalten. Zu dieser Lösung kommt man dadurch, dass man jene Fälle, die man bei der Trennung der Veränderlichen wegen der nichterlaubten Division durch Null ausschließen musste (im vorliegenden Fall $z = 1$, d.h. $y = x$) untersucht, ob sie auch Lösungen der Differentialgleichung sind.

13. Bestimmen Sie alle Lösungen der Differentialgleichung

$$xy'\cos\left(\frac{y}{x}\right) = y\cos\left(\frac{y}{x}\right) - x\,.$$

Lösung:
Wegen $y' = \dfrac{y}{x} - \dfrac{1}{\cos\left(\frac{y}{x}\right)} = f\left(\dfrac{y}{x}\right)$ handelt es sich um eine gleichgradige Differentialgleichung. Mit der Substitution $y(x) = xz(x)$ erhalten wir: $xz' + z = z - \dfrac{1}{\cos z}$ bzw. weiters: $\cos z\, z' = -\dfrac{1}{x}$. Integration liefert: $\sin z = -\ln|x| + C$, woraus durch Rücktransformation folgt:

$$\boxed{\sin\left(\frac{y}{x}\right) = C - \ln|x|}\,.$$

14. Bestimmen Sie alle Lösungen der Differentialgleichung

$$y' = \frac{y}{1+x-y^2}\,.$$

Lösung:
Wir haben diese Differentialgleichung bereits dadurch gelöst, dass wir die Rollen

der unabhängigen und der abhängigen Variablen vertauscht haben. Eine weiterer Lösungsweg besteht in der Substitution $y^2 = z(x)$. Die transformierte Differentialgleichung lautet dann:

$$z' = \frac{2z}{1+x-z} \ .$$

Sie ist von der Form $z' = f\left(\dfrac{ax+bz+c}{\alpha x+\beta z+\gamma}\right)$. Da im vorliegenden Fall $a\beta - \alpha b \neq 0$ gilt, wählen wir die folgende Transformation: $x = u+\xi$ und $z = v+\eta$, wobei (ξ, η) die Lösung des Gleichungssystems $ax+bz+c = 2z = 0$ und $\alpha x+\beta z+\gamma = x-y+1 = 0$ bezeichnet. Es folgt $\xi = -1$ und $\eta = 0$. Damit erhalten wir: $v' = \frac{2v}{u-v}$. Dies ist eine gleichgradige Differentialgleichung. Wir transformieren daher weiter: $v(u) = uw(u)$, woraus folgt: $\dfrac{1-w}{w+w^2}w' = \dfrac{1}{u}$ bzw. weiter $\left(\dfrac{1}{w} - \dfrac{2}{1+w}\right) w' = \dfrac{1}{u}$. Integration liefert $\ln|w| - 2\ln|1+w| = \ln|u| + \ln|C|$. Durch Entlogarithmieren erhalten wir $\dfrac{w}{(1+w)^2} = Cu$ bzw. $\dfrac{v}{u+v} = C$ und weiters $\dfrac{z}{(x+1+z)^2} = C$, woraus dann folgt:

$$\boxed{x+1+y^2 = Dy} \ .$$

15. Bestimmen Sie alle Lösungen der Differentialgleichung

$$(3x+2y+1)dx - (3x+2y-1)dy = 0 \ .$$

Lösung:
In expliziter Form lautet sie: $y' = \dfrac{3x+2y+1}{3x+2y-1}$. Da hier $a\beta - \alpha b = 0$ gilt, substituieren wir $3x+2y = z(x)$ und erhalten $z' = 2y'+3 = 2\dfrac{z+1}{z-1} + 3 = \dfrac{5z-1}{z-1}$, woraus durch Trennung der Veränderlichen folgt: $\dfrac{z-1}{5z-1}z' = \dfrac{1}{5}\left(1 - \dfrac{4}{5z-1}\right)z' = 1$.
Integration liefert: $z - \dfrac{4}{5}\ln|5z-1| = 5x + C$.
Rücktransformation: $3x+2y - \dfrac{4}{5}\ln|15x+10y-1| = 5x + C$ bzw.

$$\boxed{5(x-y) + 2\ln|15x+10y-1| = D} \ .$$

16. Bestimmen Sie alle Lösungen der Differentialgleichung

$$y = xy' + y'^4 \ .$$

Lösung:
Es handelt sich um eine CLAIRAUT'sche Differentialgleichung d.h. eine Differentialgleichung der Form $y = xy' + f(y')$. Die allgemeine Lösung besteht aus der Geradenschar

$$\boxed{y = Cx + C^4} \ .$$

Die singuläre Lösung ist durch die Parameterdarstellung $\begin{cases} x = -f'(C) \\ y = f(C) - Cf'(C) \end{cases}$

gegeben. Im vorliegenden Fall erhalten wir: $x = -4C^3$ und $y = C^4 - C4C^3 = -3C^4$, woraus durch Elimination von C folgt:

$$\boxed{y = -\frac{3x}{8}\sqrt[3]{2x}}\ .$$

17. Bestimmen Sie alle Lösungen der Differentialgleichung

$$y = xy' + y' - y'^2\ .$$

Lösung:
Es handelt sich um eine CLAIRAUT'sche Differentialgleichung. Die allgemeine Lösung besteht aus der Geradenschar

$$\boxed{y = Cx + C - C^2}\ .$$

Die singuläre Lösung ist durch die Parameterdarstellung

$$\begin{cases} x = -(1-2C) \\ y = C - C^2 - C(1-2C) = C^2 \end{cases}$$

gegeben, woraus durch Elimination von C folgt:

$$\boxed{y = \frac{(x+1)^2}{4}}\ .$$

18. Bestimmen Sie alle Lösungen der Differentialgleichung

$$y'^2 + 2xy' = 6y\ , \quad x > 0\ .$$

Lösung:
Mittels der Umformung $y = x\,\dfrac{y'}{3} + \dfrac{y'^2}{6}$ sehen wir, dass eine d'ALAMBERT'sche Differentialgleichung $y = xf(y') + g(y')$ mit $f(y') = \dfrac{y'}{3}$ und $g(y') = \dfrac{y'^2}{6}$ vorliegt. Wir setzen $y' = p$ und lösen die lineare Differentialgleichung

$$\big(p - f(p)\big)\frac{dx}{dp} - xf'(p) = g'(p)\ ,$$

d.h. im vorliegenden Fall: $2p\dfrac{dx}{dp} - x = p$. Ihre allgemeine Lösung berechnen wir zu $x(p) = C\sqrt{p} + p$. Auflösung nach p liefert wegen $p + C\sqrt{p} - x = 0$ zunächst: $\sqrt{p} = -\dfrac{C}{2} + \sqrt{\dfrac{C^2}{4} + x}$, woraus durch Quadrieren folgt: $p = \dfrac{C^2}{2} + x - C\sqrt{\dfrac{C^2}{4} + x} = y'$.
Integration liefert:

$$y(x) = \frac{C^2}{2}x + \frac{x^2}{2} - \frac{2C}{3}\left(\frac{C^2}{4} + x\right)^{3/2} + D\ .$$

Bekanntlich ist diese 2-parametrige Funktionenschar größer als die Lösungsgesamtheit der vorgelegten Differentialgleichung. Durch Einsetzen in letztere ergibt sich dann $D = \frac{C^4}{12}$, so dass wir schließlich erhalten:

$$\boxed{y(x) = \frac{C^4}{12} + \frac{C^2}{2}x + \frac{x^2}{2} - \frac{2C}{3}\left(\frac{C^2}{4} + x\right)^{3/2}} .$$

Bemerkungen:

- Ein anderer Lösungsweg besteht darin, die vorgelegte Differentialgleichung explizit nach y' aufzulösen: $y' = -x \pm \sqrt{x^2 + 6y}$ und anschließend mittels $x^2 + 6y = z^2$ zu transformieren. Dies liefert die gleichgradige Differentialgleichung $z' = \dfrac{-2x \pm 3z}{z}$, die in der bekannten Art durch Trennung der Veränderlichen gelöst wird.
- Es liegt nahe, dass die vorgelegte Differentialgleichung eine partikuläre Lösung der Form $y = \alpha x^2$ besitzt. Durch Einsetzen folgt dann $\alpha = \frac{1}{2}$. Dies erkennt man auch aus der bereits bestimmten allgemeinen Lösung mit $C = 0$. Mit dem Ansatz $y(x) = \frac{x^2}{2} + u(x, y)$ erhalten wir für u wieder eine d'ALAMBERT'sche Differentialgleichung:
$$u = x\frac{2u'}{3} + \frac{u'^2}{6} .$$
- Eine weitere Lösung ist $y = 0$. Sie ist in der allgemeinen Lösung nicht enthalten.
- Weitere Lösungen erhalten wir aus der zweiten Wurzel der quadratischen Gleichung bei der Auflösung nach p.

19. Bestimmen Sie alle Lösungen der Differentialgleichung

$$\ddot{x} = a - b\dot{x} , \quad x = x(t) .$$

Lösung:
Es handelt sich hier um eine Differentialgleichung 2. Ordnung, in der die abhängige Variable $x(t)$ nicht vorkommt. Wir setzen $\dot{x}(t) = y(t)$, woraus folgt: $\dot{y} = a - by$. Trennung der Veränderlichen liefert:

$$\frac{\dot{y}}{a - by} = 1 \Longrightarrow -\frac{1}{b}\ln|a - by| = t - \frac{\ln C}{b} \quad \text{bzw.} \quad y(t) = \frac{a}{b} + \frac{C}{b}e^{-bt} = \dot{x}(t) .$$

Weitere Integration liefert dann:

$$\boxed{x(t) = A + \frac{a}{b}t + Be^{-bt}} .$$

Bemerkung:
Die vorgelegte Differentialgleichung beschreibt die Fallbewegung einer Masse in einer zähen Flüssigkeit. Aus der Lösung sehen wir, dass die Fallbewegung nach hinreichend langer Zeit praktisch zu einer gleichförmigen Bewegung mit der „Grenzgeschwindigkeit“ $v_\infty = \frac{a}{b}$ wird.

20. Bestimmen Sie alle Lösungen der Differentialgleichung

$$(y''')^2 + xy''' - y'' = 0 \ .$$

Lösung:
Es handelt sich hier um eine Differentialgleichung 3. Ordnung, in der die abhängige Variable $y(x)$ und ihre Ableitung $y'(x)$ nicht vorkommen. Wir setzen daher die niedrigste Ableitung (hier die zweite) $y''(x) = u(x)$ und erhalten damit für u die Differentialgleichung $u'^2 + xu' - u = 0$ bzw. $u = xu' + u'^2$. Dies ist eine CLAIRAUT'sche Differentialgleichung mit der allgemeinen Lösung $u(x) = C_1 x + C_1^2$ und der singulälen Lösung $u(x) = -\frac{x^2}{4}$. Zweimalige Integration ergibt dann:

a) Aus der allgemeinen Lösung: $\boxed{y(x) = \frac{C_1}{6}x^3 + \frac{C_1^2}{2}x^2 + C_2 x + C_3}$ und

b) aus der singulären Lösung: $\boxed{y(x) = -\frac{x^4}{48} + C_2 x + C_3}$.

21. Bestimmen Sie alle Lösungen der Differentialgleichung

$$y'' + yy'^3 = 0 \ .$$

Welche Lösung geht durch die Punkte $P(0,0)$ und $Q(\frac{2}{3}, 1)$?

Lösung:
Es handelt sich hier um eine Differentialgleichung 2. Ordnung, in der die unabhängige Variable x nicht vorkommt. Wir setzen daher $y' = \varphi(y)$. Damit erhalten wir: $\varphi\varphi' + y\varphi^3 = 0$ bzw. $\varphi(\varphi' + y\varphi^2) = 0$. Aus $\varphi = 0$, d.h. $y' = 0$ folgt $y = C$. Aus $\varphi' + y\varphi^2 = 0$ folgt durch Trennung der Veränderlichen: $\frac{\varphi'}{\varphi^2} = -y$ woraus wir durch Integration erhalten: $-\frac{1}{\varphi} = -\frac{y^2}{2} - \frac{A}{2}$. Damit erhalten wir: $y' = \varphi(y) = \frac{2}{y^2 + A}$. Weitere Integration liefert dann $\frac{y^3}{3} + Ay = 2x + B$. Insgesamt:

$$\boxed{\frac{y^3}{3} + Ay = 2x + B} \quad \text{und} \quad \boxed{y = C} \ .$$

Spezielle Lösung:
Aus $y(0) = 0$ folgt $B = 0$ und aus $y(\frac{2}{3}) = 1$ folgt weiters $A = 1$. Somit:

$$\boxed{y^3 + 3y = 6x} \ .$$

22. Bestimmen Sie alle Lösungen der Differentialgleichung

$$yy'' + y'^2 + yy' = 0 \ .$$

Lösung:
Es handelt sich hier um eine Differentialgleichung 2. Ordnung, in der die unabhängige Variable x nicht vorkommt. Wir setzen daher $y' = \varphi(y)$. Damit erhalten wir:

$y\varphi\varphi' + \varphi^2 + y\varphi = 0$ bzw. $\varphi(y\varphi' + \varphi + y) = 0$. Aus $\varphi = 0$ folgt $\underline{y = C}$. Aus $y\varphi' + \varphi + y = 0$ (dies ist eine lineare Differentialgleichung) folgt: $\varphi = \dfrac{A}{2y} - \dfrac{y}{2}$, d.h. $y' = \dfrac{A}{2y} - \dfrac{y}{2} = \dfrac{A - y^2}{2y}$. Weitere Integration liefert $-\ln|A - y^2| = x - \ln|B|$ bzw.

$$\boxed{y^2 = A - Be^{-x}} \; .$$

23. Bestimmen Sie eine Lösung der Differentialgleichung

$$y'' + \frac{y'}{x} - \frac{y'^2}{y} = 0 \; .$$

Lösung:

Zunächst stellen wir fest, dass $y = C$ Lösung ist. Für eine nichtkonstante Lösung ist dann $y' \neq 0$. In diesem Fall setzen wir $y'(x) = u(x)v(y)$ mit $u \neq 0$ und $v \neq 0$. Dann ist $y'' = u'(x)v(y) + u(x)v'(y)y'(x) = u'v + u^2vv'$.

Einsetzen liefert: $u'v + u^2vv' + \dfrac{uv}{x} - \dfrac{u^2v^2}{y}$ bzw. nach Herausheben von u^2v:

$$u^2v\left[\left(\frac{u' + \frac{u}{x}}{u^2}\right) + \left(v' - \frac{v}{y}\right)\right] = 0 \; .$$

Da $u^2v \neq 0$, muss der Klammerausdruck verschwinden. Der erste Summand hängt nur von x und der zweite nur von y ab. Falls jeder für sich Null ist, ist der Klammerausdruck auch Null.

Damit erhalten wir: $u' + \dfrac{u}{x} = 0 \Longrightarrow u(x) = \dfrac{C_1}{x}$ und $v' - \dfrac{v}{y} = 0 \Longrightarrow v(y) = C_2y$.

Somit: $y'(x) = u(x)v(y) = C\,\dfrac{y}{x}$. Integration liefert dann:

$$\boxed{y = Ax^C} \; .$$

Bemerkungen:

a) Diese Lösungsmethode ist anwendbar auf jede Differentialgleichung der Form

$$y'' + f(x)y' + g(y)y'^2 \; .$$

b) Die Substitution $y'(x) = y(x)z(x)$ führt auf eine lineare Differentialgleichung.

24. Bestimmen Sie alle Lösungen der Differentialgleichung

$$\left(4 - \frac{y^2}{x^2}\right)dx + \frac{2y}{x}\,dy = 0 \; .$$

Lösung:

Sie ist von der Form $P(x,y)dx + Q(x,y)dy = 0$. Wegen $P(x,y) = 4 - \dfrac{y^2}{x^2}$ und $Q(x,y) = \dfrac{2y}{x}$ gilt: $\dfrac{\partial P}{\partial y} = -\dfrac{2y}{x^2} = \dfrac{\partial Q}{\partial x}$, d.h. es handelt sich um eine exakte Differentialgleichung.

Dann existiert eine Stammfunktion $F(x,y)$, für die dann gilt:

$$\frac{\partial F}{\partial x} = P \quad \text{und} \quad \frac{\partial F}{\partial y} = Q \; .$$

Integration der ersten Gleichung, d.h. $\frac{\partial F}{\partial x} = 4 - \frac{y^2}{x^2} = P(x,y)$ liefert:
$F(x,y) = 4x + \frac{y^2}{x} + \psi(y)$ mit einer beliebigen Funktion $\psi(y)$ als Integrationskonstanten bezüglich x. Differentiation nach y liefert: $\frac{\partial F}{\partial y} = \frac{2y}{x} + \psi'(y) \stackrel{!}{=} \frac{2y}{x} = Q(x,y)$.
Daraus folgt dann aber $\psi'(y) = 0$ bzw. $\psi = A$. Insgesamt erhalten wir denn als Lösung der gegebenen Differentialgleichung $F(x,y) = B$, d.h.

$$\boxed{4x + \frac{y^2}{x} = C}\ .$$

25. Bestimmen Sie alle Lösungen der Differentialgleichung

$$2x\cos^2 y dx + \Big(2y - x^2\sin(2y)\Big)dy = 0\ .$$

Lösung:
Sie ist von der Form $P(x,y)dx + Q(x,y)dy = 0$. Wegen $P(x,y) = 2x\cos^2 y$ und $Q(x,y) = (2y - x^2\sin 2y)$ gilt: $\frac{\partial P}{\partial y} = -4x\cos y \sin y = -2x\sin(2y) = \frac{\partial Q}{\partial x}$, d.h. es handelt sich um eine exakte Differentialgleichung. Als Stammfunktion erhalten wir $F(x,y) = \int P(x,y)\,dx = \int 2x\cos^2 y = x^2\cos^2 y + \psi(y)$. Wegen

$\frac{\partial F}{\partial y} = -2x^2\cos y\sin y + \psi'(y) = -x^2\sin(2y) + \psi'(y) \stackrel{!}{=} 2y - x^2\sin(2y) = Q(x,y)$
folgt: $\psi'(y) = 2y$ bzw. $\psi(y) = y^2 + A$ und weiters für die allgemeine Lösung:

$$\boxed{x^2\cos^2 y + y^2 = C}\ .$$

26. Bestimmen Sie alle Lösungen der Differentialgleichung

$$(2x - x^2 - y^2)dx + 2ydy = 0\ .$$

Lösung:
Sie ist von der Form $P(x,y)dx + Q(x,y)dy = 0$. Wegen $P(x,y) = 2x - x^2 - y^2$ und $Q(x,y) = 2y$ gilt: $\frac{\partial P}{\partial y} = -2y \neq 0 = \frac{\partial Q}{\partial x}$, d.h. die Differentialgleichung ist nicht exakt. Wir suchen einen integrierenden Faktor $M(x,y)$, d.h. die Differentialgleichung $M(x,y)P(x,y)dx + M(x,y)Q(x,y)dy = 0$ soll exakt sein. Dies ist aber bekanntlich dann der Fall, wenn $M(x,y)$ eine Lösung der partiellen Differentialgleichung

$$Q(x,y)\frac{\partial M(x,y)}{\partial x} - P(x,y)\frac{\partial M(x,y)}{\partial y} + \left(\frac{\partial Q(x,y)}{\partial x} - \frac{\partial P(x,y)}{\partial y}\right)M(x,y) = 0$$

ist. Im vorliegenden Fall bedeutet das:

$$2y\frac{\partial M(x,y)}{\partial x} - (2x - x^2 - y^2)\frac{\partial M(x,y)}{\partial y} + 2yM(x,y) = 0\ .$$

Wir beschränken uns auf eine spezielle Lösung, die nur von x abhängt. Für eine solche muss dann gelten: $M'(x) + M(x) = 0$, woraus folgt: $M(x) = e^{-x}$.

Die Stammfunktion der nunmehr exakten Differentialgleichung erhalten wir mit $F(x,y) = \int M(x)Q(x,y)dy = \int e^{-x}2y\,dy = y^2e^{-x} + \varphi(x)$.
Wegen $\frac{\partial F}{\partial x} = -y^2e^{-x} + \varphi'(x) \stackrel{!}{=} e^{-x}(2x - x^2 - y^2) = M(x)P(x,y)$ folgt:
$\varphi'(x) = (2x - x^2)e^{-x}$, woraus sich durch Integration $\varphi(x) = x^2e^{-x} + A$ ergibt. Die allgemeine Lösung der vorgelegten Differentialgleichung ist dann

$$\boxed{(x^2 + y^2)e^{-x} = C}\ .$$

Bemerkung:
Die vorgelegte Differentialgleichung kann auch mit $z(x) := y^2(x)$ auf eine lineare Differentialgleichung transformiert werden oder als BERNOULLI-Differentialgleichung integriert werden.

27. Bestimmen Sie alle Lösungen der Differentialgleichung

$$xy^3dx + (1 + 2x^2y^2)dy = 0\ .$$

Lösung:
Sie ist von der Form $P(x,y)dx + Q(x,y)dy = 0$.
Wegen $P(x,y) = xy^3$ und $Q(x,y) = 1 + 2x^2y^2$ gilt: $\frac{\partial P}{\partial y} = 3xy^2 \neq 4xy^2 = \frac{\partial Q}{\partial x}$, d.h. die Differentialgleichung ist nicht exakt. Wir suchen einen integrierenden Faktor $M(x,y)$, der nur von einer Variablen abhängt.
Wegen $\frac{P_y - Q_x}{P} = \frac{3xy^2 - 4xy^2}{xy^3} = -\frac{1}{y} = f(y) = -\frac{M'(y)}{M(y)}$ ist dies die Variable y.
Integration liefert $M(y) = y$. Die Differentialgleichung $xy^4dx + (y + 2x^2y^3)dy = 0$ ist dann exakt. Für die Stammfunktion erhalten wir:

$$F(x,y) = \int M(y)P(x,y)dx = \int xy^4dx = \frac{x^2y^4}{2} + \psi(y)\ .$$

Wegen $F_y = 2x^2y^3 + \psi'(y) \stackrel{!}{=} y + 2x^2y^3 = M(y)Q(x,y)$ folgt: $\psi'(y) = y$, d.h. $\psi(y) = \frac{y^2}{2} + A$. Die allgemeine Lösung der vorgelegten Differentialgleichung ist dann

$$\boxed{y^2 + x^2y^4 = C}\ .$$

28. Bestimmen Sie die Differentialgleichung der Parabelschar $y = Cx^2$.

Lösung:

Differentiation liefert $y' = 2Cx$ bzw. nach C aufgelöst: $C = \frac{y'}{2x}$. Einsetzen in die Kurvenschar ergibt:

$$\boxed{y' = \frac{2y}{x}}\ .$$

29. Bestimmen Sie die Differentialgleichung der Hyperbelschar

$$(x - C)^2 - y^2 = 1\ .$$

Lösung:
Differentiation liefert: $2(x-C)-2yy'=0$ bzw. $x-C=yy'$. Einsetzen ergibt:

$$\boxed{y^2y'^2-y^2=1}\ .$$

30. Bestimmen Sie die Differentialgleichung der einparametrigen Kettenlinienschar

$$y=\cosh(x+C)\ .$$

Lösung:
Differentiation liefert: $y'=\sinh(x+C)=\sqrt{\cosh^2(x+C)-1}$, woraus folgt:

$$\boxed{y'=\sqrt{y^2-1}}\ .$$

31. Bestimmen Sie die Differentialgleichung der zweiparametrigen Kettenlinienschar

$$y=C_1+\cosh(x+C_2)\ .$$

Lösung:
Differentiation liefert: $y'=\sinh(x+C_2)$. Aus dieser Gleichung und der Schargleichung könnten wir nur C_2 eliminieren. Daher brauchen wir eine weitere Gleichung, die wir durch neuerliche Ableitung gewinnen: $y''=\cosh(x+C_2)$. Aus den Gleichungen für y' und y'', in denen C_1 nicht mehr vorkommt, können wir C_2 eliminieren und erhalten damit:

$$\boxed{y''=\sqrt{1+y'^2}}\ .$$

32. Bestimmen Sie die orthogonalen Trajektorien der Parabelschar

$$y^2=Cx\ .$$

Lösung:
Zuerst ermitteln wir die Differentialgleichung der Parabelschar. Differenzieren liefert: $2yy'=C\Longrightarrow y^2=2xyy'$ bzw. $y'=\frac{y}{2x}$. Die Differentialgleichung der orthogonalen Trajektorien lautet dann: $y'=-\frac{2x}{y}$. Wir lösen diese Differentialgleichung durch Trennung der Variablen: $yy'=-2x$ ergibt integriert $\frac{y^2}{2}=-x^2+\frac{A^2}{2}$, bzw. die Ellipsenschar

$$\boxed{2x^2+y^2=A^2}\ .$$

33. Bestimmen Sie die isogonalen Trajektorien, die die Kreisschar

$$x^2+y^2=C^2$$

unter 45° schneiden.

Lösung:
Zuerst ermitteln wir wieder die Differentialgleichung der Kreisschar. Differenzieren

liefert: $2x + 2yy' = 0$ bzw. $y' = -\dfrac{x}{y}$. Die Differentialgleichung der isogonalen Trajektorien lautet dann: $y' \longrightarrow \dfrac{y' - \tan 45^\circ}{1 + y' \tan 45^\circ}$ d.h. $y' = \dfrac{-\frac{x}{y} - 1}{1 - \frac{x}{y}}$.

Wir substituieren $z(x) := \frac{y}{x}$ und erhalten: $xz' + z = \dfrac{-z-1}{z-1}$ bzw. $xz' = \dfrac{-z^2-1}{z-1}$.

Trennung der Variablen liefert: $\dfrac{z-1}{1+z^2} z' = -\dfrac{1}{x}$ und nach Integration folgt:

$\dfrac{1}{2}\ln(1+z^2) - \arctan z = -\ln|x| + \ln|A|$ bzw. weiter:

$\arctan\dfrac{y}{x} = -\ln|A| + \ln\sqrt{1 + \dfrac{y^2}{x^2}} + \ln|x|$. Damit erhalten wir schließlich:

$$\boxed{\sqrt{x^2+y^2} = Ae^{\arctan\frac{y}{x}}} \quad \text{bzw. in Polarkoordinaten} \quad \boxed{r = Ae^{\varphi}}\,.$$

Dies sind logarithmische Spiralen.

3.1.3 Beispiele mit Lösungen

1. Ermitteln Sie die allgemeine Lösung der folgenden Differentialgleichung:

$$x^2y' + y^2 = 1\,, \quad x \neq 0\,, \quad y^2 \neq 1.$$

Welche Lösungskurve enthält den Punkt $P(2,3)$?

Allgemeine Lösung: $y = \dfrac{Ce^{-2/x} - 1}{Ce^{-2/x} + 1}$, spezielle Lösung: $y = \dfrac{1 + 2e^{1-2/x}}{-1 + 2e^{1-2/x}}$.

2. Berechnen Sie jeweils die allgemeinen Lösungen und die speziellen Lösungen der folgenden Differentialgleichungen:

a) $xy' + 2y(y-1) = 0,\quad y(1) = \frac{1}{2}$, b) $xy' = 6\sqrt{1+y^2},\quad y(1) = 0$,

c) $2xyy' + y^2 = 2,\quad y(1) = 2$, d) $(1+x^2)y' + 2xy = 0,\quad y(0) = 1$.

Lösungen:

a) $x^2(y-1) = Cy,\quad y = \dfrac{x^2}{1+x^2}$, b) $y + \sqrt{1+y^2} = Cx^6,\quad y = \frac{1}{2}\left(x^6 - \frac{1}{x^6}\right)$.

c) $xy^2 - 2x = C,\quad xy^2 - 2x = 2$, d) $y = -2\sqrt{1+x^2} + C,\quad y = 3 - 2\sqrt{1+x^2}$.

3. Bestimmen Sie die allgemeine Lösung der Differentialgleichung $xy' = 2y - 2 - y^2$. Welche Lösungskurve geht durch den Punkt $P(1,1)$?
Allgemeine Lösung: $y(x) = 1 - \tan(\ln x + C)$,
spezielle Lösung: $y(x) = 1 - \tan(\ln x)$.

4. Bestimmen Sie die allgemeine Lösung der Differentialgleichung

$$(x^2y + y + 1) + (x + x^3)y' = 0\,.$$

Lösung: $xy + \arctan x = C$.

5. Bestimmen Sie die allgemeine Lösung der Differentialgleichung
$$xy' + y(x \tan x + 1) = \frac{1}{\cos x} .$$
Lösung: $\quad y = \dfrac{\sin x + C \cos x}{x} .$

6. Bestimmen Sie jene Lösung der Differentialgleichung $xy' = y - x + x^2$, die den Punkt $P(1, 0)$ enthält.

   Allgemeine Lösung: $y = Cx + x^2 - x \ln x$, spezielle Lösung: $y = -x + x^2 - x \ln x$.

7. Bestimmen Sie die (eindeutige) Lösung der Differentialgleichung $y' + 2y = 0$, die der Bedingung $\int_0^1 y(x)\,dx = 1$ genügt.

   Allgemeine Lösung: $y = Ce^{-2x}$, spezielle Lösung: $y = \dfrac{2e^2}{e^2 - 1} e^{-2x}$.

8. Bestimmen Sie alle Lösungen der Differentialgleichung
$$y = xy' + \frac{y'}{\sqrt{1 + y'^2}} .$$
Allgemeine Lösung: $y = Cx + \dfrac{C}{1 + C^2}$, singuläre Lösung: $x^{2/3} + y^{2/3} = 1$ (Asteroide).

9. Bestimmen Sie alle Lösungen der Differentialgleichung
$$y = xy' - \frac{1}{1 - y'} .$$
Allgemeine Lösung: $y = Cx - \dfrac{1}{1 - C}$, singuläre Lösung: $y = x - 2\sqrt{x}$.

10. Bestimmen Sie alle Lösungen der Differentialgleichung
$$y = xy' + y' - y'^2 .$$
Allgemeine Lösung: $y = C(x + 1) - C^2$, singuläre Lösung: $y = \dfrac{(x + 1)^2}{4}$.

11. Bestimmen Sie für $x > 0$ und $y' \neq -1$ alle Lösungen der Differentialgleichung
$$(xy' - y)(1 + y') = 2y' .$$
Allgemeine Lösung: $y(x) = Cx - \dfrac{2C}{1 + C}$,

    singuläre Lösung: $y(x) = -x + \sqrt{8x} - 2$.

12. Bestimmen Sie die allgemeine Lösung der Differentialgleichung
$$xy + (e^y + x^2)y' = 0 .$$
Lösung: $x^2y^2 + 2(y - 1)e^y = C$.

13. Bestimmen Sie die allgemeine Lösung der Differentialgleichung

$$xy' - y = 4x^4\sqrt{xy} \; .$$

Welche Lösungskurve geht durch den Punkt $P(1,1)$?
Allgemeine Lösung: $y = \frac{x}{4}\,(x^4 + C)^2$, spezielle Lösung: $y = \frac{x}{4}\,(x^4+1)^2$.

14. Bestimmen Sie die allgemeine Lösung der Differentialgleichung

$$(x+1)y' - \left(1 + \frac{2}{x-1}\right) y = (x^2-1)y^3 \; .$$

Lösung: $y^2 = \dfrac{2(x-1)^2}{2C - (x-1)^4}$.

15. Bestimmen Sie die allgemeine Lösung der Differentialgleichung

$$xy' - 4y = x^2\sqrt{y} \; , \quad x \neq 0 \; , \quad y \geq 0 \; .$$

Lösung: $y = x^4 \left(C + \frac{1}{2}\ln|x|\right)^2$.

16. Bestimmen Sie jene Lösung der Differentialgleichung $xy' - y = \dfrac{x}{2y}$, die der Anfangsbedingung $y(1) = 1$ genügt.
Allgemeine Lösung: $y^2 = Cx^2 - x$, spezielle Lösung: $y = \sqrt{2x^2 - x}$.

17. Bestimmen Sie die allgemeine Lösung der Differentialgleichung

$$y' = \frac{1}{4} + \frac{y^2}{x^2} \; .$$

Hinweis: $y(x) = \dfrac{x}{2}$ ist eine partikuläre Lösung.
Welche Lösungskurve enthält den Punkt $P(1,1)$?
Allgemeine Lösung: $y = \dfrac{x}{2} + \dfrac{x}{C - \ln x}$, spezielle Lösung: $y = \dfrac{x}{2} + \dfrac{x}{2 - \ln x}$.

18. Bestimmen Sie die allgemeine Lösung der Differentialgleichung

$$x^2y' + y^2 - 2x^2 = 0 \; .$$

Lösung: $y = x + \dfrac{3Cx}{x^3 - C}$.

19. Bestimmen Sie jene Lösung der Differentialgleichung

$$y' - 2y + y^2e^{-x} = 0 \; ,$$

die der Anfangsbedingung $y(0) = 1$ genügt.
Lösung: $y = e^x$.

20. Bestimmen Sie die allgemeine Lösung der Differentialgleichung

$$x^4y' = x^6 + x^3y + y^2 .$$

Lösung: $y(x) = x^3 + \dfrac{x^3}{C - \ln|x|}$.

21. Bestimmen Sie die allgemeine Lösung der RICCATI-Gleichung

$$xy' = 2y - 2 - y^2$$

durch Transformation auf eine lineare Differentialgleichung zweiter Ordnung. Ermitteln Sie ferner jene Lösungskurve, die den Punkt $P(1,1)$ enthält.

Allgemeine Lösung: $y(x) = 1 - \tan(\ln x + C)$,
spezielle Lösung: $y(x) = 1 - \tan(\ln x)$.

22. Bestimmen Sie die allgemeine Lösung der Differentialgleichung

$$xy' = y(1 + \ln|y| - \ln|x|) \ , \quad xy \neq 0 \ .$$

Lösung: $y = xe^{Cx}$.

23. Bestimmen Sie alle Lösungen der Differentialgleichung

$$xy' = y + \sqrt{x^2 + y^2} \ .$$

Welche Lösung genügt der Anfangsbedingung $y(1) = 0$?

Allgemeine Lösung: $y + \sqrt{x^2 + y^2} = Cx^2, \quad x = 0,$

spezielle Lösung: $y = \dfrac{x^2 - 1}{2}$.

24. Bestimmen Sie die allgemeine Lösung der Differentialgleichung

$$(x^2 + 3y^2)dx - 2xydy = 0 \ .$$

Lösung: $x^2 + y^2 = Cx^3$.

25. Bestimmen Sie die allgemeine Lösung der Differentialgleichung

$$y' = \frac{x - 2y}{2x - 3y} \ .$$

Welche Lösung genügt der Anfangsbedingung $y(1) = 0$?

Allgemeine Lösung: $x^2 - 4xy + 3y^2 = C$,

spezielle Lösung: $x^2 - 4xy + 3y^2 = 1$.

26. Bestimmen Sie alle Lösungen der Differentialgleichung $x^2y' + y^2 = 2xy, \ x \neq 0$.

Lösung: $y = \dfrac{x^2}{C + x}$, $y = 0$.

27. Bestimmen Sie die allgemeine Lösung der Differentialgleichung

$$y' = \frac{x - 2y - 2}{2x - 4y + 8} \ .$$

Lösung: $x^2 - 4xy + 4y^2 - 4x - 16y = C$.

28. Bestimmen Sie die allgemeine Lösung der Differentialgleichung

$$(x + 2y - 1)dx + (2x + 4y - 3)dy = 0$$

und geben Sie jene Lösung an, die an der Stelle $x = 1$ den Funktionswert $y = \frac{1}{4}$ annimmt. Bestimmen Sie ferner den Definitionsbereich dieser Lösung.

Allgemeine Lösung: $(x+2y-1)^2 = 2y+C$, spezielle Lösung: $4(x+2y-1)^2 = 8y+1$, bzw. explizit: $y = \frac{1}{4}\left(3 - 2x + \sqrt{4 - 4x}\right)$, $x \leq 1$.

29. Bestimmen Sie die allgemeine Lösung der Differentialgleichung

$$(1 + x + y)y' + y = 0 \ .$$

Lösung: $y + xy + \frac{y^2}{2} = C$.

30. Ermitteln Sie jene Lösung der Differentialgleichung

$$y'' + 2xy'^2 = 0 \ ,$$

die den Anfangsbedingungen $y(0) = -2$, $y'(0) = 1$ genügt.

Allgemeine Lösung: $y = C_1 \arctan(C_1 x) + C_2$,
spezielle Lösung: $y = \arctan x - 2$.

31. Bestimmen Sie die allgemeine Lösung der Differentialgleichung

$$(1 + x^2)y'' + y'^2 + 1 = 0 \ .$$

Zeigen Sie ferner, dass $y = -\frac{x^2}{2} + C$ eine Lösung dieser Differentialgleichung ist, die aber in der allgemeinen Lösung nicht enthalten ist.

Lösung: $y = C_1 x + (1 + C_1^2) \ln |C_1 - x| + C_2$.

32. Bestimmen Sie die allgemeine Lösung der Differentialgleichung

$$(1 - x^2)y'' - xy' = 0 \ , \quad |x| < 1 \ .$$

Welche Lösung wird durch die Anfangsbedingungen $y(0) = -1$ und $y'(0) = 1$ festgelegt?

Allgemeine Lösung: $y = C_1 \arcsin x + C_2$, spezielle Lösung: $y = \arcsin x - 1$.

33. Bestimmen Sie die allgemeine Lösung der Differentialgleichung

$$yy'' + y'^2 = 1 \ .$$

Ermitteln Sie ferner jene Lösungskurve $y = y(x)$, die durch den Punkt $P(0, 1)$ geht und dort die Tangente $x + y = 1$ besitzt.

Allgemeine Lösung: $y^2 = C_1 + (x + C_2)^2$, spezielle Lösung: $y = 1 - x$.

34. Bestimmen Sie die allgemeine Lösung der Differentialgleichung

$$yy'' + y'^2 = 0 \ .$$

Ermitteln Sie ferner jene Lösungskurve $y = y(x)$, die durch den Punkt $P(0, 1)$ geht und dort die Steigung $y'(0) = 1$ besitzt.

Allgemeine Lösung: $y^2 = C_1 x + C_2$,
spezielle Lösung: $y^2 = 2x + 1$ bzw. explizit: $y = \sqrt{2x+1}$.

35. Bestimmen Sie die allgemeine Lösung der Differentialgleichung

$$y'' = 2\sqrt{y'} \ .$$

Lösung: $y = \dfrac{(x + C_1)^3}{3} + C_2$.

36. Bestimmen Sie die allgemeine Lösung der Differentialgleichung

$$yy'' - y'^2 = 2y^2 \ .$$

Ermitteln Sie ferner jene Lösung $y = y(x)$, die an der Stelle $x = 1$ den Funktionswert $y(1) = \frac{1}{e}$ annimmt und dort ein Extremum besitzt. Geben Sie ferner an, um welches Extremum es sich handelt.

Allgemeine Lösung: $y = Ae^{x^2+Bx}$, spezielle Lösung: $y = e^{x^2-2x}$, Minimum.

37. Bestimmen Sie alle Lösungen der Differentialgleichung

$$y''' + (y'')^3 = 0 \ .$$

Lösung: $y(x) = \dfrac{1}{3}(C_1 + 2x)^{3/2} + C_2 x + C_3$.

38. Bestimmen Sie die allgemeine Lösung der Differentialgleichung

$$e^x(1 + e^y)dx + e^y(1 + e^x)dy = 0 \ .$$

Lösung: $e^{x+y} + e^x + e^y = C$.

39. Bestimmen Sie die allgemeine Lösung der Differentialgleichung

$$\left(x + \sqrt{1 + y^2}\right) dx - \left(y - \frac{xy}{\sqrt{1 + y^2}}\right) dy = 0 \ .$$

Lösung: $x^2 - y^2 + 2x\sqrt{1 + y^2} = C$.

40. Bestimmen Sie die allgemeine Lösung der Differentialgleichung

$$(2y \cos x + \sin^4 x \cos x)dx + 2 \sin x dy = 0 \ .$$

Lösung: $10y \sin x + \sin^5 x = C$.

41. Bestimmen Sie jene Lösung der exakten Differentialgleichung

$$(x^3 - 3xy^2)dx + (y^3 - 3x^2y)dy ,$$

die der Anfangsbedingung $y(1) = 1$ genügt. Stellen Sie ferner diese spezielle Lösung explizit dar und geben Sie deren Definitionsbereich an.
Lösung:
a) Allgemeine Lösung: $x^4 + y^4 - 6x^2y^2 = C$.
b) Spezielle Lösung: $y^4 - 6x^2y^2 + (x^4 + 4) = 0$.
c) Explizite Darstellung: $y = \sqrt{3x^2 - 2\sqrt{2x^4 - 1}}\ , \quad |x| \geq \frac{1}{\sqrt[4]{2}}$.

42. Bestimmen Sie die allgemeine Lösung der Differentialgleichung

$$y' = \frac{\sin y + y \sin x}{\cos x - x \cos y} .$$

Lösung: $\quad x \sin y - y \cos x = C$.

43. Bestimmen Sie die allgemeine Lösung der Differentialgleichung

$$\frac{y}{\sqrt{x^2 + y^2}}\, dy + \left(1 + \frac{x}{\sqrt{x^2 + y^2}}\right) dx = 0\ ,\ xy \neq 0 .$$

Lösung: $\quad x + \sqrt{x^2 + y^2} = C$.

44. Bestimmen Sie die allgemeine Lösung der Differentialgleichung

$$\left(y^2 - \frac{2xy}{\sqrt{1 + y^2}}\right) y' = x + 2\sqrt{1 + y^2} .$$

Lösung: $\quad 3x^2 + 12x\sqrt{1 + y^2} - 2y^3 = C$.

45. Bestimmen Sie einen integrierenden Faktor für die Differentialgleichung

$$(y^2 + y \arcsin x)dy + \frac{y^2}{\sqrt{1 - x^2}}\, dx = 0,\ |x| < 1 .$$

Lösung: $M = M(y) = \frac{1}{y}$.

46. Bestimmen Sie die allgemeine Lösung der Differentialgleichung

$$(2y + 3xy^2)dx + (x + 2x^2y)dy = 0 .$$

Ermitteln Sie ferner jene Lösungskurve, die den Punkt $P(1, 2)$ enthält.
Allgemeine Lösung: $x^2y + x^3y^2 = C$,
spezielle Lösung: $x^2y + x^3y^2 = 6$, $\quad$ bzw. explizit: $y = \frac{-1 + \sqrt{1 + \frac{24}{x}}}{2x}$.

47. Bestimmen Sie die allgemeine Lösung der Differentialgleichung

$$y' = \frac{y}{x}\,\frac{1 - x^2}{y^2 - 1} .$$

Lösung: $\quad x^2 + y^2 = 2 \ln |xy| + C$.

48. Bestimmen Sie die allgemeine Lösung der Differentialgleichung

$$x^2 \sin y + y^2 = \left[\frac{x^3}{3y}(\sin y - y\cos y) - xy\right] y' .$$

Ermitteln Sie ferner die Lösungskurve durch den Punkt $P(1,\pi)$.

Allgemeine Lösung: $\frac{x^3}{3y}\sin y + xy = C$, spezielle Lösung: $\frac{x^3}{3y}\sin y + xy = \pi$.

49. Bestimmen Sie die allgemeine Lösung der Differentialgleichung

$$(x^4 + y^4)dx - xy^3 dy = 0 .$$

Lösung: $-\frac{1}{4}\frac{y^4}{x^4} + \ln|x| = C$.

50. Bestimmen Sie die allgemeine Lösung der Differentialgleichung

$$\left(\frac{2y}{x}\sin(x+y) + y\cos(x+y) - \frac{2}{x^2}\right)dx + \Big(\sin(x+y) + y\cos(x+y)\Big)dy = 0 .$$

Lösung: $x^2 y\sin(x+y) - 2x = C$.

51. Bestimmen Sie die allgemeine Lösung der Differentialgleichung

$$(8x + 4x^3y^3)dx + \left(\frac{8x^2}{y} + 5x^4y^2\right)dy = 0 , \quad y \neq 0 .$$

Lösung: $4x^2y^2 + x^4y^5 = C$.

52. Bestimmen Sie die allgemeine Lösung der Differentialgleichung

$$(x^2 + 3y^2)dx - 2xydy = 0$$

a) mit Hilfe eines geeigneten integrierenden Faktors (EULER'scher Multiplikator),
b) als gleichgradige Differentialgleichung ,
c) mittels einer geeigneten Variablentransformation.
Lösung: $x^2 + y^2 = Cx^3$.

53. Bestimmen Sie die allgemeine Lösung der Differentialgleichung

$$y' = (x - 2y)^2 + \frac{1}{2}$$

a) mittels einer geeigneten Variablentransformation,
b) als RICCATI-Differentialgleichung .
Lösung: $y = \frac{x}{2} + \frac{1}{C - 4x}$.

54. Bestimmen Sie die allgemeine Lösung der Differentialgleichung

$$(x^2 + y^2)y' + 2xy = 0$$

a) als exakte Differentialgleichung ,
b) als gleichgradige Differentialgleichung ,
c) mittels einer geeigneten Variablentransformation.

Lösung: $y(3x^2 + y^2) = C$.

55. Bestimmen Sie die allgemeine Lösung der Differentialgleichung

$$2xyy' + y^2 = 2$$

a) als exakte Differentialgleichung ,
b) durch Trennung der Variablen ,
c) mittels einer geeigneten Variablentransformation.

Lösung: $xy^2 - 2x = C$.

56. Bestimmen Sie die allgemeine Lösung der Differentialgleichung

$$xyy' - 1 + x^2 = 0$$

a) mit Hilfe eines geeigneten integrierenden Faktors (EULER'scher Multiplikator),
b) durch Separation (Trennung der Variablen),
c) mittels einer geeigneten Variablentransformation.

Lösung: $Cx = e^{\frac{x^2+y^2}{2}}$.

57. Bestimmen Sie die allgemeine Lösung der Differentialgleichung

$$2xyy' - 2y^2 - x = 0$$

a) mit Hilfe eines geeigneten integrierenden Faktors (EULER'scher Multiplikator),
b) als RICCATI-Differentialgleichung ,
c) mittels einer geeigneten Variablentransformation.

Lösung: $Cx^2 = x + y^2$.

58. Bestimmen Sie die allgemeine Lösung der Differentialgleichung

$$(1 + x + y)y' + y = 0$$

a) als lineare Differentialgleichung in $x(y)$,
b) als exakte Differentialgleichung ,
c) als gleichgradige Differentialgleichung .

Lösung: $y + xy + \frac{y^2}{2} = C$.

59. Bestimmen Sie alle Lösungen der Differentialgleichung

$$y^2 \frac{dx}{dy} + x^2 = 1$$

a) durch Trennung der Variablen,
b) als BERNOULLI -Differentialgleichung ,
c) als RICCATI -Differentialgleichung .

Lösungen: $x(y) = \frac{Ce^{-2/y} - 1}{Ce^{-2/y} + 1}$, $y = 0,\ x = 1$.

60. Bestimmen Sie die allgemeine Lösung der Differentialgleichung

$$(1+x-y^2)y'-y=0$$

a) als lineare Differentialgleichung in $x(y)$,
b) mittels einer geeigneten Variablentransformation,
c) mit Hilfe eines geeigneten integrierenden Faktors (EULER'scher Multiplikator) .
Lösung: $x(y)=Cy-1-y^2$.

61. Ermitteln Sie die Differentialgleichung der folgenden Kurvenschar:

$$y^2+Cx+1=0\ .$$

Lösung: $y'=\dfrac{y^2+1}{2xy}$.

62. Bestimmen Sie die Differentialgleichung der folgenden Kurvenschar:

$$Cx^2+C-y^3=0\ .$$

Lösung: $3(1+x^2)y'=2xy$.

63. Bestimmen Sie die Differentialgleichung der folgenden Kurvenschar:

$$y\sqrt{1-x^2}=C+\arcsin x\ .$$

Lösung: $y'-\dfrac{xy}{1-x^2}=\dfrac{1}{1-x^2}$.

64. Ermitteln Sie die Differentialgleichung der Kurvenschar

$$y=x\left(1+\frac{1}{C-\ln x}\right)\ ,\qquad x>0,\ C\in\mathbb{R}\ .$$

Von welchem Typus ist die Differentialgleichung?
Lösung: $x^2y'+xy-y^2=x^2\cdots$ RICCATI-Differentialgleichung.

65. Ermitteln Sie die orthogonalen Trajektorien der Kurvenschar

$$x^2+y^2-Cx=0\ .$$

Lösung: $x^2+y^2-Dy=0$.

66. Ermitteln Sie die orthogonalen Trajektorien der Kurvenschar

$$x^2+3y^2=Cy$$

und bestimmen Sie jene Trajektorie, die durch den Punkt $P(1,2)$ hindurchgeht.
Lösung: $y^2=x^2(1+Dx)$, $\qquad y^2=x^2(1+3x)$.

67. Ermitteln Sie die orthogonalen Trajektorien der Kurvenschar

$$(x^2+y^2)^2=C(x^2-y^2)\ .$$

Lösung: $(x^2+y^2)^2=Dxy$.

68. Bestimmen Sie die orthogonalen Trajektorien der Kurvenschar $e^x \cos y = C$, $C \in \mathbb{R}$.

    Lösung: $e^x \sin y = D$.

69. Ermitteln Sie jene Kurvenschar, die die Hyperbelschar $xy = C_1$ unter dem Winkel $\vartheta = 45°$ schneidet.

    Lösung: $y = -x \pm \sqrt{C_2 + 2x^2}$.

70. Bestimmen Sie die isogonalen Trajektorien (Schnittwinkel $\alpha = \frac{\pi}{4}$) der Kurvenschar $1 + 2x + 2y = Ce^x$, $C \in \mathbb{R}$. Welche isogonale Trajektorie enthält den Punkt $P(1,1)$?

    Lösung: $(x+y)^2 + x - 3y = D$ bzw. $(x+y)^2 + x - 3y = 2$.

3.2 Lineare Differentialgleichungen von zweiter und höherer Ordnung

3.2.1 Grundlagen

- Unter einer gewöhnlichen linearen Differentialgleichung (n-ter Ordnung)versteht man eine Gleichung der Form:

$$Ly := y^{(n)} + a_{n-1}y^{(n-1)} + \cdots + a_1 y' + a_0 y = f. \tag{3.1}$$

  Dabei werden die „Koeffizienten" $a_{n-1}, \ldots, a_1, a_0$ sowie die „rechte Seite" bzw. die Inhomogenität f als stetig auf einem Intervall $I \subset \mathbb{R}$ vorausgesetzt.

- Unter einer Lösung von (3.1) versteht man eine n-mal stetig differenzierbare Funktion, die die Differentialgleichung (3.1) auf I identisch erfüllt.

- Die Differentialgleichung

$$Ly = y^{(n)} + a_{n-1}y^{(n-1)} + \cdots + a_1 y' + a_0 y = 0 \tag{3.2}$$

  heißt die zu (3.1) gehörige homogene Differentialgleichung.

- Die Gesamtheit $\mathcal{L}$ der reell- bzw. komplexwertigen Lösungen der homogenen Differentialgleichung (3.2) bildet einen Vektorraum über $\mathbb{R}$ bzw. $\mathbb{C}$.

- Die Gesamtheit der reell- bzw. komplexwertigen Lösungen der inhomogenen Differentialgleichung (3.1) bildet einen affinen Raum über $\mathbb{R}$ bzw. $\mathbb{C}$.
  D.h.: Die allgemeine Lösung der inhomogenen Differentialgleichung (3.1) erhält man durch Addition einer partikulären Lösung von (3.1) zur allgemeinen Lösung der homogenen Differentialgleichung (3.2).

- Existenz- und Eindeutigkeitssatz:
  Das Anfangswertproblem

$$\begin{gathered} y^{(n)} + a_{n-1}y^{(n-1)} + \cdots + a_1 y' + a_0 y = f\ , \\ y(x_0) = y_0,\ y'(x_0) = y_0', \ldots, y^{(n-1)}(x_0) = y_0^{(n-1)}\ , \end{gathered} \tag{3.3}$$

  besitzt genau eine Lösung.

- k Lösungen $y_1, y_2, \ldots, y_k$ der homogenen Differentialgleichung heißen genau dann linear unabhängig, wenn aus $\lambda_1 y_1 + \lambda_2 y_2 + \cdots + \lambda_k y_k \equiv 0$ auf I folgt, dass gilt: $\lambda_1 = \lambda_2 = \cdots = \lambda_k = 0$.

- Die reell- bzw. komplexwertigen Lösungen der homogenen Differentialgleichung (3.2) bilden einen n-dimensionalen Vektorraum über $\mathbb{R}$ bzw. $\mathbb{C}$, d.h $\dim \mathcal{L} = n$.
  Es gibt also n linear unabhängige Lösungen. Man nennt sie auch Fundamentalsystem von (3.2).

- WRONSKI-Determinante:
  n Lösungen der homogenen Differentialgleichung n-ter Ordnung sind linear unabhängig, wenn ihre WRONSKI-Determinante

$$W(x) := \begin{vmatrix} y_1(x) & y_2(x) & \cdots & y_n(x) \\ y_1'(x) & y_2'(x) & \cdots & y_n'(x) \\ \vdots & \vdots & \vdots & \vdots \\ y_1^{(n-1)}(x) & y_2^{(n-1)}(x) & \cdots & y_n^{(n-1)}(x) \end{vmatrix}$$

  auf dem Lösungsintervall I nicht Null ist.

- Seien $u_i(x), i = 1, 2, \ldots, m$ partikuläre Lösungen der inhomogenen Differentialgleichungen $Lu_i = f_i$. Dann ist $y(x) = u_1(x) + u_2(x) + \cdots + u_m(x)$ Lösung der inhomogenen Differentialgleichung $Ly = f_1 + f_2 + \cdots + f_m$.

- Sind die Koeffizienten in (3.2) konstant, führt der Lösungsansatz $y = e^{\lambda x}$ auf die Nullstellenbestimmung des charakteristischen Polynoms:

$$P(\lambda) := \lambda^n + a_{n-1}\lambda^{n-1} + \cdots + a_1\lambda + a_0 = 0 \; .$$

  Das charakteristischen Polynoms läßt sich faktorisieren:

$$P(\lambda) = (\lambda - \lambda_1)^{\nu_1} \cdots (\lambda - \lambda_r)^{\nu_r} (\lambda - \lambda_{r+1})^{\sigma_1} (\lambda - \bar{\lambda}_{r+1})^{\sigma_1} \cdots (\lambda - \lambda_s)^{\sigma_s} (\lambda - \bar{\lambda}_s)^{\sigma_s} \; . \quad (3.4)$$

- Liegt mit λ_k eine Mehrfachnullstelle des charakteristischen Polynoms mit der Vielfachheit ν_k vor, sind neben $e^{\lambda_k x}$ auch $xe^{\lambda_k x}, \cdots, x^{\nu_k - 1}e^{\lambda_k x}$ Lösungen. (Innere Resonanz). Analoges gilt für die konjugiert komplexen Nullstellen.

- Das charakteristische Polynom der homogenen Differentialgleichung (3.2) sei in der Form (3.4) faktorisiert. Dann besitzt die homogene Differentialgleichung das Fundamentalsystem

$$e^{\lambda_1 x},\ x\,e^{\lambda_1 x}, \ldots,\ x^{\nu_1 - 1}\,e^{\lambda_1 x},\ e^{\lambda_2 x},\ x\,e^{\lambda_2 x}, \ldots,\ x^{\nu_2 - 1}\,e^{\lambda_2 x}, \ldots\ e^{\lambda_r x}, x\ e^{\lambda_r x}, \ldots, x^{\nu_r - 1}\ e^{\lambda_r x},$$

$$e^{\alpha_1 x}\ \cos(\beta_1 x),\ x\,e^{\alpha_1 x}\ \cos(\beta_1 x), \ldots,\ x^{\sigma_1 - 1}\,e^{\alpha_1 x}\cos(\beta_1 x),$$

$$e^{\alpha_1 x}\ \sin(\beta_1 x),\ x\,e^{\alpha_1 x}\ \sin(\beta_1 x), \ldots,\ x^{\sigma_1 - 1}\,e^{\alpha_1 x}\sin(\beta_1 x),$$

$$e^{\alpha_2 x}\ \cos(\beta_2 x),\ x\,e^{\alpha_2 x}\ \cos(\beta_2 x), \ldots,\ x^{\sigma_2 - 1}\,e^{\alpha_2 x}\cos(\beta_2 x),$$

$$e^{\alpha_2 x}\ \sin(\beta_2 x),\ x\,e^{\alpha_2 x}\ \sin(\beta_2 x), \ldots,\ x^{\sigma_2 - 1}\,e^{\alpha_2 x}\sin(\beta_2 x),$$

$$\vdots$$

$$e^{\alpha_s x}\ \cos(\beta_s x),\ x\,e^{\alpha_s x}\ \cos(\beta_s x), \ldots,\ x^{\sigma_s - 1}\,e^{\alpha_s x}\cos(\beta_s x),$$

$$e^{\alpha_s x}\ \sin(\beta_s x),\ x\,e^{\alpha_s x}\ \sin(\beta_s x), \ldots,\ x^{\sigma_s - 1}\,e^{\alpha_s x}\sin(\beta_s x).$$

- Für spezielle rechte Seiten von (3.1) kann die zugehörige partikuläre Lösung mittels eines Ansatzes gewonnen werden. Es gilt:

  1. $y^{(n)} + a_{n-1}y^{(n-1)} + \cdots + a_0 y = p_k(x)$ mit $a_0 \neq 0$:
     $\underline{y_p(x) = q_k(x)}$. Dabei sind p_k und q_k Polynome vom Grad k.
  2. $y^{(n)} + a_{n-1}y^{(n-1)} + \cdots + a_r y^{(r)} = p_k(x)$ mit $a_r \neq 0$:
     $\underline{y_p(x) = x^r q_k(x)}$, (äußere Resonanz).

3. $y^{(n)} + a_{n-1}y^{(n-1)} + \cdots + a_0 y = p_k(x)e^{\gamma x}$, wobei γ keine Nullstelle des charakteristischen Polynoms ist:
$\underline{y_p(x) = q_k(x)e^{\gamma x}}$.

4. $y^{(n)} + a_{n-1}y^{(n-1)} + \cdots + a_0 y = p_k(x)e^{\gamma x}$, wobei γ eine r-fache Nullstelle des charakteristischen Polynoms ist:
$\underline{y_p(x) = x^r q_k(x)e^{\gamma x}}$, (äußere Resonanz).

5. $y^{(n)} + a_{n-1}y^{(n-1)} + \cdots + a_0 y = e^{\gamma x}\big(p_1(x)\cos(\delta x) + p_2(x)\sin(\delta x)\big)$, wobei $\gamma + i\delta$ keine Nullstelle des charakteristischen Polynoms ist:
$\underline{y_p(x) = e^{\gamma x}\big(q_1(x)\cos(\delta x) + q_2(x)\sin(\delta x)\big)}$.

6. $y^{(n)} + a_{n-1}y^{(n-1)} + \cdots + a_0 y = e^{\gamma x}\big(p_1(x)\cos(\delta x) + p_2(x)\sin(\delta x)\big)$, wobei $\gamma + i\delta$ eine r-fache Nullstelle des charakteristischen Polynoms ist:
$\underline{y_p(x) = x^r e^{\gamma x}\big(q_1(x)\cos(\delta x) + q_2(x)\sin(\delta x)\big)}$, (äußere Resonanz).

Bei Differentialgleichungen mit nichtkonstanten Koeffizienten ist die homogene Differentialgleichung oft nur in Spezialfällen elementar lösbar. Bisweilen erzielt man durch Transformation der unabhängigen oder/und der abhängigen Variablen eine elementar integrierbare Differentialgleichung.

- Transformation der unabhängigen Variablen:
  Sei $\xi := \varphi(x)$ und $y(x) = y\big(\varphi^{-1}(\xi)\big) =: u(\xi)$.
  Dann ist $y'(x) = \dfrac{dy}{dx} = \dfrac{du(\xi)}{dx} = \dfrac{du\big(\varphi(x)\big)}{dx} = u'(\xi)\varphi'(x) = u'(\xi)\varphi'\big(\varphi^{-1}(\xi)\big)$ und in weiterer Folge:
  $y''(x) = u''(\xi)\big(\varphi(x)\big)^2 + u'(\xi)\varphi''(x) = u''(\xi)\big(\varphi(\varphi^{-1}(\xi))\big)^2 + u'(\xi)\varphi''\big(\varphi^{-1}(\xi)\big)$ usw.
  Wir erhalten damit eine lineare Differentialgleichung in $u(\xi)$, die bei geeigneter Wahl von $\xi = \varphi(x)$ einfacher ist als die ursprüngliche Gleichung.

- EULER'sche Differentialgleichung:
  $$x^n y^{(n)} + a_{n-1}x^{n-1}y^{(n-1)} + a_{n-2}x^{n-2}y^{(n-2)} + a_2x^2y'' + \cdots + a_1xy' + a_0y = 0$$
  mit konstanten Koeffizienten a_i heißt EULER'sche Differentialgleichung n-ter Ordnung. Mittels der Transformation $|x| = e^t$ geht sie in eine Differentialgleichung mit konstanten Koeffizienten über.
  Mit dem Ansatz: $y(x) = x^\gamma$ erhält man eine algebraische Gleichung in γ analog zum Exponentialansatz bei Differentialgleichung mit konstanten Koeffizienten.

- Transformation der abhängigen Variablen (Reduktion der Ordnung):
  Sei $u(x)$ eine Lösung der linearen Differentialgleichung $Ly = 0$. Für die gemäß $y(x) = u(x)v(x)$ transformierte Differentialgleichung $\tilde{L}v = \sum_{k=0}^{n} b_k(x)v^{(k)}(x)$ ist dann $b_0 = 0$. Setzen wir $v'(x) = w(x)$, so genügt $w(x)$ einer Differentialgleichung $(n-1)$-ter Ordnung, d.h. die Ordnung der Differentialgleichung ist um 1 reduziert. Kennt man k linear unabhängige Lösungen von $Ly = 0$, so kann auf diese Art die Ordnung um k reduziert werden.

3.2.2 Musterbeispiele

1. Bestimmen Sie die allgemeine Lösung der Differentialgleichung

$$y'' - 4y' + 3y = 0 \ .$$

Lösung:
Der Exponentialansatz $y = e^{\lambda x}$ liefert das charakteristische Polynom der Differentialgleichung: $P(\lambda) = \lambda^2 - 4\lambda + 3$. Seine Wurzeln (Nullstellen) sind $\lambda_1 = 1$ und $\lambda_2 = 3$. Damit erhalten wir die allgemeine Lösung

$$\boxed{y(x) = C_1 e^x + C_2 e^{3x}} \ .$$

2. Bestimmen Sie die allgemeine Lösung der Differentialgleichung

$$y^{(5)} + y^{(4)} - y''' + y'' - 2y' = 0 \ .$$

Lösung:
Das charakteristische Polynom $P(\lambda) = \lambda^5 + \lambda^4 - \lambda^3 + \lambda^2 - 2\lambda$ besitzt die Wurzeln $\lambda_1 = 0$, $\lambda_2 = 1$, $\lambda_3 = -2$, $\lambda_4 = i$ und $\lambda_5 = -i$. Das liefert die partikulären Lösungen $y_1 = 1$, $y_2 = e^x$, $y_3 = e^{-2x}$, $y_4 = e^{ix}$ und $y_5 = e^{-ix}$. Letzere lassen sich zu den zwei reellwertigen Lösungen $\hat{y}_4 = \cos x$ und $\hat{y}_5 = \sin x$ linear kombinieren. Damit erhalten wir für die allgemeine Lösung:

$$\boxed{y(x) = C_1 + C_2 e^x + C_3 e^{-2x} + C_4 \cos x + C_5 \sin x} \ .$$

3. Bestimmen Sie die allgemeine Lösung der Differentialgleichung

$$y'' - 4y' + 13y = 0 \ .$$

Lösung:
Das charakteristische Polynom $P(\lambda) = \lambda^2 - 4\lambda + 13$ besitzt die Wurzeln $\lambda_1 = 2 + 3i$ und $\lambda_2 = 2 - 3i$. Dann sind $y_1 = e^{(2+3i)x}$ und $y_2 = e^{(2-3i)x}$ Lösungen, die sich zu den zwei reellwertigen Lösungen $\hat{y}_1 = e^{2x}\cos(3x)$ und $\hat{y}_2 = e^{2x}\sin(3x)$ linear kombinieren lassen. Die allgemeine Lösung ist dann:

$$\boxed{y(x) = C_1 e^{2x}\cos(3x) + C_2 e^{2x}\sin(3x)} \ .$$

4. Bestimmen Sie die allgemeine Lösung der Differentialgleichung

$$y'' - 4y' + 4y = 0 \ .$$

Lösung:
Das charakteristische Polynom $P(\lambda) = \lambda^2 - 4\lambda + 4$ besitzt hier eine Doppelwurzel: $\lambda_{1/2} = -2$. Dann ist aber neben $y_1 = e^{-2x}$ auch $y_2 = xe^{-2x}$ Lösung der Differentialgleichung. Die allgemeine Lösung ist dann:

$$\boxed{y(x) = C_1 e^{-2x} + C_2 x e^{-2x}} \ .$$

Bemerkung:
Es liegt „innere Resonanz“ vor.

5. Bestimmen Sie die allgemeine Lösung der Differentialgleichung

$$y'' + y' - 2y = -14x - 3 \; .$$

Lösung:
Wir lösen zunächst die homogene Differentialgleichung mittels des Exponentialansatzes. Das charakteristische Polynom ist $P(\lambda) = \lambda^2 + \lambda - 2$ und besitzt die Nullstellen $\lambda_1 = 1$ und $\lambda_2 = -2$. Die allgemeine Lösung der homogenen Gleichung ist dann durch $y_h(x) = C_1 e^x + C_2 e^{-2x}$ gegeben. Zur Bestimmung einer partikulären Lösung der inhomogenen Gleichung treffen wir wegen der Gestalt der rechten Seite (Polynom 1. Grades) den Ansatz: $y_i(x) = a + bx$. Einsetzen in die Differentialgleichung liefert: $b - 2a - 2bx = -14x - 3$. Durch Koeffizientenvergleich erhalten wir $b = 7$ und $a = 5$ und somit $y_i(x) = 5 + 7x$. Die allgemeine Lösung der inhomogenen Differentialgleichung ist dann

$$\boxed{y(x) = C_1 e^x + C_2 e^{-2x} + 5x + 7} \; .$$

6. Bestimmen Sie die allgemeine Lösung der Differentialgleichung

$$y'' - 3y' + 2y = 2\cosh x \; .$$

Lösung:
Wir lösen zunächst die homogene Differentialgleichung mittels des Exponentialansatzes. Das charakteristische Polynom ist $P(\lambda) = \lambda^2 - 3\lambda + 2$ und besitzt die Nullstellen $\lambda_1 = 1$ und $\lambda_2 = 2$. Die allgemeine Lösung der homogenen Gleichung ist dann durch $y_h(x) = C_1 e^x + C_2 e^{2x}$ gegeben. Zur Bestimmung einer partikulären Lösung der inhomogenen Gleichung treffen wir wegen der Gestalt der rechten Seite (hyperbolische Funktion) den Ansatz: $y_i(x) = a\cosh x + b\sinh x$. Einsetzen in die Differentialgleichung liefert:
$a\cosh x + b\sinh x - 3a\sinh x - 3b\cosh x + 2a\cosh x + 2b\sinh x = 2\cosh x$.
Ein Vergleich der Koeffizienten von $\cosh x$ und $\sinh x$ liefert das Gleichungssystem $3a - 3b = 2$ und $3b - 3a = 0$. Es ist offensichtlich nicht lösbar. Der Grund dafür ist, dass die rechte Seite der Differentialgleichung wegen $2\cosh x = e^x + e^{-x}$ den Summanden e^x enthält, der Lösung der homogenen Gleichung ist. Es tritt daher für den Summanden e^x „äußere Resonanz" auf. Dann führt aber der folgende Ansatz zu einer Lösung der inhomogenen Gleichung: $y_i(x) = Axe^x + Be^{-x}$. Einsetzen liefert:
$Axe^x + 2Ae^x + Be^{-x} - 3Axe^x - 3Ae^x + 3Be^{-x} + 2Axe^x + 2Be^{-x} = e^x + e^{-x}$.
Vergleich der Koeffizienten von xe^x, e^x und e^{-x} liefert das lineare Gleichungssystem $-A = 1$ und $6B = 1$, d.h. $A = -1$ und $B = \frac{1}{6}$. Somit gilt: $y_i(x) = -xe^x + \frac{1}{6}e^{-x}$.
Insgesamt erhalten wir dann:

$$\boxed{y(x) = C_1 e^x + C_2 e^{2x} - xe^x + \tfrac{1}{6}e^{-x}} \; .$$

7. Bestimmen Sie die allgemeine Lösung der Differentialgleichung

$$y'' + 2y' + y = xe^{-x} \; .$$

Lösung:
Wir lösen zunächst die homogene Differentialgleichung mittels des Exponentialansatzes. Das charakteristische Polynom ist $P(\lambda) = \lambda^2 + 2\lambda + 1$ und besitzt die zweifache

Nullstelle $\lambda_{1/2} = -1$. Die allgemeine Lösung der homogenen Gleichung ist dann durch $y_h(x) = C_1 e^{-x} + C_2 x e^{-x}$ gegeben. Zur Bestimmung einer partikulären Lösung der inhomogenen Gleichung treffen wir wegen der Gestalt der rechten Seite (Polynom 1. Grades mal der Exponentialfunktion e^{-x}) und des Vorliegens von innerer und äußerer Resonanz den Ansatz: $y_i(x) = x^2(a+bx)e^{-x}$. Einsetzen in die Differentialgleichung und Division durch e^{-x} liefert:
$2a + 6bx - 4ax - 6bx^2 + ax^2 + bx^3 + 4ax + 6bx^2 - 2ax^2 - 2bx^3 + ax^2 + bx^3 = x$,
woraus durch Koeffizientenvergleich $a = 0$ und $b = \frac{1}{6}$ folgt. Somit gilt: $y_i(x) = \frac{x^3}{6} e^{-x}$.
Insgesamt erhalten wir dann:

$$\boxed{y(x) = C_1 e^{-x} + C_2 x e^{-x} + \frac{x^3}{6} e^{-x}} \, .$$

8. Bestimmen Sie die allgemeine Lösung der Differentialgleichung

$$y'' + 3y' + 2y = (12x^2 + 26x + 3)e^x - \Big(x \cos x + (x+1) \sin x\Big) e^{-x} \, .$$

Lösung:
Wir lösen zunächst die homogene Differentialgleichung mittels des Exponentialansatzes. Das charakteristische Polynom ist $P(\lambda) = \lambda^2 + 3\lambda + 2$ und besitzt die Nullstellen $\lambda_1 = -1$ und $\lambda_2 = -2$. Die allgemeine Lösung der homogenen Gleichung ist dann durch $y_h(x) = C_1 e^{-x} + C_2 e^{-2x}$ gegeben. Zur Bestimmung einer partikulären Lösung der inhomogenen Gleichung zerlegen wir in die zwei Teilprobleme:
$y'' + 3y' + 2y = (12x^2 + 26x + 3)e^x$ und $y'' + 3y' + 2y = \big(x \cos x + (x+1) \sin x\big) e^{-x}$
Die partikuläre Lösung des Gesamtproblems gewinnen wir dann bekannlich durch Addition der partikulären Lösungen der Teilprobleme.
Für die erste Gleichung ist der korrekte Ansatz $y_{i,1} = (ax^2 + bx + c)e^x$, woraus durch Einsetzen folgt: $\underline{y_{i,1} = (2x^2 + x - 1)e^x}$. Für die zweite Gleichung ist der korrekte Ansatz $\Big((Ax+B)\cos x + (Cx+D)\sin x\Big)e^{-x}$, woraus durch Einsetzen folgt: $\underline{y_{i,2} = (x \cos x - \sin x)e^{-x}}$. Insgesamt erhalten wir dann:

$$\boxed{y(x) = C_1 e^{-x} + C_2 e^{-2x} + (2x^2 + x - 1)e^x + (x \cos x - \sin x)e^{-x}} \, .$$

9. Bestimmen Sie die allgemeine Lösung der Differentialgleichung

$$y'' + y = \cos^2 x \, .$$

Lösung:
Wir lösen zunächst die homogene Differentialgleichung mittels des Exponentialansatzes. Das charakteristische Polynom ist $P(\lambda) = \lambda^2 + 1$ und besitzt die komplexen Nullstellen $\lambda_1 = i$ und $\lambda_2 = -i$. Die allgemeine (reellwertige) Lösung der homogenen Gleichung ist dann durch $y_h(x) = C_1 y_1(x) + C_2 y_2(x) = C_1 \cos x + C_2 \sin x$ gegeben. Wegen der Gestalt der rechten Seite bestimmen wir eine partikuläre Lösung der inhomogenen Gleichung nicht mittels eines Ansatzes, sondern mittels der Variation der Konstanten, d.h. wir setzen $y_i(x)$ an in der Form $y_i(x) = C_1(x)y_1(x) + C_2(x)y_2(x)$.

Dann sind $C_1(x)$ und $C_2(x)$ bekanntlich bestimmt durch

$$C_1(x) = -\int \frac{y_2(x)g(x)}{W(x)}\, dx \quad \text{und} \quad C_2(x) = \int \frac{y_1(x)g(x)}{W(x)}\, dx \, ,$$

wobei $g(x)$ die rechte Seite und $W(x)$ die WRONSKI-Determinante

$$W(x) = \begin{vmatrix} y_1(x) & y_2(x) \\ y_1'(x) & y_1'(x) \end{vmatrix}$$

bezeichnen.

Damit erhalten wir mit $y_1(x) = \cos x$, $y_2(x) = \sin x$, $g(x) = \cos^2 x$ und $W(x) = 1$:

$C_1(x) = -\int \sin x \cos^2 x\, dx = \underline{\dfrac{\cos^3 x}{3}}$ und

$C_2(x) = \int \cos x \cos^2 x\, dx = \int \cos x(1 - \sin^2 x)\, dx = \underline{\sin x - \dfrac{\sin^3 x}{3}}$

Das ergibt die partikuläre Lösung der inhomogenen Gleichung:

$$\underline{y_i(x)} = \frac{\cos^4 x}{3} + \sin^2 x - \frac{\sin^4 x}{3} = \sin^2 x + \frac{1}{3}(\cos^4 x - \sin^4 x) =$$

$$= \sin^2 x + \frac{1}{3}\underbrace{(\cos^2 x + \sin^2 x)}_{1}\underbrace{(\cos^2 x - \sin^2 x)}_{\cos(2x)} = \underline{\sin^2 x + \frac{\cos(2x)}{3}}$$

Insgesamt folgt dann:

$$\boxed{y(x) = C_1 \cos x + C_2 \sin x + \sin^2 x + \frac{\cos(2x)}{3}}\ .$$

Bemerkung:

Durch die Gestalt der rechten Seite: $g(x) = \cos^2 x$ erschien uns ein Ansatz zur Gewinnung einer partikulären Lösung der inhomogenen Gleichung nicht möglich. Schreiben wir aber die rechte Seite unter Zuhilfenahme von Additionstheoremen für trigonometrische Funktionen um, so erhalten wir $g(x) = \cos^2 x = \frac{1}{2} + \frac{1}{2}\cos(2x)$. Dann muss aber der Ansatz: $y_i(x) = A + B\cos(2x) + C\sin(2x)$ zum Ziel führen. In der Tat bekommen wir damit $y_i(x) = \frac{1}{2} - \frac{1}{6}\cos(2x)$, was aber identisch mit $\sin^2 x + \dfrac{\cos(2x)}{3}$ ist.

10. Bestimmen Sie die allgemeine Lösung der Differentialgleichung

$$y'' - y = \tanh x\ .$$

Lösung:

Wir lösen zunächst die homogene Differentialgleichung mittels des Exponentialansatzes. Das charakteristische Polynom ist $P(\lambda) = \lambda^2 - 1$ und besitzt die Nullstellen $\lambda_1 = 1$ und $\lambda_2 = -1$. Die allgemeine (reellwertige) Lösung der homogenen Gleichung ist dann durch $y_h(x) = C_1 y_1(x) + C_2 y_2(x) = C_1 \cosh x + C_2 \sinh x$ gegeben. Wegen der Gestalt der rechten Seite bestimmen wir eine partikuläre Lösung der inhomogenen Gleichung nicht mittels eines Ansatzes, sondern mittels der Variation der Konstanten, d.h. wir setzen $y_i(x)$ an in der Form $y_i(x) = C_1(x)y_1(x) + C_2(x)y_2(x)$.

Dann sind $C_1(x)$ und $C_2(x)$ bekanntlich bestimmt durch

$$C_1(x) = -\int \frac{y_2(x)g(x)}{W(x)}\, dx \quad \text{und} \quad C_2(x) = \int \frac{y_1(x)g(x)}{W(x)}\, dx\ ,$$

wobei $g(x)$ die rechte Seite und $W(x)$ die WRONSKI-Determinante bezeichnen. Im vorliegenden Fall ist $W(x) = 1$ und $g(x) = \tanh x$. Damit erhalten wir:

$C_1(x) = -\int \sinh x \tanh x \, dx = -\int \frac{\sinh^2 x}{\cosh x} dx = -\int \frac{\sinh^2 x}{\cosh^2 x} \cosh x \, dx =$

$= -\int \frac{\sinh^2 x}{1+\sinh^2 x} \cosh x \, dx$ und weiter mit der Substitution $\sinh x = \xi$:

$C_1(x) = -\int \frac{\xi^2}{1+\xi^2} d\xi = -\xi + \arctan \xi = \underline{-\sinh x + \arctan(\sinh x)}$.

$C_2(x) = \int \cosh x \tanh x \, dx = \int \sinh x \, dx = \underline{\cosh x}$.

Das ergibt die partikuläre Lösung der inhomogenen Gleichung:

$y_i(x) = -\sinh x \cosh x + \cosh x \arctan(\sinh x) + \sinh x \cosh x = \underline{\cosh x \arctan(\sinh x)}$.

Insgesamt folgt dann:

$$\boxed{y(x) = C_1 \cosh x + C_2 \sinh x + \cosh x \arctan(\sinh x)} \; .$$

11. Bestimmen Sie die allgemeine Lösung der Differentialgleichung

$$4xy'' + 2y' - y = 0 \; .$$

Hinweis: Transformieren Sie die unabhängige Variable mit $x = \xi^2$.

Lösung:

Die abhängige Variable transformiert sich dann gemäß : $y(x) = u(\xi) = u\big(\xi(x)\big)$.

Nach der Kettenregel folgt dann: $y'(x) = \frac{du}{d\xi}\frac{d\xi}{dx}$ und $y''(x) = \frac{d^2u}{d\xi^2}\left(\frac{d\xi}{dx}\right)^2 + \frac{du}{d\xi}\frac{d^2\xi}{dx^2}$.

Wegen $\xi = \sqrt{x}$ folgt: $\frac{d\xi}{dx} = \frac{1}{2\sqrt{x}}$ und $\frac{d^2\xi}{dx^2} = -\frac{1}{4x\sqrt{x}}$. Setzen wir das in die Differentialgleichung ein, so erhalten wir:

$$4x\left(\frac{1}{4x}\frac{d^2u}{d\xi^2} - \frac{1}{4x\sqrt{x}}\frac{du}{d\xi}\right) + 2\frac{1}{2\sqrt{x}}\frac{du}{d\xi} - u = 0 \; ,$$

bzw. vereinfacht und mit $u'(\xi) := \frac{du}{d\xi}$: $\underline{u'' - u = 0}$.

Die allgemeine Lösung dieser Gleichung ist $u(\xi) = C_1 e^{\xi} + C_2 e^{-\xi}$.

Rücktransformation liefert dann die allgemeine Lösung der vorgelegten Differentialgleichung:

$$\boxed{y(x) = C_1 e^{\sqrt{x}} + C_2 e^{-\sqrt{x}}} \; .$$

12. Bestimmen Sie die allgemeine Lösung der Differentialgleichung

$$x^3y''' - 3x^2y'' + 6xy' - 6y = 0 \; .$$

Lösung:

Es handelt sich um eine EULER-Differentialgleichung. Sie wird bekanntlich durch die Transformation $|x| = e^t$ in eine Differentialgleichung mit konstanten Koeffizienten übergeführt. Mit $y(x) = u(t) = u\big(t(x)\big)$ und $y'(x) = \frac{du}{dt}\frac{dt}{dx} = \frac{1}{x}u'$ und

$$y''(x) = \frac{d^2u}{dt^2}\left(\frac{dt}{dx}\right)^2 + \frac{du}{dt}\frac{d^2t}{dx^2} = \frac{1}{x^2}u'' - \frac{1}{x^2}u' \text{ sowie}$$

$$y'''(x) = \frac{d^3u}{dt^2}\left(\frac{dt}{dx}\right)^3 + 3\frac{d^2u}{dt^2}\frac{dt}{dx}\frac{d^2t}{dx^2} + \frac{du}{dt}\frac{d^3t}{dx^3} = \frac{1}{x^3}u''' - \frac{3}{x^3}u'' + \frac{2}{x^3}u'$$

erhalten wir die transformierte Differentialgleichung $\underline{u''' - 6u'' + 11u' - 6u = 0}$. Das charakteristische Polynom $P(\lambda) = \lambda^3 - 6\lambda^2 + 11\lambda - 6$ besitzt die Wurzeln $\lambda_1 = 1$, $\lambda_2 = 2$ und $\lambda_3 = 3$. Damit folgt für die allgemeine Lösung: $\underline{u(t) = C_1e^t + C_2e^{2t} + C_3e^{3t}}$. Rücktransformation ergibt dann

$$\boxed{y(x) = C_1x + C_2x^2 + C_3x^3}\,.$$

Bemerkung:
Bei EULER'schen Differentialgleichungen führt der „Potenzansatz" $y(x) = x^\sigma$ auf eine Polynomfunktion, deren Nullstellen σ_k Lösungen $y_k(x) = x^{\sigma_k}$ ergeben.

13. Bestimmen Sie die allgemeine Lösung der Differentialgleichung

$$x^2y'' - xy' + 2y = 0\,, \quad x > 0\,.$$

Lösung:
Es handelt sich um eine EULER-Differentialgleichung. Sie wird bekanntlich durch die Transformation $|x| = e^t$ in eine Differentialgleichung mit konstanten Koeffizienten übergeführt. Die transformierte Gleichung hat wegen $xy' = \dot{u}(t)$ und $x^2y'' = \ddot{u}(t) - \dot{u}(t)$ die Gestalt: $\underline{\ddot{u} - 2\dot{u} + 2u = 0}$. Das charakteristische Polynom $P(\lambda) = \lambda^2 - 2\lambda + 2$ besitzt die Wurzeln $\lambda_1 = 1 + i$ und $\lambda_2 = 1 - i$. Die allgemeine Lösung der transformierten Gleichung ist daher $\underline{u(t) = C_1e^t\cos t + C_2e^t\sin t}$. Rücktransformation ergibt dann

$$\boxed{y(x) = C_1x\cos(\ln x) + C_2x\sin(\ln x)}\,.$$

14. Bestimmen Sie die allgemeine Lösung der Differentialgleichung

$$x^4y^{(4)} + 3x^2y'' - 7xy' + 8y = 0\,, \quad x > 0\,.$$

Lösung:
Es handelt sich um eine EULER-Differentialgleichung. Sie wird bekanntlich durch die Transformation $|x| = e^t$ in eine Differentialgleichung mit konstanten Koeffizienten übergeführt.
Die transformierte Gleichung hat wegen $xy' = u'(t)$, $x^2y'' = u''(t) - u'(t)$, $x^3y''' = u''' - 3u'' + 2u'$ und $x^4y^{(4)} = u^{(4)} - 6u''' + 11u'' - 6u'$ die Gestalt:

$$u^{(4)} - 6u''' + 14u'' - 16u' + 8u = 0\,.$$

Das zugehörige charakteristische Polynom $P(\lambda) = \lambda^4 - 6\lambda^3 + 11\lambda^2 - 16\lambda + 8$ besitzt die Wurzeln $\lambda_{1/2} = 2$, $\lambda_3 = 1 + i$ und $\lambda_4 = 1 - i$. Die allgemeine Lösung der transformierten Gleichung ist daher $\underline{u(t) = C_1e^{2t} + C_2te^{2t} + C_3e^t\cos t + C_4e^t\sin t}$. Rücktransformation ergibt dann

$$\boxed{y(x) = C_1x^2 + C_2x\ln x + C_3x\cos(\ln x) + C_4x\sin(\ln x)}\,.$$

15. Bestimmen Sie die allgemeine Lösung der Differentialgleichung

$$x^2y'' - 2xy' + (2 - x^2)y = 0 \ .$$

Lösung:
Es handelt sich um eine lineare Differentialgleichung mit nichtkonstanten Koeffizienten, die aber auch nicht vom Typ einer EULER-Gleichung ist. Wir versuchen hier eine Transformation der abhängigen Variablen von der Form $y(x) = u(x)v(x)$ und wählen dann u so, dass die Differentialgleichung für v möglichst einfach wird. Setzen wir $y(x) = u(x)v(x)$, $y'(x) = u'(x)v(x) + u(x)v'(x)$ und $y''(x) = u''(x)v(x) + 2u'(x)v'(x) + u(x)v''(x)$ ein, so erhalten wir:

$$x^2uv'' + (2x^2u' - 2xu)v' + (x^2u'' - 2xu' + 2u - x^2u)v = 0 \ .$$

Der Koeffizient der ersten Ableitung $2x(xu' - u)$ wird Null, wenn wir $u = x$ wählen. Dann erhalten wir die „Normalform“ $x^3v'' - x^2v = 0$ bzw. $v'' - v = 0$. Deren allgemeine Lösung ist $v(x) = C_1e^x + C_2e^{-x}$. Die vorgelegte Differentialgleichung besitzt dann die allgemeine Lösung

$$\boxed{y(x) = C_1xe^x + C_2xe^{-x}} \ .$$

16. Bestimmen Sie die allgemeine Lösung der Differentialgleichung

$$(1 - x^2)y'' - 4xy' - (1 + x^2)y = x \ .$$

Lösung:
Es handelt sich um eine lineare Differentialgleichung mit nichtkonstanten Koeffizienten, die aber auch nicht vom Typ einer EULER-Gleichung ist. Wir versuchen hier eine Transformation der abhängigen Variablen von der Form $y(x) = u(x)v(x)$ und wählen dann u so, dass die Differentialgleichung für v möglichst einfach wird. Setzen wir $y(x) = u(x)v(x)$, $y'(x) = u'(x)v(x) + u(x)v'(x)$ und $y''(x) = u''(x)v(x) + 2u'(x)v'(x) + u(x)v''(x)$ ein, so erhalten wir:

$$(1 - x^2)uv'' + \big(2(1 - x^2)u' - 4xu\big)v' + \big((1 - x^2)u'' - 4xu' - (1 + x^2)u\big)v = 0 \ .$$

Wir bestimmen $u(x)$ so, dass der Koeffizient der ersten Ableitung Null wird, d.h. wir fordern: $\underline{2(1 - x^2)u' - 4xu = 0}$. Trennung der Variablen liefert $\dfrac{u'}{u} = \dfrac{2x}{1 - x^2}$, woraus nach Integration folgt: $\underline{u(x) = \dfrac{1}{1 - x^2}}$.

Mit $u' = \dfrac{2x}{(1 - x^2)^2}$ und $u'' = \dfrac{2 + 6x^2}{(1 - x^2)^3}$ lautet die Differentialgleichung für $v(x)$: $\underline{v'' + v = x}$. Sie besitzt die allgemeine Lösung $\underline{v(x) = C_1 \cos x + C_2 \sin x + x}$. Die allgemeine Lösung der vorgelegten Differentialgleichung ist dann

$$\boxed{y(x) = C_1\frac{\cos x}{1 - x^2} + C_2\frac{\sin x}{1 - x^2} + \frac{x}{1 - x^2}} \ .$$

17. Bestimmen Sie die allgemeine Lösung der Differentialgleichung

$$x^2y'' - x(x+2)y' + (x+2)y = x^3 \ .$$

Lösung:
Es handelt sich um eine lineare Differentialgleichung mit nichtkonstanten Koeffizienten, die aber auch nicht vom Typ einer EULER-Gleichung ist. Wir versuchen hier eine Transformation der abhängigen Variablen von der Form $y(x) = u(x)v(x)$ und wählen für u eine partikuläre Lösung der homogenen Gleichung. Bekanntlich wird dann der Koeffizient von v Null und wir können mit $w(x) := v'(x)$ die Ordnung der Differentialgleichung um 1 reduzieren.
Im vorliegenden Fall errät man leicht, dass $u(x) = x$ eine Lösung der homogenen Gleichung

$$x^2y'' - x(x+2)y' + (x+2)y = 0$$

ist. Mit $y' = xv' + v$ und $y'' = xv'' + 2v'$ erhalten wir die Differentialgleichung $v'' - v' = 1$ bzw. $w' - w = 1$. Letztere besitzt die allgemeine Lösung $w(x) = C_1e^x - 1$. Integration liefert: $v(x) = C_1e^x + C_2 - x$. Die allgemeine Lösung der vorgelegten Differentialgleichung ist dann

$$\boxed{y(x) = C_1xe^x + C_2x - x^2} \ .$$

18. Bestimmen Sie die allgemeine Lösung der Differentialgleichung

$$\Big(1 - 2x\cot(2x)\Big)y''' - 4xy'' + 4y' = 0 \ .$$

Lösung:
Es handelt sich um eine lineare Differentialgleichung mit nichtkonstanten Koeffizienten. Da y nicht vorkommt, setzen wir $w(x) := y'(x)$ und erhalten:

$$\Big(1 - 2x\cot(2x)\Big)w'' - 4xw' + 4w = 0 \ .$$

Zunächst erkennt man schnell, dass $w(x) = x$ Lösung ist. Zur Gewinnung einer weiteren Lösung schreiben wir die Differentialgleichung in der Form:

$$(w'' + 4w) - 2x\Big(\cot(2x)w'' + 2w'\Big) = 0 \ .$$

Eine Lösung liegt sicher vor, wenn die beiden Klammerausdrücke verschwinden, d.h. wenn gilt:

$$w'' + 4w = 0 \qquad \text{und} \qquad \cot(2x)w'' + 2w' = 0 \ .$$

Die allgemeine Lösung der ersten Gleichung ist $w(x) = A\cos(2x) + B\sin(2x)$. Wir versuchen nun A und B so zu wählen, dass auch die zweite Gleichung erfüllt ist. Da wir wegen der ersten Gleichung w'' in der zweiten Gleichung durch $-4w$ ersetzen können, müsste gelten: $w' = 2\cot(2x)w$, d.h. aber

$$-2A\sin(2x) + 2B\cos(2x) = 2A\cot(2x)\cos(2x) + 2B\cot(2x)\sin(2x) \ .$$

Dies trifft aber nur zu, wenn wir $A = 0$ wählen. Dann ist aber $w = \sin(2x)$ auch eine Lösung der Differentialgleichung für w. Damit ist $w(x) = 2C_1x - 2C_2\sin(2x)$ die allgemeine Lösung der w-Gleichung. Die allgemeine Lösung der vorgelegten Differentialgleichung folgt dann durch Integration:

$$\boxed{y(x) = C_1x^2 + C_2\cos(2x) + C_3} \ .$$

19. Bestimmen Sie die allgemeine Lösung der Differentialgleichung

$$x^2(\ln x)^2 y'' + x\ln x(\ln x + 1)y' - y = 0 \ , \ x > 0 \ .$$

Hinweis: Transformieren Sie die unabhängige Variable mit $x = e^{\xi}$.

Lösung:
Die abhängige Variable transformiert sich dann gemäß : $y(x) = u(\xi) = u\big(\xi(x)\big)$.
Nach der Kettenregel folgt dann wegen $y(x) = u(\ln x)$:

$$y' = \frac{1}{x}u'(\xi) \quad \text{und} \quad y'' = -\frac{1}{x^2}u'(\xi) + \frac{1}{x^2}u''(\xi) \ .$$

Durch Einsetzen erhalten wir dann für u die Differentialgleichung:

$$\xi^2 u'' + \xi u' - u = 0 \ .$$

Dies ist eine EULER'sche Differentialgleichung , die wir mit dem Potenzansatz $u(\xi) = \xi^{\sigma}$ lösen. Einsetzen liefert die algebraische Gleichung: $\sigma(\sigma - 1) + \sigma - 1 = 0$. Diese besitzt die Wurzeln $\sigma_1 = 1$ und $\sigma_2 = -1$.
Die allgemeine Lösung der Differentialgleichung für u ist dann $\underline{u(\xi) = C_1\xi + \frac{C_2}{\xi}}$.
Die allgemeine Lösung der vorgelegten Differentialgleichung ist dann aber

$$\boxed{y(x) = C_1 \ln x + \frac{C_2}{\ln x}} \ .$$

3.2.3 Beispiele mit Lösungen

1. Bestimmen Sie den Lösungsraum der folgenden Differentialgleichungen:

(a) $y'' + 2y' + y = 0$, (b) $y^{(5)} + 4y^{(4)} + 2y^{(3)} - 4y'' + 8y' + 16y = 0$,

(c) $2y'' + 2y' + 3y = 0$, (d) $y'' - 2y' = 12x - 10$,

(e) $y'' - 2y' + 5y = 25x^2 + 12$, (f) $y^{(4)} + 4y^{(3)} + 6y'' + 4y' + y = (x^2 + x)e^x$,

(g) $y'' + 10y' + 25y = 14e^{-5x}$, (h) $y'' + 4y = 3\sin x$,

(i) $y'' - 2y' - 3y = 64xe^{-x}$, (j) $y'' - 3y' + 2y = 14\sin 2x - 18\cos 2x$.

Lösungen:

(a) $\mathbb{R}\, e^{-x} + \mathbb{R}\, xe^{-x}$,

(b) $\mathbb{R}\, e^{-2x} + \mathbb{R}\, xe^{-2x} + \mathbb{R}\, x^2e^{-2x} + \mathbb{R}\, e^x \cos x + \mathbb{R}\, e^x \sin x$,

(c) $\mathbb{R}\, e^{-\frac{x}{2}} \cos\left(\frac{\sqrt{5}}{2}x\right) + e^{-\frac{x}{2}} \sin\left(\frac{\sqrt{5}}{2}x\right)$,

(d) $-3x^2 - 2x + \mathbb{R} + \mathbb{R}\, e^{2x}$,

(e) $5x^2 + 4x + 2 + \mathbb{R}\, e^x \cos 2x + \mathbb{R}\, e^x \sin 2x$,

(f) $\frac{x^2}{16} - \frac{3x}{16} + \frac{3}{16} + \mathbb{R}\, e^{-x}\mathbb{R}\, xe^{-x} + \mathbb{R}\, x^2e^{-x} + \mathbb{R}\, x^3e^{-x}$,

(g) $7x^2e^{-5x} + \mathbb{R}\, e^{-5x} + \mathbb{R}\, x^2e^{-5x}$, (h) $\sin x + \mathbb{R}\, \cos 2x + \mathbb{R}\, \sin 2x$,

(i) $(-8x^2 - 4x)e^{-x} + \mathbb{R}\, e^{-x} + \mathbb{R}\, e^{3x}$, (j) $2\sin 2x + 3\cos 2x + \mathbb{R}\, e^x + \mathbb{R}\, e^{2x}$.

2. Lösen Sie die folgenden Anfangswertprobleme:
   (a) $y'' + 4y' + 3y = 8xe^x - 6$, $y(0) = -\frac{11}{4}$, $y'(0) = \frac{1}{4}$,
   (b) $y'' - 6y' + 10y = 100$, $y(0) = 10$, $y'(0) = 5$,
   (c) $y'' - 2y' + y = e^x + x$, $y(0) = y'(0) = 0$,
   (d) $y'' + 6y' + 10y = xe^{-3x}$, $y(0) = 1$, $y'(0) = -2$.

   Lösungen:
   (a) $y = xe^x - \frac{3}{4}e^x - 2$, (b) $y = 5e^{3x}\sin x + 10$,
   (c) $y = (-2 + x + \frac{1}{2}x^2)e^x + x + 2$, (d) $y = e^{-3x}(\cos x + x)$.

3. Bestimmen Sie die allgemeine Lösung der Differentialgleichung
$$y'' + 2y' + y = e^{-x} .$$
   Bestimmen Sie ferner jene spezielle Lösung, die den Anfangsbedingungen $y(0) = 0$, $y'(0) = 0$ genügt.

   Allgemeine Lösung: $y = (C_1 + C_2 x)e^{-x} + \dfrac{x^2}{2}\,e^{-x}$, spezielle Lösung: $y = \dfrac{x^2}{2}\,e^{-x}$.

4. Bestimmen Sie die allgemeine Lösung der Differentialgleichung
$$y'' + y' - 2y = (3 - 4x)e^x .$$
   Lösung: $y = C_1 e^x + C_2 e^{-2x} + \left(\dfrac{13}{9} - \dfrac{2x}{3}\right) xe^x$.

5. Bestimmen Sie die allgemeine Lösung der Differentialgleichung
$$y''' + y'' = x .$$
   Lösung: $y = C_1 + C_2 x + C_3 e^{-x} - \dfrac{x^2}{2} + \dfrac{x^3}{6}$.

6. Bestimmen Sie die allgemeine Lösung der Differentialgleichung
$$y^{(4)} - y''' - y'' + y' = e^{2x} .$$
   Ermitteln Sie ferner jene Lösung, die den folgenden Anfangsbedingungen genügt:
$$y(0) = \frac{1}{6} , \quad y'(0) = \frac{1}{3} , \quad y''(0) = \frac{2}{3} , \quad y'''(0) = \frac{4}{3} .$$
   Allgemeine Lösung: $y = C_1 + C_2 e^x + C_3 xe^x + C_4 e^{-x} + \dfrac{e^{2x}}{6}$,

   spezielle Lösung: $y = \dfrac{e^{2x}}{6}$.

7. Bestimmen Sie α, $\beta \in \mathbb{R}$ so, dass in der Differentialgleichung
$$y'' + 6y' + \alpha y = e^{2\beta x}$$

innere und äußere Resonanz vorliegt. Ermitteln Sie anschließend die allgemeine Lösung dieser Gleichung.

Lösung: Innere Resonanz für $\alpha = 9$, äußere Resonanz für $\beta = -\frac{3}{2}$,

$$y = C_1 e^{-3x} + C_2 x e^{-3x} + \frac{x^2}{2} e^{-3x}.$$

8. Bestimmen Sie die allgemeine Lösung der Differentialgleichung

$$y'' - 2y' + 5y = \sin x \cos x \ .$$

Lösung: $y = e^x\Big(C_1 \cos(2x) + C_2 \sin(2x)\Big) + \frac{\sin(2x)}{34} + \frac{2\cos(2x)}{17}$.

9. Bestimmen Sie $\alpha \in \mathbb{R}$ so, dass in der Differentialgleichung

$$y'' + 4y' + \alpha y = x^2 + 3$$

innere Resonanz vorliegt. Ermitteln Sie anschließend die allgemeine Lösung dieser Gleichung.

Lösung: innere Resonanz für $\alpha = 4$, $y = C_1 e^{-2x} + C_2 x e^{-2x} + \frac{9}{8} - \frac{x}{2} + \frac{x^2}{4}$.

10. Bestimmen Sie die allgemeine Lösung der Differentialgleichung

$$y'' + 4y = \frac{1}{\cos(2x)} \ .$$

Bestimmen Sie ferner jene spezielle Lösung, die den Anfangsbedingungen $y(0) = y'(0) = 0$ genügt.

Allgemeine Lösung: $y = C_1 \cos(2x) + C_2 \sin(2x) + \frac{\cos(2x)}{4} \ln\Big(\cos(2x)\Big) + \frac{x}{2} \sin(2x)$,

spezielle Lösung: $y = \frac{\cos(2x)}{4} \ln\Big(\cos(2x)\Big) + \frac{x}{2} \sin(2x)$.

11. Bestimmen Sie die allgemeine Lösung der Differentialgleichung

$$y'' - 3y' + 2y = \frac{1}{1 + e^{-x}} \ .$$

Lösung: $y = C_1 e^{2x} + C_2 e^x + (e^x + e^{2x}) \ln(1 + e^{-x})$.

12. Bestimmen Sie die allgemeine Lösung der Differentialgleichung

$$y'' + 7y = \sqrt{7} \tan(\sqrt{7}x) \ .$$

Lösung: $y = C_1 \cos(\sqrt{7}x) + C_2 \sin(\sqrt{7}x) - \frac{1}{\sqrt{7}} \cos(\sqrt{7}x) \ln \sqrt{\left|\frac{1 + \sin(\sqrt{7}x)}{1 - \sin(\sqrt{7}x)}\right|}$.

13. Bestimmen Sie die allgemeine Lösung der Differentialgleichung

$$y'' - 4y' + 4y = \frac{e^{2x}}{x^2} \ .$$

Lösung: $y = C_1 e^{2x} + C_2 x e^{2x} - \ln|x| e^{2x}$.

14. Bestimmen Sie die allgemeine Lösung der Differentialgleichung

$$y'' - y' - 2y = 2\ln|x| + \frac{1}{x} + \frac{1}{x^2}, \quad x \neq 0 .$$

Lösung: $y = C_1 e^{2x} + C_2 e^{-x} - \ln|x|$.

15. Bestimmen Sie den Lösungsraum der folgenden EULER'schen Differentialgleichungen:

(a) $x^2y'' - 4xy' + 6y = 3x + 2$, (b) $x^2y''' - xy'' + y' = 0$,

(c) $x^3y''' + x^2y'' - 2xy' + 2y = 0$, (d) $x^3y'' + x^2y' + 2xy = -\ln x$,

(e) $x^2y'' - 2y = 3x^2 + 10\sin(\ln x)$, (f) $x^2y'' - 3xy' + 3y = 0$,

(g) $x^2y'' - 3xy' + 4y = 2x^2$.

Lösungen:

(a) $\frac{3}{2}x + \frac{1}{3} + \mathbb{R}\,x^2 + \mathbb{R}\,x^3$,

(b) $\mathbb{R}\,x^2 + \mathbb{R}\,x^2\ln x + \mathbb{R}$,

(c) $\mathbb{R}\,\frac{1}{x} + \mathbb{R}\,x + \mathbb{R}\,x^3$,

(d) $-\frac{2 + 3\ln x}{9x} + \mathbb{R}\,\cos(\sqrt{2}\ln x) + \mathbb{R}\,\sin(\sqrt{2}\ln x)$,

(e) $x^2\ln x + \cos(\ln x) - 3\sin(\ln x) + \mathbb{R}\,x^2 + \mathbb{R}\,\frac{1}{x}$,

(f) $\mathbb{R}\,x^3 + \mathbb{R}\,x$,

(g) $x^2(\ln x)^2 + \mathbb{R}\,x^2 + \mathbb{R}\,x^2\ln x$.

16. Lösen Sie die folgenden Anfangswertprobleme für EULER'sche Differentialgleichungen:

(a) $x^2y'' - 2y = 3x^2$, $y(1) = 0,\ y'(1) = 0,$

(b) $x^2y'' - 3xy' + 4y = x^3 + x^2 + x + 1$, $y(1) = 0,\ y'(1) = 1,$

(c) $xy'' - y' = x^2$, $y(1) = 0,\ y'(1) = 0,$

(d) $xy' + y = \frac{1}{x}$, $y(1) = 1,$

(e) $x^2y'' - xy' - 8y = 0$, $y(1) = y'(1) = 2.$

Lösungen:

(a) $y = -\frac{x^2}{3} + \frac{1}{3x} + x^2\ln x$, (b) $y = \frac{3}{2}x^2\ln x - \frac{9}{4} + x^3 + \frac{x^2}{2}(\ln x)^2 + x + \frac{1}{4}$,

(c) $y = -\frac{x^2}{2} + \frac{x^3}{3} + \frac{1}{6}$, (d) $y = \frac{1 + \ln x}{x}$, (e) $y = x^4 + \frac{1}{x^2}$.

17. Bestimmen Sie jene Lösung der Differentialgleichung

$$x^2y'' - 3xy' + 3y = 0 ,$$

die an der Stelle $x = 1$ ein Maximum hat und an der Stelle $x = \pi$ den Wert $y = -1$ annimmt.

Allgemeine Lösung: $y = C_1x + C_2x^3$, spezielle Lösung: $y = \dfrac{x(3-x^2)}{\pi(\pi^2-3)}$.

18. Bestimmen Sie jene Lösung der Differentialgleichung

$$x^2y'' - 4xy' + 4y = x^2 ,$$

die die Eigenschaft besitzt, dass sie an der Stelle $x = 1$ eine zur x-Achse parallele Tangente hat und für die ferner gilt:

$$\int_0^1 y(x)dx = 1 .$$

Lösung: $y = \dfrac{67x}{27} - \dfrac{x^2}{2} - \dfrac{10x^4}{27}$.

19. Bestimmen Sie jene Lösungskurven der Differentialgleichung

$$x^3y'' + x^2y' + 2xy + \ln x = 0 ,$$

die an der Stelle $x = 1$ den Wert $y(1) = 1$ annehmen.

Lösung: $y = \dfrac{11}{9}\cos(\sqrt{2}\ln x) + C\sin(\sqrt{2}\ln x) - \dfrac{\ln x}{3x} - \dfrac{2}{9x}$.

20. Bestimmen Sie die allgemeine Lösung der Differentialgleichung

$$3x^2y'' + 2y = x , \quad x \neq 0 .$$

Lösung: $y = C_1\sqrt{x}\cos\left(\dfrac{\sqrt{15}}{6}\ln x\right) + C_2\sqrt{x}\sin\left(\dfrac{\sqrt{15}}{6}\ln x\right) + \dfrac{x}{2}$.

21. Für welche $\alpha \in \mathbb{R}$ besitzt die Differentialgleichung

$$x^2y'' + \alpha xy' + 9y = 0$$

die partikuläre Lösung $y = Cx^3\ln|x|$?

Lösung: $\alpha = -5$.

22. Bestimmen Sie mittels Reduktion der Ordnung (nachdem Sie eine spezielle Lösung erraten haben) die allgemeine Lösung der Differentialgleichung

$$(1-x)y'' + xy' - y = 0 .$$

Bestimmen Sie ferner jene spezielle Lösung, die den Anfangsbedingungen $y(0) = 1$ und $y'(0) = 2$ genügt.

Allgemeine Lösung: $y(x) = C_1x + C_2e^x$, spezielle Lösung: $y(x) = x + e^x$.

23. Bestimmen Sie jene Werte von α, für die die Differentialgleichung

$$(1-x^2)y'' - 2xy' + \alpha y = 0$$

ein Polynom dritten Grades als partikuläre Lösung besitzt. Ermitteln Sie unter dieser Lösungsschar jene Lösung, die für $x = 1$ eine Tangente besitzt, die mit der positiven x-Achse einen Winkel von $\frac{\pi}{6}$ einschließt.

Lösung: $\alpha = 12$, Gleichung der Schar: $y = C(5x^3 - 3x)$,

spezielle Lösung: $y = \dfrac{1}{12\sqrt{3}}(5x^3 - 3x)$.

24. Erraten Sie eine Lösung der Differentialgleichung

$$(1-x^2)y'' - 2xy' + 2y = 0$$

und ermitteln Sie anschließend die allgemeine Lösung.

Spezielle Lösung: $y_p = x$, allgemeine Lösung: $y = C_1 x + C_2 \left(1 + \frac{x}{2} \ln \left|\frac{x-1}{x+1}\right|\right)$.

25. Gegeben ist die Differentialgleichung

$$(1+x^2)y'' - 2xy' + 2y = 6(1+x^2)^2 .$$

Erraten Sie eine Lösung der homogenen Differentialgleichung und ermitteln Sie anschließend die allgemeine Lösung.

Spezielle Lösung: $y_{p,h} = x$, allgemeine Lösung: $y = C_1 x + C_2(x^2-1) + 3 + x^4$.

26. Erraten Sie eine Lösung der Differentialgleichung

$$x^2 \cos x \, y'' + (x \sin x - 2\cos x)(xy' - y) = 0$$

und ermitteln Sie anschließend die allgemeine Lösung.

Spezielle Lösung: $y_p = x$, allgemeine Lösung: $y = C_1 x + C_2 x \sin x$.

27. Bestimmen Sie - mittels Reduktion der Ordnung - die allgemeine Lösung der Differentialgleichung

$$x^2(x+1)y'' - x(x^2+4x+2)y' + (x^2+4x+2)y = 0 , \quad x(x+1) \neq 0 .$$

Ermitteln Sie ferner jene Lösung, für die gilt: $y(1) = 1$, $y'(1) = -1$.

Allgemeine Lösung: $y = C_1 x^2 e^x + C_2 x$ spezielle Lösung: $y = -x^2 e^{x-1} + 2x$.

3.3 Lösungsdarstellungen mittels Reihen

3.3.1 Grundlagen

- Potenzreihendarstellungen:
  Seien die Koeffizientenfunktionen $a_{n-1}(x), \ldots, a_1(x)$, $a_0(x)$ der Differentialgleichung

$$y^{(n)}(x) + a_{n-1}(x)y^{(n-1)}(x) + \cdots + a_1(x)y'(x) + a_0(x)y(x) = 0$$

  reell analytisch (d.h. in Potenzreihen entwickelbar) im Intervall $(x_0 - r, x_0 + r)$, so ist auch jede Lösung der Differentialgleichung dort durch eine Potenzreihe um x_0 darstellbar. Insbesondere ist die Lösung des Anfangswertproblems

$$y(x_0) = y_0, y'(x_0) = y_0', \ldots, y^{(n-1)}(x_0) = y_0^{(n-1)}$$

  durch eine Potenzreihe darstellbar.

- Reihendarstellung nach FROBENIUS:
  Ein Punkt x_0 heißt <u>außerwesentlich singulärer Punkt</u> der Differentialgleichung

$$y''(x) + p(x)y'(x) + q(x)y(x) = 0 \ ,$$

  wenn für die Koeffizienten $a_k(x)$ gilt:

$$p(x) = \frac{1}{x - x_0} \sum_{k=0}^{\infty} c_k(x - x_0)^k \ , \quad q(x) = \frac{1}{(x - x_0)^2} \sum_{k=0}^{\infty} d_k(x - x_0)^k \ .$$

  Sei nun x_0 ein außerwesentlich singulärer Punkt der Differentialgleichung

$$y''(x) + p(x)y'(x) + q(x)y(x) = 0 \ .$$

  Dann besitzt letztere ein Fundamentalsystem der Form:

$$y_1(x) = (x - x_0)^{r_1} \sum_{i=0}^{\infty} a_i(x - x_0)^i,$$

$$y_2(x) = (x - x_0)^{r_2} \sum_{i=0}^{\infty} b_i(x - x_0)^i + A\, y_1(x) \ln(x - x_0),$$

  wobei r_1 und r_2 die Wurzeln des „charakteristischen Polynoms“ $r(r-1) + c_0 r + d_0$ sind. Falls $r_1 - r_2 \notin \mathbb{Z}$, ist $A = 0$.

3.3.2 Musterbeispiele

1. Bestimmen Sie mittels eines geeigneten Reihenansatzes die allgemeine Lösung der Differentialgleichung

$$y'' - xy' - y = 0 \ .$$

   Lösung:
   Wir setzen die Lösung in Form einer Potenzreihe mit Entwicklungsmitte $x_0 = 0$ an:

$y(x) = \sum_{n=0}^{\infty} a_n x^n . \Longrightarrow y'(x) = \sum_{n=0}^{\infty} n a_n x^{n-1}$ und $y''(x) = \sum_{n=0}^{\infty} n(n-1) a_n x^{n-2}$.
Durch Einsetzen in die Differentialgleichung erhalten wir:

$$\sum_{n=0}^{\infty} n(n-1) a_n x^{n-2} - \sum_{n=0}^{\infty} (n+1) a_n x^n = 0 \,.$$

Vergleich der Koeffizienten der Potenzen x^k liefert dann die zweigliedrige Rekursion $(k+2)(k+1)a_{k+2} - (k+1)a_k = 0$ bzw.

$$a_{k+2} = \frac{a_k}{k+2} \,, \qquad k \in \mathbb{N}_0 \,.$$

Dabei bleiben a_0 und a_1 unbestimmt. Sie spielen die Rolle der zwei Integrationskonstanten in der allgemeinen Lösung.
Durch spezielle Wahl dieser beiden Konstanten erhalten wir zwei (linear unabhängige) Lösungen.

a) $\underline{a_0 = 1, \ a_1 = 0}$: Wegen $a_1 = 0$ sind infolge der Rekursionsformel alle ungeraden Koeffizienten Null. Für die geraden Koeffizienten erhalten wir mit $k = 2m$:

$$a_{2m+2} = \frac{a_{2m}}{2m+2} = \frac{a_{2m}}{2(m+1)} \qquad \Longrightarrow \qquad a_{2m} = \frac{1}{2^m m!} \,.$$

Letzeres kann mittels vollständiger Induktion bewiesen werden. Damit folgt:

$$y_1(x) = \sum_{m=0}^{\infty} \frac{1}{m!} \left(\frac{x^2}{2}\right)^m = e^{\frac{x^2}{2}} \,.$$

b) $\underline{a_0 = 0, \ a_1 = 1}$: Wegen $a_0 = 0$ sind infolge der Rekursionsformel alle geraden Koeffizienten Null. Für die ungeraden Koeffizienten erhalten wir mit $k = 2m-1$:

$$a_{2m+1} = \frac{a_{2m-1}}{2m+1} = \frac{2 \cdot m}{(2m+1)(2m)} a_{2m-1} \qquad \Longrightarrow \qquad a_{2m+1} = \frac{2^m m!}{(2m+1)!} \,.$$

Letzeres kann wieder mittels vollständiger Induktion bewiesen werden. Somit:

$$y_2(x) = \sum_{m=0}^{\infty} \frac{2^m m!}{(2m+1)!} x^{2m+1} \,.$$

Insgesamt folgt dann:

$$\boxed{y(x) = C_1 e^{\frac{x^2}{2}} + C_2 \sum_{m=0}^{\infty} \frac{2^m m!}{(2m+1)!} x^{2m+1}} \,.$$

2. Bestimmen Sie mittels eines geeigneten Reihenansatzes die allgemeine Lösung der Differentialgleichung

$$y'' - xy' + 4y = 0 \,.$$

Lösung:
Wir setzen die Lösung in Form einer Potenzreihe mit Entwicklungsmitte $x_0 = 0$ an:

$y(x) = \sum\limits_{n=0}^{\infty} a_n x^n. \Longrightarrow y'(x) = \sum\limits_{n=0}^{\infty} n a_n x^{n-1}$ und $y''(x) = \sum\limits_{n=0}^{\infty} n(n-1) a_n x^{n-2}$.
Durch Einsetzen in die Differentialgleichung erhalten wir:

$$\sum_{n=0}^{\infty} n(n-1) a_n x^{n-2} + \sum_{n=0}^{\infty} (4-n) a_n x^n = 0 \, .$$

Vergleich der Koeffizienten der Potenzen x^k liefert dann die zweigliedrige Rekursion $(k+2)(k+1)a_{k+2} - (k-4)a_k = 0$ bzw.

$$a_{k+2} = \frac{k-4}{(k+2)(k+1)}\, a_k \, , \quad k \in \mathbb{N}_0 \, .$$

Dabei bleiben a_0 und a_1 unbestimmt. Sie spielen die Rolle der zwei Integrationskonstanten in der allgemeinen Lösung.
Durch spezielle Wahl dieser beiden Konstanten erhalten wir zwei (linear unabhängige) Lösungen.

a) $\underline{a_0 = 3,\ a_1 = 0}$: Wegen $a_1 = 0$ sind infolge der Rekursionsformel alle ungeraden Koeffizienten Null. Für die geraden Koeffizienten erhalten wir $a_2 = -6$, $a_4 = 1$ und $a_{2m} = 0$ für $m > 2$. Damit folgt: $y_1(x) = 3 - 6x^2 + x^4$.

b) $\underline{a_0 = 0,\ a_1 = 1}$: Wegen $a_0 = 0$ sind infolge der Rekursionsformel alle geraden Koeffizienten Null. Für die ungeraden Koeffizienten erhalten wir:
$a_3 = -\frac{1}{2}$, $a_5 = \frac{1}{40}$ und mit $k = 2m-1$ für $m \geq 3$:

$$a_{2m+1} = \frac{2m-5}{(2m+1)(2m)}\, a_{2m-1} = \frac{(2m-5)(2m-4)}{(2m+1)(2m)2(m-2)}\, a_{2m-1} \quad \text{woraus folgt:}$$

$$a_{2m+1} = \frac{3(2m-5)!}{2^m (2m+1)!(m-3)!} \, .$$ Letzeres kann wieder mittels vollständiger Induktion bewiesen werden. Somit:

$$y_2(x) = x - \frac{x^3}{2} + \frac{x^5}{40} + \sum_{m=3}^{\infty} \frac{3(2m-5)!}{2^m (m-3)!(2m+1)!}\, x^{2m+1} \, .$$

Insgesamt folgt dann:

$$\boxed{y(x) = C_1(3 - 6x^2 + x^4) + C_2\left(x - \frac{x^3}{2} + \frac{x^5}{40} + \sum_{m=3}^{\infty} \frac{24(2m-5)!}{2^m (m-3)!(2m+1)!}\, x^{2m+1}\right)} \, .$$

3. Bestimmen Sie mittels eines geeigneten Reihenansatzes jene Lösung der Differentialgleichung

$$y'' + (2x-1)y' + (1 - x + x^2)y = 0 \, ,$$

Die den Anfangsbedingungen $y(0) = 1$ und $y'(0) = 0$ genügt.

Lösung:
Wir setzen die Lösung in Form einer Potenzreihe mit Entwicklungsmitte $x_0 = 0$ an:
$y(x) = \sum\limits_{n=0}^{\infty} a_n x^n. \Longrightarrow y'(x) = \sum\limits_{n=0}^{\infty} n a_n x^{n-1}$ und $y''(x) = \sum\limits_{n=0}^{\infty} n(n-1) a_n x^{n-2}$.
Durch Einsetzen in die Differentialgleichung erhalten wir:

$$\sum_{n=0}^{\infty} n(n-1) a_n x^{n-2} + 2\sum_{n=0}^{\infty} n a_n x^n - \sum_{n=0}^{\infty} n a_n x^{n-1} + \sum_{n=0}^{\infty} a_n x^n - \sum_{n=0}^{\infty} a_n x^{n+1} + \sum_{n=0}^{\infty} a_n x^{n+2} = 0 \, .$$

Durch Vergleich der Koeffizienten von x^0 und x erhalten wir unter Berücksichtigung der Anfangsbedingungen, d.h. $y(0) = a_0 = 1$ und $y'(0) = a_1 = 0$:

$x^0: \; 2a_2 - a_1 + a_0 = 0 \quad \Longrightarrow \quad a_2 = \dfrac{a_1 - a_0}{2} = -\dfrac{1}{2}$,

$x: \; 6a_3 + 2a_1 - 2a_2 + a_1 - a_0 = 0 \quad \Longrightarrow \quad a_3 = \dfrac{2a_2 - 3a_1 + a_0}{6} = 0.$

Für $k \geq 2$ erhalten wir durch Vergleich der Potenzen von x^k die Rekursionsformel

$$(k+2)(k+1)a_{k+2} = (k+1)a_{k+1} - (2k+1)a_k + a_{k-1} - a_{k-2}\,.$$

Unter Berücksichtigung von $a_0 = 1,\ a_1 = 0,\ a_2 = -\frac{1}{2}$ und $a_3 = 0$ folgt für

$\underline{k=2}$: $4 \cdot 3\,a_4 = 3a_3 - 5a_2 + a_1 - a_0 = \frac{5}{2} - 1 = \frac{3}{2} \quad \Longrightarrow \quad a_4 = \frac{1}{8} = \frac{1}{2 \cdot 2^2} = \frac{1}{2!2^2}$,

$\underline{k=3}$: $5 \cdot 4\,a_5 = 4a_4 - 7a_3 + a_2 - a_1 = \frac{4}{8} - \frac{1}{2} = 0 \quad \Longrightarrow \quad a_5 = 0$,

$\underline{k=4}$: $6 \cdot 5\,a_6 = 5a_5 - 9a_4 + a_3 - a_2 = -\frac{9}{8} + \frac{1}{2} = -\frac{5}{8} \quad \Longrightarrow \quad a_6 = -\frac{1}{6 \cdot 8} = -\frac{1}{3!2^3}$,

$\underline{k=5}$: $7 \cdot 6\,a_7 = 6a_6 - 11a_5 + a_4 - a_3 = -\frac{6}{6 \cdot 8} + \frac{1}{8} = 0 \quad \Longrightarrow \quad a_7 = 0$,

$\underline{k=6}$: $8 \cdot 7\,a_8 = 7a_7 - 13a_6 + a_5 - a_4 = \frac{13}{6 \cdot 8} - \frac{1}{8} = -\frac{7}{6 \cdot 8} \quad \Longrightarrow \quad a_8 = \frac{1}{6 \cdot 8 \cdot 8} = \frac{1}{4!2^4}$.

Wir stellen nun die folgende Behauptung auf:

$$a_{2m} = \frac{(-1)^m}{m!2^m} \qquad \text{und} \qquad a_{2m+1} = 0\,.$$

Der Beweis erfolgt mittels vollständiger Induktion. Für $m = 0$ ist die Behauptung offensichtlich wahr. Unter der Annahme, dass sie für alle $l \leq m$ wahr ist, folgt durch Einsetzen in die Rekursionskormel:

$$(2m+1)(2m)a_{2m+1} = 2ma_{2m} + a_{2m-2} = \frac{2m(-1)^m}{m!2^m} + \frac{(-1)^{m-1}}{(m-1)!2^{m-1}} = 0 \quad \text{bzw.}$$

$$(2m+2)(2m+1)a_{2m+2} = -(4m+1)a_{2m} - a_{2m-2} = -\frac{(4m+1)(-1)^m}{m!2^m} - \frac{(-1)^{m-1}}{(m-1)!2^{m-1}} =$$

$$= (-1)^{m+1}\,\frac{4m+1-2m}{m!2^m} \quad \Longrightarrow \quad a_{2m+2} = \frac{(-1)^{m+1}}{(m+1)!2^{m+1}}\,.$$

Damit erhalten wir für die Lösung des Anfangswertproblems:

$$\boxed{y(x) = \sum_{m=0}^{\infty} \frac{(-1)^m x^{2m}}{m!2^m} = e^{-\frac{x^2}{2}}}\,.$$

4. Bestimmen Sie mittels eines geeigneten Reihenansatzes jene Lösung der Differentialgleichung

$$(1+x)y'' - xy' - y = 0\,,$$

die den Anfangsbedingungen $y(0) = 1$ und $y'(0) = 1$ genügt.

Lösung:
Wir setzen die Lösung in Form einer Potenzreihe mit Entwicklungsmitte $x_0 = 0$ an:
$y(x) = \sum\limits_{n=0}^{\infty} a_n x^n. \Longrightarrow y'(x) = \sum\limits_{n=0}^{\infty} n a_n x^{n-1}$ und $y''(x) = \sum\limits_{n=0}^{\infty} n(n-1)a_n x^{n-2}$.

Durch Einsetzen in die Differentialgleichung erhalten wir:

$$\sum_{n=0}^{\infty} n(n-1)a_n x^{n-2} + \sum_{n=0}^{\infty} n(n-1)a_n x^{n-1} - \sum_{n=0}^{\infty} n a_n x^n - \sum_{n=0}^{\infty} a_n x^n = 0 \,.$$

Durch Vergleich der Koeffizienten von x^kerhalten wir die dreigliedrige Rekursionsformel $(k+2)(k+1)a_{k+2} + (k+1)ka_{k+1} - (k+1)a_k$ bzw.

$$a_{k+2} = -\frac{k}{k+2}a_{k+1} + \frac{a_k}{k+2} \,.$$

Unter Berücksichtigung der Anfangsbedingungen $y(0) = a_0 = 1$ und $y'(0) = a_1 = 1$ erhalten wir daraus zunächst: $a_2 = \frac{1}{2}$, $a_3 = \frac{1}{6}$, $a_4 = \frac{1}{24}$, $a_5 = \frac{1}{120} \stackrel{?}{\Longrightarrow} a_k = \dfrac{1}{k!}$. Diese Vermutung kann durch vollständige Induktion bestätigt werden. Damit erhalten wir für die Lösung des Anfangswertproblems:

$$\boxed{y(x) = \sum_{k=0}^{\infty} \frac{x^k}{k!} = e^x} \,.$$

5. Bestimmen Sie mittels eines geeigneten Reihenansatzes um den Punkt $x_0 = 0$ die allgemeine Lösung der Differentialgleichung

$$x^2y'' + xy' + \left(x^2 - \frac{1}{4}\right)y = 0 \,.$$

Lösung:
Da der Koeffizient der höchsten (hier der zweiten) Ableitung an $x_0 = 0$ Null wird, ist die Existenz eine einfachen Potenzreihenlösung nicht gesichert. Da aber $x = 0$ eine außerwesentliche singuläre Stelle der Differentialgleichung ist, existieren nach FROBENIUS Lösungen der Form

$$y(x) = x^r \sum_{n=0}^{\infty} a_n x^n \,.$$

Einsetzen in die Differentialgleichung liefert

$$\sum_{n=0}^{\infty}(n+r)(n+r-1)a_n x^{n+r} + \sum_{n=0}^{\infty}(n+r)a_n x^{n+r} + \sum_{n=0}^{\infty} a_n x^{n+r+2} - \frac{1}{4}\sum_{n=0}^{\infty} a_n x^{n+r} = 0.$$

Division durch x^r und anschließender Koeffizientenvergleich liefert zunächst:
x^0: $\left(r(r-1) + r - \frac{1}{4}\right)a_0 = 0$ und wegen $a_0 \neq 0$: $r = \pm\frac{1}{2}$,
x^1: $\left((r+1)r + (r+1) - \frac{1}{4}\right)a_1 = 0 \quad \Longrightarrow \quad a_1 = 0,$
x^k: $\left((k+r)(k+r-1) + (k+r) - \frac{1}{4}\right)a_k + a_{k-2} = 0.$

(a) $r = \frac{1}{2}$: Aus dem Vergleich der Koeffizienten von x^k erhalten wir die Rekursionsformel: $k(k+1)a_k + a_{k-2} = 0$ bzw. $a_k = -\dfrac{a_{k-2}}{k(k+1)}$.
Wegen $a_1 = 0$ folgt dann: $a_{2m+1} = 0$ und weiters (Beweis etwa mittels vollständiger

Induktion): $a_{2m} = (-1)^m \dfrac{a_0}{(2m+2)!}$.
Mit $a_0 = 1$ erhalten wir dann:

$$\boxed{y_1(x) = \sqrt{x} \sum_{m=0}^{\infty} (-1)^m \frac{x^{2m}}{(2m+1)!} = \frac{1}{\sqrt{x}} \sin x} \; .$$

(b) $r = -\frac{1}{2}$: Aus dem Vergleich der Koeffizienten von x^k erhalten wir die Rekursionsformel: $k(k-1)a_k + a_{k-2} = 0$ bzw. $a_k = -\dfrac{a_{k-2}}{k(k-1)}$.
Wegen $a_1 = 0$ folgt dann: $a_{2m+1} = 0$ und weiters (Beweis etwa mittels vollständiger Induktion): $a_{2m} = (-1)^m \dfrac{a_0}{(2m)!}$.
Mit $a_0 = 1$ erhalten wir dann:

$$\boxed{y_2(x) = \frac{1}{\sqrt{x}} \sum_{m=0}^{\infty} (-1)^m \frac{x^{2m}}{(2m)!} = \frac{1}{\sqrt{x}} \cos x} \; .$$

6. Bestimmen Sie mittels eines geeigneten Reihenansatzes um den Punkt $x_0 = 0$ die allgemeine Lösung der Differentialgleichung

$$xy'' + (x+1)y' + y = 0 \; .$$

Lösung:
Da der Koeffizient der höchsten (hier der zweiten) Ableitung an $x_0 = 0$ Null wird, ist die Existenz eine einfachen Potenzreihenlösung nicht gesichert. Da aber $x = 0$ eine außerwesentliche singuläre Stelle der Differentialgleichung ist, existieren nach FROBENIUS Lösungen der Form

$$y(x) = x^r \sum_{n=0}^{\infty} a_n x^n \; .$$

Einsetzen in die Differentialgleichung liefert

$$\sum_{n=0}^{\infty}(n+r)(n+r-1)a_n x^{n+r-1} + \sum_{n=0}^{\infty}(n+r)a_n x^{n+r-1} + \sum_{n=0}^{\infty}(n+r)a_n x^{n+r} + \sum_{n=0}^{\infty} a_n x^{n+r} = 0.$$

Nach Division durch x^{r-1} erhalten wir durch Vergleich der Koeffizienten von x^0 zunächst: $\big(r(r-1) + r\big)a_0 = 0$. Wegen $a_0 \neq 0$ folgt daraus $r = 0$. Mit diesem Ergebnis ergibt ein Vergleich der Koeffizienten von x^k:

$$k^2 a_k + k a_{k-1} = 0 \; , \quad \text{bzw.} \quad a_k = -\frac{1}{k} a_{k-1} \quad \Longrightarrow \quad a_k = \frac{(-1)^k}{k!} a_0 \; .$$

Mit $a_0 = 1$ erhalten wir dann:

$$\boxed{y_1(x) = \sum_{k=0}^{\infty} \frac{(-1)^k}{k!} x^k = e^{-x}} \; .$$

Nachdem die charakteristische Gleichung für r die Doppelwurzel $r = 0$ besitzt, treffen wir für die zweite (linear unabhängige) Lösung folgenden Ansatz:

$$y_2(x) = \sum_{n=0}^{\infty} c_n x^n + y_1(x) \ln x = \sum_{n=0}^{\infty} c_n x^n + e^{-x} \ln x \; .$$

Mit $\quad y_2'(x) = \sum_{n=0}^{\infty} nc_n x^{n-1} - e^{-x}\ln x + \frac{e^{-x}}{x}$

und $\quad y_2''(x) = \sum_{n=0}^{\infty} n(n-1)c_n x^{n-2} + e^{-x}\ln x - 2\frac{e^{-x}}{x} - \frac{e^{-x}}{x^2}$

erhalten wir durch Einsetzen in die Differentialgleichung :

$$\sum_{n=0}^{\infty} n^2 c_n x^{n-1} + \sum_{n=0}^{\infty}(n+1)c_n x^n - e^{-x} = 0 .$$

Setzen wir für e^{-x} die TAYLOR-Reihe ein und vergleichen die Koeffizienten von x^k, folgt zunächst $(k+1)^2 c_{k+1} + (k+1)c_k = \frac{(-1)^k}{k!}$ bzw. weiter die Rekursionsformel

$$c_{k+1} = -\frac{c_k}{k+1} + \frac{(-1)^k}{(k+1)(k+1)!} .$$

Fortgesetzte Anwendung ergibt:

$$c_{k+1} = -\frac{c_k}{k+1} + \frac{(-1)^k}{(k+1)(k+1)!} = -\frac{1}{k+1}\left(-\frac{c_{k-1}}{k} + \frac{(-1)^{k-1}}{kk!}\right) + \frac{(-1)^k}{(k+1)(k+1)!} =$$

$$= \frac{c_{k-1}}{(k+1)k} + \frac{(-1)^k}{kk!} + \frac{(-1)^k}{(k+1)(k+1)!} = \cdots = \frac{(-1)^{k+1}}{(k+1)!}c_0 + (-1)^k \sum_{j=1}^{k+1}\frac{1}{jj!} .$$

Da wir über c_0 noch beliebig verfügen können, setzen wir $c_0 = 0$ und erhalten:

$$\boxed{y_2(x) = \sum_{k=1}^{\infty}\sum_{j=1}^{k}\frac{1}{jj!}x^k + e^{-x}\ln x} .$$

3.3.3 Beispiele mit Lösungen

1. Bestimmen Sie mittels eines Potenzreihenansatzes jene Lösung der Differentialgleichung

$$y'' + x^3 y = 1 + x + x^2 ,$$

die den Anfangsbedingungen $y(0) = y'(0) = 1$ genügt.
(Berechnen Sie die ersten 7 Glieder.)

Lösung: $y = 1 + x + \frac{x^2}{2} + \frac{x^3}{6} + \frac{x^4}{12} - \frac{x^5}{20} - \frac{x^6}{30} + \cdots$.

2. Bestimmen Sie durch Reihenentwicklung nach Potenzen von x jene Lösung der Differentialgleichung

$$y''' + x^2 y = 0 ,$$

die den Bedingungen $y(0) = 1$, $y'(0) = 0$ und $y''(0) = -6$ genügt. Ermitteln Sie die Rekursionsformel für die Koeffizienten c_n der Potenzreihe und berechnen Sie $c_0, c_1, \ldots, c_9$.

Lösung: $\quad c_{n+5} = -\frac{c_n}{(n+3)(n+4)(n+5)} , \quad n \in \mathbb{N}_0,$

$c_0 = 1, c_1 = 0, c_2 = -3, c_3 = 0, c_4 = 0, c_5 = -\frac{1}{60}, c_6 = 0, c_7 = \frac{1}{70}, c_8 = 0, c_9 = 0.$

3. Bestimmen Sie durch Reihenentwicklung nach Potenzen von x jene Lösung der Differentialgleichung
$$(1-x^2)y'' + y = 0 ,$$
die den Bedingungen $y(0) = -2$ und $y'(0) = 0$ genügt. Ermitteln Sie die Rekursionsformel für die Koeffizienten c_n der Potenzreihe und berechnen Sie $c_0, c_1, \ldots, c_4$.

   Lösung:
$$c_{n+2} = \frac{n^2-n-1}{(n+1)(n+2)} c_n \;, \; n \in \mathbb{N}_0, \quad c_0 = -2, c_1 = 0, c_2 = 1, c_3 = 0, c_4 = \tfrac{1}{12} \;.$$

4. Bestimmen Sie durch Reihenentwicklung nach Potenzen von x jene Lösung der Differentialgleichung
$$(1-x^2)y'' - 2xy' + 2y = 0 ,$$
die den Bedingungen $y(0) = 1$ und $y'(0) = 0$ genügt. Ermitteln Sie die Rekursionsformel für die Koeffizienten c_n der Potenzreihe und berechnen Sie die c_n explizit.

   Lösung: $c_{n+2} = \dfrac{n-1}{n+1} c_n$, $n \in \mathbb{N}_0$, woraus wegen $c_0 = 1$ und $c_1 = 0$ folgt:
$$c_{2k+1} = 0, \; c_{2k} = \frac{-1}{2k-1} \;.$$

5. Bestimmen Sie mit Hilfe einen Potenzreihenenansatz jene Lösung der Differentialgleichung
$$(1-x^2)y'' + xy' - 4y = 0 ,$$
die den Anfangsbedingungen $y(0) = 1$ und $y'(0) = 0$ genügt. Ermitteln Sie die Rekursionsformel für die Koeffizienten c_n der Potenzreihe und berechnen Sie die c_n explizit bis einschließlich c_6.

   Lösung: $c_{n+2} = \dfrac{(n-2)^2}{(n+1)(n+2)} c_n$, $n \in \mathbb{N}_0$, woraus wegen $c_0 = 1$ und $c_1 = 0$ folgt:
$$c_{2k+1} = 0, \; c_{2k+2} = \frac{(k-1)^2}{(2k+1)(2k+2)} c_{2k} \Longrightarrow \; c_2 = 2, \; c_4 = 0, \; c_6 = \frac{4}{15} \;.$$

6. Bestimmen Sie mit Hilfe eines Potenzreihenansatzes die allgemeine Lösung der Differentialgleichung
$$(x^2-1)y'' + 4xy' = 0 .$$

   Lösung:
$$y(x) = C_1 + C_2 \sum_{n=0}^{\infty} \frac{n+1}{2n+1} x^{2n+1} = C_1 + C_2 \left[\frac{x}{2(1-x^2)} + \frac{1}{4} \ln\left(\frac{1+x}{1-x}\right) \right] \;.$$

7. Bestimmen Sie mit Hilfe eines geeigneten Reihenansatzes jene Lösung der Differentialgleichung
$$(x-x^2)y'' + 3xy' - 4y = 0 ,$$
die den Anfangsbedingungen $y(0) = 0$ und $y'(0) = 2$ genügt.

   Lösung: $y(x) = 2x + x^2$.

8. Bestimmen Sie mit Hilfe eines Potenzreihenansatzes eine partikuläre Lösung der folgenden Differentialgleichung und summieren Sie diese auf:

$$xy'' - xy' - y = 0 \ .$$

Lösung: $y(x) = \sum\limits_{k=1}^{\infty} \frac{x^k}{(k-1)!} = xe^x.$

9. Bestimmen Sie mit Hilfe eines geeigneten Reihenansatzes jene Lösung der Differentialgleichung

$$(5x^2 + x)y'' - 4xy' - 2y = 0 \ ,$$

die den Anfangsbedingungen $y(0) = 0$ und $y'(0) = 1$ genügt.

Lösung: $y(x) = x + 3x^2.$

10. Bestimmen Sie mit Hilfe eines Potenzreihenansatzes um $x_0 = 0$ eine partikuläre Lösung der Differentialgleichung

$$xy'' + (1 - 2x)y' + (x - 1)y = 0$$

und summieren Sie diese Lösung auf.

Lösung: $y(x) = \sum\limits_{k=1}^{\infty} \frac{x^k}{k!} = e^x.$

11. Ermitteln Sie mit Hilfe eines Potenzreihenansatzes um $x_0 = 0$ die reelle Zahl a so, dass die Differentialgleichung

$$(1 - x^2)y'' - 2xy' + ax = 0$$

ein Polynom 3. Grades als Lösung besitzt und bestimmen Sie dieses so, dass die folgende Bedingung erfüllt ist: Die Lösungskurve besitzt bei $x = 1$ eine Tangente, die mit der positiven x-Achse einen Winkel von $\frac{\pi}{6}$ einschließt.

Lösung: $a = 12, \quad y(x) = \frac{1}{12\sqrt{3}}(5x^3 - 3x).$

12. Ermitteln Sie mit Hilfe eines Potenzreihenansatzes um $x_0 = 0$ die Lösung des Anfangswertproblems

$$y'' + y' = x \ , \qquad y(0) = y'(0) = 0 \ .$$

Lösung:

$y(x) = \sum\limits_{n=3}^{\infty} \frac{(-1)^{n+1}}{n!} x^n = 1 - x + \frac{x^2}{2} - e^{-x}.$

13. Ermitteln Sie mit Hilfe eines Potenzreihenansatzes um $x_0 = 0$ die Lösung des Anfangswertproblems

$$(1 - x^2)y'' - 2xy' + 12y = 0 \ , \qquad y(0) = 0, \ y'(0) = 6 \ .$$

Lösung: $y(x) = 6x - 10x^3.$

14. Bestimmen Sie mittels eines Potenzreihenansatzes jene Lösung der Differentialgleichung
$$(1+x^2)y''+xy'-4y=0\ ,$$
die den Anfangsbedingungen $y(0)=1,\ y'(0)=0$ genügt.

Lösung: $y(x)=2x^2+1$.

15. Ermitteln Sie mit Hilfe eines (gewöhnlichen) Potenzreihenansatzes um $x_0=0$ eine spezielle Lösung der Differentialgleichung
$$2xy''+(3-2x)y'-2y=0\ ,$$
und bestimmen Sie den Konvergenzradius der Potenzreihe.

Lösung: $y(x)=\sum\limits_{n=0}^{\infty}\dfrac{2^{2n}n!}{(2n+1)!}x^n\ ,\quad R=1.$

16. Ermitteln Sie mit Hilfe eines (gewöhnlichen) Potenzreihenansatzes um $x_0=0$ eine spezielle Lösung der Differentialgleichung
$$x(x-1)y''+2(2x-1)y'+2y=0\ ,$$
und bestimmen Sie den Konvergenzradius der Potenzreihe. Geben Sie ferner die Lösung in geschlossener Form an.

Lösung: $y(x)=\sum\limits_{n=0}^{\infty}x^n=\dfrac{1}{1-x}\ ,\quad R=1.$

17. Ermitteln Sie mit Hilfe eines Potenzreihenansatzes um $x_0=0$ die allgemeine Lösung der Differentialgleichung
$$[(x^2-1)y']'-2y=0\ ,$$
und bestimmen Sie die Konvergenzradien der auftretenden Potenzreihen.

Lösung: $y_1(x)=x,\quad y_2(x)=\sum\limits_{n=0}^{\infty}\dfrac{(-1)^{n-1}}{2n-1}x^{2n}\ ,\quad R=1.$

18. Ermitteln Sie mit Hilfe eines Potenzreihenansatzes um $x_0=0$ eine Lösung der Differentialgleichung
$$x(xy')'+x^2y=0\ ,$$
und bestimmen Sie den Konvergenzradius der Potenzreihe.

Lösung: $y(x)=\sum\limits_{n=0}^{\infty}\dfrac{(-1)^n z^{2n}}{4^n(n!)^2}\ ,\quad R=\infty.$

19. Ermitteln Sie mit Hilfe eines Potenzreihenansatzes um $x_0=0$ jene Lösung der Differentialgleichung
$$(3x^2-1)y''-6xy'+6y=0\ ,$$
die den Anfangsbedingungen $y(0)=y'(0)=1$ genügt.

Allgemeine Lösung: $y(x)=C_1x+C_2(3x^2+1)$,
spezielle Lösung: $y(x)=1+x+3x^2$.

3.4 Lineare Systeme von Differentialgleichungen

3.4.1 Grundlagen

- Lineare Systeme in expliziter Form haben die Gestalt:

$$\left.\begin{aligned} \dot{x}_1(t) &= a_{11}(t)x_1(t) + \cdots + a_{1n}(t)x_n(t) + b_1(t) \\ &\vdots \\ \dot{x}_n(t) &= a_{n1}(t)x_1(t) + \cdots + a_{nn}(t)x_n(t) + b_n(t) \end{aligned}\right\} \text{ bzw. kürzer:}$$

$$\boxed{\dot{\vec{x}}(t) = A(t)\vec{x}(t) + \vec{b}(t)}\,.$$

Für $\vec{b}(t) \equiv 0$ liegt ein homogenes System vor, anderenfalls nennen wir das lineare System inhomogen.

- Anfangswertproblem:
Sind die $a_{ik}(t)$ und die $b_k(t)$ stetige Funktionen auf einem Intervall $I \subset \mathbb{R}$, so besitzt das Anfangswertproblem

$$\dot{\vec{x}}(t) = A(t)\vec{x}(t) + \vec{b}(t)\,, \quad \vec{x}(t_0) = \vec{x}_0 \in \mathbb{R}^n$$

für jedes $t_0 \in I$ und jeden Vektor $\vec{x}_0 \in \mathbb{R}^n$ genau eine Lösung.

- Lineare Systeme erster Ordnung mit konstanten Koeffizienten:
Mit dem Exponentialansatz $\vec{x}(t) = \vec{c}e^{\lambda t}$ folgt durch Einsetzen in das System das Eigenwertproblem: $A\vec{c} = \lambda\vec{c}$. Falls A die maximale Anzahl n von linear unabhängigen Eigenvektoren besitzt, erhält man mit

$$\vec{x}(t) = \sum_{i=1}^{n} C_i\vec{c}_i\, e^{\lambda_i t}$$

die allgemeine Lösung des Systems.
Ist hingegen λ_i ein ϱ-facher Eigenwert, so führt analog zum skalaren Fall ein Ansatz:

$$\vec{x}_i(t) = \sum_{i=0}^{\varrho-1} t^i\vec{c}_i\, e^{\lambda_i t}$$

mit geeigneten Vektoren $\vec{c}_i$ zum Ziel.

3.4.2 Musterbeispiele

1. Bestimmen Sie die allgemeine Lösung des Systems

$$\left.\begin{aligned} \dot{x} &= x - 4y + 37\sin t \\ \dot{y} &= -5x + 2y + e^{2t} \end{aligned}\right\} \qquad x = x(t),\ y = y(t).$$

Lösung:
Analog zu linearen Gleichungssystemen versuchen wir, eine (abhängige) Variable zu eliminieren. Dazu lösen wir die erste Gleichung nach y auf und differenzieren

anschließend nach t: $\Longrightarrow y = \frac{1}{4}\big(x - \dot{x} + 37\sin t\big)$ und $\dot{y} = \frac{1}{4}\big(\dot{x} - \ddot{x} + 37\cos t\big)$. Setzen wir diese beiden Gleichungen in die zweite Gleichung des Systems ein, so folgt zunächst: $\frac{1}{4}\big(\dot{x} - \ddot{x} + 37\cos t\big) = -5x + \frac{1}{2}\big(x - \dot{x} + 37\sin t\big) + e^{2t}$.

Nach Vereinfachung erhalten wir die Differentialgleichung 2. Ordnung für x:

$$\ddot{x} - 3\dot{x} - 18x = -74\sin t + 37\cos t - 4e^{2t}\ .$$

Zur Lösung der homogenen Gleichung treffen wir den Exponentialansatz $x(t) = e^{\lambda t}$, woraus durch Einsetzen das charakteristische Polynom $P(\lambda) = \lambda^2 - 3\lambda - 18$ folgt, dessen Wurzeln durch $\lambda_1 = 6$ und $\lambda_2 = -3$ gegeben sind. Die Lösung der homogenen Gleichung ist dann $\underline{x_h(t) = C_1 e^{6t} + C_2 e^{-3t}}$.
Zur Lösung der inhomogenen Gleichung treffen wir den Ansatz:
$x_i(t) = A\cos t + B\sin t + Ce^{2t}$. Einsetzen in die Differentialgleichung 2. Ordnung für x und anschließender Koeffizientenvergleich (nach $\cos t$, $\sin t$ und e^{2t}) liefert: $A = -\frac{5}{2}$, $B = \frac{7}{2}$ und $C = \frac{1}{5}$ und damit $\underline{x_i(t) = -\frac{5}{2}\cos t + \frac{7}{2}\sin t + \frac{1}{5}e^{2t}}$.
Insgesamt erhalten wir dann für x:

$$\boxed{x(t) = C_1 e^{6t} + C_2 e^{-3t} - \frac{5}{2}\cos t + \frac{7}{2}\sin t + \frac{1}{5}e^{2t}}\ .$$

y können wir dann aus der Gleichung $y = \frac{1}{4}\big(x - \dot{x} + 37\sin t\big)$ berechnen und erhalten dann:

$$\boxed{y(t) = -\frac{5}{4}C_1 e^{6t} + C_2 e^{-3t} - \frac{3}{2}\cos t + \frac{19}{2}\sin t - \frac{1}{20}e^{2t}}\ .$$

2. Bestimmen Sie die allgemeine Lösung des Systems

$$\left.\begin{array}{rcrcrcl} \dot{x}_1 &=& 10x_1 &-& 18x_2 &+& t \\ \dot{x}_2 &=& 6x_1 &-& 11x_2 &-& t^2 \end{array}\right\} \qquad x_1 = x_1(t),\ x_2 = x_2(t).$$

Lösung:
Wir schreiben das System in kompakterer Form an:

$$\dot{\vec{x}} = A\vec{x} + \vec{b}(t)\ .$$

Dabei ist $\vec{x} = \begin{pmatrix} x_1 \\ x_2 \end{pmatrix}$, $A = \begin{pmatrix} 10 & -18 \\ 6 & -11 \end{pmatrix}$, $\vec{b}(t) = \begin{pmatrix} t \\ t^2 \end{pmatrix}$.

Zur Lösung der homogenen Gleichung $\dot{\vec{x}} = A\vec{x}$ treffen wir den Exponentialansatz $\vec{x}(t) = \vec{c}e^{\lambda t}$. Das liefert: $\lambda\vec{c}e^{\lambda t} = A\vec{c}e^{\lambda t}$ bzw. nach Division durch $e^{\lambda t}$ und Einführung der Einheitsmatrix E: $\underline{(A - \lambda E)\vec{c} = 0}$. Wir suchen nun eine nichttriviale Lösung dieses homogenen Gleichungssystems. Dazu ist bekanntlich erforderlich, dass gilt $\det A = 0$, d.h.:

$$\det A = \begin{vmatrix} 10 - \lambda & -18 \\ 6 & -11 - \lambda \end{vmatrix} = 0\ , \quad \text{bzw.} \quad \lambda^2 + \lambda - 2 = 0\ .$$

Die Wurzeln dieses charakteristischen Polynoms sind $\lambda_1 = -2$ und $\lambda_2 = 1$. Sie heißen *Eigenwerte* der Matrix A. Zu jedem Eigenwert der Matrix gibt es dann eine nichttriviale Lösung $\vec{c}_1$ bzw. $\vec{c}_2$ des Systems $(A - \lambda E)\vec{c} = 0$. Diese Vektoren heißen *Eigenvektoren* der Matrix A und sind für verschiedene Eigenwerte linear unabhängig. In unserem Fall erhalten wir für $\lambda_1 = -2$ aus der ersten Gleichung des Systems $(A - \lambda E)\vec{c} = 0$: $12c_1 - 18c_2 = 0$ die Lösung $\vec{c}_1 = \binom{3}{2}$. Analog erhalten wir für den Eigenwert $\lambda_2 = 1$ die Gleichung $9c_1 - 18c_2 = 0$ und damit den Eigenvektor $\vec{c}_2 = \binom{2}{1}$. Die allgemeine Lösung des homogenen Differentialgleichungssystems ist dann

$$\vec{x}_h(t) = C_1\begin{pmatrix}3\\2\end{pmatrix}e^{-2t} + C_2\begin{pmatrix}2\\1\end{pmatrix}e^t .$$

Zur Gewinnung einer partikulären Lösung des inhomogenen Differentialgleichungssystems treffen wir wegen der Gestalt der rechten Seite $\vec{b}(t)$ (Polynome höchstens 2. Grades) den Ansatz:

$$\vec{x}_i(t) = \begin{pmatrix}a + bt + ct^2\\d + et + ft^2\end{pmatrix} .$$

Einsetzen in die Differentialgleichung liefert dann:

$$\begin{pmatrix}b + 2ct\\e + 2ft\end{pmatrix} = \begin{pmatrix}10 & -18\\6 & -11\end{pmatrix}\begin{pmatrix}a + bt + ct^2\\d + et + ft^2\end{pmatrix} + \begin{pmatrix}t\\t^2\end{pmatrix} .$$

Ausmultiplizieren liefert:

$$\begin{pmatrix}b + 2ct\\e + 2ft\end{pmatrix} = \begin{pmatrix}10a + 10bt + 10ct^2 - 18d - 18et - 18ft^2 + t\\6a + 6bt + 6ct^2 - 11d - 11et - 11ft^2 + t^2\end{pmatrix} .$$

Die Konstanten a, b, c, d, e und f erhalten wir durch Koeffizientenvergleich in jeder Komponente:
$b = 10a - 18d$, $2c = 10b - 18e + 1$, $0 = 10c - 18f$, $e = 6a - 11d$, $2f = 6b - 11e$, $0 = 6c - 11f + 1$. Auflösung dieses linearen Gleichungssystems liefert:
$a = \frac{41}{4}$, $b = \frac{7}{2}$, $c = 9$, $d = \frac{11}{2}$, $e = 1$ und $f = 5$. Eine partikuläre Lösung des inhomogenen Systems ist dann

$$\vec{x}_i(t) = \begin{pmatrix}\frac{41}{4} + \frac{7t}{2} + 9t^2\\\frac{11}{2} + t + 5t^2\end{pmatrix} .$$

Für die allgemeine Lösung erhalten wir dann

$$\boxed{\vec{x}(t) = C_1\begin{pmatrix}3\\2\end{pmatrix}e^{-2t} + C_2\begin{pmatrix}2\\1\end{pmatrix}e^t + \begin{pmatrix}\frac{41}{4} + \frac{7t}{2} + 9t^2\\\frac{11}{2} + t + 5t^2\end{pmatrix}} .$$

3. Bestimmen Sie die allgemeine Lösung des Systems

$$\left.\begin{array}{rcrcrcrcr}5\dot{x} & = & x & + & 6y & - & 2z & + & 3\\\dot{y} & = & 2x & + & y & - & 2z & - & 5\\5\dot{z} & = & -2x & - & 2y & + & 9z & + & 4\end{array}\right\} \qquad x = x(t),\ y = y(t),\ z = z(t).$$

Lösung:
Zur Lösung des vorliegenden Differentialgleichungssystems verwenden wir eine auf HEAVISIDE zurückgehende Methode. Dazu führen wir den Differentialoperator

$D = \dfrac{d}{dt}$ ein. Unter Berücksichtigung einiger Rechenregeln für diesen Operator: $Df(t) = \dot{f}(t)$, $(D+\mu)f(t) = \dot{f}(t) + \mu f(t)$ und $(D+\mu)(D+\nu)f(t) = D^2 f(t) + (\mu+\nu)Df(t) + \mu\nu f(t) = \ddot{f}(t) + (\mu+\nu)\dot{f}(t) + \mu\nu f(t)$ erhalten wir das formale Gleichungssystem

$$\left\{\begin{array}{rcrcrcr} (5D-1)x & - & 6y & + & 2z & = & 3 \\ -2x & + & (D-1)y & + & 2z & = & -5 \\ 2x & + & 2y & + & (5D-9)z & = & 4 \end{array}\right. .$$

Dieses bringen wir nach dem GAUSS'schen Algorithmus auf Dreiecksform, indem wir erlaubte Zeilenoperationen (allerdings ohne Division, sofern der Differentialoperator D involviert ist) ausführen. Als erstes drehen wir (weil das im vorliegenden Fall günstig ist) die Reihenfolge der Gleichungen um, addieren die dann erste Gleichung zur zweiten und subtrahieren die mit $\dfrac{5D-1}{2}$ „multiplizierte" erste Gleichung zur dritten. Dann erhalten wir:

$$\left\{\begin{array}{rcrcrcr} 2x & + & 2y & + & (5D-9)z & = & 4 \\ & & (D+1)y & + & (5D-7)z & = & -1 \\ & & -5(D+1)y & + & (-\frac{25}{2}D^2 + 25D - \frac{5}{2})z & = & 5 \end{array}\right. .$$

Nun multiplizieren wir die zweite Gleichung mit 5 und addieren sie zur dritten Gleichung und erhalten:

$$\left\{\begin{array}{rcrcrcr} 2x & + & 2y & + & (5D-9)z & = & 4 \\ & & (D+1)y & + & (5D-7)z & = & -1 \\ & & & + & (-\frac{25}{2}D^2 + 50D - \frac{75}{2})z & = & 0 \end{array}\right. .$$

Die letzte Zeile liefert eine Differentialgleichung 2. Ordnung für z:

$$\ddot{z} - 4\dot{z} + 3z = 0 .$$

Ihre allgemeine Lösung ergibt sich nach dem üblichen Exponentialansatz mit den Wurzeln $\lambda_1 = 1$ und $\lambda_2 = 3$ des charakteristischen Polynoms zu:

$$\boxed{z(t) = C_1 e^t + C_2 e^{3t}} .$$

Aus der zweiten Gleichung folgt: $\dot{y} + y = -(5D-7)z - 1$ bzw. nach Einsetzen von z:

$$\dot{y} + y = 2C_1 e^t - 8C_2 e^{3t} - 1 .$$

Die Lösung der homogenen Gleichung ist offensichtlich $y = C_3 e^{-t}$. Mit dem Ansatz $y_i(t) = Ae^t + Be^{3t} + C$ erhalten wir durch Einsetzen eine partikuläre Lösung der inhomogenen Gleichung: $y_i(t) = C_1 e^t - 2C_2 e^{3t} - 1$ und damit:

$$\boxed{y(t) = C_1 e^t - 2C_2 e^{3t} + C_3 e^{-t} - 1} .$$

Schließlich ergibt sich aus der ersten Gleichung $x = -y - \frac{1}{2}(5D-9)z + 2$ bzw. $x = -y - \frac{5}{2}\dot{z} + \frac{9}{2}z + 2$ und nach Einsetzen:

$$\boxed{x(t) = C_1 e^t - C_2 e^{3t} - C_3 e^{-t} + 3} .$$

4. Bestimmen Sie die allgemeine Lösung des Systems

$$\left.\begin{array}{rcl} \dot{x}_1 &=& x_1 \\ \dot{x}_2 &=& x_1 + 3x_2 + 2x_3 \\ \dot{x}_3 &=& x_1 + 2x_2 + 3x_3 \end{array}\right\} \qquad x_1 = x_1(t),\ x_2 = x_2(t),\ x_3 = x_3(t).$$

Lösung:
Unter Verwendung des Matrizenkalküls schreiben wir das System in der Form

$$\dot{\vec{x}} = A\vec{x} \qquad \text{mit} \qquad A = \begin{pmatrix} 1 & 0 & 0 \\ 1 & 3 & 2 \\ 1 & 2 & 3 \end{pmatrix} \qquad \text{und} \qquad \vec{x} = \begin{pmatrix} x_1 \\ x_2 \\ x_3 \end{pmatrix}.$$

Mit dem Exponentialansatz $\vec{x} = \vec{c}e^{\lambda^t}$ erhalten wir das lineare homogene Gleichungssystem $(A - \lambda E)\vec{x} = \vec{0}$, das nur für $\det(A - \lambda E) = 0$ nichttriviale Lösungen besitzt. Damit erhalten wir das charakteristische Polynom $P(\lambda) = (1 - \lambda)\big((3 - \lambda)^2 - 4\big)$ mit den Wurzeln $\lambda_1 = 1$, $\lambda_2 = 1$ und $\lambda_3 = 5$. Es tritt hier eine Doppelwurzel auf. Wieviele linear unabhängige Eigenvektoren es dazu gibt, hängt vom Rangabfall des Gleichungssystems $(A - \lambda E)\vec{x} = \vec{0}$ ab.
Im vorliegenden Fall ist die Koeffizientenmatrix dieses Systems

$$\begin{pmatrix} 1-\lambda_1 & 0 & 0 \\ 1 & 3-\lambda_1 & 2 \\ 1 & 2 & 3-\lambda_1 \end{pmatrix} = \begin{pmatrix} 0 & 0 & 0 \\ 1 & 2 & 2 \\ 1 & 2 & 2 \end{pmatrix}$$

und hat daher den Rang 1, bzw. ist der Rangabfall 2. Es gibt daher zwei linear unabhängige Eigenvektoren. Aus der Gleichung $c_1 + 2c_2 + 2c_3 = 0$ erhalten wir die zwei Eigenvektoren $\vec{c}_1 = \begin{pmatrix} -2 \\ 1 \\ 0 \end{pmatrix}$ und $\vec{c}_2 = \begin{pmatrix} -2 \\ 0 \\ 1 \end{pmatrix}$.

Für den Eigenwert $\lambda_3 = 5$ erhalten wir die Koeffizientenmatrix $\begin{pmatrix} -4 & 0 & 0 \\ 1 & -2 & 2 \\ 1 & 2 & -2 \end{pmatrix}$.
Der Rang ist 2. Daher gibt es zwei linear unabhängige Zeilen und damit einen Eigenvektor. Aus der ersten Zeile folgt $c_1 = 0$ und aus der zweiten $c_2 = c_3$. Der dritte Eigenvektor ist dann $\vec{c}_3 = \begin{pmatrix} 0 \\ 1 \\ 1 \end{pmatrix}$. Damit erhalten wir für die allgemeine Lösung des Systems

$$\boxed{\vec{x}(t) = C_1 \begin{pmatrix} -2 \\ 1 \\ 0 \end{pmatrix} e^t + C_2 \begin{pmatrix} -2 \\ 0 \\ 1 \end{pmatrix} e^t + C_3 \begin{pmatrix} 0 \\ 1 \\ 1 \end{pmatrix} e^{5t}}\,.$$

5. Bestimmen Sie die allgemeine Lösung des Systems

$$\left.\begin{array}{rcl} \dot{x}_1 &=& x_2 \\ \dot{x}_2 &=& x_3 \\ \dot{x}_3 &=& -x_2 + 2x_3 \end{array}\right\} \qquad x_1 = x_1(t),\ x_2 = x_2(t),\ x_3 = x_3(t).$$

Lösung:
Unter Verwendung des Matrizenkalküls schreiben wir das System in der Form

$$\dot{\vec{x}} = A\vec{x} \qquad \text{mit} \qquad A = \begin{pmatrix} 0 & 1 & 0 \\ 0 & 0 & 1 \\ 0 & -1 & 2 \end{pmatrix} \qquad \text{und} \qquad \vec{x} = \begin{pmatrix} x_1 \\ x_2 \\ x_3 \end{pmatrix}.$$

Mit dem Exponentialansatz $\vec{x} = \vec{c}e^{\lambda^t}$ erhalten wir das lineare homogene Gleichungssystem $(A - \lambda E)\vec{x} = \vec{0}$, das nur für $\det(A - \lambda E) = 0$ nichttriviale Lösungen besitzt. Damit erhalten wir das charakteristische Polynom $P(\lambda) = -\lambda(\lambda - 1)^2$ mit den Wurzeln $\lambda_1 = 0$, $\lambda_2 = 1$ und $\lambda_3 = 1$. Es tritt hier eine Doppelwurzel auf. Wieviele linear unabhängige Eigenvektoren es dazu gibt, hängt vom Rangabfall des Gleichungssystems $(A - \lambda E)\vec{x} = \vec{0}$ ab.
Im vorliegenden Fall ist die Koeffizientenmatrix dieses Systems

$$\begin{pmatrix} -1 & 1 & 0 \\ 0 & -1 & 1 \\ 0 & -1 & 1 \end{pmatrix}$$

und hat daher den Rang 2, bzw. ist der Rangabfall 1. Es gibt daher nur einen linear unabhängigen Eigenvektor und damit nur eine Lösung. Aus den Gleichungen $-c_1 + c_2 = 0$ und $-c_2 + c_3 = 0$ erhalten wir für diesen Eigenvektor $\vec{c}_2 = \begin{pmatrix} 1 \\ 1 \\ 1 \end{pmatrix}$. Um eine weitere Lösung zum Eigenwert $\lambda = 1$ zu erhalten, treffen wir analog zum Fall der linearen Differentialgleichungen n-ter Ordnung mit Doppelwurzel den Ansatz: $\vec{x}(t) = (\vec{a} + t\vec{b})e^{\lambda t}$. Setzen wir dies in das System ein, so folgt:
$\vec{b}e^{\lambda t} + \lambda(\vec{a} + t\vec{b})e^{\lambda t} = A(\vec{a} + t\vec{b})e^{\lambda t}$. Division durch $e^{\lambda t}$ und Trennung nach t-Potenzen liefert: $\vec{b} + \lambda\vec{a} - A\vec{a} = t(A\vec{b} - \vec{b})$, woraus durch Vergleich der Koeffizienten von t^0 und t folgt:

$$(A - \lambda E)\vec{b} = \vec{0} \qquad \text{und} \qquad (A - \lambda E)\vec{a} = \vec{b}\,.$$

Aus der ersten Gleichung folgt, dass $\vec{b}$ der Eigenvektor $\vec{c}_2$ zum doppelten Eigenwert (im vorliegenden Fall 1) ist, d.h. $\vec{b} = \begin{pmatrix} 1 \\ 1 \\ 1 \end{pmatrix}$. Das inhomogene Gleichungssystem $(A - \lambda E)\vec{a} = \vec{b}$ hat die Gestalt:

$$\begin{array}{rcrcrcl} -a_1 & + & a_2 & & & = & 1 \\ & - & a_2 & + & a_3 & = & 1 \\ & - & a_2 & + & a_3 & = & 1 \end{array}.$$

Als Lösung erhalten wir $a_3 = 1 + a_2$ und $a_2 = 1 + a_1$. Wählen wir speziell $a_1 = 0$, so folgt: $\vec{a} = \begin{pmatrix} 0 \\ 1 \\ 2 \end{pmatrix}$. Die zwei linear unabhängigen Lösungen zum Eigenwert $\lambda_{2/3} = 1$ sind dann $\vec{x}_2(t) = \vec{c}_2e^t$ und $\vec{x}_3(t) = (\vec{a} + t\vec{c}_2)e^t$.
Für den ersten Eigenwert $\lambda = 0$ folgt aus dem Gleichungssystem $c_2 = 0$, $c_3 = 0$

und $-c_2 + 2c_3 = 0$ der Eigenvektor $\vec{c}_1 = \begin{pmatrix} 1 \\ 0 \\ 0 \end{pmatrix}$. Damit erhalten wir insgesamt als allgemeine Lösung des Systems:

$$\boxed{\vec{x}(t) = C_1 \begin{pmatrix} 1 \\ 0 \\ 0 \end{pmatrix} + C_2 \begin{pmatrix} 1 \\ 1 \\ 1 \end{pmatrix} e^t + C_3 \left[\begin{pmatrix} 0 \\ 1 \\ 2 \end{pmatrix} + t \begin{pmatrix} 1 \\ 1 \\ 1 \end{pmatrix} \right] e^t}\ .$$

6. Bestimmen Sie die allgemeine Lösung des Systems

$$\left.\begin{aligned} \dot{x}_1 &= x_1 + x_2 \\ \dot{x}_2 &= 2x_2 \end{aligned}\right\} \qquad x_1 = x_1(t),\ x_2 = x_2(t).$$

Lösung:
Unter Verwendung des Matrizenkalküls schreiben wir das System in der Form

$$\dot{\vec{x}} = A\vec{x} \qquad \text{mit} \qquad A = \begin{pmatrix} 1 & 1 \\ 0 & 2 \end{pmatrix} \qquad \text{und} \qquad \vec{x} = \begin{pmatrix} x_1 \\ x_2 \end{pmatrix}.$$

Für eine „skalare" Differentialgleichung $\dot{x} = ax$ ist die allgemeine Lösung bekanntlich $x(t) = e^{at}\,C$ mit einer beliebigen Konstanten C. Die formal gleiche Vorgangsweise in unserem Fall führt zum Ansatz: $\vec{x}(t) = e^{At}\,\vec{C}$ mit einem beliebigen konstanten Vektor $\vec{C}$ und der „Exponentialmatrix" e^{At}. Letztere wird mit Hilfe der Exponentialreihe definiert:

$$e^{At} := \sum_{n=0}^{\infty} \frac{1}{n!} A^n t^n\ , \quad \text{wobei} \quad A^0 := E\ .$$

Mittels der Exponentialreihe erkennen wir, dass offensichtlich $\dfrac{de^{At}}{dt} = Ae^{At}$ gilt, wodurch klar ist, dass der gewählte Ansatz tatsächlich Lösung unseres Systems ist. Unsere Hauptaufgabe besteht nun in der Ermittlung der Matrix e^{At}. Dazu benötigen wir die Potenzen von A. Es gilt offensichtlich:

$$A^2 = \begin{pmatrix} 1 & 1 \\ 0 & 2 \end{pmatrix}\begin{pmatrix} 1 & 1 \\ 0 & 2 \end{pmatrix} = \begin{pmatrix} 1 & 3 \\ 0 & 4 \end{pmatrix},\ A^3 = A^2 A = \begin{pmatrix} 1 & 3 \\ 0 & 4 \end{pmatrix}\begin{pmatrix} 1 & 1 \\ 0 & 2 \end{pmatrix} = \begin{pmatrix} 1 & 7 \\ 0 & 8 \end{pmatrix}.$$

Mit $A^4 = A^3 A = \begin{pmatrix} 1 & 7 \\ 0 & 8 \end{pmatrix}\begin{pmatrix} 1 & 1 \\ 0 & 2 \end{pmatrix} = \begin{pmatrix} 1 & 15 \\ 0 & 16 \end{pmatrix}$ vermuten wir bereits ein Bildungsgesetz:

$$A^n = \begin{pmatrix} 1 & 2^n - 1 \\ 0 & 2^n \end{pmatrix}.$$

Mittels vollständiger Induktion läßt sich die Richtigkeit nachweisen. Damit erhalten wir nach den Rechenregeln für Matrizen:

$$e^{At} = \sum_{n=0}^{\infty} \frac{1}{n!} A^n t^n = \sum_{n=0}^{\infty} \frac{t^n}{n!} \begin{pmatrix} 1 & 2^n - 1 \\ 0 & 2^n \end{pmatrix} = \begin{pmatrix} \sum\limits_{n=0}^{\infty} \dfrac{t^n}{n!} & \sum\limits_{n=0}^{\infty} \dfrac{t^n}{n!}(2^n - 1) \\ 0 & \sum\limits_{n=0}^{\infty} \dfrac{t^n}{n!} 2^n \end{pmatrix} =$$

$$= \begin{pmatrix} e^t & e^{2t} - e^t \\ 0 & e^{2t} \end{pmatrix}$$ und damit letzlich für die allgemeine Lösung:

$$\boxed{\vec{x}(t) = \begin{pmatrix} e^t & e^{2t} - e^t \\ 0 & e^{2t} \end{pmatrix} \begin{pmatrix} C_1 \\ C_2 \end{pmatrix} = \begin{pmatrix} C_1 e^t + C_2(e^{2t} - e^t) \\ C_2 e^{2t} \end{pmatrix} = \begin{pmatrix} C_1^* e^t + C_2^* e^{2t} \\ C_2 e^{2t} \end{pmatrix}}.$$

3.4.3 Beispiele mit Lösungen

1. Bestimmen Sie die allgemeine Lösung des Differentialgleichungssystems

$$\begin{aligned} \dot{x} &= x + y \\ \dot{y} &= 8x + 3y \end{aligned}.$$

Allgemeine Lösung: $x(t) = C_1 e^{5t} + C_2 e^{-t}$, $y(t) = 4C_1 e^{5t} - 2C_2 e^{-t}$.

2. Bestimmen Sie die allgemeine Lösung des Differentialgleichungssystems

$$\begin{aligned} \dot{x} - y &= t \\ \dot{y} - 2x - y &= 0 \end{aligned}.$$

Lösung: $x(t) = C_1 e^{2t} + C_2 e^{-t} - \frac{3}{4} + \frac{t}{2}$, $y(t) = 2C_1 e^{2t} - C_2 e^{-t} + \frac{1}{2} - t$.

3. Lösen Sie das folgende Anfangswertproblem:

$\dot{x}(t) = 8x(t) + 10y(t), \qquad x(0) = 17/3,$

$\dot{y}(t) = 6x(t) - 3y(t), \qquad y(0) = 1.$

Lösung: $\vec{x}(t) = e^{12t}(5,2)^T - e^{-7t}(-2/3,1)^T$.

4. Bestimmen Sie die allgemeine Lösung der folgenden Differentialgleichungssysteme:

a) $\left\{ \begin{aligned} \dot{x}(t) &= z(t) - y(t) \\ \dot{y}(t) &= z(t) \\ \dot{z}(t) &= z(t) - x(t) \end{aligned} \right.$, b) $\left\{ \begin{aligned} \dot{x}(t) &= y(t) \\ \dot{y}(t) &= -2y(t) - 5z(t) \\ \dot{z}(t) &= y(t) + 2z(t) \end{aligned} \right.$.

Lösungen:

a) $\vec{x}(t) = C_1 e^t (0,1,1)^T + C_2(\cos t + \sin t, \sin t, \cos t)^T + C_3(\sin t - \cos t, -\cos t, \sin t)^T$; $C_1, C_2, C_3 \in \mathbb{R}$.

b) $\vec{x}(t) = C_1(1,0,0)^T + C_2(\cos t - 2\sin t, -2\cos t - \sin t, \cos t)^T$ $+ C_3(2\cos t + \sin t, \cos t - 2\sin t, \sin t)^T$; $C_1, C_2, C_3 \in \mathbb{R}$.

5. Bestimmen Sie die allgemeine Lösung $x = x(t)$, $y = y(t)$ des Differentialgleichungssystems

$$\begin{aligned} \dot{x} &= 4x - y + \frac{e^{3t}}{t} \\ \dot{y} &= x + 2y - \frac{e^{3t}}{t^2} \end{aligned}.$$

Lösung:

$x(t) = C_1 e^{3t} + C_2 t e^{3t} + t \ln|t| e^{3t}$,

$y(t) = (C_1 - C_2)e^{3t} + C_2 t e^{3t} + \left(\frac{1}{t} + t\ln|t| - \ln|t| - 1\right)e^{3t}$.

6. Bestimmen Sie die allgemeine Lösung des Differentialgleichungssystems

$$\dot{x} = x - y + t^2 , \qquad \dot{y} = 2x - y + e^t .$$

Lösung:

$x(t) = C_1 \cos t + C_2 \sin t + t^2 + 2t - 2 - \dfrac{e^t}{2}$,

$y(t) = (C_1 - C_2) \cos t + (C_1 + C_2) \sin t + 2t^2 - 4.$

7. Bestimmen Sie die allgemeine Lösung $x = x(t)$, $y = y(t)$ des Differentialgleichungssystems

$$\begin{aligned} \dot{x} + 2\dot{y} &= x + y + t \\ 2\dot{x} + \dot{y} &= x + y + t \end{aligned} .$$

Bestimmen Sie ferner jene spezielle Lösung des Systems, die den Randbedingungen $x(0) = 0$ und $y(0) = -1$ genügt.

Allgemeine Lösung: $x(t) = C_1 e^{\frac{2t}{3}} + C_2 - \frac{t}{2} - \frac{3}{4}$, $y(t) = C_1 e^{\frac{2t}{3}} - C_2 - \frac{t}{2} - \frac{3}{4}$,

spezielle Lösung: $x(t) = \frac{1}{4} e^{\frac{2t}{3}} + \frac{1}{2} - \frac{t}{2} - \frac{3}{4}$, $y(t) = \frac{1}{4} e^{\frac{2t}{3}} - \frac{1}{2} - \frac{t}{2} - \frac{3}{4}$.

8. Die Bewegung eines Massenpunktes in der Ebene sei durch das folgende Differentialgleichungssystem gegeben:

$$\ddot{x} + 4\dot{y} = 0 , \quad \ddot{y} - \dot{x} = 0 , \qquad x = x(t),\ y = y(t) .$$

Zur Zeit $t = 0$ befinde sich der Punkt an der Stelle $(2, 0)$ und besitze dort die Geschwindigkeit $(0, 2)$. Bestimmen Sie die Bahnkurve des Punktes.

Lösung: $x(t) = 2 \cos 2t$, $y(t) = \sin 2t$ bzw. $\left(\dfrac{x}{2}\right)^2 + y^2 = 1$ (Ellipse).

9. Die Bewegung eines Massenpunktes in der Ebene sei durch das folgende Differentialgleichungssystem gegeben:

$$\ddot{x} = \dot{y} , \quad \ddot{y} = \dot{x} + 1 \qquad x = x(t),\ y = y(t) .$$

Bestimmen Sie die Bahnkurve die den Anfangsbedingungen $x(0) = y(0) = 0$ und $\dot{x}(0) = \dot{y}(0) = 1$ entspricht.

Lösung: $x(t) = \frac{3}{2} e^t - \frac{1}{2} e^{-t} - t - 1$, $y(t) = \frac{3}{2} e^t + \frac{1}{2} e^{-t} - 2$.

10. Bestimmen Sie die allgemeine Lösung des Differentialgleichungssystems

$$\begin{aligned} \dot{x} &= t^2 y \\ \dot{y} &= \frac{4}{t^4} x \end{aligned} , \qquad x = x(t),\ y = y(t) .$$

Bestimmen Sie ferner jene spezielle Lösung des Systems, die den Randbedingungen $x(0) = 0$ und $x(1) = 1$ genügt.

Allgemeine Lösung: $x(t) = C_1 t^4 + \dfrac{C_2}{t}$, $y(t) = 4C_1 t - \dfrac{C_2}{t^4}$,

spezielle Lösung: $x(t) = t^4$, $y(t) = 4t$.

11. Bestimmen Sie durch Elimination die allgemeine Lösung des Differentialgleichungssystems

$$\begin{aligned}\dot{x}_1 &= 3x_1 - 3x_2 + e^t \\ \dot{x}_2 &= x_1 - x_2 + \cos t\end{aligned} .$$

Lösung:
$x_1(t) = C_1 + C_2 e^{2t} - 2e^t + \frac{3}{5}\cos t + \frac{6}{5}\sin t$,
$x_2(t) = C_1 + \frac{1}{3}C_2 e^{2t} - e^t + \frac{1}{5}\cos t + \frac{7}{5}\sin t.$

12. Bestimmen Sie mittels Matrizenkalküls die allgemeine Lösung des Differentialgleichungssystems

$$\begin{aligned}\dot{x}_1 &= 10x_1 - 18x_2 \\ \dot{x}_2 &= 6x_1 - 11x_2\end{aligned} .$$

Lösung: $\vec{x}(t) = \begin{pmatrix} x_1 \\ x_2 \end{pmatrix} = C_1 \begin{pmatrix} 3 \\ 2 \end{pmatrix} e^{-2t} + C_2 \begin{pmatrix} 2 \\ 1 \end{pmatrix} e^t.$

13. Bestimmen Sie mittels der HEAVISIDE-Methode die allgemeine Lösung des linearen Differentialgleichungssystems

$$\begin{aligned}\dot{x} &= x - 2y + 1 \\ \dot{y} &= 2x - z + t \\ \dot{z} &= 4x - 2y - z + t^2\end{aligned} .$$

Lösung:
$x(t) = C_1 e^t + e^{-t/2}\left[D_2 \cos\left(\frac{\sqrt{7}t}{2}\right) + D_3 \sin\left(\frac{\sqrt{7}t}{2}\right)\right] + 2 - t^2$,
$y(t) = e^{-t/2}\left[\left(\frac{3}{4}D_2 - \frac{\sqrt{7}}{4}D_3\right)\cos\left(\frac{\sqrt{7}t}{2}\right) + \left(\frac{3}{4}D_3 + \frac{\sqrt{7}}{4}D_2\right)\sin\left(\frac{\sqrt{7}t}{2}\right)\right] + \frac{3}{2} + t - \frac{t^2}{2}$,
$z(t) = 2C_1 e^t + e^{-t/2}\left[\left(\frac{3}{2}D_2 - \frac{\sqrt{7}}{2}D_3\right)\cos\left(\frac{\sqrt{7}t}{2}\right) + \left(\frac{3}{2}D_3 + \frac{\sqrt{7}}{2}D_2\right)\sin\left(\frac{\sqrt{7}t}{2}\right)\right] +$
$+3 + 2t - 2t^2.$

14. Bestimmen Sie mittels der HEAVISIDE-Methode die allgemeinen Lösungen der folgenden linearen Differentialgleichungssysteme:

a) $\begin{aligned}\dot{x} &= 3x - 3y \\ \dot{y} &= x - y\end{aligned}$, b) $\begin{aligned}\dot{x} &= -2y + t^2 \\ \dot{y} &= -x + y\end{aligned}$, c) $\begin{aligned}\dot{x} &= 5x - y \\ \dot{y} &= -y\end{aligned}$,

d) $\begin{aligned}\dot{x} &= -2x - 3y \\ \dot{y} &= -3x - 2y + 2e^{2t}\end{aligned}$, e) $\begin{aligned}\dot{x} &= -2y + 6 \\ \dot{y} &= \frac{3}{2}x - 4y + 10\end{aligned}$,

f) $\begin{aligned}\dot{x} &= 2x - 2y + 16t \\ \dot{y} &= -x + 3y + 9e^t\end{aligned}$, g) $\begin{aligned}\dot{x} &= -2x - y + t \\ \dot{y} &= 3x + y + 2t\end{aligned}$.

Lösungen:
a) $x(t) = C_1 + 3C_2 e^{2t}, \quad y(t) = C_1 + C_2 e^{2t}.$
b) $x(t) = -C_1 e^{2t} + 2C_2 e^{-t} + \frac{t^2}{2} - \frac{3t}{2} + \frac{5}{4}, \quad y(t) = C_1 e^{2t} + C_2 e^{-t} + \frac{t^2}{2} - \frac{t}{2} + \frac{3}{4}$.
c) $x(t) = C_1 e^{5t} + C_2 e^{-t}, \quad y(t) = 6C_2 e^{-t}.$

d) $x(t) = C_1 e^{-5t} + C_2 e^t - \frac{6}{7} e^{2t}$, $\quad y(t) = C_1 e^{-5t} - C_2 e^t + \frac{8}{7} e^{2t}$.

e) $x(t) = 2C_1 e^{-t} + 2C_2 e^{-3t} + \frac{4}{3}$, $\quad y(t) = C_1 e^{-t} + 3C_2 e^{-3t} + 3$.

f) $x(t) = 2C_1 e^t - C_2 e^{4t} + 6(1+t)e^t - 12t - 11$,
$y(t) = C_1 e^t + C_2 e^{4t} + 3te^t - 4t - 5$.

g) $x(t) = e^{-\frac{t}{2}} \left[C_1 \cos\left(\frac{\sqrt{3}\,t}{2}\right) + C_2 \sin\left(\frac{\sqrt{3}\,t}{2}\right) \right] - 3t + 4$,

$y(t) = -e^{-\frac{t}{2}} \left[3C_1 \cos\left(\frac{\sqrt{3}\,t}{2}\right) + C_2 \sin\left(\frac{\sqrt{3}\,t}{2}\right) \right] - 3t + 4$.

15. Bestimmen Sie die allgemeine Lösung des Differentialgleichungssystems

$$\begin{aligned} \dot{x} &= 2y + 6 - 6t \\ 2\dot{y} &= -3x - 8y - 20 + 18t \end{aligned} .$$

Ermitteln Sie ferner jene Lösung, die der Anfangsbedingung $x(0) = 2$ und $y(0) = -4$ genügt.

Allgemeine Lösung:
$x(t) = C_1 e^{-t} + C_2 e^{-3t} + 2 - 2t$, $\quad y(t) = -\frac{1}{2}\left(C_1 e^{-t} + 3C_2 e^{-3t}\right) - 4 + 3t$.
Spezielle Lösung: $x(t) = 2 - 2t$, $\quad y(t) = -4 + 3t$.

16. Bestimmen Sie die allgemeine Lösung des Differentialgleichungssystems

$$\begin{aligned} 2\dot{x} + 5\dot{y} + 22x + 19y &= t \\ 3\dot{x} + 8\dot{y} + 35x + 30y &= 1 - t^2 \end{aligned} .$$

Lösung:
$x(t) = C_1 e^{-5t} + C_2 e^t - \frac{1}{125}\left(1323 + 1760t + 475t^2\right)$,

$y(t) = 2C_1 e^{-5t} - C_2 e^t + \frac{1}{125}\left(1229 + 1855t + 550t^2\right)$.

3.5 Autonome Differentialgleichungen und autonome Systeme

3.5.1 Grundlagen

Autonome Differentialgleichungen und autonome Systeme sind dadurch gekennzeichnet, dass sie die unabhängige Variable nicht explizit enthalten.

- Die spezielle autonome Differentialgleichung

$$\ddot{x} + g(x) = 0$$

  enthält auch die erste Ableitung $\dot{x}$ nicht. Sie beschreibt z.B. die Bewegung eines Massepunktes unter der (konservativen) Kraft $F(x) = -mg(x)$. Multiplikation dieser Gleichung mit $2\dot{x}$ und anschließende Integration über t liefert:

$$\dot{x}^2 = 2C - 2G(x) \quad \text{mit} \quad G(x) = \int g(x)\, dx \, .$$

  Das entspricht im Wesentlichen dem Energieerhaltungssatz, wobei $G(x)$ die potentielle Energie bezeichnet.

- Die Kurven

$$\dot{x} = \pm\sqrt{2C - 2G(x)}$$

  heißen Phasenkurven bzw. Trajektorien der Differentialgleichung. Ihre Gesamtheit bildet das „Phasenporträt“ der Differentialgleichung.

- Punkte, an denen sowohl $\ddot{x} = 0$ d.h. $g(x) = 0$ als auch $\dot{x} = 0$ ist, stellen Gleichgewichtspunkte dar. Dort ist die angreifende Kraft Null und der Massepunkt befindet sich in Ruhe. Sie werden auch singuläre Punkte genannt. An diesen Stelle ist die potentielle Energie lokal stationär. $G(x)$ besitzt dort entweder ein Minimum, d.h. $G''(x_s) > 0$ ($g'(x_s) > 0$) oder ein Maximum, d.h. $G''(x_s) < 0$ ($g'(x_s) < 0$) oder aber es ist $G''(x_s) = 0$ aber $G'''(x_s) \neq 0$. Im ersten Fall ist der singuläre Punkt eine stabile Gleichgewichtslage, in den beiden anderen Fällen ist er instabil.

- Für die Phasenkurven in der Umgebung der singulären Punkte gilt:

  1. $\underline{G''(x_s) > 0}$: Lokal gilt mit $G(x) = G(x_s) + \frac{1}{2}G''(x_s)\,(x - x_s)^2 + \cdots$ dann $\dot{x} = \pm\sqrt{2\big(C - G(x_s)\big) - G''(x_s)(x - x_s)^2 + \cdots}$. Die Phasenkurven sind lokal Ellipsen um den stabilen singulären Punkt $P(x_s, 0)$. (Wirbelpunkt).
  2. $\underline{G''(x_s) < 0}$: Lokal gilt mit $G(x) = G(x_s) + \frac{1}{2}G''(x_s)\,(x - x_s)^2 + \cdots$ dann $\dot{x} = \pm\sqrt{2\big(C - G(x_s)\big) - G''(x_s)(x - x_s)^2 + \cdots}$. Die Phasenkurven sind lokal Hyperbeln um den instabilen singulären Punkt $P(x_s, 0)$. (Sattelpunkt).

3. $G''(x_s) = 0$ aber $G'''(x_s) \neq 0$:

   Lokal gilt mit $G(x) = G(x_s) + \frac{1}{6}G'''(x_s)\,(x - x_s)^3 + \cdots$ dann
   $\dot{x} = \pm\sqrt{2\big(C - G(x_s)\big) - \frac{G'''(x_s)}{3}(x - x_s)^3 + \cdots}$. Die Phasenkurven sind lokal NEIL'sche Parabeln um den instabilen singulären Punkt $P(x_s, 0)$. („Schnabelpunkt").

Ist auch $G'''(x_0) = 0$, aber $G''''(x_0) \neq 0$, liegt ein Wirbelpunkt vor, falls $G''''(x_0) > 0$ oder ein Sattelpunkt höherer Ordnung, falls $G''''(x_0) < 0$ ist.

- Ein autonomes System in der Ebene hat die Form

$$\begin{aligned}\dot{x} &= f(x, y)\\ \dot{y} &= g(x, y)\end{aligned}$$

und hängt ebenfalls nicht explizit von der unabhängigen Variablen t ab. Punkte $P(x_s, y_s)$, für die $f(x_s, y_s) = 0$ und $g(x_s, y_s) = 0$ gilt, heißen singuläre oder kritische Punkte des Systems. Eine Lösung des Systems $(x(t), y(t))$ stellt eine Kurve in der xy-Ebene in Parameterform dar. Elimination von t liefert eine implizite Darstellung dieser Kurve. Sie ist auch Lösung der Differentialgleichung $y' = \frac{g(x, y)}{f(x, y)}$ und heißt Phasenkurve oder Trajektorie des Systems. Alle Trajektorien bilden wieder das Phasenporträt.

- Das Phasenporträt eines nichtlinearen Systems in der Umgebung eines singulären Punktes entspricht in den meisten Fällen jenem des linearisierten Systems

$$\begin{aligned}\dot{x} &= f_x(x_s, y_s)(x - x_s) + f_y(x_s, y_s)(y - y_s)\ ,\\ \dot{y} &= g_x(x_s, y_s)(x - x_s) + g_y(x_s, y_s)(y - y_s)\ .\end{aligned}$$

- Der Charakter der singulären Punkte wird durch die Eigenwerte der Matrix

$$A = \begin{pmatrix} f_x(x_s, y_s) & f_y(x_s, y_s) \\ g_x(x_s, y_s) & g_y(x_s, y_s) \end{pmatrix}$$

bestimmt.

  - Ungleiche reelle Eigenwerte mit demselben Vorzeichen:
    $x(t) = c_1\, x^{(1)}\, e^{\lambda_1 t} + c_2\, x^{(2)}\, e^{\lambda_2 t}$ ... uneigentlicher Knoten (asymptotisch stabil für negative Eigenwerte, instabil für positive Eigenwerte).
  - Reelle Eigenwerte mit entgegengesetztem Vorzeichen:
    $x(t) = c_1\, x^{(1)}\, e^{\lambda_1 t} + c_2\, x^{(2)}\, e^{\lambda_2 t}$ ... Sattelpunkt (instabil).
  - Gleiche (reelle) Eigenwerte: $x(t) = c_1\, x^{(1)}\, e^{\lambda t} + c_2\, x^{(2)}\, e^{\lambda t}$.
    a) Zwei unabhängige Eigenvektoren: eigentlicher Knoten (asymptotisch stabil für negativen Eigenwert, instabil für positiven Eigenwert).
    b) Ein unabhängiger Eigenvektor: singulärer Knoten (asymptotisch stabil für negativen Eigenwert, instabil für positiven Eigenwert).

- Komplexe Eigenwerte $\lambda = \alpha \pm i\beta$:
  $x(t) = c_1\, x^{(1)}\, e^{(\alpha+i\beta)t} + c_2\, x^{(2)}\, e^{(\alpha-i\beta)t} = d_1\, \xi^{(1)}\, e^{\alpha t} \cos \beta t + d_2\, \xi^{(2)}\, e^{\alpha t} \sin \beta t \ldots$
  Spiral- oder Strudelpunkt (asymptotisch stabil für $\alpha < 0$, instabil für $\alpha > 0$).
- Rein imaginäre Eigenwerte: $\lambda = \pm i\beta$:
  $x(t) = c_1\, x^{(1)}\, e^{i\beta t} + c_2\, x^{(2)}\, e^{(i\beta t} = d_1\, \xi^{(1)} \cos \beta t + d_2\, \xi^{(2)} \sin \beta t$
  ... Zentrum oder Wirbelpunkt (stabil).

Bei gleichen reellen Eigenwerten und bei rein imaginären Eigenwerten des linearisierten Systems kann der Charakter der singulären Punkte des nichtlinearen Systems von dem des linearisierten verschieden sein.

3.5.2 Musterbeispiele

1. Diskutieren Sie in der Phasenebene (singuläre Punkte und deren Typ, Phasenkurven, Separatrizen, Skizze):
$$\ddot{x} + \frac{x^2}{3} - 3 = 0 \; .$$

Lösung:

(a) Singuläre Punkte:
Es ist $g(x) = \dfrac{x^2}{3} - 3$. Aus $g(x) = 0$ ergeben sich zwei singuläre Punkte: $P_1(3,0)$ und $P_2(-3,0)$.

(b) Klassifizierung der singulären Punkte:
$g'(x) = \dfrac{2x}{3}$. Wegen $g'(3) = 2 > 0$ ist P_1 ein Wirbelpunkt.
Wegen $g'(-3) = -2 < 0$ ist P_1 ein Sattelpunkt.

(c) Phasenkurven:
Aus $g(x) = \dfrac{x^2}{3} - 3$ folgt $G(x) = \displaystyle\int g(x)\, dx = \dfrac{x^3}{9} - 3x$ und damit die Gleichung der Phasenkurven: $\dot{x} = \pm\sqrt{2C - \dfrac{2x^3}{9} + 6x}$.

(d) Separatrix durch P_2:
Aus $\dot{x}(-3) = 0$ folgt $C = 6$ und damit: $\dot{x} = \pm\sqrt{12 - \dfrac{2x^3}{9} + 6x}$.

2. Diskutieren Sie in der Phasenebene (singuläre Punkte und deren Typ, Phasenkurven, Separatrizen, Skizze):
$$\ddot{x} - x^3 + x^2 = 0 \; .$$

Lösung:

(a) Singuläre Punkte:
Es ist $g(x) = x^2 - x^3 = x^2(1-x)$. Aus $g(x) = 0$ ergeben sich zwei singuläre Punkte: $P_1(0,0)$ und $P_2(1,0)$.

(b) Klassifizierung der singulären Punkte:
$g'(x) = 2x - 3x^2$. Wegen $g'(1) = -1 < 0$ ist P_2 ein Sattelpunkt. Wegen $g'(0) = 0$ aber $g''(0) = 2 \neq 0$ ist P_1 ein Schnabelpunkt.

(c) Phasenkurven:
Aus $g(x) = x^2 - x^3$ folgt $G(x) = \int g(x)\,dx = \frac{x^3}{3} - \frac{x^4}{4}$ und damit die Gleichung der Phasenkurven: $\dot{x} = \pm\sqrt{2C - \frac{2x^3}{3} + \frac{x^4}{2}}$.

(d) Separatrizen:
Durch P_1:
Aus $\dot{x}(0) = 0$ folgt $C = 0$ und damit: $\dot{x} = \pm\sqrt{-\frac{2x^3}{3} + \frac{x^4}{2}} = \pm(-x)^{3/2}\sqrt{\frac{2}{3} - \frac{x}{2}}$.
Durch P_2:
Aus $\dot{x}(1) = 0$ folgt $C = \frac{1}{12}$ und damit: $\dot{x} = \pm\sqrt{\frac{1}{6} + \frac{x^4}{2} - \frac{2}{3}x^3}$.

3. Diskutieren Sie in der Phasenebene (singuläre Punkte und deren Typ, Phasenkurven, Separatrizen, Skizze):

$$\ddot{x} + x^2 - \frac{2x}{1+x^2} = 0 \ .$$

Lösung:

(a) Singuläre Punkte:
Es ist $g(x) = x^2 - \frac{2x}{1+x^2}$. Aus $g(x) = 0$ folgt zunächst: $x^4 + x^2 - 2x = 0$ mit den einzigen reellen Wurzeln $x = 0$ und $x = 1$. Damit erhalten wir zwei singuläre Punkte: $P_1(0,0)$ und $P_2(1,0)$.

(b) Klassifizierung der singulären Punkte:
$g'(x) = 2x - \frac{2(1+x^2) - 4x^2}{(1+x^2)^2}$. Wegen $g'(0) = -2 < 0$ ist P_1 ein Sattelpunkt. Wegen $g'(1) = 2 > 0$ ist P_2 ein Wirbelpunkt.

(c) Phasenkurven:
Aus $g(x) = x^2 - \frac{2x}{1+x^2}$ folgt $G(x) = \int g(x)\,dx = \frac{x^3}{3} - \ln(1+x^2)$ und damit die Gleichung der Phasenkurven: $\dot{x} = \pm\sqrt{2C - \frac{2x^3}{3} + 2\ln(1+x^2)}$.

(d) Separatrix durch P_1:
Aus $\dot{x}(0) = 0$ folgt $C = 0$ und damit: $\dot{x} = \pm\sqrt{2\ln(1+x^2) - \frac{x^3}{3}}$.

4. Diskutieren Sie in der Phasenebene (singuläre Punkte und deren Typ, Phasenkurven, Separatrizen, Skizze):

$$\ddot{x} - \frac{4}{x} + x = 0 \ .$$

Lösung:

(a) Singuläre Punkte:
Es ist $g(x) = -\frac{4}{x} + x$. Aus $g(x) = 0$ folgt $-4 + x^2 = 0$ mit den Wurzeln $x = \pm 2$. Damit erhalten wir zwei singuläre Punkte: $P_1(-2,0)$ und $P_2(2,0)$.

(b) Klassifizierung der singulären Punkte:
$g'(x) = \frac{4}{x^2} + 1$. Wegen $g'(\pm 2) = 2 > 0$ sind beide Punkte Wirbelpunkte.

(c) Phasenkurven:
Aus $g(x) = -\frac{4}{x} + x$ folgt $G(x) = \int g(x)\,dx = 4\ln x + \frac{x^2}{2}$ und damit die Gleichung der Phasenkurven: $\dot{x} = \pm\sqrt{2C + 8\ln|x| - x^2}$.

Bemerkung: $x = 0$ ist eine Asymptote der Phasenkurven.

5. Diskutieren Sie in der Phasenebene (singuläre Punkte und deren Typ, Phasenkurven, Separatrizen, Skizze):

$$\ddot{x} + x^2 e^{-x^2}(3 - 2x^2) = 0 .$$

Lösung:

(a) Singuläre Punkte:
Es ist $g(x) = x^2 e^{-x^2}(3 - 2x^2)$. Aus $g(x) = 0$ folgt $x_1 = 0$, $x_2 = -\sqrt{\frac{3}{2}}$ und $x_3 = \sqrt{\frac{3}{2}}$. Damit erhalten wir drei singuläre Punkte: $P_1(0,0)$, $P_2\left(-\sqrt{\frac{3}{2}}, 0\right)$ und $P_3\left(-\sqrt{\frac{3}{2}}, 0\right)$.

(b) Klassifizierung der singulären Punkte:
$g'(x) = 2xe^{-x^2}(3 - 2x^2) - 2x^3 e^{-x^2}(3 - 2x^2) - 4x^3 e^{-x^2}$. Wegen $g'(0) = 0$ aber $g''(0) \neq 0$ ist P_1 ein Schnabelpunkt. Wegen $g'\left(-\sqrt{\frac{3}{2}}\right) = 3\sqrt{6}e^{-3/2} > 0$ ist P_2 ein Wirbelpunkt. Wegen $g'\left(\sqrt{\frac{3}{2}}\right) = -3\sqrt{6}e^{-3/2} > 0$ ist P_3 ein Sattelpunkt.

(c) Phasenkurven:
Aus $g(x) = x^2 e^{-x^2}(3 - 2x^2)$ folgt $G(x) = \int g(x)\,dx = x^3 e^{-x^2}$ und damit die Gleichung der Phasenkurven: $\dot{x} = \pm\sqrt{2C - 2x^3 e^{-x^2}}$.

(d) Separatrizen:
Durch P_1: Aus $\dot{x}(0) = 0$ folgt $C = 0$ und damit: $\dot{x} = \pm\sqrt{-2x^3 e^{-x^2}}$.
Durch P_3:
Aus $\dot{x}\left(\sqrt{\frac{3}{2}}\right) = 0$ folgt $2C = \sqrt{\frac{27}{2e^3}}$ und damit: $\dot{x} = \pm\sqrt{\sqrt{\frac{27}{2e^3}} - 2x^3 e^{-x^2}}$.

6. Ermitteln Sie das Phasenporträt des linearen Systems

$$\dot{\vec{x}} = A\vec{x} \quad \text{mit} \quad A = \begin{pmatrix} 0 & 1 \\ -1 & 0 \end{pmatrix} \quad \text{und} \quad \vec{x} = \begin{pmatrix} x \\ y \end{pmatrix} .$$

Lösung:
Multiplizieren wir die erste Gleichung des Systems: $\dot{x}(t) = y(t)$ mit $2x(t)$ und die zweite: $\dot{y}(t) = -x(t)$ mit $2y(t)$ und addieren wir dann beide Gleichungen, so folgt: $\frac{d}{dt}\left(x^2(t) + y^2(t)\right) = 0$. Integration liefert: $x^2(t) + y^2(t) = C^2$, d.h. das Phasenporträt besteht aus konzentrischen Kreislinien um den Gleichgewichtspunkt $(0,0)$, der dann ein Wirbelpunkt des Systems ist.

7. Untersuchen Sie den Charakter des singulären Punktes des nichtlinearen Systems

$$\begin{aligned}\dot{x}(t) &= \quad y(t) - x(t)\big(x^2(t) + y^2(t)\big)\\ \dot{y}(t) &= -x(t) - y(t)\big(x^2(t) + y^2(t)\big)\end{aligned}$$

und ermitteln Sie das Phasenporträt dieses nichtlinearen Systems.

Lösung:
Die singulären Punkte dieses nichtlinearen Systems sind durch $\dot{x} = \dot{y} = 0$ gegeben. Das Gleichungssystem $y - x(x^2 + y^2) = 0, \; -x - y(x^2 + y^2) = 0$ hat die einzige Lösung $x = y = 0$. Das linearisierte System ist dasselbe wie in Beispiel 6. Dort war der Ursprung ein Wirbelpunkt. Das nichtlineare System kann hier elementar integriert werden. Wie im Beispiel 6 erhalten wir nach Multiplikation der ersten Gleichung mit $2x$, der zweiten mit $2y$ und anschließender Addition:
$\frac{d}{dt}\big(x^2(t) + y^2(t)\big) = -2\big(x^2(t) + y^2(t)\big)^2$. Integration liefert: $x^2(t) + y^2(t) = \frac{1}{C_1 + 2t}$ bzw. $r(t) = \frac{1}{\sqrt{C_1 + 2t}}$ mit $\frac{1}{C_1} = r^2(0) > 0$. Die Trajektorien münden dann für $t \to \infty$ alle in den Ursprung. Da dieser für das linearisierte System ein Wirbelpunkt ist, kann bei einer kleinen Störung im Sinne des nichtlinearen Systems nur ein Studelpunkt resultieren. Dieser ist dann aber stabil. Zur expliziten Ermittlung der Trajektorien verwenden wir Polarkoordinaten $\big(r(t),\; \varphi(t)\big)$. Damit folgt zunächst:
$\dot{r}(t)\cos\varphi(t) - r(t)\dot{\varphi}(t)\sin\varphi(t) = r(t)\sin\varphi(t) - r^3(t)\cos\varphi(t)$ und
$\dot{r}(t)\sin\varphi(t) + r(t)\dot{\varphi}(t)\cos\varphi(t) = r(t)\cos\varphi(t) - r^3(t)\sin\varphi(t)$.
Subtraktion der mit $\sin\varphi(t)$ multiplizierten ersten Gleichung von der mit $\cos\varphi(t)$ multiplizierten zweiten Gleichung liefert: $\dot{\varphi}(t) = -1$ bzw. integriert: $\varphi(t) = -t + C_2$.
Elimination von t ergibt dann $r(\varphi) = \frac{1}{\sqrt{C - 2\varphi}}$. Mit $t \uparrow$ folgt $\varphi \downarrow$. Daher wird mit $\frac{1}{C} = r^2(0) > 0$ der Nenner nie Null. Das Phasenporträt besteht aus daher aus spiralförmigen Kurven.

8. Untersuchen Sie den Charakter des singulären Punktes des nichtlinearen Systems

$$\begin{aligned}\dot{x}(t) &= \quad y(t) + x(t)\big(x^2(t) + y^2(t)\big)\\ \dot{y}(t) &= -x(t) + y(t)\big(x^2(t) + y^2(t)\big)\end{aligned}$$

und ermitteln Sie das Phasenporträt dieses nichtlinearen Systems.

Lösung:
Die singulären Punkte dieses nichtlinearen Systems sind durch $\dot{x} = \dot{y} = 0$ gegeben. Das Gleichungssystem $y + x(x^2 + y^2) = 0, \; -x + y(x^2 + y^2) = 0$ hat nur die Lösung $x = y = 0$. Das linearisierte System ist dasselbe wie in Beispiel 6. Dort war der Ursprung ein Wirbelpunkt. Das nichtlineare System kann hier elementar integriert werden. Wie im Beispiel 7 erhalten wir nach Multiplikation der ersten Gleichung mit $2x$, der zweiten mit $2y$ und anschließender Addition:
$\frac{d}{dt}\big(x^2(t) + y^2(t)\big) = 2\big(x^2(t) + y^2(t)\big)^2$. Integration liefert: $x^2(t) + y^2(t) = \frac{1}{C_1 - 2t}$ bzw. $r(t) = \frac{1}{\sqrt{C_1 - 2t}}$ mit $\frac{1}{C_1} = r^2(0) > 0$. Die Trajektorien entfernen sich mit

wachsendem t immer weiter vom Ursprung. Da dieser für das linearisierte System ein Wirbelpunkt ist, kann bei einer kleinen Störung im Sinne des nichtlinearen Systems nur ein Studelpunkt resultieren. Dieser ist dann aber instabil. Analog zu Beispiel 7 folgt: $\varphi(t) = t + C_2$ und damit $r(\varphi) = \dfrac{1}{\sqrt{C - 2\varphi}}$. Das Phasenporträt besteht daher aus spiralförmigen Kurven mit einer Asymptote bei $\varphi = \frac{C}{2}$.
Bemerkung: Eine stabile Gleichgewichtslage in Form eines Wirbelpunktes kann bei einer kleinen Störung entweder stabil bleiben (Beispiel 7) oder instabil werden wie in diesem Beispiel.

9. Diskutieren Sie das folgende nichtlineare System in der Phasenebene:

$$\begin{aligned} \dot{x} &= -x - y\,, \\ \dot{y} &= -x + y - \frac{3}{2}x^2\,. \end{aligned}$$

(a) Singuläre Punkte (Gleichgewichtspunkte):
Aus $\dot{x} = -x - y = 0$ folgt $y = -x$. Einsetzen in $\dot{y} = -x + y - \frac{3}{2}x^2$ liefert $-2x - \frac{3}{2}x^2$ mit den Lösungen $x_1 = 0$ und $x_2 = -\frac{4}{3}$. Das ergibt zwei singuläre Punkte: $P_1(0,0)$ und $P_2\left(-\frac{4}{3}, \frac{4}{3}\right)$.

(b) Untersuchung auf Stabilität:

i. P_1: Das linearisierte System $\dot{x} = -x - y = 0$, $\dot{y} = -x + y$ besitzt die Matrix $A = \begin{pmatrix} -1 & -1 \\ -1 & 1 \end{pmatrix}$ mit den Eigenwerten $\lambda_{1/2} = \pm\sqrt{2}$. Da sie reell mit unterschiedlichem Vorzeichen sind, ist P_1 ein Sattelpunkt und daher instabil. Dies gilt auch für das nichtlineare System.

ii. P_2: Für die Linearisierung um P_2 verschieben wir diesen in den Ursprung: $x = \xi - \frac{4}{3}$ und $y = \eta + \frac{4}{3}$, woraus zunächst folgt:

$$\begin{aligned} \dot{\xi} &= -\xi - \eta\,, \\ \dot{\eta} &= 3\xi + \eta - \frac{3}{2}\xi^2\,. \end{aligned}$$

Die Matrix des linearisierten Systems ist $A = \begin{pmatrix} -1 & -1 \\ 3 & 1 \end{pmatrix}$ mit den Eigenwerten $\lambda_{1/2} = \pm\sqrt{2}\,i$. Da sie rein imaginär sind, ist P_2 für das linearisierte System ein Wirbelpunkt. Ob er dies auch für das nichtlineare System ist, muss nun gesondert untersucht werden. Dazu führen wir das System in eine Differentialgleichung zweiter Ordnung über. Differentiation der ersten Gleichung liefert: $\ddot{x} = -\dot{x} - \dot{y} \overset{2.Gl.}{=} -\dot{x} + x - y + \frac{3}{2}x^2$. Mit $y = -\dot{x} - x$ aus der ersten Gleichung erhalten wir: $\ddot{x} - \left(2x + \frac{3}{2}x^2\right) = 0$. Das ist eine spezielle autonome Differentialgleichung zweiter Ordnung. P_2 ist hier ein Wirbelpunkt, da $\dfrac{d}{dx}\left(-2x - \dfrac{3}{2}x^2\right)\Big|_{P_2} = (-2 - 3x)\big|_{-\frac{4}{3}} = 2 > 0$ ist.

(c) Phasenkurven (Trajektorien): Das System bzw. die dazu äquivalente spezielle autonome Differentialgleichung zweiter Ordnung $\ddot{x} - \left(2x + \dfrac{3}{2}x^2\right) = 0$ kann einmal integriert werden: $\dot{x} = \pm\sqrt{2C + 2x^2 + x^3}$ und wegen $y = \dot{x} - x$ erhalten wir die Phasenkurven in der xy-Ebene:

$$y(x) = -x \pm \sqrt{2C + 2x^2 + x^3}\ .$$

10. Diskutieren Sie das nichtlineare System

$$\begin{aligned} \dot{x}(t) &= x(t) + y(t) - x(t)\big(x^2(t) + y^2(t)\big) \\ \dot{y}(t) &= -x(t) + y(t) - y(t)\big(x^2(t) + y^2(t)\big) \end{aligned}$$

in der Phasenebene.

Lösung:
Aus $\dot{x} = x + y - x(x^2 + y^2) = 0$ und $\dot{y} = -x + y - y(x^2 + y^2) = 0$ folgt durch Subtraktion der mit x multiplizierten zweiten Gleichung von der mit y multiplizierten ersten Gleichung: $x^2 + y^2 = 0$, d.h. $x = y = 0$. Damit ist $P(0,0)$ der einzige Gleichgewichtspunkt. Das linearisierte System $\dot{x} = x + y = 0$, $\dot{y} = -x + y$ besitzt die Matrix $A = \begin{pmatrix} 1 & 1 \\ -1 & 1 \end{pmatrix}$ mit den Eigenwerten $\lambda_{1/2} = 1 \pm i$. $P(0,0)$ ist dann ein instabiler Studelpunkt und die Trajektorien sind aus dem Ursprung kommende spiralförmige Kurven. Daher ist man geneigt zu glauben, dass alle Phasenkurven ins Unendliche verlaufen. Dem steht aber die folgende Überlegung entgegen: Für große $x^2 + y^2$ ist der nichtlineare Term dominant. Wegen seines negativen Vorzeichens ergeben sich Trajektorien, die ins Zentrum zu führen scheinen.
Der Sachverhalt kann aber durch explizite Ermittlung der Trajektorien geklärt werden. Dazu führen wir wieder Polarkordinaten ein. Das liefert:
$\dot{r}\cos\varphi - r\dot{\varphi}\sin\varphi = r\cos\varphi + r\sin\varphi - r^3\cos\varphi$ und
$\dot{r}\sin\varphi - r\dot{\varphi}\cos\varphi = -r\cos\varphi + r\sin\varphi - r^3\sin\varphi$.
Addieren wir die mit $\cos\varphi$ multiplizierte erste Gleichung zu der mit $\sin\varphi$ multiplizierten zweiten Gleichung, so folgt: $\dot{r} = r - r^3$.
Addieren wir hingegen die mit $-\sin\varphi$ multiplizierte erste Gleichung zu der mit $\cos\varphi$ multiplizierten zweiten Gleichung, so folgt: $\dot{\varphi} = -1$.
Integration der letzteren Gleichung liefert: $\varphi = -t + \varphi_0$.
In der Differentialgleichung $\dot{r} = r - r^3$ können die Variablen getrennt werden: $\dfrac{\dot{r}}{r(1-r)(1+r)} = 1$ bzw. nach Partialbruchzerlegung:
$\left(\dfrac{1}{r} + \dfrac{1}{2(1-r)} - \dfrac{1}{2(1+r)}\right)\dot{r} = 1$. Integration liefert: $\ln\left(\dfrac{r}{\sqrt{1-r^2}}\right) = t + \tilde{C}$. Das läßt sich nach r auflösen: $r = \dfrac{1}{\sqrt{1 + Ce^{-2t}}}$. Elimination von t mittels der Gleichung $\varphi = -t + \varphi_0$ liefert dann die Phasenkurven:

$$r(\varphi) = \frac{1}{\sqrt{1 + Ce^{2(\varphi - \varphi_0)}}}\ .$$

Für $t = 0$ ist $r(0) = \dfrac{1}{\sqrt{1 + C}} := \rho$ und $\varphi(0) = \varphi_0$. Damit folgt für die Phasenkurven:

$$r(\varphi) = \frac{1}{\sqrt{1 + \left(\frac{1}{\rho^2} - 1\right)e^{2(\varphi - \varphi_0)}}} \quad \text{bzw.} \quad r(t) = \frac{1}{\sqrt{1 + \left(\frac{1}{\rho^2} - 1\right)e^{-2t}}}\ .$$

Daraus erkennen wir: Für $\rho < 1$ nähern sich die Phasenkurven dem Einheitskreis von innen, für $\rho > 0$ hingegen von außen. Der Einheitskreis ist ein so genannter „Grenzzykel" und man nennt diese Art von Stabilität „orbitale Stabilität".

11. Ermitteln Sie das Phasenporträt des linearen Systems

$$\begin{aligned} \dot{x}(t) &= x(t) + 2y(t) - 1 \\ \dot{y}(t) &= 2x(t) - y(t) + 3\ . \end{aligned}$$

Lösung:
Aus $\dot{x} = x + 2y - 1 = 0$ und $\dot{y} = 2x - y + 3 = 0$ folgt $x = -1$ und $y = 1$. Damit ist $P(-1,1)$ singulärer Punkt des Systems. Die Translation $x = \xi - 1$, $y = \eta + 1$ verschiebt den singulären Punkt in den Ursprung. Die Matrix A des transformierten Systems $\begin{pmatrix} \dot{\xi} \\ \dot{\eta} \end{pmatrix} = A\begin{pmatrix} \xi \\ \eta \end{pmatrix}$ mit $A = \begin{pmatrix} 1 & 2 \\ 2 & -1 \end{pmatrix}$ besitzt die Eigenwerte $\lambda_{1/2} = \pm\sqrt{5}$. Daher ist $P(-1,1)$ ein Sattelpunkt.
Zur Bestimmung des Phasenporträts integrieren wir das transformierte System. Die Differentialgleichung $\dfrac{d\eta}{d\xi} = \dfrac{\dot{\eta}}{\dot{\xi}} = \dfrac{2\xi - \eta}{\xi + 2\eta}$ ist gleichgradig und mit der Substitution $\eta = \xi z(\xi)$ folgt nach Trennung der Variablen: $\dfrac{-1-2z}{1-z-z^2}\,z' = -\dfrac{2}{\xi}$. Integration liefert: $\ln|1-z-z^2| = -2\ln|\xi| + \ln|C|$ bzw. $1 - z - z^2 = \dfrac{C}{\xi^2}$.

Die Rücktransformation: $z = \dfrac{\eta}{\xi}$ sowie $\xi = x+1$ und $\eta = y - 1$ liefert

$$x^2 - xy - y^2 + 3x + y = D\ .$$

Das sind aber Hyperbeln um $P(-1,1)$. Das Phasenporträt ist dann eine Hyperbelschar in der xy-Ebene.

12. Ermitteln Sie das Phasenporträt des linearen Systems

$$\begin{aligned} \dot{x}(t) &= 3x(t) - 3y(t)\ , \\ \dot{y}(t) &= 3y(t)\ . \end{aligned}$$

Lösung:
Der singuläre Punkt des Systems ist $P(0,0)$.
Die Matrix A des Systems ist $A = \begin{pmatrix} 3 & -3 \\ 0 & 3 \end{pmatrix}$ und besitzt den zweifachen Eigenwert $\lambda = 3$. Daher ist $P(0,0)$ ein instabiler entarteter Knoten.
Zur Bestimmung des Phasenporträts integrieren wir das System. Die Differentialgleichung $\dfrac{dy}{dx} = \dfrac{\dot{y}}{\dot{x}} = \dfrac{3x - 3y}{3y}$ ist gleichgradig und mit der Substitution $y = xz(x)$ folgt nach Trennung der Variablen: $\dfrac{1-z}{z^2}\,z' = \dfrac{1}{x}$.
Integration liefert: $-\dfrac{1}{z} - \ln|z| = \ln|x| + \ln|C|$ bzw. nach Rücktransformation: $y = De^{-\frac{x}{y}}$. Diese Kurvenschar stellt das Phasenporträt des Systems dar.

13. Diskutieren Sie das folgende nichtlineare System in der Phasenebene (singuläre Punkte und deren Charakter, Stabilität):

$$\begin{aligned} \dot{x} &= xe^y + y =: f(x,y) \\ \dot{y} &= xy + x =: g(x,y) \end{aligned} .$$

Lösung:

(a) Singuläre Punkte:
Aus der zweiten Gleichung des Systems folgt entweder $x = 0$ oder $y = -1$. Mittels der ersten Gleichung folgt dann aus $x = 0$: $y = 0$ und aus $y = -1$: $x = e$. Damit erhalten wir zwei singuläre Punkte: $P_1(0,0)$ und $P_2(e,-1)$.

(b) Charakter der singulären Punkte, Stabilität:
Wir linearisieren das System:
$\hat{f}(x,y) = \underbrace{f(x_s,y_s)}_{0} + f_x(x_s,y_s)(x-x_s) + f_y(x_s,y_s)(y-y_s)$ und
$\hat{g}(x,y) = \underbrace{g(x_s,y_s)}_{0} + g_x(x_s,y_s)(x-x_s) + g_y(x_s,y_s)(y-y_s)$. Mit der Translation $x = x_s + \xi$, $y = y_s + \eta$ erhalten wir das linearisierte System: $\binom{\dot{\xi}}{\dot{\eta}} = A\binom{\xi}{\eta}$ mit der Koeffizientenmatrix $A = \begin{pmatrix} f_x(x_s,y_s) & f_y(x_s,y_s) \\ g_x(x_s,y_s) & g_y(x_s,y_s) \end{pmatrix} = \begin{pmatrix} e^y & xe^y+1 \\ y+1 & x \end{pmatrix}$.

i. $\underline{P_1(0,0)}$:
$A\Big|_{P_1} = \begin{pmatrix} 1 & 1 \\ 1 & 0 \end{pmatrix}$ besitzt die Eigenwerte $\lambda_{1/2} = \dfrac{1 \pm \sqrt{5}}{2}$. Sie sind beide reell und haben verschiedenes Vorzeichen. Daher ist $P_1(0,0)$ ein (instabiler) Sattelpunkt.

ii. $\underline{P_2(e,-1)}$:
$A\Big|_{P_2} = \begin{pmatrix} e^{-1} & 2 \\ 0 & e \end{pmatrix}$ besitzt die Eigenwerte $\lambda_1 = e^{-1}$ und $\lambda_2 = e$. Sie sind beide reell, positiv und sind verschieden. Daher ist $P_2(e,-1)$ ein instabiler Knoten.

14. Diskutieren Sie das folgende nichtlineare System in der Phasenebene (singuläre Punkte und deren Charakter, Stabilität):

$$\begin{aligned} \dot{x} &= x - (x+y)^2 =: f(x,y) \\ \dot{y} &= \tfrac{1}{4} - \tfrac{1}{4}(x-y)^2 =: g(x,y) \end{aligned} .$$

Lösung:

(a) Singuläre Punkte:
Aus $g(x,y) = 0$ folgt $y = x \pm 1$. Einsetzen in $f(x,y) = 0$ liefert $x - (2x \pm 1)^2 = 0$ bzw. weiters: $4x^2 + 3x + 1 = 0$ oder $4x^2 - 5x + 1 = 0$. Während die erste dieser Gleichungen keine reellen Wurzeln besitzt, ergeben sich für die zweite die reellen Wurzeln $x_1 = 1$ und $x_2 = \frac{1}{4}$. Mit $y = x - 1$ folgt dann $y_1 = 0$ und $y_2 = -\frac{3}{4}$. Damit erhalten wir die zwei singulären Punkte $P_1(1,0)$ und $P_2\left(\frac{1}{4}, -\frac{3}{4}\right)$.

(b) Charakter der singulären Punkte, Stabilität:

i. $\underline{P_1(1,0)}$: Mit der Translation $x = \xi + 1$, $y = \eta$ folgt:

$$\begin{aligned}\dot{\xi} &= -\xi - 2\eta - \xi^2 - 2\xi\eta - \eta^2 \\ \dot{\eta} &= -\frac{\xi}{2} + \frac{\eta}{2} - \frac{\xi^2}{4} - \frac{\eta^2}{4} + \frac{\xi\eta}{2}\end{aligned} .$$

Das linearisierte System hat dann die Koeffizientenmatrix $A = \begin{pmatrix} -1 & -2 \\ -\frac{1}{2} & \frac{1}{2} \end{pmatrix}$.

Ihre Eigenwerte sind durch $\begin{vmatrix} -1-\lambda & -2 \\ -\frac{1}{2} & \frac{1}{2}-\lambda \end{vmatrix} = \lambda^2 + \frac{\lambda}{2} - \frac{3}{2} = 0$ bestimmt.

Sie sind mit $\lambda_{1/2} = -\frac{1}{4} \pm \sqrt{\frac{1}{16} + \frac{3}{2}} = -\frac{1}{4} \pm \frac{5}{4}$ reell mit verschiedenen Vorzeichen. Damit ist $P_1(1,0)$ ein (instabiler) Sattelpunkt.

ii. $\underline{P_2\left(\frac{1}{4}, -\frac{3}{4}\right)}$: Mit der Translation $x = \xi + \frac{1}{4}$, $y = \eta - \frac{3}{4}$ folgt:

$$\begin{aligned}\dot{\xi} &= 2\xi + \eta - \xi^2 - 2\xi\eta - \eta^2 \\ \dot{\eta} &= -\frac{\xi}{2} + \frac{\eta}{2} - \frac{\xi^2}{4} - \frac{\eta^2}{4} + \frac{\xi\eta}{2}\end{aligned} .$$

Das linearisierte System hat dann die Koeffizientenmatrix $A = \begin{pmatrix} 2 & 1 \\ -\frac{1}{2} & \frac{1}{2} \end{pmatrix}$.

Ihre Eigenwerte sind durch $\begin{vmatrix} 2-\lambda & 1 \\ -\frac{1}{2} & \frac{1}{2}-\lambda \end{vmatrix} = \lambda^2 - \frac{5}{2}\lambda + \frac{3}{2} = 0$ bestimmt.

Sie sind mit $\lambda_{1/2} = \frac{5}{4} \pm \sqrt{\frac{25}{16} - \frac{24}{16}} = \frac{5\pm 1}{4}$ reell und beide positiv. Damit ist $P_2\left(\frac{1}{4}, -\frac{3}{4}\right)$ ein instabiler Knoten.

3.5.3 Beispiele mit Lösungen

1. Diskutieren Sie in der Phasenebene (singuläre Punkte und deren Typ, Phasenkurven, Separatrizen, Skizze):

$$\ddot{x} - x^3 - x^2 = 0 .$$

Lösung:
$P_1(-1,0) \cdots$ Sattelpunkt, $P_2(0,0) \cdots$ „Schnabelpunkt" .

Gleichung der Phasenkurven: $\dot{x} = \pm\sqrt{2C + \dfrac{2x^3}{3} + \dfrac{x^4}{2}}$.

Gleichung der Separatrix durch P_1: $\dot{x} = \pm\sqrt{\dfrac{1}{6} + \dfrac{2x^3}{3} + \dfrac{x^4}{2}}$.

Gleichung der Separatrix durch P_2: $\dot{x} = \pm\, x^{3/2}\sqrt{\dfrac{2}{3} + \dfrac{x}{2}}$, $x \geq 0$.

2. Diskutieren Sie in der Phasenebene (singuläre Punkte und deren Typ, Phasenkurven, Separatrizen, Skizze):

$$\ddot{x} + x^2 - \frac{2}{1+x^2} = 0 .$$

Lösung:
$P_1(1,0)\cdots$ Wirbelpunkt, $P_2(-1,0)\cdots$ Sattelpunkt.

Gleichung der Phasenkurven: $\dot{x} = \pm\sqrt{2C - \frac{2x^3}{3} + 4\arctan x}$.

Gleichung der Separatrix durch P_2: $\dot{x} = \pm\sqrt{\pi - \frac{2}{3}(1+x^3) + 4\arctan x}$.

3. Diskutieren Sie in der Phasenebene (singuläre Punkte und deren Typ, Phasenkurven, Separatrizen, Skizze):

$$\ddot{x} - x(e^{x-1} - 1) = 0 .$$

Lösung:
$P_1(0,0)\cdots$ Wirbelpunkt, $P_2(1,0)\cdots$ Sattelpunkt.

Gleichung der Phasenkurven: $\dot{x} = \pm\sqrt{2C + 2e^{x-1}(x-1) - x^2}$.

Gleichung der Separatrix durch P_2: $\dot{x} = \pm\sqrt{1 + 2e^{x-1}(x-1) - x^2}$.

4. Diskutieren Sie in der Phasenebene (singuläre Punkte und deren Typ, Phasenkurven, Separatrizen, Skizze):

$$\ddot{x} + \frac{2x}{1-x} + \frac{x}{1+x} = 0 .$$

Lösung: $P_1(0,0)\cdots$ Wirbelpunkt, $P_2(-3,0)\cdots$ Wirbelpunkt.

Gleichung der Phasenkurven: $\dot{x} = \pm\sqrt{2C + 2x + \ln\left((x-1)^4(x+1)^2\right)}$.

5. Diskutieren Sie in der Phasenebene (singuläre Punkte und deren Typ, Phasenkurven, Separatrizen, Skizze):

$$\ddot{x} + \sin x - \tan x = 0 , \quad -\frac{\pi}{2} \le x < \frac{3\pi}{2} .$$

Lösung:
$P_1(0,0)\cdots$ Sattelpunkt höherer Ordnung (instabil),
$P_2(\pi,0)\cdots$ Sattelpunkt (instabil).
Gleichung der Phasenkurven: $\dot{x} = \pm\sqrt{2C + 2\cos x - 2\ln|\cos x|}$.

Gleichung der Separatrix durch P_1: $\dot{x} = \pm\sqrt{-2 + 2\cos x - 2\ln|\cos x|}$.

Gleichung der Separatrix durch P_2: $\dot{x} = \pm\sqrt{2 + 2\cos x - 2\ln|\cos x|}$.

6. Diskutieren Sie das folgende nichtlineare System in der Phasenebene (singuläre Punkte und deren Charakter, Stabilität):

$$\left.\begin{array}{rcl} \dot{x} &=& xy - \dfrac{x}{y} \\ \dot{y} &=& \dfrac{x+y}{2-x} \end{array}\right\} , \qquad x \neq 2,\ y \neq 0.$$

Lösung:
$P_1(-1,1)\cdots$ instabiler Strudelpunkt, $P_2(1,-1)\cdots$ Sattelpunkt (instabil).

7. Gegeben ist das nichtlineare System

$$\begin{aligned} \dot{x} &= xy^2 - ay^2 - 4x + 4a \\ \dot{y} &= 1 + 4x + \tfrac{y^2}{4} \end{aligned} .$$

Bestimmen Sie - in Abhängigkeit von a - die singulären Punkte. Für welche $a \in \mathbb{R}$ treten Sattelpunkte auf?
Lösung:
$P_1(-1/2, 2) \cdots$ Sattelpunkt bei $a < -1/2$,
$P_2(-1/2, -2) \cdots$ Sattelpunkt bei $a > -1/2$,
$P_3(a, 2\sqrt{-1-4a^2}\,) \cdots$ Sattelpunkt bei $-1/2 < a < -1/4$,
$P_4(a, -2\sqrt{-1-4a^2}\,) \cdots$ Sattelpunkt bei $a < -1/2$.

8. Diskutieren Sie das folgende nichtlineare System in der Phasenebene (singuläre Punkte und deren Charakter, Stabilität):

$$\begin{aligned} \dot{x} &= x - 2y + x^3 \\ \dot{y} &= -y + xy \end{aligned} .$$

Lösung:
$P_1(0,0) \cdots$ Sattelpunkt (instabil), $P_2(1,1) \cdots$ instabiler Knoten.

9. Diskutieren Sie das folgende nichtlineare System in der Phasenebene (singuläre Punkte und deren Charakter, Stabilität):

$$\begin{aligned} \dot{x} &= x^2 + y^2 - 2 \\ \dot{y} &= x + y \end{aligned} .$$

Lösung:
$P_1(-1,1) \cdots$ Sattelpunkt (instabil), $P_1(1,-1) \cdots$ instabiler Strudelpunkt.

10. Gegeben ist das nichtlineare System

$$\begin{aligned} \dot{x} &= 2x + 4y + xy^3 \\ \dot{y} &= x - 2y - xy \end{aligned} .$$

Bestimmen Sie alle Gleichgewichtspunkte und untersuchen Sie, von welchem Charakter diese sind.

Lösung: $P_1(0,0) \cdots$ Sattelpunkt (instabil), $P_2(-\frac{4}{3}, -2) \cdots$ stabiler Strudelpunkt.

11. Gegeben ist das nichtlineare System

$$\begin{aligned} \dot{x} &= (x-y)^2 - x \\ \dot{y} &= x + y - 1 \end{aligned} .$$

Bestimmen Sie alle Gleichgewichtspunkte und untersuchen Sie deren Charakter.

Lösung: $P_1(1,0) \cdots$ instabiler Strudelpunkt, $P_2(\frac{1}{4}, \frac{3}{4}) \cdots$ Sattelpunkt (instabil).

12. Gegeben ist das nichtlineare System

$$\begin{aligned}\dot{x} &= \ln(e^2 y - x) - 2 \\ \dot{y} &= y e^x - 2\cosh x\end{aligned} \quad .$$

Bestimmen Sie alle Gleichgewichtspunkte und untersuchen Sie sie auf Stabilität.

Lösung: $P(1, 1 + \frac{1}{e^2}) \cdots$ Sattelpunkt (instabil).

13. Gegeben ist das nichtlineare System

$$\begin{aligned}\dot{x} &= x^2 - y^2 \\ \dot{y} &= -x + y^2\end{aligned} \quad .$$

a) Bestimmen Sie die singulären Punkte des Systems.
b) Prüfen Sie, ob der Punkt $P(1, 1)$ ein stabiler singulärer Punkt ist.

Lösung:
a) $P_1(0, 0)$, $P_2(1, 1)$, $P_3(1, -1)$.
b) $P_2(1, 1)$ ist ein instabiler Knoten.

14. Bestimmen Sie den Charakter der singulären Punkte des folgenden nichtlinearen Systems:

$$\begin{aligned}\dot{x} &= x - 2y + x^2 \\ \dot{y} &= -y + xy\end{aligned} \quad .$$

Lösung:
$P_1(1, 1) \cdots$ instabiler Knoten, $P_2(0, 0) \cdots$ Sattelpunkt (instabil),
$P_3(-1, 0) \cdots$ stabiler Knoten.

15. Gegeben ist das nichtlineare System

$$\begin{aligned}\dot{x} &= x + y \\ \dot{y} &= \arctan x - \tfrac{\pi}{4}\end{aligned} \quad .$$

Bestimmen Sie alle Gleichgewichtspunkte und untersuchen Sie sie auf Stabilität.

Lösung: $P(1, -1) \cdots$ Sattelpunkt (instabil).

16. Bestimmen Sie den Charakter der Gleichgewichtspunkte des nichtlinearen Systems

$$\begin{aligned}\dot{x} &= -x^2 - 4xy - \frac{9}{4} \\ \dot{y} &= \frac{x}{3} - y^2 - \frac{1}{2}\end{aligned} \quad .$$

Lösung: $P_1(\frac{3}{2}, 0) \cdots$ instabiler Knoten, $P_2(\frac{9}{2}, 1) \cdots$ Sattelpunkt (instabil).

17. Bestimmen Sie den Charakter der singulären Punkte des folgenden nichtlinearen Systems:

$$\begin{aligned}\dot{x} &= \sinh\left(\frac{x}{y}\right) \\ \dot{y} &= y^2 + xy - 1\end{aligned} \quad , \qquad y \neq 0 \, .$$

Lösung: $P_1(0, 1) \cdots$ instabiler Knoten, $P_2(0, -1) \cdots$ stabiler Knoten.

18. Gegeben ist das nichtlineare Differentialgleichungssystem

$$\begin{aligned} \dot{x} &= x - y \\ \dot{y} &= ay + x^2 - xy \end{aligned} \quad , \qquad a \in \mathbb{R},\ a \neq 0\ .$$

Bestimmen Sie die singulären Punkte des Systems und untersuchen Sie, für welche Werte von a das System im Ursprung einen Sattelpunkt besitzt.

Lösung: $P(0,0)$, für $a < 0$.

Kapitel 4

Integraltransformationen

4.1 LAPLACE-Transformation

4.1.1 Grundlagen

- Die Integraltransformation

$$F(s) = \mathcal{L}[f] = \int_0^\infty e^{-st} f(t)\, dt$$

heißt LAPLACE-Transformation. $F(s)$ heißt LAPLACE-Transformierte der Funktion $f(t)$.

- Die LAPLACE-Transformation existiert unter den Voraussetzungen
  - $f(t)$ sei auf $[0, \infty)$ definiert und dort stückweise stetig,
  - $f(t)$ wird auf $(-\infty, 0)$ fortgesetzt mit $f(t) \equiv 0$,
  - $f(t)$ wächst höchstens exponentiell, d.h. es gibt reelle Zahlen α und M, so dass auf $[0, \infty)$ gilt: $|f(t)| \leq Me^{\alpha t}$.

Bemerkung: $f(t)$ darf auch „schwache Singularitäten" besitzen.

- Die LAPLACE-Transformation besitzt folgende Eigenschaften:
  1. $\mathcal{L}[c_1 f_1 + c_2 f_2] = c_1 \mathcal{L}[f_1] + c_2 \mathcal{L}[f_2] \cdots$ Linearität,
  2. $\mathcal{L}[e^{at} f(t)] = F(s-a) \cdots$ Dämpfungssatz,
  3. $\mathcal{L}[f(t-a)] = e^{-as} F(s) \cdots$ Verschiebungssatz,
  4. $\mathcal{L}[f(at)] = \frac{1}{a} F\left(\frac{s}{a}\right) \cdots$ Ähnlichkeitssatz,
  5. $\mathcal{L}[f^{(k)}(t)] = s^k F(s) - \sum_{i=0}^{k-1} s^{k-i-1} f^{(i)}(0) \cdots$ Differentiationssatz,
  6. $\mathcal{L}\left[\int_0^t f(\tau)\, d\tau\right] = \frac{1}{s} F(s) \cdots$ Integralsatz,
  7. $\mathcal{L}[f * g] := \mathcal{L}\left[\int_0^t f(\tau) g(t-\tau)\, d\tau\right] = F(s) G(s) \cdots$ Faltungssatz,
  8. $\mathcal{L}\left[\frac{f(t)}{t}\right] = \int_s^\infty F(\sigma)\, d\sigma$ und $\mathcal{L}[t f(t)] = -F'(s)$.

Die Umkehrtransformation ist als komplexes Kurvenintegral definiert und für praktische Zwecke wenig geeignet. Daher werden dafür oft Tabellenwerke für die LAPLACE-Transformation benutzt, die dann eben „von rechts nach links“ gelesen werden, wobei vorher meist eine Vereinfachung mittels der oben angeführten Eigenschaften erfolgt. Darüber hinaus gibt es natürlich die Möglichkeit der Benutzung von Computer-Algebra-Systemen.

4.1.2 Musterbeispiele

1. Bestimmen Sie die LAPLACE-Transformierte der Funktion $f(t) = te^{-t}\cos t$ sowohl direkt als auch unter Verwendung von Eigenschaften der LAPLACE-Transformation.

   Lösung:

   (a) Direkt:
   $$F(s) = \mathcal{L}[f(t)] = \int_0^\infty e^{-st}te^{-t}\cos t\,dt = \int_0^\infty \underbrace{t}_{u}\underbrace{e^{-(s+1)t}\cos t}_{v'}\,dt.$$

   Für die nun durchzuführende und für eine weitere partielle Integration benötigen wir folgendes Integral, das selbst wieder mittels zweimaliger partieller Integration herleitbar ist:

   $$I = \int e^{\alpha t}\Big(a\cos(\beta t)+b\sin(\beta t)\Big)\,dt = \frac{e^{\alpha t}}{\alpha^2+\beta^2}\Big((\alpha a-\beta b)\cos(\beta t)+(\alpha b+\beta a)\sin(\beta t)\Big).$$

   Speziell mit $\alpha = -(s+1),\ \beta = 1,\ a = 1$ und $b = 0$ folgt damit:

   $$\int_0^\infty e^{-(s+1)t}\cos t\,dt = \frac{e^{-(s+1)t}}{(s+1)^2+1}\Big(-(s+1)\cos t + \sin t\Big).$$

   Wir führen nun die partielle Integration im Integral für $F(s)$ durch:

   $$F(s) = \underbrace{t\,\frac{e^{-(s+1)t}}{(s+1)^2+1}\Big(-(s+1)\cos t + \sin t\Big)\Big|_0^\infty}_{0} -$$
   $$-\frac{1}{(s+1)^2+1}\int_0^\infty e^{-(s+1)t}\Big(-(s+1)\cos t+\sin t\Big)\,dt.$$

   Für das letztere Integral erhalten wir aus I speziell mit den Parametern $\alpha = -(s+1),\ \beta = 1,\ a = -(s+1)$ und $b = 1$:

   $$F(s) = -\frac{1}{(s+1)^2+1}\left\{\frac{e^{-(s+1)t}}{(s+1)^2+1}\Big[\Big((s+1)^2-1\Big)\cos t + \right.$$
   $$\left.+\Big(-(s+1)-(s+1)\Big)\sin t\Big]\right\}\Bigg|_0^\infty = \frac{(s+1)^2-1}{[(s+1)^2+1]^2}\,.$$

   (b) Mittels diverser Eigenschaften der LAPLACE-Transformation:

   Mit $t\underbrace{e^{-t}\cos t}_{g(t)}$ folgt: $F(s) = -G'(s)$ (siehe Grundlagen).

Ferner folgt mit $g(t) = e^{-t} \underbrace{\cos t}_{h(t)}$: $G(s) = H(s+1)$ nach dem Dämpfungssatz und wegen $\mathcal{L}[\cos t] = \frac{s}{s^2+1}$ erhalten wir schließlich:

$$F(s) = -\frac{d}{ds}\frac{s+1}{(s+1)^2+1} = \frac{(s+1)^2-1}{[(s+1)^2+1]^2} .$$

2. Bestimmen Sie die LAPLACE-Transformierte der Funktion

$$f(t) = \cosh(at) + \frac{at}{2}\sinh(at)\,, \; a \in \mathbb{R} .$$

Lösung:
Wegen der Linearität der LAPLACE-Transformation folgt:

$$F(s) = \mathcal{L}[f(t)] = \mathcal{L}[\cosh(at)] + \frac{a}{2}\mathcal{L}[t\sinh(at)]$$

und weiterhin wegen $\mathcal{L}[tg(t)] = -G'(s)$, sowie wegen $\mathcal{L}[\cosh(at)] = \frac{s}{s^2-a^2}$ und $\mathcal{L}[\sinh(at)] = \frac{a}{s^2-a^2}$:

$$F(s) = \frac{s}{s^2-a^2} - \frac{a}{2}\frac{d}{ds}\left(\frac{a}{s^2-a^2}\right) = \frac{s^3}{(s^2-a^2)^2} .$$

3. Bestimmen Sie die LAPLACE-Transformierte des „Integral-Sinus“ :

$$\mathrm{Si}(t) := \int_0^t \frac{\sin\tau}{\tau}\, d\tau .$$

Lösung:
Wegen $\mathcal{L}\left[\int_0^t f(\tau)\, d\tau\right] = \frac{F(s)}{s}$ (Integralsatz) und wegen $\mathcal{L}\left[\frac{g(\tau)}{\tau}\right] = \int_s^\infty G(\sigma)\, d\sigma$ (siehe Grundlagen) folgt dann mit $g(\tau) = \sin\tau$ und $\mathcal{L}[\sin\tau] = \frac{1}{\sigma^2+1}$:

$$\mathcal{L}[\mathrm{Si}(t)] = \frac{1}{s}\int_s^\infty \frac{1}{\sigma^2+1}\, d\sigma = \frac{1}{s}\left(\frac{\pi}{2} - \arctan s\right) = \frac{\mathrm{arccot} s}{s} .$$

4. Bestimmen Sie die LAPLACE-Transformierte der Funktion:

$$f(t) = \begin{cases} c & \text{für } \; 0 \le t \le a \\ 0 & \text{für } \quad t > a \end{cases} .$$

Lösung:

$$F(s) = \mathcal{L}[f(t)] = \int_0^\infty e^{-st} f(t)\, dt = \int_0^a e^{-st} c\, dt = c\left(-\frac{e^{-st}}{s}\right)\Bigg|_0^a = \frac{c}{s}\left(1 - e^{-as}\right).$$

5. Bestimmen Sie die LAPLACE-Transformierte der Funktion $f(t) = \frac{1}{\sqrt{t}}\, dt$.

Lösung:
Die Funktion $f(t)$ ist an der Stelle $x = 0$ schwach singulär.

$$\mathcal{L}\left[\frac{1}{\sqrt{t}}\right] = \int_0^\infty e^{-st}\frac{1}{\sqrt{t}}\, dt = \frac{2}{\sqrt{s}}\int_0^\infty e^{-x^2}\, dx = \frac{2}{\sqrt{s}}\frac{\sqrt{\pi}}{2} = \sqrt{\frac{\pi}{s}} , \quad \text{mit } st = x^2.$$

6. Bestimmen Sie
$$f(t) = \mathcal{L}^{-1}\left[\frac{s^2+1}{s^3-s^2-2s}\right].$$

Lösung:
Die Funktion $F(s)$ ist hier eine rationale Funktion. Wir zerlegen sie in Partialbrüche:
$$F(s) = \frac{s^2+1}{s^3-s^2-2s} = -\frac{1}{2}\frac{1}{s} + \frac{2}{3}\frac{1}{s+1} + \frac{5}{6}\frac{1}{s-2}.$$
Wegen der Linearität der Umkehrtransformation folgt dann:
$$f(t) = \mathcal{L}^{-1}[F(s)] = -\frac{1}{2}\mathcal{L}^{-1}\left[\frac{1}{s}\right] + \frac{2}{3}\mathcal{L}^{-1}\left[\frac{1}{s+1}\right] + \frac{5}{6}\mathcal{L}^{-1}\left[\frac{1}{s-2}\right] = -\frac{1}{2} + \frac{2}{3}e^{-t} + \frac{5}{6}e^{2t}.$$

7. Bestimmen Sie $f(t)$ so, dass gilt: $\mathcal{L}[f(t)] = \frac{s+1}{s^2}e^{-s}$.

Lösung:
Es gilt: $F(s) = \frac{s+1}{s^2}e^{-s} = -\frac{d}{ds}\frac{e^{-s}}{s}$, woraus wegen $\mathcal{L}[th(t)] = -H'(s)$ mit $H(s) = \frac{e^{-s}}{s}$ zunächst folgt: $f(t) = th(t)$. Zur Bestimmung von $h(t)$ verwenden wir die Linearität: $\mathcal{L}^{-1}\left[\frac{e^{-s}}{s}\right] = -\mathcal{L}^{-1}\left[\frac{1-e^{-s}}{s}\right] + \underbrace{\mathcal{L}^{-1}\left[\frac{1}{s}\right]}_{1}$. Es gilt unter Verwendung von Beispiel (7):
$$\mathcal{L}^{-1}\left[\frac{1-e^{-s}}{s}\right] = \begin{cases} 1 & \text{für } 0 \le t \le 1 \\ 0 & \text{für } t > 1 \end{cases}.$$
Insgesamt erhalten wir dann:
$$f(t) = \begin{cases} 0 & \text{für } 0 \le t \le 1 \\ t & \text{für } t > 1 \end{cases}.$$

Ein weiterer Lösungsweg besteht in der Verwendung des Faltungssatzes.
Wegen der Linearität gilt zunächst: $\mathcal{L}^{-1}\left[\frac{s+1}{s^2}e^{-s}\right] = \mathcal{L}^{-1}\left[\frac{1}{s}e^{-s}\right] + \mathcal{L}^{-1}\left[\frac{1}{s^2}e^{-s}\right]$.

Für den ersten Anteil gilt (vergleiche oben): $\mathcal{L}^{-1}\left[\frac{1}{s}e^{-s}\right] = \begin{cases} 0 & \text{für } 0 \le t \le 1 \\ 1 & \text{für } t > 1 \end{cases}.$

Den zweiten Anteil zerlegen wir multiplikativ und verwenden den Faltungssatz.
$\frac{1}{s^2}e^{-s} = \underbrace{\frac{1}{s}}_{P(s)}\underbrace{\frac{1}{s}e^{-s}}_{Q(s)}$ woraus folgt $\mathcal{L}^{-1}\left[\frac{1}{s^2}e^{-s}\right] = p(t) * q(t) =: g(t)$.

Dabei ist $p(t) = \mathcal{L}^{-1}\left[\frac{1}{s}\right] = 1$ und $q(t) = \mathcal{L}^{-1}\left[\frac{1}{s}e^{-s}\right] = \begin{cases} 0 & \text{für } 0 \le t \le 1 \\ 1 & \text{für } t > 1 \end{cases}.$

Nach dem Faltungssatz ist dann $g(t) = \int_0^t 1\, q(\tau)\, d\tau$. Für $t \in [0,1]$ ist dann $g(t) = 0$

und für $t > 1$ gilt: $g(t) = \int_1^t 1\,d\tau = t - 1$. Insgesamt folgt dann:

$$f(t) = \begin{cases} 0 & \text{für} \quad 0 \leq t \leq 1 \\ t & \text{für} \quad t > 1 \end{cases} .$$

8. Bestimmen Sie jene Funktion $f(t)$, deren LAPLACE-Transformierte durch

$$F(s) = \sqrt{s-a} - \sqrt{s-b}\,, \quad 0 < a < b$$

gegeben ist.

Lösung:

Es gilt: $F(s) = \sqrt{s-a} - \sqrt{s-b} = -\frac{1}{2}\int_s^\infty \left(\frac{1}{\sqrt{\sigma-a}} - \frac{1}{\sqrt{\sigma-b}}\right) d\sigma.$

Gemäß $\mathcal{L}\left[\frac{g(t)}{t}\right] = \int_s^\infty G(\sigma)\,d\sigma$ (vergleiche Grundlagen) erhalten wir dann:

$f(t) = -\frac{1}{2}\left(\frac{f_a(t)}{t} - \frac{f_b(t)}{t}\right)$, wobei $f_a(t) = \mathcal{L}^{-1}\left[\frac{1}{\sqrt{s-a}}\right]$ bezeichnet. (f_b analog).

Wegen $\mathcal{L}^{-1}\left[\frac{1}{\sqrt{s}}\right] = \frac{1}{\sqrt{\pi t}}$ (vergleiche Grundlagen) folgt dann insgesamt unter Verwendung von Beispiel (5) und des Dämpfungssatzes:

$$f(t) = \mathcal{L}^{-1}\left[\sqrt{s-a} - \sqrt{s-b}\right] = \frac{1}{2\sqrt{\pi t^3}}\left(e^{bt} - e^{at}\right).$$

9. Bestimmen Sie die Funktion $f(t)$ mit der LAPLACE-Transformierten

$$F(s) = \frac{s}{\sqrt{(s-a)^3}}\,, \quad a \in \mathbb{R}\,.$$

Lösung: Es gilt:

$F(s) = \frac{s}{\sqrt{(s-a)^3}} = \frac{(s-a)+a}{\sqrt{(s-a)^3}} = \frac{1}{\sqrt{s-a}} + \frac{a}{\sqrt{(s-a)^3}} = \frac{1}{\sqrt{s-a}} - 2a\frac{d}{ds}\left(\frac{1}{\sqrt{s-a}}\right).$

Wegen $\mathcal{L}[tg(t)] = -G'(s)$ (vergleiche Grundlagen) erhalten wir dann unter Verwendung des Dämpfungssatzes, sowie wegen $\mathcal{L}^{-1}\left[\frac{1}{\sqrt{s}}\right] = \frac{1}{\sqrt{\pi t}}$ nach Beispiel (5):

$$f(t) = \mathcal{L}\left[\frac{s}{\sqrt{(s-a)^3}}\right] = (1+2at)\,\frac{e^{at}}{\sqrt{\pi t}}\,.$$

10. Bestimmen Sie die Funktion $f(t)$ mit der LAPLACE-Transformierten

$$F(s) = \ln\left(\frac{s-a}{s-b}\right)\,, \quad a, b \in \mathbb{R}.$$

Lösung: Es gilt:

$F(s) = \ln\left(\frac{s-a}{s-b}\right) = \int_s^\infty \left(\frac{1}{\sigma-b} - \frac{1}{\sigma-a}\right) d\sigma$. Wegen $\int_s^\infty G(\sigma)\,d\sigma = \mathcal{L}\left[\frac{g(t)}{t}\right]$

folgt:
$g(t) = \mathcal{L}^{-1}[G(s)] = \mathcal{L}^{-1}\left[\frac{1}{s-b} - \frac{1}{s-a}\right] = e^{bt} - e^{at}$, woraus wir schließlich erhalten:

$$f(t) = \frac{e^{bt} - e^{at}}{t} .$$

11. Bestimmen Sie unter Verwendung der LAPLACE-Transformation jene Lösung der Differentialgleichung

$$\frac{d^3y}{dt^3} - 2\frac{dy}{dt} - 4y = 0, \quad 0 < t < \infty ,$$

die den Anfangsbedingungen $y(0) = 3,\ y'(0) = 2$ und $y''(0) = 10$ genügt.

Lösung:
LAPLACE-Transformation der Differentialgleichung unter Berücksichtigung der Linearität liefert zunächst:

$$\mathcal{L}[y'''(t)] - 2\mathcal{L}[y'(t)] - 4\mathcal{L}[y(t)] = 0 .$$

Wegen $\mathcal{L}[y'''(t)] = s^3\mathcal{L}[y(t)] - s^2y(0) - sy'(0) - y''(0)$ und $\mathcal{L}[y'(t)] = s\mathcal{L}[y(t)] - y(0)$ folgt daraus mit der Bezeichnung $Y(s) := \mathcal{L}[y(t)]$:

$$(s^3 - 2s - 4)Y(s) = 3s^3 + 2s + 10 - 6,$$

bzw. in weiterer Folge:

$$Y(s) = \frac{3s^2 + 2s + 4}{(s-2)(s^2 + 2s + 2)} \overset{PBZ}{=} \frac{2}{s-2} + \frac{s}{s^2 + 2s + 2} = \frac{2}{s-2} + \frac{s+1}{(s+1)^2 + 1} - \frac{1}{(s+1)^2 + 1}$$

Umkehrtransformation liefert (unter Berücksichtigung der Linearität und des Dämpfungssatzes):

$$y(t) = \mathcal{L}^{-1}[Y(s)] = 2\mathcal{L}^{-1}\left[\frac{1}{s-2}\right] + \mathcal{L}^{-1}\left[\frac{s+1}{(s+1)^2+1}\right] - \mathcal{L}^{-1}\left[\frac{1}{(s+1)^2+1}\right] =$$
$$= 2e^{2t} + e^{-t}\cos t - e^{-t}\sin t.$$

12. Bestimmen Sie unter Verwendung der LAPLACE-Transformation jene Lösung der Differentialgleichung

$$\frac{d^2y}{dt^2} + \frac{dy}{dt} - 2y = 4t^2 - 5t\sin t, \quad 0 < t < \infty ,$$

die den Anfangsbedingungen $y(0) = 0$ und $y'(0) = \frac{1}{2}$ genügt.

Lösung:
LAPLACE-Transformation der Differentialgleichung unter Berücksichtigung der Linearität liefert zunächst wegen $\mathcal{L}[y''(t)] = s^2\mathcal{L}[y(t)] - sy(0) - y'(0)$ und wegen $\mathcal{L}[y'(t)] = s\mathcal{L}[y(t)] - y(0)$ mit der Bezeichnung $Y(s) := \mathcal{L}[y(t)]$:

$$(s^2 + s - 2)Y(s) = \frac{1}{2} - \frac{8}{s^3} - \frac{10s}{(s^2+1)^2} ,$$

woraus durch Vereinfachung und anschließender Partialbruchzerlegung folgt:

$$Y(s) = -\frac{4}{s^3} - \frac{2}{s^2} - \frac{3}{s} - \frac{10}{s+2} + \frac{2}{s-1} + \frac{1}{10}\,\frac{3+11s}{s^2+1} + \frac{-1+3s}{(s^2+1)^2}\ .$$

Aus einer Tabelle der LAPLACE-Transformation entnehmen wir unter Beachtung der Linearität der Umkehrtransformation:

$$y(t) = \mathcal{L}^{-1}[Y(s)] = -2t^2 - 2t - 3 - \frac{e^{-2t}}{10} + 2e^t - \frac{\sin t}{5} + \frac{11\cos t}{10} + \frac{t\cos t}{2} + \frac{3t\sin t}{2}\ .$$

13. Auf einen harmonischer Oszillator (z.B. ein Federpendel) mit der Masse m, der Kreisfrequenz ω, der Anfangsauslenkung y_0 sowie der Anfangsgeschwindigkeit v_0 wirke ab $t = 0$ eine äußere Kraft $f(t)$. Die mathematische Modellierung ergibt dann das Anfangswertproblem

$$\frac{d^2y}{dt^2} + \omega^2 y = \frac{f(t)}{m} =: g(t)\ , \quad y(0) = y_0,\ \dot{y}(0) = v_0\ .$$

Bestimmen Sie unter Verwendung der LAPLACE-Transformation die Lösung dieses Anfangswertproblems speziell für eine konstante Kraft f_0.

Lösung:
LAPLACE-Transformation der obigen Differentialgleichung unter Berücksichtigung der Linearität liefert zunächst wegen $\mathcal{L}[\ddot{y}(t)] = s^2\mathcal{L}[y(t)] - sy(0) - \dot{y}(0)$ und wegen $\mathcal{L}[\dot{y}(t)] = s\mathcal{L}[y(t)] - y(0)$ mit den Bezeichnungen $Y(s) := \mathcal{L}[y(t)]$ und $G(s) := \mathcal{L}[g(t)]$:

$$(s^2+\omega^2)Y(s) = sy_0 - v_0 + G(s) \implies Y(s) = y_0\frac{s}{s^2+\omega^2} + v_0\frac{1}{s^2+\omega^2} + G(s)\frac{1}{s^2+\omega^2}\ .$$

Unter Beachtung der Linearität der Umkehrtransformation und unter Verwendung des Faltungssatzes erhalten wir:

$$y(t) = \mathcal{L}^{-1}[Y(s)] = y_0\cos(\omega t) + \frac{v_0}{\omega}\sin(\omega t) + \frac{1}{\omega}\sin(\omega t) * g(t),$$

bzw. ausführlich

$$y(t) = y_0\cos(\omega t) + \frac{v_0}{\omega}\sin(\omega t) + \frac{1}{\omega}\int_0^t \sin[\omega(t-\tau)]g(\tau)\,d\tau\ .$$

Ist speziell $f(t)$ konstant (f_0), so folgt mit $g(\tau) = \dfrac{f_0}{m}$:

$$y(t) = y_0\cos(\omega t) + \frac{v_0}{\omega}\sin(\omega t) + \frac{f_0}{m\omega^2}\Big(1 - \cos(\omega t)\Big)\ .$$

Bemerkung:
Aus der Lösung ersieht man, dass es sich um eine harmonische Schwingung um die neue Ruhelage $\dfrac{f_0}{m\omega^2} = \dfrac{f_0}{k}$ handelt. Dabei bezeichnet k die Federkonstante, aus der bekanntlich $\omega = \sqrt{\dfrac{k}{m}}$ folgt.

14. Bestimmen Sie - unter Verwendung der LAPLACE-Transformation - jene Lösung $x = x(t),\ y = y(t)$ des Differentialgleichungssystems

$$\begin{aligned} \dot{x} &= x + y \\ \dot{y} &= 8x + 3y \end{aligned},$$

die den Anfangsbedingungen $x(0) = 2$ und $y(0) = 2$ genügt.

Lösung:
LAPLACE-Transformation der beiden Differentialgleichungen unter Berücksichtigung der Anfangsbedingungen liefert mit den Bezeichnungen

$$X(s) = \mathcal{L}[x(t)],\ Y(s) = \mathcal{L}[y(t)]$$

$$\begin{aligned} sX - 2 &= X + Y \\ sY - 2 &= 8X + 3Y \end{aligned}, \quad \text{bzw.} \quad \begin{aligned} (s-1)X - Y &= 2 \\ -8X + (s-3)Y &= 2 \end{aligned}.$$

Als Lösung dieses algebraischen linearen Gleichungssystems erhalten wir nach den üblichen Methoden (Elimination bzw. GAUSS-Algorithmus):

$$X(s) = \frac{2s-4}{s^2-4s-5} = \frac{2s-4}{(s+1)(s-5)} \overset{PBZ}{=} \frac{1}{s+1} + \frac{1}{s-5} \quad \text{und}$$

$$Y(s) = \frac{2s+14}{s^2-4s-5} = \frac{2s+14}{(s+1)(s-5)} \overset{PBZ}{=} \frac{-2}{s+1} + \frac{4}{s-5}.$$

Rücktransformation liefert dann

$$x(t) = e^{-t} + e^{5t} \quad \text{und} \quad y(t) = -2e^{-t} + 4e^{5t}.$$

15. Bestimmen Sie - unter Verwendung der LAPLACE-Transformation - die Lösung des folgenden Anfangswertproblems:

$$\begin{aligned} \dot{x} + 2x - 2y &= t \\ \dot{y} + x + 5y &= t^2 \end{aligned}, \qquad x(0) = 0,\ y(0) = 0.$$

Lösung:
LAPLACE-Transformation der beiden Differentialgleichungen unter Berücksichtigung der Anfangsbedingungen liefert mit den Bezeichnungen

$$X(s) = \mathcal{L}[x(t)],\ Y(s) = \mathcal{L}[y(t)]$$

$$\begin{aligned} sX + 2X - 2Y &= \frac{1}{s^2} \\ sY + X + 5Y &= \frac{2}{s^3} \end{aligned}, \quad \text{bzw.} \quad \begin{aligned} (s+2)X - 2Y &= \frac{1}{s^2} \\ X + (s+5)Y &= \frac{2}{s^3} \end{aligned}.$$

Als Lösung dieses algebraischen linearen Gleichungssystems erhalten wir nach den üblichen Methoden (Elimination bzw. GAUSS-Algorithmus):

$$X(s) = \frac{s^2+5s+4}{s^3(s^2+7s+12} = \frac{s^2+5s+4}{s^3(s+13)(s+4)} \overset{PBZ}{=} \frac{1}{3s^3} + \frac{2}{9s^2} - \frac{2}{27s} + \frac{2}{27(s+3)} \quad \text{und}$$

$$Y(s) = \frac{s+4}{s^3(s^2+7s+12} = \frac{s+4}{s^3(s+13)(s+4)} \overset{PBZ}{=} \frac{1}{3s^3} - \frac{1}{9s^2} + \frac{1}{27s} - \frac{1}{27(s+3)} .$$

Rücktransformation liefert dann

$$x(t) = \frac{t^2}{6} + \frac{2}{9}t - \frac{2}{27} + \frac{2}{27}e^{-3t} \quad \text{und} \quad y(t) = \frac{t^2}{6} - \frac{1}{9}t + \frac{1}{27} - \frac{1}{27}e^{-3t}.$$

16. Bestimmen Sie - unter Verwendung der LAPLACE-Transformation - die spezielle Lösung $x = x(t)$, $y = y(t)$ des Differentialgleichungssystems zweiter Ordnung mit den angegebenen Anfangsbedingungen:

$$\begin{aligned} \ddot{x} + 4\dot{y} &= 0 , \qquad & x(0) = 2,\ \dot{x} = 0 , \\ \ddot{y} - \dot{x} &= 0 , \qquad & y(0) = 0,\ \dot{y} = 2 . \end{aligned}$$

Lösung:
LAPLACE-Transformation der beiden Differentialgleichungen unter Berücksichtigung der Anfangsbedingungen liefert mit den Bezeichnungen

$$X(s) = \mathcal{L}[x(t)],\ Y(s) = \mathcal{L}[y(t)]$$

$$\begin{aligned} s^2X - 2s + 4sY - 0 &= 0 \\ s^2Y - 2 - sX + 2 &= 0 \end{aligned} ,\quad \text{bzw.} \quad \begin{aligned} sX + 4Y &= 2 \\ -X + sY &= 0 \end{aligned} .$$

Als Lösung dieses algebraischen linearen Gleichungssystems erhalten wir nach den üblichen Methoden (Elimination bzw. GAUSS-Algorithmus):

$X(s) = \dfrac{2s}{s^2+4}$ und $Y(s) = \dfrac{2}{s^2+4}$, woraus durch Umkehrtransformation folgt:

$$x(t) = 2\cos(2t) , \qquad y(t) = \sin(2t) .$$

17. Bestimmen Sie - unter Verwendung der LAPLACE-Transformation - die spezielle Lösung $x = x(t)$, $y = y(t)$ des Differentialgleichungssystems zweiter Ordnung mit den angegebenen Anfangsbedingungen:

$$\begin{aligned} \ddot{x} - 3\dot{x} - \dot{y} + 2y &= 14t + 3, \qquad & x(0) = 0,\ \dot{x} = 0, \\ \dot{x} + \dot{y} - 3x &= 1, \qquad & y(0) = \tfrac{13}{2} . \end{aligned}$$

Lösung:
LAPLACE-Transformation der beiden Differentialgleichungen unter Berücksichtigung der Anfangsbedingungen liefert mit den Bezeichnungen

$$X(s) = \mathcal{L}[x(t)],\ Y(s) = \mathcal{L}[y(t)] \ :$$

$$\begin{aligned} s^2X - 3sX - sY + \tfrac{13}{2} + 2Y &= \tfrac{14}{s^2} + \tfrac{3}{s} \\ sX + sY - \tfrac{13}{2} - 3X &= \tfrac{1}{s} \end{aligned} \quad \Longrightarrow \quad \begin{aligned} s(s-3)X - (s-2)Y &= \tfrac{14}{s^2} + \tfrac{3}{s} - \tfrac{13}{2} \\ (s-3)X + sY &= \tfrac{1}{s} + \tfrac{13}{2} \end{aligned} .$$

Als Lösung dieses algebraischen linearen Gleichungssystems erhalten wir nach den üblichen Methoden (Elimination bzw. GAUSS-Algorithmus):

$$X(s) = \frac{-9s+12}{s(s-1)(s-3)(s+2)} \overset{PBZ}{=} \frac{2}{s} - \frac{1}{2(s-1)} - \frac{1}{2(s-3)} - \frac{1}{s+2} \quad \text{und}$$

$$Y(s) = \frac{\frac{13}{2}s^3 + \frac{15}{2}s^2 - 3s - 14}{s^2(s-1)(s+2)} \overset{PBZ}{=} \frac{5}{s} + \frac{7}{s^2} - \frac{1}{s-1} - \frac{5}{2(s+2)} \, .$$

Rücktransformation liefert dann

$$x(t) = 2 - \frac{1}{2}\left(e^{3t} + e^t + 2e^{-2t}\right) \, , \quad y(t) = 5 + 7t - e^t + \frac{5}{2}e^{-2t} \, .$$

18. Berechnen Sie - unter Verwendung der LAPLACE-Transformation - das folgende Integral:

$$I := \int_0^\infty te^{-3t} \sin t \, dt.$$

Lösung:

Es ist: $\displaystyle\int_0^\infty te^{-st} \sin t \, dt = \mathcal{L}[t \sin t] = -\frac{d}{ds}\mathcal{L}[\sin t] = -\frac{d}{ds}\frac{1}{s^2+1} = \frac{2s}{(s^2+1)^2}$.

Speziell für $s = 3$ erhalten wir daraus:

$$I := \int_0^\infty te^{-3t} \sin t \, dt = \frac{3}{50} \, .$$

19. Berechnen Sie - unter Verwendung der LAPLACE-Transformation - das folgende Integral:

$$I := \int_0^\infty \frac{e^{-t} - e^{-3t}}{t} \, dt \, .$$

Lösung:

Es ist: $\mathcal{L}[e^{-t} - e^{-3t}] = \dfrac{1}{s+1} - \dfrac{1}{s+3}$. Wegen $\mathcal{L}\left[\dfrac{g(t)}{t}\right] = \displaystyle\int_s^\infty G(s) \, ds$ folgt dann:

$$\int_0^\infty e^{-st}\left(\frac{e^{-t} - e^{-3t}}{t}\right) dt = \mathcal{L}\left[\frac{e^{-t} - e^{-3t}}{t}\right] = \int_s^\infty \left(\frac{1}{s+1} - \frac{1}{s+3}\right) ds = \ln\left(\frac{s+3}{s+1}\right) .$$

Speziell für $s = 0$ erhalten wir daraus:

$$I := \int_0^\infty \frac{e^{-t} - e^{-3t}}{t} \, dt = \ln 3.$$

20. Berechnen Sie - unter Verwendung der LAPLACE-Transformation - das FRESNEL'sche Integral:

$$I := \int_0^\infty \cos(x^2) \, dx.$$

Lösung:

Wir betrachten zunächst das Parameterintegral $g(t) := \displaystyle\int_0^\infty \cos(tx^2) \, dx$.

Für die LAPLACE-Transformierte von $g(t)$ gilt dann:

$$\mathcal{L}[g(t)] = \int_0^\infty e^{-st} \int_0^\infty \cos(tx^2)\,dx\,dt = \int_0^\infty \underbrace{\int_0^\infty e^{-st}\cos(tx^2)\,dt}_{\mathcal{L}[\cos(tx^2)]}\,dx = \int_0^\infty \frac{s}{s^2+x^4}\,dx.$$

Dabei wurde der Ähnlichkeitssatz verwendet. Im letzteren Integral substituieren wir: $x = \sqrt{s}\,y$ und erhalten:

$$\mathcal{L}[g(t)] = \frac{1}{\sqrt{s}} \int_0^\infty \frac{1}{1+y^4}\,dy\ .$$

Elementare Rechnung (Partialbruchzerlegung) liefert:

$$\int_0^\infty \frac{1}{1+y^4}\,dy = \frac{1}{4\sqrt{2}} \int_0^\infty \left(\frac{(2y+\sqrt{2})+\sqrt{2}}{y^2+\sqrt{2}y+1} - \frac{(2y-\sqrt{2})-\sqrt{2}}{y^2-\sqrt{2}y+1} \right) dy =$$

$$= \frac{1}{4\sqrt{2}} \ln\left(\frac{y^2+\sqrt{2}y+1}{y^2-\sqrt{2}y+1} \right)\Bigg|_0^\infty + \frac{\sqrt{2}}{4}\Big(\arctan(\sqrt{2}y+1) + \arctan(\sqrt{2}y-1) \Big)\Big|_0^\infty = \frac{\sqrt{2}\pi}{4}\ .$$

Damit erhalten wir $\mathcal{L}[g(t)] = \dfrac{\sqrt{2}\pi}{4\sqrt{s}}$, woraus durch Umkehrtransformation unter Verwendung von Beispiel (5) folgt: $g(t) = \dfrac{\sqrt{2\pi}}{4\sqrt{t}}$. Setzen wir nun $t = 1$, so erhalten wir schließlich:

$$I := \int_0^\infty \cos(x^2)\,dx = g(1) = \frac{1}{2}\sqrt{\frac{\pi}{2}}\ .$$

21. Bestimmen Sie - unter Verwendung der LAPLACE-Transformation - die Lösung $f(t)$ der Integralgleichung

$$\int_0^t \frac{f(\tau)}{\sqrt{t-\tau}}\,d\tau = 1 + t + t^2\ , \quad t > 0\ .$$

Lösung:
Das vorliegende Integral ist vom Faltungstyp. Daher ist eine „Algebraisierung" dieser Integralgleichung mittels LAPLACE-Transformation möglich. Die damit erhaltene algebraische Gleichung für die LAPLACE-Transformierte $F(s)$ kann dann nach nach $F(s)$ aufgelöst werden. Anschließende Rücktransformation liefert dann die Lösung $f(t)$ der Integralgleichung.

$$\mathcal{L}\left[\int_0^t \frac{f(\tau)}{\sqrt{t-\tau}}\,d\tau \right] = F(s)\mathcal{L}\left[\frac{1}{\sqrt{t}} \right] = \mathcal{L}[1] + \mathcal{L}[t] + \mathcal{L}[t^2] = \frac{1}{s} + \frac{1}{s^2} + \frac{2}{s^3}\ .$$

Mit $\mathcal{L}\left[\dfrac{1}{\sqrt{t}}\right] = \sqrt{\dfrac{\pi}{s}}$ erhalten wir:

$$f(t) = \frac{1}{\sqrt{\pi}} \left(\mathcal{L}^{-1}\left[\frac{1}{\sqrt{s}}\right] + \mathcal{L}^{-1}\left[\frac{1}{\sqrt{s^3}}\right] + 2\mathcal{L}^{-1}\left[\frac{1}{\sqrt{s^5}}\right] \right) = \frac{1}{\pi}\left(\frac{1}{\sqrt{t}} + 2\sqrt{t} + \frac{8}{3}\sqrt{t^3} \right)\ ,$$

bzw. $f(t) = \dfrac{1}{3\pi\sqrt{t}}(3 + 6t + 8t^2)$. Dabei wurde $\mathcal{L}[tg(t)] = -G'(s)$ benützt.

22. Bestimmen Sie - unter Verwendung der LAPLACE-Transformation - die Lösung $f(t)$ der Integralgleichung

$$f(t) = 2\cos t + \int_0^t (t-\tau) f(\tau)\,d\tau\ .$$

Lösung:
Das vorliegende Integral ist vom Faltungstyp. Daher ist eine Lösung mittels der LAPLACE-Transformation erfolgversprechend. Es folgt mit $\mathcal{L}[f(t)] = F(s)$:

$F(s) = \dfrac{2s}{s^2+1} + \dfrac{F(s)}{s^2}$. Auflösung nach $F(s)$ und anschließende Partialbruchzerlegung ergibt: $F(s) = \dfrac{2s^3}{(s^2+1)(s+1)(s-1)} = \dfrac{s}{s^2+1} + \dfrac{1}{2(s+1)} + \dfrac{1}{2(s-1)}$.

Rücktransformation liefert dann $f(t) = \cos t + \frac{1}{2}e^{-t} + \frac{1}{2}e^{t} = \cos t + \cosh t$.

23. Bestimmen Sie - unter Verwendung der LAPLACE-Transformation - die Lösung $f(t)$ der (nichtlinearen) Integralgleichung

$$\int_0^t f(t-\tau)f(\tau)\,d\tau = 2f(t) + \frac{t^3}{6} - 2t\ .$$

Lösung:
Das vorliegende Integral ist vom Faltungstyp. Daher ist eine Lösung mittels der LAPLACE-Transformation erfolgversprechend. Die entsprechende algebraische Gleichung

$$F^2(s) = 2F(s) + \frac{1}{s^4} - \frac{2}{s^2}$$

ist dann ebenfalls nicht linear. Die Auflösungen dieser quadratischen Gleichung sind:

$$F(s) = 1 \pm \left(1 - \frac{1}{s^2}\right)\ .$$

$F_1 = 2 - \frac{1}{s^2}$ entfällt, da es keine (klassische) Funktion gibt, deren LAPLACE-Transformierte diese Gestalt hat. Es verbleibt: $f(t) = \mathcal{L}^{-1}[F_2(s)] = \mathcal{L}^{-1}\left[\dfrac{1}{s^2}\right] = t$.

24. Bestimmen Sie - unter Verwendung der LAPLACE-Transformation - die Lösung $f(t)$ der (nichtlinearen) Integro-Differentialgleichung

$$\int_0^t f'(t-\tau)f''(\tau)\,d\tau = f'(t) - f(t)\ , \quad f(0) = 0,\ f'(0) = 0\ .$$

Lösung:
Das vorliegende Integral ist vom Faltungstyp. Daher ist eine Lösung mittels der LAPLACE-Transformation erfolgversprechend. Die entsprechende algebraische Gleichung

$$s^3F^2(s) = sF(s) - F(s) \quad \text{bzw.} \quad F(s)\big(s^3F(s) - s + 1\big) = 0$$

ist dann ebenfalls nicht linear. Die Auflösungen dieser quadratischen Gleichung sind: $F_1(s) = 0$ und $F_2(s) = \dfrac{1}{s^2} - \dfrac{1}{s^3}$. $f_2(t) = \mathcal{L}^{-1}\left[\dfrac{1}{s^2} - \dfrac{1}{s^3}\right] = t - \dfrac{t^2}{2}$ erfüllt nicht die Anfangsbedingungen. Es verbleibt dann nur: $f(t) = \mathcal{L}^{-1}[F_1(s)] = 0$ als Lösung.

4.1.3 Beispiele mit Lösungen

1. Bestimmen Sie die LAPLACE-Transformierten der folgenden Funktionen:

   a) $f(t) = 2t^2 - e^{-t}$, b) $f(t) = (t^2+1)^2$, c) $f(t) = (\sin t - \cos t)^2$,

   d) $f(t) = \cosh^2(4t)$, e) $f(t) = e^{2t}\sin(3t)$, f) $f(t) = t^3\sin(3t)$.

   Lösungen:

   $$\text{a) } F(s) = \frac{4}{s^3} - \frac{1}{s+1}, \quad \text{b) } F(s) = \frac{s^4+4s^2+24}{s^5}, \quad \text{c) } F(s) = \frac{1}{s} - \frac{2}{s^2+4},$$

   $$\text{d) } F(s) = \frac{s^2-32}{s(s^2-64)}, \quad \text{e) } F(s) = \frac{3}{(s-2)^2+9}, \quad \text{f) } F(s) = \frac{72s(s^2-9)}{(s^2+9)^4}.$$

2. Bestimmen Sie die LAPLACE-Transformierten der folgenden Funktionen:

   $$\text{a) } f(t) = \begin{cases} \sin t & \text{für} \quad 0 \le t \le 2\pi \\ 0 & \text{für} \quad t \ge 2\pi \end{cases},$$

   $$\text{b) } f(t) = \begin{cases} 1 & \text{für} \quad 0 \le t < 2 \\ -1 & \text{für} \quad 2 \le t < 4 \end{cases}, \quad f(t+4) = f(t).$$

   Lösungen: a) $F(s) = \dfrac{1-e^{-2\pi s}}{s^2+1}$, b) $F(s) = \dfrac{\tanh s}{s}$.

3. Bestimmen Sie die LAPLACE-Transformierte der Funktion:

   $$f(t) = \begin{cases} 5 & \text{für} \quad 0 \le t < 1 \\ t+4 & \text{für} \quad 1 \le t < 2 \\ 4t-2 & \text{für} \quad t \ge 2 \end{cases}.$$

   Lösung: $F(s) = \dfrac{5}{s} + \dfrac{e^{-s}}{s^2} + \dfrac{3e^{-2s}}{s^2}$.

4. Bestimmen Sie die LAPLACE-Transformierte der Funktion

   $$f(t) = \int_0^t (\tau^2 - \tau + e^{-\tau})\, d\tau .$$

   Lösung: $F(s) = \dfrac{s^3 - s^2 + s + 2}{s^4(s+1)}$.

5. Bestimmen Sie die LAPLACE-Transformierte der Funktion

   $$f(t) = \frac{\sin t}{t}.$$

   Lösung: $F(s) = \arctan\left(\dfrac{1}{s}\right)$.

6. Bestimmen Sie jene Funktionen $f(t)$, deren LAPLACE-Transformierten gegeben sind durch:

a) $F(s)=\dfrac{3s-14}{s^2-4s+20}$, b) $F(s)=\dfrac{1}{s^2(s^2+1)}$, c) $F(s)=\dfrac{1}{s^2-3s+2}$,

d) $F(s)=\dfrac{s^2}{(s^2+4)^2}$, e) $F(s)=\dfrac{s}{(s^2+4)^2}$, f) $F(s)=\dfrac{1}{s^4+1}$,

g) $F(s)=\dfrac{1}{(s^2+4)^2}$, h) $F(s)=\dfrac{s^3}{s^4-16}$, i) $F(s)=\dfrac{2s^2+s-10}{(s-4)(s^2+2s+2)}$.

Lösungen:

a) $f(t)=3e^{2t}\cos(4t)-2e^{2t}\sin(4t)$, b) $f(t)=t-\sin t$, c) $f(t)=e^{2t}-e^t$,

d) $f(t)=\dfrac{1}{4}\Big(\sin(2t)+2t\cos(2t)\Big)$, e) $f(t)=\dfrac{t}{4}\sin(2t)$,

f) $f(t)=\dfrac{1}{\sqrt{2}}\Big(\sin(t/\sqrt{2})\cosh(t/\sqrt{2})-\cos(t/\sqrt{2})\sinh(t/\sqrt{2})\Big)$,

g) $f(t)=\dfrac{1}{16}\Big(\sin(2t)-2t\cos(2t)\Big)$, h) $f(t)=\dfrac{1}{2}\Big(\cosh(2t)+\cos(2t)\Big)$,

i) $f(t)=e^{4t}+e^{-t}\cos t+2e^{-t}\sin t$.

7. Bestimmen Sie jene Funktion $f(t)$, für die gilt:
$$F(s)=\mathcal{L}[f]=\frac{a}{s^2(s^2+a^2)}\,.$$
Lösung: $f(t)=\dfrac{t}{a}-\dfrac{\sin(at)}{a^2}$.

8. Bestimmen Sie durch die inverse LAPLACE-Transformation die jeweilige Funktion $f(t)=\mathcal{L}^{-1}[F(s)]$:

a) $F(s)=\dfrac{2s+3}{s^2+4s+13}$, b) $F(s)=\dfrac{1}{(s-1)^{5/2}}$.

Lösungen: a) $f(t)=2e^{-2t}\cos(3t)-\dfrac{1}{3}e^{-2t}\sin(3t)$, b) $f(t)=\dfrac{4}{3\sqrt{\pi}}t^{3/2}e^t$.

9. Bestimmen Sie
$$f(t)=\mathcal{L}^{-1}\left[\ln\left(\frac{s^2+a^2}{s^2}\right)\right].$$
Lösung: $f(t)=\dfrac{2}{t}\Big(1-\cos(at)\Big)$.

10. Berechnen Sie - unter Verwendung der LAPLACE-Transformation - die folgenden Integrale:

a) $\displaystyle\int_0^\infty \frac{e^{-t}\sin t}{t}\,dt$, b) $\displaystyle\int_0^\infty \frac{\sin t}{t}\,dt$.

Lösungen: a) $\dfrac{\pi}{4}$, b) $\dfrac{\pi}{2}$.

11. Bestimmen Sie unter Verwendung der LAPLACE-Transformation jene Lösung der Differentialgleichung
$$\frac{d^2y}{dt^2}-\frac{dy}{dt}-6y=0,\quad 0<t<\infty\,,$$

die den Anfangsbedingungen $y(0) = 1$ und $y'(0) = -1$ genügt.
Lösung: $y(t) = \frac{1}{5}e^{3t} + \frac{4}{5}e^{-2t}$.

12. Bestimmen Sie unter Verwendung der LAPLACE-Transformation jene Lösung der Differentialgleichung

$$\frac{d^2y}{dt^2} - 5\frac{dy}{dt} + 4y = -8e^{2t}, \quad 0 < t < \infty ,$$

die den Anfangsbedingungen $y(0) = 4$ und $y'(0) = 8$ genügt.
Lösung: $y(t) = 4e^{2t}$.

13. Bestimmen Sie unter Verwendung der LAPLACE-Transformation jene Lösung der Differentialgleichung

$$\frac{d^2y}{dt^2} + 2\frac{dy}{dt} + 2y = \sin(at), \quad 0 < t < \infty ,$$

die den Anfangsbedingungen $y(0) = 0$ und $y'(0) = 0$ genügt.
Lösung: $y(t) = \dfrac{1}{4+a^4}\Big(a^3e^{-t}\sin t + 2ae^{-t}\cos t + (2-a^2)\sin(at) - 2a\cos(at)\Big)$.

14. Bestimmen Sie - unter Verwendung der LAPLACE-Transformation - die Lösung des Anfangswertproblems

$$y''' - 3y'' + 3y' - y = t^2e^t , \quad y(0) = 1,\ y'(0) = 0,\ y''(0) = -2 .$$

Lösung: $y(t) = e^t + te^t - \dfrac{t^2}{2}e^t + \dfrac{t^5}{60}e^t$.

15. Bestimmen Sie - unter Verwendung der LAPLACE-Transformation - die Lösung des Anfangswertproblems $y''' - y = e^t$, $y(0) = 0,\ y'(0) = 0.\ y''(0) = 0$.
Lösung: $y(t) = \dfrac{te^t}{3} + \dfrac{e^{-t/2}}{3}\cos\Big(\dfrac{\sqrt{3}\,t}{2}\Big) + \dfrac{1}{3\sqrt{3}}\sin\Big(\dfrac{\sqrt{3}\,t}{2}\Big) - \dfrac{e^t}{3}$.

16. Bestimmen Sie unter - Verwendung der LAPLACE-Transformation - jene Lösung $\{x(t), y(t)\}$ des Systems
$$\begin{aligned} \dot{x} &= 1 - 2y \\ 2\dot{y} &= x - t \end{aligned} , \qquad t > 0,$$
die den Anfangsbedingungen $x(0) = 0$ und $y(0) = 1$ genügt.
Lösung: $x(t) = t - 2\sin t,\ y(t) = \cos t$.

17. Bestimmen Sie unter - Verwendung der LAPLACE-Transformation - jene Lösung $\{x(t), y(t)\}$ des Systems
$$\begin{aligned} \ddot{x} &= y + \sin t \\ \ddot{y} &= -\dot{x} + \cos t \end{aligned} , \qquad t > 0,$$
die den Anfangsbedingungen $x(0) = 1,\ \dot{x}(0) = 0,\ y(0) = -1$ und $\dot{y}(0) = -1$ genügt.
Lösung: $x(t) = \cos t,\ y(t) = -\sin t - \cos t$.

18. Bestimmen Sie unter Verwendung der LAPLACE-Transformation jene Lösung des Differentialgleichungssystems

$$\begin{aligned} \dot{x} + 2\dot{y} &= x + y + t \\ 2\dot{x} + \dot{y} &= x + y + t \end{aligned} \,,$$

die den Anfangsbedingungen $x(0) = 0$ und $y(0) = 0$ genügt.

Lösung: $x(t) = \frac{3}{4} e^{\frac{2t}{3}} - \frac{t}{2} - \frac{3}{4}$, $y(t) = \frac{3}{4} e^{\frac{2t}{3}} - \frac{t}{2} - \frac{3}{4}$.

19. Bestimmen Sie unter - Verwendung der LAPLACE-Transformation - jene Lösung $\{x(t), y(t)\}$ des Systems

$$\begin{aligned} \ddot{x} + \dot{y} + 3x &= 15e^{-t} \\ \ddot{y} - 4\dot{x} + 3y &= 15\sin(2t) \end{aligned} \,, \qquad t > 0 \,,$$

die den Anfangsbedingungen $x(0) = 35$, $\dot{x}(0) = -48$, $y(0) = 27$ und $\dot{y}(0) = -55$ genügt.

Lösung: $x(t) = 30\cos t - 15\sin(3t) + 3e^{-t} + 2\cos(2t)$,
$y(t) = 30\cos(3t) - 60\sin t - 3e^{-t} + \sin(2t)$.

20. Bestimmen Sie unter Verwendung der LAPLACE-Transformation die Lösung der Integralgleichung

$$\int_0^t f(t-\tau) f(\tau)\, d\tau = te^{-at}\,, \quad t \geq 0\,.$$

Lösung: $f(t) = \pm e^{-at}$.

21. Bestimmen Sie unter Verwendung der LAPLACE-Transformation die Lösung der Integralgleichung

$$g(t) + \int_0^t g(\tau) e^{-(t-\tau)}\, d\tau = 1\,, \quad t \geq 0\,.$$

Lösung: $g(t) = \dfrac{1 + e^{-2t}}{2}$.

22. Bestimmen Sie unter Verwendung der LAPLACE-Transformation die Lösung der Integralgleichung

$$u(t) = f(t) + \lambda \int_0^t e^{t-\tau} u(\tau)\, d\tau\,.$$

Lösung: $u(t) = f(t) + \lambda \int_0^t e^{(\lambda+1)(t-\tau)} f(\tau)\, d\tau$.

23. Bestimmen Sie unter Verwendung der LAPLACE-Transformation die Lösung der speziellen ABEL'schen Integralgleichung

$$1 = \int_0^t \frac{u(\tau)}{\sqrt{t-\tau}}\, d\tau\,.$$

Lösung: $u(t) = \dfrac{1}{\pi\sqrt{t}}$.

4.2 FOURIER-Transformation

4.2.1 Grundlagen

- Die Integraltransformation

$$F(\lambda) = \mathcal{F}[f] = \frac{1}{\sqrt{2\pi}} \int_{-\infty}^{\infty} e^{-i\lambda x} f(x)\, dx$$

heißt FOURIER-Transformation. $F(\lambda)$ heißt FOURIER-Transformierte der Funktion $f(x)$.

- Die FOURIER-Transformation existiert unter den Voraussetzungen

  - $f(x)$ sei auf $\mathbb{R}$ definiert, reell- bzw. komplexwertig und dort stückweise stetig, d.h. $f(x)$ ist auf jeden Teilintervall $[a, b]$ stückweise stetig,
  - $f(x)$ ist auf $\mathbb{R}$ absolut integrierbar, d.h. $\int_{-\infty}^{\infty} |f(x)|\, dx \leq M$.

Bemerkung: $f(t)$ darf auch „schwache Singularitäten" besitzen.

- Die FOURIER-Transformation besitzt folgende Eigenschaften:

1. $\mathcal{F}[c_1 f_1 + c_2 f_2] = c_1 \mathcal{F}[f_1] + c_2 \mathcal{F}[f_2] \cdots$ Linearität,
2. $\mathcal{F}[\overline{f(-x)}] = \overline{\mathcal{F}[f(x)]} \cdots$ Konjugationssatz,
3. $\mathcal{F}[F(x)] = f(-\lambda) \cdots$ Dualität,
4. $\mathcal{F}[e^{iax} f(x)] = F(\lambda - a) \cdots$ Verschiebungssatz im FOURIER-Raum,
5. $\mathcal{F}[f(x-a)] = e^{-ia\lambda} F(\lambda) \cdots$ Verschiebungssatz,
6. $\mathcal{F}[f(ax)] = \frac{1}{|a|} F\left(\frac{\lambda}{a}\right) \cdots$ Ähnlichkeitssatz,
7. $\mathcal{F}[f^{(k)}(x)] = (i\lambda)^k F(\lambda) \cdots$ Differentiationssatz,
8. $\mathcal{F}\left[\int_{-\infty}^{x} f(\xi)\, d\xi\right] = \frac{1}{i\lambda} F(\lambda) \cdots$ Integralsatz,
9. $\mathcal{F}[f * g] := \mathcal{F}\left[\int_{-\infty}^{\infty} f(\xi) g(x - \xi)\, d\xi\right] = \sqrt{2\pi} F(\lambda) G(\lambda) \cdots$ Faltungssatz,
10. $\mathcal{F}[x f(x)] = i F'(\lambda)$,
11. $\mathcal{F}[f(x)\cos(ax)] = \frac{1}{2}\big(F(\lambda - a) + F(\lambda + a)\big)$,
12. $\mathcal{F}[f(x)\sin(ax)] = \frac{1}{2i}\big(F(\lambda - a) - F(\lambda + a)\big)$.

- Umkehrsatz:
Bezeichne $F(\lambda)$ die FOURIER-Transformierte von $f(x)$ und erfülle F die analogen Voraussetzungen wie $f(x)$. Dann existiert die inverse Transformation und es gilt:

$$\frac{f(x_+) + f(x_-)}{2} = \mathcal{F}^{-1}[F(\lambda)] = \frac{1}{\sqrt{2\pi}} \int_{-\infty}^{\infty} e^{i\lambda x} F(\lambda)\, d\lambda\,.$$

Ist $f(x)$ auf ganz $\mathbb{R}$ stetig, gilt:

$$f(x) = \mathcal{F}^{-1}[F(\lambda)] = \frac{1}{\sqrt{2\pi}} \int_{-\infty}^{\infty} e^{i\lambda x} F(\lambda)\, d\lambda\ .$$

Wie bei der LAPLACE-Transformation werden auch für die FOURIER-Transformation Tabellenwerke benutzt, die dann eben „von rechts nach links“ gelesen werden, wobei vorher meist eine Vereinfachung mittels der oben angeführten Eigenschaften erfolgt. Darüber hinaus gibt es natürlich die Möglichkeit der Benutzung von Computer-Algebra-Systemen.

4.2.2 Musterbeispiele

1. Bestimmen Sie die FOURIER-Transformierte der Funktion $f(x) = e^{-|x|}$.

   Lösung:
   $$\mathcal{F}[e^{-|x|}] = \frac{1}{\sqrt{2\pi}} \int_{-\infty}^{\infty} e^{-i\lambda x} e^{-|x|}\, dx = \frac{1}{\sqrt{2\pi}} \int_{0}^{\infty} e^{-(1+i\lambda)x}\, dx + \frac{1}{\sqrt{2\pi}} \int_{-\infty}^{0} e^{(1-i\lambda)x}\, dx =$$
   $$= \frac{1}{\sqrt{2\pi}} \frac{1}{1+i\lambda} + \frac{1}{\sqrt{2\pi}} \frac{1}{1-i\lambda} = \sqrt{\frac{2}{\pi}} \frac{1}{1+\lambda^2}\ .$$

2. Bestimmen Sie die FOURIER-Transformierte der Funktion
   $$f_a(x) = \begin{cases} 1 & \text{für } |x| < 1 \\ a & \text{für } |x| = 1 \\ 0 & \text{für } |x| > 1 \end{cases}\ .$$

   Lösung:
   $$\mathcal{F}[f_a] = \frac{1}{\sqrt{2\pi}} \int_{-1}^{1} e^{-i\lambda x}\, dx = \frac{1}{\sqrt{2\pi}} \frac{e^{-i\lambda x}}{-i\lambda}\bigg|_{-1}^{1} = \frac{1}{\sqrt{2\pi}} \frac{e^{-i\lambda} - e^{i\lambda}}{-i\lambda} = \sqrt{\frac{2}{\pi}} \frac{\sin\lambda}{\lambda}\ .$$

   Bemerkung: Die Transformierte F hängt nicht von a ab, d.h. aber, dass alle Funktionen f_a dieselbe Transformierte besitzen. Umgekehrt ist dann i.a. auch die Umkehrtransformation nicht eindeutig. Wir sprechen dann von Gleichheit im Mittel.

3. Bestimmen Sie die FOURIER-Transformierte der Funktion $f(x) = e^{-x^2}$.

   Lösung:
   $$\mathcal{F}[e^{-x^2}] = \frac{1}{\sqrt{2\pi}} \int_{-\infty}^{\infty} e^{-i\lambda x} e^{-x^2}\, dx = F(\lambda).$$

   Differentiation nach λ liefert:
   $$F'(\lambda) = \frac{1}{\sqrt{2\pi}} \int_{-\infty}^{\infty} (-ix) e^{-x^2-i\lambda x}\, dx = \frac{i}{2\sqrt{2\pi}} \int_{-\infty}^{\infty} (-2xe^{-x^2}) e^{-i\lambda x}\, dx.$$

   Partielle Integration ergibt schließlich:
   $$F'(\lambda) = \frac{i}{2\sqrt{2\pi}} \Bigg[\underbrace{e^{-x^2} e^{-i\lambda x}\Big|_{-\infty}^{\infty}}_{0} + i\lambda \underbrace{\int_{-\infty}^{\infty} e^{-i\lambda x} e^{-x^2}\, dx}_{\sqrt{2\pi}F(\lambda)} \Bigg] = -\frac{\lambda}{2} F(\lambda).$$

   Dies ist eine lineare Differentialgleichung erster Ordnung für die FOURIER-Transformierte $F(\lambda)$, deren Lösung durch $F(\lambda) = Ce^{-\frac{\lambda^2}{4}}$ gegeben ist.

Wegen $F(0) = \frac{1}{\sqrt{2\pi}} \underbrace{\int_{-\infty}^{\infty} e^{-x^2}\,dx}_{\sqrt{\pi}} = \frac{1}{\sqrt{2}}$ erhalten wir für die Integrationskonstante C den Wert $C = \frac{1}{\sqrt{2}}$. Insgesamt gilt dann: $F(\lambda) = \mathcal{F}[e^{-x^2}] = \frac{1}{\sqrt{2}} e^{-\frac{\lambda^2}{4}}$.

4. Bestimmen Sie die FOURIER-Transformierte der Funktion $f(t) = (1+x)e^{-|x|}$ unter Verwendung von Eigenschaften der FOURIER-Transformation sowie unter Verwendung von bereits ermittelten Transformationen.

Lösung:
Wegen der Linearität der FOURIER-Transformation gilt zunächst:

$$\mathcal{F}[(1+x)e^{-|x|}] = \mathcal{F}[e^{-|x|}] + \mathcal{F}[xe^{-|x|}] \,.$$

Für $g(x) = e^{-|x|}$ gilt (siehe Beispiel 1):

$$\mathcal{F}[g(x)] =: G(\lambda) = \sqrt{\frac{2}{\pi}} \frac{1}{1+\lambda^2} \,.$$

und weiterhin wegen $\mathcal{F}[xg(x)] = iG'(\lambda)$:

$$\mathcal{F}[xe^{-|x|}] = i\sqrt{\frac{2}{\pi}} \frac{d}{d\lambda}\left(\frac{1}{1+\lambda^2}\right) = \sqrt{\frac{2}{\pi}}\, \frac{-2i\lambda}{(1+\lambda^2)^2} \,.$$

Insgesamt erhalten wir damit:

$$\mathcal{F}[(1+x)e^{-|x|}] = \frac{2}{\sqrt{2\pi}} \frac{1-2i\lambda+\lambda^2}{(1+\lambda^2)^2} \,.$$

5. Bestimmen Sie die FOURIER-Transformierte der Funktion

$$f(x) = \begin{cases} e^{x} & \text{für } x < 0 \\ -e^{-x} & \text{für } x > 0 \end{cases} \,.$$

Lösung:

$$\begin{aligned} \mathcal{F}[f(x)] &= \frac{1}{\sqrt{2\pi}} \int_{-\infty}^{0} e^{x} e^{-i\lambda x}\,dx - \frac{1}{\sqrt{2\pi}} \int_{0}^{\infty} e^{-x} e^{-i\lambda x}\,dx = \\ &= \frac{1}{\sqrt{2\pi}} \int_{-\infty}^{0} e^{x(1-i\lambda)}\,dx - \frac{1}{\sqrt{2\pi}} \int_{0}^{\infty} e^{-x(1+i\lambda)}\,dx = \\ &= \frac{1}{\sqrt{2\pi}} \frac{e^{x(1-i\lambda)}}{1-i\lambda}\bigg|_{-\infty}^{0} + \frac{1}{\sqrt{2\pi}} \frac{e^{-x(1+i\lambda)}}{1+i\lambda}\bigg|_{0}^{\infty} = \frac{1}{\sqrt{2\pi}}\left(\frac{1}{1-i\lambda} - \frac{1}{1+i\lambda}\right) = \\ &= \sqrt{\frac{2}{\pi}} \frac{i\lambda}{1+\lambda^2} \,. \end{aligned}$$

Hinweis:
Wegen $f(x) = (e^{-|x|})'$ folgt das Ergebnis auch mittels des Differentiationssatzes aus dem vom Beispiel 1 bekannten Ergebnis $\mathcal{F}[e^{-|x|}] = \sqrt{\frac{2}{\pi}}\, \frac{1}{1+\lambda^2}$.

6. Bestimmen Sie die FOURIER-Transformierte der Funktion

$$f(x) = \frac{x}{(1+x^2)^2} \, .$$

Lösung:

Es gilt: $f(x) = \dfrac{x}{(1+x^2)^2} = -\dfrac{1}{2}\dfrac{d}{dx}\left(\dfrac{1}{1+x^2}\right)$.

Wegen $\mathcal{F}[g'(x)] = i\lambda\mathcal{F}[g(x)]$ (vergleiche Grundlagen) gilt mit $g(x) = \dfrac{1}{1+x^2}$ unter Verwendung der Dualität der FOURIER-Transformation, angewandt auf Beispiel 1: $\mathcal{F}\left[\dfrac{1}{1+x^2}\right] = \sqrt{\dfrac{\pi}{2}}\, e^{-|\lambda|}$ letztlich:

$$\mathcal{F}\left[\frac{x}{(1+x^2)^2}\right] = -\frac{i\sqrt{\pi}}{2\sqrt{2}}\,\lambda\, e^{-|\lambda|} \, .$$

7. Bestimmen Sie die FOURIER-Transformierte der Funktion:

$$f(x) = \frac{1}{x^2+2x+2} \, .$$

Lösung:

Es ist $f(x) = \dfrac{1}{x^2+2x+2} = \dfrac{1}{(x+1)^2+1}$. Aus $\mathcal{F}\left[\dfrac{1}{y^2+1}\right] = \sqrt{\dfrac{\pi}{2}}\, e^{-|\lambda|}$ und dem Verschiebungssatz folgt dann:

$$\mathcal{F}\left[\frac{1}{x^2+2x+2}\right] = \sqrt{\frac{\pi}{2}}\, e^{i\lambda} e^{-|\lambda|} \, .$$

8. Bestimmen Sie die FOURIER-Transformierte der Funktion:

$$f(x) = \frac{1}{\sqrt{|x|}} \, .$$

Lösung:

Die Funktion $f(x)$ ist an der Stelle $x = 0$ „schwach singular“ .

$$\mathcal{F}\left[\frac{1}{\sqrt{|x|}}\right] = \frac{1}{\sqrt{2\pi}}\int_{-\infty}^{\infty} \frac{1}{\sqrt{|x|}}\, e^{-i\lambda x}\, dx = \frac{2}{\sqrt{2\pi}}\int_0^{\infty} \frac{\cos(\lambda x)}{\sqrt{x}}\, dx = \frac{2}{\sqrt{2\pi}}\int_0^{\infty} \frac{\cos(|\lambda| x)}{\sqrt{x}}\, dx \, .$$

Mit der Substitution $x = \dfrac{1}{|\lambda|}\, y^2$ folgt:

$$\mathcal{F}\left[\frac{1}{\sqrt{|x|}}\right] = \frac{4}{\sqrt{2\pi}}\frac{1}{\sqrt{|\lambda|}}\underbrace{\int_0^{\infty}\cos(y^2)\, dy}_{\frac{1}{2}\sqrt{\frac{\pi}{2}}} = \frac{1}{\sqrt{|\lambda|}} = F(\lambda).$$

Das letzte Integral ist das FRESNEL-Integral, das bereits im Abschnitt LAPLACE-Transformation berechnet wurde.

9. Bestimmen Sie

$$f(x) = \mathcal{F}^{-1}\left[i\lambda\, e^{-|\lambda|}\right] \, .$$

Lösung:

Nach dem Integralsatz: $\mathcal{F}\left[\int_{-\infty}^{x} f(\xi)\,d\xi\right] = \dfrac{F(\lambda)}{i\lambda}$ folgt für $F(\lambda) = i\lambda\, e^{-|\lambda|}$:

$$\mathcal{F}\left[\int_{-\infty}^{x} f(\xi)\,d\xi\right] = e^{-|\lambda|} \quad \text{d.h.} \quad \int_{-\infty}^{x} f(\xi)\,d\xi = \mathcal{F}^{-1}[e^{-|\lambda|}] = \sqrt{\frac{2}{\pi}}\,\frac{1}{1+x^2}$$

(siehe Beispiel 1) und Dualität. Differentiation nach x liefert:

$$f(x) = -\sqrt{\frac{2}{\pi}}\,\frac{2x}{(1+x^2)^2}\,.$$

10. Bestimmen Sie $f(x)$ so, dass gilt:

$$\mathcal{F}[f(x)] = \begin{cases} \dfrac{\sqrt{2\pi}}{4}\left(\pi^2-\lambda^2\right) & \text{für} \quad -\pi < x < \pi \\ 0 & \text{sonst} \end{cases} = F(\lambda).$$

Lösung:

Es gilt: $f(x) = \dfrac{1}{\sqrt{2\pi}}\displaystyle\int_{-\infty}^{\infty} F(\lambda)e^{i\lambda x}\,d\lambda = \cdots = \dfrac{1}{4}\,2\displaystyle\int_{0}^{\pi}(\pi^2-\lambda^2)\cos(\lambda x)\,d\lambda,$

woraus durch zweimalige partielle Integration folgt:

$$f(x) = \frac{1}{2x}\Big\{\underbrace{(\pi^2-\lambda^2)\sin(\lambda x)\Big|_0^\pi}_{0} + 2\int_0^\pi \lambda\sin(\lambda x)\,d\lambda\Big\} =$$

$$= \frac{1}{x^2}\Big\{-\lambda\cos(\lambda x)\Big|_0^\pi + \int_0^\pi \cos(\lambda x)\,d\lambda\Big\} = \frac{1}{x^2}\Big\{-\pi\cos(\pi x) + \frac{1}{x}\sin(\lambda x)\Big|_0^\pi\Big\}\,.$$

Damit erhalten wir:

$$f(x) = \frac{\sin(\pi x) - \pi x\cos(\pi x)}{x^3}\,.$$

11. Bestimmen Sie

$$f(x) = \mathcal{F}^{-1}\left[\frac{1}{4+\lambda^4}\right].$$

Lösung:

Zur Bestimmung von $f(x)$ verwenden wir $\mathcal{F}[g(x)\cos(ax)] = \dfrac{1}{2}\Big(G(\lambda-a)+G(\lambda+a)\Big)$ (siehe Grundlagen) und erhalten mit $g(x) = e^{-|x|}$und $a = 1$:

$$\mathcal{F}[e^{-|x|}\cos x] = \frac{1}{2}\Big(\mathcal{F}[e^{-|x|}]\Big|_{\lambda\to\lambda-1} + \mathcal{F}[e^{-|x|}]\Big|_{\lambda\to\lambda+1}\Big) =$$

$$= \frac{1}{\sqrt{2\pi}}\left(\frac{1}{1+(\lambda-1)^2} + \frac{1}{1+(\lambda+1)^2}\right) = \frac{1}{\sqrt{2\pi}}\,\frac{4+2\lambda^2}{4+\lambda^4}\,.$$

In analoger Weise berechnen wir:

$$\mathcal{F}[e^{-|x|}\sin x] = \frac{1}{2i}\Big(\mathcal{F}[e^{-|x|}]\Big|_{\lambda=\lambda-1} - \mathcal{F}[e^{-|x|}]\Big|_{\lambda=\lambda+1}\Big) =$$

$$= \frac{-i}{\sqrt{2\pi}}\left(\frac{1}{1+(\lambda-1)^2} - \frac{1}{1+(\lambda+1)^2}\right) = \frac{-i}{\sqrt{2\pi}}\,\frac{4\lambda}{4+\lambda^4}\,.$$

Um im Zähler ein λ^2 zu erhalten, verwenden wir die Beziehung $\mathcal{F}[h'(x)] = i\lambda\mathcal{F}[h(x)]$. Das liefert einerseits:

$$\mathcal{F}\left[\frac{d}{dx}(e^{-|x|}\sin x)\right] = i\lambda\mathcal{F}[e^{-|x|}\sin x] = \frac{1}{\sqrt{2\pi}}\frac{4\lambda^2}{4+\lambda^4} \quad \text{und andererseits:}$$

$$\mathcal{F}\left[\frac{d}{dx}(e^{-|x|}\sin x)\right] = \mathcal{F}[-e^{-|x|}\operatorname{sgn}(x)\sin x] + \mathcal{F}[e^{-|x|}\cos x] =$$

$$= \mathcal{F}[-e^{-|x|}\sin|x|] + \mathcal{F}[e^{-|x|}\cos x].$$

Damit erhalten wir:

$\mathcal{F}[e^{-|x|}\sin|x|] = -\frac{1}{\sqrt{2\pi}}\frac{4\lambda^2}{4+\lambda^4} + \frac{1}{\sqrt{2\pi}}\frac{4+2\lambda^2}{4+\lambda^4} = -\frac{1}{\sqrt{2\pi}}\frac{2\lambda^2-4}{4+\lambda^4}$ bzw. in weiterer Folge:

$$\mathcal{F}\Big[e^{-|x|}(\sin|x| + \cos|x|)\Big] = -\frac{1}{\sqrt{2\pi}}\frac{2\lambda^2-4}{4+\lambda^4} + \frac{1}{\sqrt{2\pi}}\frac{4+2\lambda^2}{4+\lambda^4} = \frac{1}{\sqrt{2\pi}}\frac{8}{4+\lambda^4}\,.$$

Wegen $\sin\alpha + \cos\alpha = \sqrt{2}\sin\left(\alpha + \frac{\pi}{4}\right)$ ergibt sich schließlich:

$$\boxed{f(x) = \mathcal{F}^{-1}\left[\frac{1}{4+\lambda^4}\right] = \frac{\sqrt{\pi}}{4}e^{-|x|}\sin\left(|x| + \frac{\pi}{4}\right)}\,.$$

12. Bestimmen Sie unter Verwendung der FOURIER-Transformation eine Lösung der inhomogenen Differentialgleichung

$$-\frac{d^2y}{dx^2} + a^2y = g(x), \qquad -\infty < x < \infty\,.$$

Bestimmen Sie ferner für $g(x) = e^{-a|x|}$ eine explizite Darstellung der partikulären Lösung. Unterscheiden Sie dabei die Fälle $x > 0$ und $x < 0$.

Lösung:

FOURIER-Transformation der Differentialgleichung unter Berücksichtigung der Linearität liefert zunächst:

$$-\mathcal{F}[y''(x)] + a^2\mathcal{F}[y(x)] = \mathcal{F}[g(x)]\,.$$

Wegen $\mathcal{F}[y''(x)] = (i\lambda)^2\mathcal{F}[y(x)]$ folgt daraus mit den Bezeichnungen $Y(\lambda) := \mathcal{F}[y(x)]$ und $G(\lambda) := \mathcal{F}[g(x)]$:

$$(\lambda^2 + a^2)Y(\lambda) = G(\lambda)\,, \quad \text{bzw.} \quad Y(\lambda) = \frac{G(\lambda)}{\lambda^2+a^2}\,. \qquad (*)$$

Umkehrtransformation (unter Berücksichtigung von $\mathcal{F}^{-1}\left[\frac{1}{\lambda^2+a^2}\right] = \sqrt{\frac{\pi}{2}}\frac{1}{a}e^{-a|x|}$ und des Faltungssatzes) liefert:

$$y(x) = \frac{1}{2a}\int_{-\infty}^{\infty} g(\xi)e^{-a|x-\xi|}\,d\xi\,.$$

Mit $g(x) = e^{-a|x|}$ erhalten wir:

$$y(x) = \frac{1}{2a}\int_{-\infty}^{\infty} e^{-a|\xi|}e^{-a|x-\xi|}\,d\xi\,.$$

(a) $\underline{x < 0}$: Wir unterteilen den Integrationsbereich in drei Teilintervalle:

$$y(x) = \frac{1}{2a}\left\{\int_{-\infty}^{x} e^{a\xi}e^{-a(x-\xi}\,d\xi + \int_{x}^{0} e^{a\xi}e^{a(x-\xi)}\,d\xi + \int_{0}^{\infty} e^{-a\xi}e^{a(x-\xi)}\,d\xi\right\} =$$
$$= \frac{1}{2a}\left\{e^{-ax}\int_{-\infty}^{x} e^{2a\xi}\,d\xi + e^{ax}\int_{x}^{0} d\xi + e^{ax}\int_{0}^{\infty} e^{-2a\xi}\,d\xi\right\} =$$
$$= \frac{1}{2a}\left\{e^{-ax}\frac{1}{2a}e^{2a\xi}\Big|_{-\infty}^{x} - xe^{ax} - e^{ax}\frac{1}{2a}e^{-2a\xi}\Big|_{0}^{\infty}\right\} = \cdots = \frac{1}{2a^2}(1+ax)e^{ax}.$$

(b) $\underline{x > 0}$: Eine analoge Rechnung liefert: $y(x) = \dfrac{1}{2a^2}(1-ax)e^{-ax}$.
Insgesamt gilt dann:

$$y(x) = \frac{1}{2a^2}(1+a|x|)e^{-a|x|}\,. \quad (**)$$

Bemerkung: Damit gewinnen wir ein weiteres Ergebnis. Mit $g(x) = e^{-a|x|}$ folgt:

$G(\lambda) = \sqrt{\dfrac{2}{\pi}}\dfrac{1}{a}\dfrac{1}{\lambda^2+a^2}$ und weiters mit $(*)$: $Y(\lambda) = \dfrac{G(\lambda)}{\lambda^2+a^2} = \sqrt{\dfrac{2}{\pi}}\dfrac{1}{a}\dfrac{1}{(\lambda^2+a^2)^2}$.

Rücktransformation liefert: $y(x) = \sqrt{\dfrac{2}{\pi}}\dfrac{1}{a}\mathcal{F}^{-1}\left[\dfrac{1}{(\lambda^2+a^2)^2}\right]$.

Vergleich mit $(**)$ ergibt dann:

$$\boxed{\mathcal{F}^{-1}\left[\frac{1}{(\lambda^2+a^2)^2}\right] = \frac{\sqrt{\pi}}{2\sqrt{2}\,a}(1+a|x|)e^{-a|x|}}\,.$$

13. Bestimmen Sie unter Verwendung der FOURIER-Transformation eine Lösung der inhomogenen Differentialgleichung

$$\frac{d^4y}{dx^4} + a^4y = g(x), \quad -\infty < x < \infty\,.$$

Lösung:
FOURIER-Transformation der Differentialgleichung unter Berücksichtigung der Linearität liefert zunächst:

$$\mathcal{F}[y''''(x)] + a^4\mathcal{F}[y(x)] = \mathcal{F}[g(x)]\,.$$

Wegen $\mathcal{F}[y''''(x)] = (i\lambda)^4\mathcal{F}[y(x)] = \lambda^4\mathcal{F}[y(x)]$ folgt daraus mit den Bezeichnungen $Y(\lambda) := \mathcal{F}[y(x)]$ und $G(\lambda) := \mathcal{F}[g(x)]$:

$$(\lambda^4 + a^4)Y(\lambda) = G(\lambda)\,, \quad \text{bzw.} \quad Y(\lambda) = \frac{G(\lambda)}{\lambda^4+a^4}\,.$$

Zur Umkehrtransformation verwenden wir den Faltungssatz. Dabei benötigen wir das Ergebnis von Beispiel (11) und den Ähnlichkeitssatz:

$$\mathcal{F}^{-1}\left[\frac{1}{\lambda^4+a^4}\right] = \frac{\sqrt{\pi}}{\sqrt{2}\,a^3}\,e^{-\frac{a|x|}{\sqrt{2}}}\sin\left(\frac{a|x|}{\sqrt{2}} + \frac{\pi}{4}\right)\,.$$

Das liefert dann:

$$y(x) = \frac{1}{\sqrt{2\pi}}g(x)*\mathcal{F}^{-1}\left[\frac{1}{\lambda^4+a^4}\right] = \frac{1}{2a^3}\int_{-\infty}^{\infty} g(\xi)e^{-\frac{a}{\sqrt{2}}|x-\xi|}\sin\left(\frac{a}{\sqrt{2}}|x-\xi| + \frac{\pi}{4}\right)d\xi\,.$$

14. Berechnen Sie - unter Verwendung der FOURIER-Transformation - das folgende Integral:
$$I(a,b) := \int_{-\infty}^{\infty} \frac{dx}{(x^2+a^2)(x^2+b^2)} \,.$$

Lösung: Nach dem Faltungssatz gilt:
$$(f*g)(x) = \sqrt{2\pi}\,\mathcal{F}^{-1}[F(\lambda)G(\lambda)] = \int_{-\infty}^{\infty} F(\lambda)G(\lambda)e^{i\lambda x}\,d\lambda \,.$$
Speziell für $x=0$ folgt daraus die Formel:
$$\boxed{\int_{-\infty}^{\infty} f(\xi)g(-\xi)\,d\xi = \int_{-\infty}^{\infty} F(\lambda)G(\lambda)\,d\lambda} \,. \tag{4.1}$$
Mit $f(x) = \dfrac{1}{x^2+a^2}$ und $g(x) = \dfrac{1}{x^2+b^2}$ folgt wegen $F(\lambda) = \dfrac{\sqrt{\pi}}{a\sqrt{2}}e^{-a|\lambda|}$ und $G(\lambda) = \dfrac{\sqrt{\pi}}{b\sqrt{2}}e^{-b|\lambda|}$ (Beispiel 1, Dualität und Ähnlichkeitssatz) nach Formel (4.1):
$$I(a,b) = \frac{\pi}{2ab}\int_{-\infty}^{\infty} e^{-(a+b)|\lambda|}\,d\lambda = \frac{\pi}{ab}\underbrace{\int_0^{\infty} e^{-(a+b)\lambda}\,d\lambda}_{\frac{1}{a+b}} = \frac{\pi}{ab(a+b)} \,.$$

15. Berechnen Sie - unter Verwendung der FOURIER-Transformation - das folgende Integral:
$$I(a) := \int_0^{\infty} \frac{dx}{\sqrt{x}(x^2+a^2)} \,, \quad a>0 \,.$$

Lösung:

Mit den Bezeichnungen $f(x) = \dfrac{1}{\sqrt{|x|}}$ und $g(x) = \dfrac{1}{x^2+a^2}$ folgt $F(\lambda) = \dfrac{1}{\sqrt{|\lambda|}}$ (vergleiche Beispiel 8) und $G(\lambda) = \dfrac{\sqrt{\pi}}{a\sqrt{2}}e^{-a|\lambda|}$ (vergleiche Beispiel 1, Dualität und Ähnlichkeitssatz). Unter Verwendung der Formel (4.1) erhalten wir:
$$I(a) := \int_0^{\infty} \frac{dx}{\sqrt{x}(x^2+a^2)} = \frac{1}{2}\int_{-\infty}^{\infty} \frac{dx}{\sqrt{|x|}(x^2+a^2)} = \sqrt{\frac{\pi}{2}}\frac{1}{2a}\int_{-\infty}^{\infty} \frac{1}{\sqrt{|\lambda|}}e^{-a|\lambda|}\,d\lambda =$$
$$= \sqrt{\frac{\pi}{2}}\frac{1}{a}\int_0^{\infty} \frac{1}{\sqrt{|\lambda|}}e^{-a|\lambda|}\,d\lambda \overset{\lambda=\sigma^2}{=} \sqrt{\frac{\pi}{2}}\frac{2}{a}\int_0^{\infty} e^{-a\sigma^2}\,d\sigma \overset{\sigma=\frac{\tau}{\sqrt{a}}}{=} \frac{\sqrt{2\pi}}{\sqrt{a^3}}\underbrace{\int_0^{\infty} e^{-\tau^2}\,d\tau}_{\frac{\sqrt{\pi}}{2}} \,.$$
Damit folgt schließlich:
$$I(a) := \int_0^{\infty} \frac{dx}{\sqrt{x}(x^2+a^2)} = \frac{\pi}{\sqrt{2a^3}} \,.$$

16. Berechnen Sie - unter Verwendung der FOURIER-Transformation - das folgende Integral:
$$I(a) := \int_0^{\infty} \frac{x^2}{(x^2+a^2)^4}\,dx \,, \quad a>0 \,.$$

Lösung:

Um die Formel (4.1) verwenden zu können, zerlegen wir den Integranden:

$$\frac{x^2}{(x^2+a^2)^4} = \underbrace{\frac{x}{(x^2+a^2)^2}}_{f(x)} \underbrace{\frac{x}{(x^2+a^2)^2}}_{g(-x)} \quad \text{d.h.} \quad g(x) = \frac{-x}{(x^2+a^2)^2} .$$

Es gilt: $f(x) = -\frac{1}{2}\frac{d}{dx}\left(\frac{1}{x^2+a^2}\right)$ und $g(x) = \frac{1}{2}\frac{d}{dx}\left(\frac{1}{x^2+a^2}\right)$.

Wegen $\mathcal{F}\left[\frac{1}{x^2+a^2}\right] = \sqrt{\frac{\pi}{2}}\frac{e^{-a|\lambda|}}{a}$ folgt unter Verwendung des Differentiationssatzes

$$\mathcal{F}[h'(x)] = i\lambda H(\lambda)$$

$F(\lambda) = -\frac{i\lambda}{2}\sqrt{\frac{\pi}{2}}\frac{e^{-a|\lambda|}}{a}$ und $G(\lambda) = \frac{i\lambda}{2}\sqrt{\frac{\pi}{2}}\frac{e^{-a|\lambda|}}{a}$. Damit erhalten wir:

$$I(a) = \int_0^\infty \frac{x^2}{(x^2+a^2)^4}\,dx = \frac{1}{2}\int_{-\infty}^\infty \frac{x}{(x^2+a^2)^2}\,\frac{x}{(x^2+a^2)^2}\,dx =$$

$$= \left(-\frac{i}{2}\sqrt{\frac{\pi}{2}}\frac{1}{a}\right)\left(\frac{i}{2}\sqrt{\frac{\pi}{2}}\frac{1}{a}\right)\underbrace{\int_{-\infty}^\infty \lambda^2 e^{-2a|\lambda|}\,d\lambda}_{\frac{1}{4a^3}} = \frac{\pi}{(2a)^5} .$$

17. Bestimmen Sie - unter Verwendung der FOURIER-Transformation - die Lösung $f(x)$ der Integralgleichung

$$\int_{-\infty}^\infty f(x-\xi)e^{-|\xi|}\,d\xi = \frac{4}{3}e^{-|x|} - \frac{2}{3}e^{-2|x|} .$$

Lösung:

Das vorliegende Integral ist vom Faltungstyp. Daher ist eine „Algebraisierung" dieser Integralgleichung mittels FOURIER-Transformation möglich. Die damit erhaltene algebraische Gleichung für die FOURIER-Transformierte $F(\lambda)$ kann dann nach nach $F(\lambda)$ aufgelöst werden. Anschließende Rücktransformation liefert dann die Lösung $f(x)$ der Integralgleichung.

$$\mathcal{F}\left[\int_{-\infty}^\infty f(x-\xi)e^{-|\xi|}\,d\xi\right] = \sqrt{2\pi}\,F(\lambda)\,\mathcal{F}[e^{-|x|}] = \frac{4}{3}\mathcal{F}[e^{-|x|}] - \frac{2}{3}\mathcal{F}[e^{-2|x|}]$$

Mit $\mathcal{F}[e^{-a|x|}] = \sqrt{\frac{2}{\pi}}\frac{a}{\lambda^2+a^2}$ folgt zunächst:

$$\sqrt{2\pi}\,F(\lambda)\sqrt{\frac{2}{\pi}}\frac{1}{\lambda^2+1} = \frac{4}{3}\sqrt{\frac{2}{\pi}}\frac{1}{\lambda^2+1} - \frac{2}{3}2\sqrt{\frac{2}{\pi}}\frac{1}{\lambda^2+4} = \frac{4}{3}\sqrt{\frac{2}{\pi}}\left(\frac{1}{\lambda^2+1} - \frac{1}{\lambda^2+4}\right)$$

Auflösung nach $F(\lambda)$ liefert:

$$F(\lambda) = \frac{4}{3\sqrt{2\pi}}\left(1 - \frac{\lambda^2+1}{\lambda^2+4}\right) = \sqrt{\frac{2}{\pi}}\frac{2}{\lambda^2+4} \quad \Longrightarrow \quad f(x) = \mathcal{F}^{-1}[F(\lambda)] = e^{-2|x|}.$$

(Vergleiche Beispiel 1).

18. Bestimmen Sie - unter Verwendung der FOURIER-Transformation - die Lösung $f(x)$ der Integralgleichung

$$\int_{-\infty}^{\infty} f(x-\xi)\, e^{-\frac{\xi^2}{2}}\, d\xi = e^{-\frac{x^2}{4}} .$$

Lösung:
Das vorliegende Integral ist vom Faltungstyp. Daher ist eine Lösung mittels der FOURIER-Transformation erfolgversprechend. Es folgt mit $\mathcal{F}[f(x)] = F(\lambda)$:

$\sqrt{2\pi}\, F(\lambda)\, e^{-\frac{\lambda^2}{2}} = \sqrt{2}\, e^{-\lambda^2}$ bzw. $F(\lambda) = \dfrac{1}{\sqrt{\pi}}\, e^{-\frac{\lambda^2}{2}}$. Rücktransformation ergibt dann: $f(x) = \dfrac{1}{\sqrt{\pi}}\, e^{-\frac{x^2}{2}}$.

19. Bestimmen Sie - unter Verwendung der FOURIER-Transformation - die Lösung $f(x)$ der Integralgleichung

$$\int_{-1}^{1} f(x-\xi)\, d\xi = e^{-|x-1|} - e^{-|x+1|} .$$

Lösung:
Das vorliegende Integral ist zunächst nicht vom Faltungstyp. Um eine Lösung mittels der FOURIER-Transformation zu bewerkstelligen, führen wir die Funktion

$$g(x) = \begin{cases} 1 & \text{falls } |x| < 1 \\ 0 & \text{sonst} \end{cases}$$

ein, und erhalten damit die zur vorgelegten äquivalente Integralgleichung:

$$\int_{-\infty}^{\infty} f(x-\xi)\, g(\xi)\, d\xi = e^{-|x-1|} - e^{-|x+1|} .$$

Anwendung der FOURIER-Transformation liefert die algebraische Gleichung

$$\sqrt{2\pi}\, \mathcal{F}[f(x)]\, \mathcal{F}[g(x)] = \mathcal{F}[e^{-|x-1|}] - \mathcal{F}[e^{-|x+1|}] .$$

Mit den Bezeichnungen $F(\lambda) = \mathcal{F}[f(x)]$ und $G(\lambda) = \mathcal{F}[g(x)] = \sqrt{\dfrac{2}{\pi}}\, \dfrac{\sin\lambda}{\lambda}$ (vergleiche Beispiel 2) und mit $\mathcal{F}[e^{-|x-a|}] = e^{-ia\lambda} \sqrt{\dfrac{2}{\pi}}\, \dfrac{1}{1+\lambda^2}$ folgt:

$$\sqrt{2\pi}\, F(\lambda) \sqrt{\frac{2}{\pi}}\, \frac{\sin\lambda}{\lambda} = \sqrt{\frac{2}{\pi}}\, \frac{1}{1+\lambda^2} \underbrace{\left(e^{-i\lambda} - e^{i\lambda}\right)}_{-2i\sin\lambda} \implies F(\lambda) = -\sqrt{\frac{2}{\pi}}\, (i\lambda)\, \frac{1}{1+\lambda^2} .$$

Dann ist $f(x) = \mathcal{F}^{-1}[F(\lambda)] = -\sqrt{\dfrac{2}{\pi}}\, \mathcal{F}^{-1}\left[i\lambda \dfrac{1}{1+\lambda^2}\right]$.

Wegen $\mathcal{F}^{-1}[i\lambda H(\lambda)] = h'(x)$ (vergleiche Grundlagen) erhalten wir mit $H(\lambda) = \dfrac{1}{1+\lambda^2}$ und daher $h(x) = \sqrt{\dfrac{\pi}{2}}\, e^{-|x|}$:

$$f(x) = -\sqrt{\frac{2}{\pi}} \sqrt{\frac{\pi}{2}}\, \frac{d}{dx} e^{-|x|} = -\frac{d}{dx} e^{-|x|} = \begin{cases} e^{-x} & \text{für } x > 0 \\ -e^{x} & \text{für } x < 0 \end{cases} .$$

20. Bestimmen Sie - unter Verwendung der FOURIER-Transformation - die LAPLACE-Transformierte der Funktion
$$f(t) = \frac{\cos\sqrt{t}}{\sqrt{t}} \, .$$

Lösung:

Im Integral $F(s) = \int_0^\infty \frac{\cos\sqrt{t}}{\sqrt{t}} e^{-st}\, dt$ substituieren wir zunächst $t = \tau^2$, woraus folgt: $F(s) = 2\int_0^\infty e^{-s\tau^2} \cos\tau\, d\tau$. Wir betrachten nun das allgemeinere Integral
$$F(s,\lambda) := 2\int_0^\infty e^{-s\tau^2} \cos(\lambda\tau)\, d\tau \, .$$
Die Exponentialfunktion $e^{-s\tau^2}$ ist bezüglich τ eine gerade Funktion. Da aber $\sin(\lambda\tau)$ bezüglich τ eine ungerade Funktion ist, folgt:
$$F(s,\lambda) = 2\int_0^\infty e^{-s\tau^2} \cos(\lambda\tau)\, d\tau = 2\int_0^\infty e^{-s\tau^2} \Big(\cos(\lambda\tau) - i\sin(\lambda\tau)\Big)\, d\tau =$$
$$= 2\int_0^\infty e^{s\tau^2} e^{-i\lambda\tau}\, d\tau = \sqrt{2\pi}\mathcal{F}[e^{s\tau^2}] = \sqrt{2\pi}\frac{1}{\sqrt{2s}} e^{-\frac{\lambda^2}{4s}} \, .$$
Nun wählen wir speziell $\lambda = 1$ und erhalten:
$$F(s) = \mathcal{L}\left[\frac{\cos\sqrt{t}}{\sqrt{t}}\right] = \frac{\sqrt{\pi}}{\sqrt{s}} e^{-\frac{1}{4s}} \, .$$

4.2.3 Beispiele mit Lösungen

1. Bestimmen Sie die FOURIER-Transformierten der folgenden Funktionen:

a) $f(x) = e^{-4x^2-4x-1}$, b) $f(x) = e^{-2|x|}\cos(3x)$, c) $f(x) = xe^{-x^2/2}$,

d) $f(x) = \frac{\cos(ax)}{a^2+x^2}$, e) $f(x) = e^{-(x^2+2x)}$, f) $f(x) = \frac{\sin(ax)}{a^2+x^2}$.

Lösungen:

a) $F(\lambda) = \frac{1}{2\sqrt{2}} e^{\frac{i\lambda}{2}} e^{-\frac{\lambda^2}{16}}$, b) $F(\lambda) = \frac{4}{\sqrt{2\pi}} \frac{\lambda^2+13}{(\lambda^2+6\lambda+13)(\lambda^2-6\lambda+13)}$,

c) $F(\lambda) = -i\lambda e^{-\frac{\lambda^2}{2}}$, d) $F(\lambda) = \frac{\sqrt{\pi}}{2\sqrt{2}a}\Big(e^{-a|\lambda+a|} + e^{-a|\lambda-a|}\Big)$,

e) $F(\lambda) = \frac{e}{\sqrt{2}} e^{i\lambda} e^{-\frac{\lambda^2}{4}}$, f) $F(\lambda) = \frac{i\sqrt{\pi}}{2\sqrt{2}a}\Big(e^{-a|\lambda+a|} - e^{-a|\lambda-a|}\Big)$.

2. Bestimmen Sie die FOURIER-Transformationen der folgenden Funktionen:

a) $f(x) = \begin{cases} 1 - \frac{|x|}{a} & \text{für } |x| < a \\ 0 & \text{für } |x| \geq a \end{cases}$, b) $f(x) = \begin{cases} 1 & \text{für } 0 \leq x < 1 \\ 0 & \text{für sonst} \end{cases}$,

c) $f(x) = \begin{cases} \sin x & \text{für } |x| < \pi \\ 0 & \text{für } |x| \geq \pi \end{cases}$, d) $f(x) = \begin{cases} x & \text{für } |x| < a \\ 0 & \text{für } |x| \geq a \end{cases}$,

e) $f(x) = \begin{cases} x^2 & \text{für } |x| \leq a \\ 0 & \text{für } |x| > a \end{cases}$, f) $f(x) = \begin{cases} \cos x & \text{für } |x| < \pi \\ 0 & \text{für } |x| \geq \pi \end{cases}$.

Lösungen:

a) $F(\lambda)=\dfrac{2\sqrt{2}}{a\sqrt{\pi}}\left(\dfrac{\sin(\frac{\lambda\pi}{2})}{\lambda}\right)^2$, b) $F(\lambda)=\dfrac{i}{\sqrt{2\pi}}\dfrac{e^{-i\lambda}-1}{\lambda}$,

c) $F(\lambda)=i\sqrt{\dfrac{2}{\pi}}\dfrac{\sin(\lambda\pi)}{\lambda^2-1}$, d) $F(\lambda)=i\sqrt{\dfrac{2}{\pi}}\dfrac{\lambda a\cos(\lambda a)-\sin(\lambda a)}{\lambda^2}$,

e) $F(\lambda)=\sqrt{\dfrac{2}{\pi}}\dfrac{(a^2\lambda^2-2)\sin(a\lambda)+2a\lambda\cos(a\lambda)}{\lambda^3}$,

f) $F(\lambda)=-\sqrt{\dfrac{2}{\pi}}\dfrac{\lambda\sin(\lambda\pi)}{\lambda^2-1}$.

3. Bestimmen Sie die FOURIER-Transformationen der folgenden Funktionen:

a) $f(x)=\begin{cases}\sin x & \text{für } |x|<\frac{\pi}{2}\\ 0 & \text{sonst}\end{cases}$, b) $f(x)=\begin{cases}\cos(\pi x) & \text{für } |x|<1\\ 0 & \text{sonst}\end{cases}$,

c) $f(x)=\begin{cases}e^{-x} & \text{für } x>0\\ 0 & \text{sonst}\end{cases}$, d) $f(x)=\begin{cases}e^{x} & \text{für } x<0\\ 0 & \text{sonst}\end{cases}$,

e) $f(x)=\begin{cases}\frac{1}{\sqrt{x}} & \text{für } x>0\\ 0 & \text{sonst}\end{cases}$, f) $f(x)=\begin{cases}e^{iax} & \text{für } p<x<q\\ 0 & \text{sonst}\end{cases}$.

Lösungen:

a) $F(\lambda)=\dfrac{2i}{\sqrt{2\pi}}\dfrac{\lambda\cos(\frac{\lambda\pi}{2})}{\lambda^2-1}$, b) $F(\lambda)=-\dfrac{2}{\sqrt{2\pi}}\dfrac{\lambda\sin\lambda}{\lambda^2-\pi^2}$,

c) $F(\lambda)=\dfrac{1}{\sqrt{2\pi}}\dfrac{1}{1+i\lambda}$, d) $F(\lambda)=\dfrac{1}{\sqrt{2\pi}}\dfrac{1}{1-i\lambda}$,

e) $F(\lambda)=\dfrac{1-i}{2\sqrt{|\lambda|}}$, f) $F(\lambda)=\dfrac{i}{\sqrt{2\pi}}\dfrac{e^{iq(a-\lambda)}-e^{ip(a-\lambda)}}{\lambda-a}$.

4. Bestimmen Sie jene Funktion $f(x)$, für die gilt:

$$F(\lambda)=\mathcal{F}[f]=\frac{1}{(1+\lambda^2)^2}.$$

Lösung: $f(x)=\dfrac{\sqrt{\pi}}{2\sqrt{2}}(1+|x|)e^{-|x|}$.

5. Bestimmen Sie - unter Verwendung des Faltungssatzes der FOURIER-Transformation - $(f*f)(x)$ für die Funktion $f(x)=\dfrac{1}{1+x^2}$.

Lösung: $(f*f)(x)=\dfrac{2\pi}{4+x^2}$.

6. Bestimmen Sie - unter Verwendung des Faltungssatzes der FOURIER-Transformation - $(f_a * f_b)(x)$ für die Funktion $f_a(x) = \dfrac{a}{a^2+x^2}$.

   Lösung: $(f_a * f_b)(x) = 2\pi \dfrac{a+b}{(a+b)^2+x^2} = f_{a+b}(x)$.

7. Berechnen Sie - unter Verwendung der FOURIER-Transformation - die folgenden Integrale:

   $$\text{a)} \int_{-\infty}^{\infty} \frac{dx}{(x^2+a^2)^2}\,, \quad \text{b)} \int_{-\infty}^{\infty} \frac{\sin(ax)}{x(x^2+b^2)}\,dx\,, \quad \text{c)} \int_{-\infty}^{\infty} \frac{\sin^2(ax)}{x^2}\,dx\,.$$

   Lösungen:

   a) $\dfrac{\pi a^3}{2}$, b) $\dfrac{\pi}{b^2}(1-e^{-ab})$, c) πa .

8. Bestimmen Sie - unter Verwendung der FOURIER-Transformation - eine Lösung der jeweiligen Differentialgleichungen

   a) $2y'' + xy' + y = 0$, b) $y'' + xy' + y = 0$, c) $y'' + xy' + xy = 0$,

   für die gilt: $y, y', y'' \to 0$ für $x \to \pm\infty$.

   Lösungen: a) $y(x) = Ae^{-\frac{x^2}{4}}$, b) $y(x) = Ae^{-\frac{x^2}{2}}$, c) $y(x) = e^{-\frac{(x-1)^2}{2}}$.

9. Bestimmen Sie unter Verwendung der FOURIER-Transformation die Lösung der Integralgleichung

   $$\int_{\infty}^{\infty} f(x-\xi)f(\xi)\,d\xi = e^{-x^2/2}\,.$$

   Lösung: $f(x) = \pm\dfrac{\sqrt{2}}{\sqrt[4]{2\pi}}\,e^{-x^2}$.

10. Bestimmen Sie unter Verwendung der FOURIER-Transformation die Lösung der Integralgleichung

    $$\int_{\infty}^{\infty} f(x-\xi)f(\xi)\,d\xi = \frac{1}{1+x^2}\,.$$

    Lösung: $f(x) = \pm\dfrac{2}{\sqrt{\pi}}\,\dfrac{1}{1+4x^2}$.

11. Bestimmen Sie unter Verwendung der FOURIER-Transformation die Lösung der Integralgleichung

    $$\int_{\infty}^{\infty} \frac{f(\xi)}{(x-\xi)^2+a^2}\,d\xi = \frac{1}{x^2+b^2}\,, \quad 0 < a < b\,.$$

    Lösung: $f(x) = \dfrac{a}{\pi b}\,\dfrac{b-a}{(b-a)^2+x^2}$.

12. Bestimmen Sie - unter Verwendung der FOURIER-Transformation - eine Lösung der Differentialgleichung

    $$y'' - y + 2f(x) = 0\,, \quad \text{mit:}\ f(x) = 0 \quad \text{für } x \neq [-a, a]\,,$$

für die gilt: $y, y', y'' \to 0$ für $x \to \pm\infty$.
Lösung:

$$y(x) = e^{-x} \int_{-a}^{x} e^{\xi} f(\xi)\, d\xi + e^{x} \int_{x}^{a} e^{-\xi} f(\xi)\, d\xi \; .$$

Kapitel 5

Anwendungsbeispiele

5.1 Aufgabenstellung

1. **Fallbewegung mit STOKES'scher Reibung:**
   In zähen Flüssigkeiten kann die Reibungskraft proportional zur Geschwindigkeit angenommen werden: $F_R = c\,\dot{s}(t)$.

   (a) Stellen Sie die Differentialgleichung der Fallbewegung auf.

   (b) Bestimmen Sie die Lösung dieser Gleichung (den zurückgelegten Weg in Abhängigkeit von der Zeit) unter den Anfangsbedingungen $s(0) = 0,\ \dot{s}(0) = 0$.

   (c) Ermitteln Sie die Grenzgeschwindigkeit $v_\infty = \lim\limits_{t\to\infty} \dot{s}(t)$.

   (d) Führen Sie den Grenzübergang $c \to 0$ durch (reibungsfreier Fall).

2. **Fallbewegung mit NEWTON'scher Reibung:**
   In Luft kann die Reibungskraft proportional zum Quadrat der Geschwindigkeit angenommen werden: $F_R = c\,\dot{s}^2(t)$.

   (a) Stellen Sie die Differentialgleichung der Fallbewegung auf.

   (b) Bestimmen Sie die Lösung dieser Gleichung (den zurückgelegten Weg in Abhängigkeit von der Zeit) unter den Anfangsbedingungen $s(0) = 0,\ \dot{s}(0) = 0$.

   (c) Ermitteln Sie die Grenzgeschwindigkeit $v_\infty = \lim\limits_{t\to\infty} \dot{s}(t)$.

   (d) Führen Sie den Grenzübergang $c \to 0$ durch (reibungsfreier Fall).

3. **Steig- und Fallbewegung mit Luftwiderstand:**
   Bei einem lotrechten Wurf nach oben mit der Anfangsgeschwindigkeit v_0 und dem anschließenden freien Fall nach unten im lufterfüllten Raum sei der Luftwiderstand W proportional zum Quadrat der jeweiligen Geschwindigkeit. Die Erdbeschleunigung g werde als konstant angesehen.

   Bestimmen Sie:

   (a) Die Differentialgleichung der Steigbewegung,

   (b) die Steigzeit,

   (c) die Steighöhe,

   (d) die Differentialgleichung der Fallbewegung,

(e) die Fallzeit,

(f) die Aufprallgeschwindigkeit,

(g) den Energieverlust infolge des Luftwiderstandes.

Kontrollieren Sie die Ergebnisse durch den Grenzübergang $c \to 0$ durch Vergleich mit der Bewegung im luftleeren Raum.

4. **Bremsgleichungen mit endlichen und unendlichen Bremslängen:**
Die Bewegung eines Körpers genüge einer „Bremsgleichung" der Form

$$\ddot{x} + k\dot{x}^{\gamma} = 0\ , \quad k > 0,\ \gamma \geq 0\ .$$

(a) Für welche γ kommt der Körper nach einer endlichen Laufstrecke zur Ruhe, wenn er zur Zeit $t = 0$ mit der Geschwindigkeit $v_0 > 0$ gestartet wird?

(b) Berechnen Sie die Bremszeit in den Fällen einer endlichen Bremsstrecke.

(c) Bestimmen Sie $x(t)$ für die Fälle $\gamma = 1$ (STOKES'sche Reibung) und $\gamma = 2$ (NEWTON'sche Reibung).

5. **Anstoßschwinger:**
Die Bewegung eines elastisch gebundenen Körpers mit geschwindigkeitsabhängiger Reibung wird ohne äußer Kräfte durch die Differentialgleichung

$$\ddot{x} + 2a\dot{x} + \omega_0^2 x = 0\ , \quad \omega_0 > a\ ,$$

beschrieben. Er sei vor $t = 0$ in Ruhe. Zwischen $t = 0$ und $t = t_1$ wirke eine zeitlich konstante Kraft F auf ihn ein, die anschließend wieder verschwindet. Bestimmen Sie eine für alle $t \in \mathbb{R}$ definierte Lösung. Diese muss natürlich an den Stellen $t = 0$ und $t = t_1$ stetig differenzierbar sein. Diskutieren Sie anschließend den Fall, dass die Länge des Anstoßintervalls $[0, t_1]$ gegen Null geht, aber der „Kraftstoß"

$$\int_0^{t_1} F dt = Ft_1 =: f$$

endlich bleibt.

6. **Stäbe gleicher Zugfestigkeit:**
Ein vertikal angeordneter Stab sei am oberen Ende aufgehängt und am unteren Ende mit eine Kraft F zusätzlich zu seinem Eigengewicht belastet. Das spezifische Gewicht des Stabes sei γ.

Wie muss der Querschnitt des Stabes über seine Länge dimensioniert werden, damit in jedem Querschnitt die gleiche Zugspannung σ auftritt?

7. **Durchschwimmen eines Flusses:**
Bei einem Fluss der Breite $2a$ sei die Strömungsgeschwindigkeit parabolisch verteilt:

$$v_F = v_0 \left(1 - \frac{x^2}{a^2}\right)\ .$$

Ein Schwimmer hat die Absicht, den Fluss zu überqueren. Er schwimmt mit konstanter Eigengeschwindigkeit v_S quer zur Flussrichtung und wird dabei durch die

Strömung mit der Geschwindigkeit v_F abgetrieben.

Bestimmen Sie:

a) Die Differentialgleichung der Bahn des Schwimmers,
b) die Gleichung dieser Bahn,
c) jene Strecke, die der Schwimmer in Richtung der Strömung abgetrieben wird,
d) den vom Schwimmer zurückgelegten Weg für $v_0 = 5v_S$ (näherungsweise).

8. **Strömung zäher Flüssigkeiten durch Rohre:**
Eine zähe Flüssigkeit mit der dynamischen Viskosität η durchströme ein Rohr mit kreisförmigem Querschnitt (Radius R) und Länge L infolge eines Druckgefälles von Δp. Die Strömung sei laminar, d.h. die Schubspannung zwischen zwei Schichten ist proportional dem Geschwindigkeitsgefälle quer zur Strömungsrichtung: $\tau = \eta \frac{dv}{dr}$.

Bestimmen Sie:

a) Die Differentialgleichung der Strömung,
b) die Geschwindigkeitsverteilung über den Rohrquerschnitt,
c) die zeitliche Durchflußmenge (Gesetz von HAGEN-POISEUILLE).

9. **Knickstab mit Querbelastung:**
Ein Stab der Länge l und mit konstantem Querschnitt sei in den Punkten A und B gelenkig gelagert. Er sei quer zur Stabachse durch sein Eigengewicht (Gewicht pro Längeneinheit q) und in Richtung der Stabachse durch eine Druckkraft F, z.B. durch Wärmespannung, belastet.

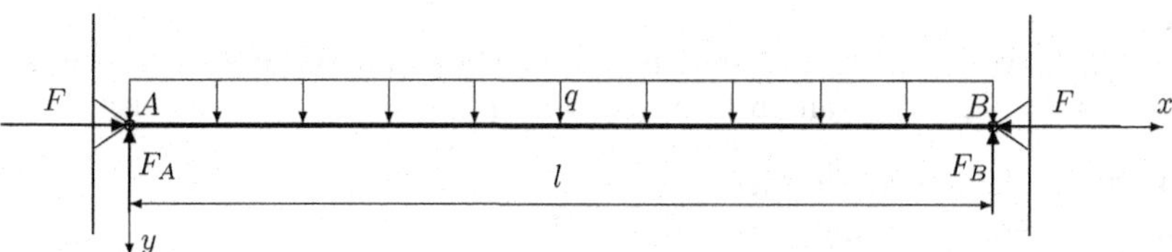

Unter vereinfachten Annahmen ist die Auslenkung y des Stabes durch

$$y'' = -\frac{M(x)}{EI}$$

gegeben. Dabei bezeichnet $M(x)$ das Biegemoment an der Stelle x, E den Elastizitätsmodul und I das axiale Trägheitsmoment des Stabes.

Bestimmen Sie:

a) Die Differentialgleichung der Auslenkung des Stabes,
b) die Auslenkung als Funktion von x (Biegelinie),
c) die größte Durchbiegung des Stabes,
d) Differentialgleichung der Biegelinie und maximale Auslenkung für den Fall einer Zugkraft F an den Stabenden.

10. **Schuss ins Weltall:**
Ein Geschoss mit der Masse m wird an der Erdoberfläche (Erdradius R) vertikal mit der Geschwindigkeit v_0 abgefeuert.

(a) Ermitteln Sie jene Abschussgeschwindigkeit v_0, bei der das Geschoss gerade dem Anziehungsbereich der Erde entkommt (2. kosmische Geschwindigkeit v_k). Geben Sie in diesem Fall die Bewegungsgleichung an und integrieren Sie diese.

(b) Integrieren Sie die Bewegungsgleichung für $v_0 > v_k$.

(c) Integrieren Sie die Bewegungsgleichung für $v_0 < v_k$.

11. **Quadrupolmoment eines Rotationsellpsoids:**
Es sei bekannt, dass eine homogene Massenverteilung der Dichte μ bzw. eine homogene Ladungsverteilung der Dichte ρ in Form eines Rotationsellipsoides mit den Halbachsen a und b im Äußeren ein Potentialfeld der Form

$$\Phi(\vec{r}) = -\frac{m}{r} - \frac{Q}{r^3} P_2(\cos\theta) - \cdots$$

erzeugt. Dabei bezeichnet m die Gesamtmasse bzw. die Gesamtladung des Ellipsoides, Q das Quadrupolmoment und $P_2(z) := \frac{3}{2} z^2 - \frac{1}{2}$ das LEGENDRE-Polynom 2. Ordnung. Berechnen Sie das Quadrupolmoment.

12. **Bewegung eines Elektrons in gekreuzten homogenen elektromagnetischen Feldern:**
Ein Elektron befinde sich zum Zeitpunkt $t = 0$ im Koordinatenursprung und besitze dort die Anfangsgeschwindigkeit $\vec{v}_0 = v_0\,\vec{e}_2$. Dabei bewegt es sich in den homogenen Feldern $\vec{E} = E\,\vec{e}_1$ und $\vec{B} = B\,\vec{e}_3$.
Bestimmen Sie die Bahnkurve des Elektrons.
Hinweis:
Zerlegen Sie die vektorielle Bewegungsgleichung in ihre Komponenten und lösen Sie das System - mit konstanten Koeffizienten - mittels eines geeigneten Ansatzes.

13. **FOUCAULT'sches Pendel:**
Die Bewegungsgleichungen des FOUCAULT'sches Pendels lauten

$$\ddot{x} = 2u\dot{y} - \omega_0^2 x \;,$$
$$\ddot{y} = -2u\dot{x} - \omega_0^2 y \;.$$

Dabei bezeichnet: $\omega_0 = \sqrt{g/l}$ die Kreisfrequenz der „ungestörten" Pendelschwingung, u eine von der geographischen Breite abhängige reelle Konstante: $u = \Omega \sin\vartheta$. Weiters bezeichnet Ω die Kreisfrequenz der Erddrehung und ϑ den Winkel der geographischen Breite. x, y sind feste kartesische Koordinaten in Nord-Süd bzw. West-Ost-Richtung.

(a) Fassen Sie die beiden reellen Differentialgleichungen zweiter Ordnung zu einer komplexen Differentialgleichung zweiter Ordnung zusammen, indem Sie setzen: $z(t) = x(t) + iy(t)$.

(b) Lösen Sie diese Differentialgleichung unter den Anfangsbedingungen $z(0) = a \in \mathbb{R}$, $\dot{z}(0) = 0$.

(c) Berechnen Sie den Ort des Pendelkörpers zum Zeitpunkt $T = \dfrac{2\pi}{\sqrt{u^2 + \omega_0^2}}$.

14. **Spannkräfte eines an zwei Punkten aufgehängten Seiles:**
Ein homogenes biegsames Seil mit einem Gewicht von 100 N/m soll so an den Punkten A(0 m, 100 m) und B(300 m, 192.73 m) aufgehängt werden, dass es - unter seinem eigenen Gewicht frei durchhängend - bei A horizontal einmündet.
Berechnen Sie die Spannkräfte in den Aufhängepunkten.

Hinweis:

(a) Bestimmen Sie zunächst die Gleichung der „Seilkurve" unter dem Gesichtspunkt, dass das Seil so durchhängt, dass jedes kleine Teilstück der Seils im Gleichgewicht unter der Schwerkraft und den inneren Seilkäften ist.

(b) Lösen Sie die so erhaltene Differentialgleichung zweiter Ordnung.

(c) Bestimmen Sie die Integrationskonstanten so, dass das Seil durch die Punkte A und B geht und bei A horizontal einmündet.

(d) Berechnen Sie die Länge und damit das Gewicht des Seils.

(e) Berechnen Sie die Spannkräfte in den Aufhängepunkten.

15. **Ideale Kurvengestaltung für Straße und Schiene:**
Beim Durchfahren einer Kurve treten Fliehkräfte auf, deren Größe vom jeweiligen Kurvenradius abhängt. Zeigen Sie, dass bei Kurven in Form von Klothoidenbögen die Fliehkraft linear mit der durchfahrenen Strecke zu- bzw. abnimmt.

16. **Fremderregte Schwingungen:**
Auf ein Federpendel mit der Masse m und der Federkonstanten c, das zum Zeitpunkt $t = 0$ in Ruhe ist, wirke ab $t = 0$ eine äußere Kraft $f(t)$. Bestimmen Sie unter Verwendung der LAPLACE-Transformation die Lösung dieses Anfangswertproblems allgemein und speziell für folgende Kräfte $f(t)$:

(a) $f(t) = \begin{cases} f_0 & \text{für} \quad 0 \le t \le T \\ 0 & \text{für} \quad t > T \end{cases}$, (b) $f(t) = f_0(1 - e^{-at})$,

(c) $f(t) = \begin{cases} f_0 \dfrac{t}{T} & \text{für} \quad 0 \le t \le T \\ f_0 & \text{für} \quad t > T \end{cases}$, (d) $f(t) = f_0 \sin(\lambda t)$.

Im Fall (d) ist zwischen $\lambda \neq \omega$ und $\lambda = \omega$ zu unterscheiden, wobei $\omega = \sqrt{\dfrac{c}{m}}$ die Eigenfrequenz des Federpendels bezeichnet.

5.2 Lösungen

1. **Fallbewegung mit STOKES'scher Reibung:**
In zähen Flüssigkeiten kann die Reibungskraft proportional zur Geschwindigkeit angenommen werden: $F_R = c\,\dot{s}(t)$.

(a) Differentialgleichung der Fallbewegung:
Auf die fallende Masse m wirkt die Gewichtskraft $G = mg$ in Fallrichtung und die Reibungskraft entgegen der Fallrichtung. Aus $m\ddot{s} = G - F_R = mg - c\dot{s}$ folgt die Differentialgleichung der Fallbewegung:

$$\ddot{s} + \frac{c}{m}\,\dot{s} = g$$

mit den Anfangsbedingungen $s(0) = 0$ und $\dot{s}(0) = 0$.

(b) Lösung der Differentialgleichung (Weg-Zeit-Gleichung):
Mit dem Exponentialansatz $s(t) = e^{\lambda t}$ für die homogene Differentialgleichung folgt: $\lambda^2 + \dfrac{c}{m}\,\lambda = 0$ mit den Wurzeln $\lambda_1 = 0$ und $\lambda_2 = -\dfrac{c}{m}$. Das ergibt die allgemeine Lösung für die homogene Gleichung: $s_h(t) = C_1 + C_2 e^{-\frac{c}{m}t}$. Offensichtlich ist $s_p(t) = \dfrac{mg}{c}t$ eine Lösung der inhomogenen Gleichung. Somit: $s(t) = C_1 + C_2 e^{-\frac{c}{m}t} + \dfrac{mg}{c}t$. Wir benötigen für die Anfangsbedingung $\dot{s}(0) = 0$ die erste Ableitung: $\dot{s}(t) = -C_2 \dfrac{c}{m} e^{-\frac{c}{m}t} + \dfrac{mg}{c} = 0$. Daraus folgt: $C_2 = \dfrac{m^2 g}{c^2}$ und weiters mit $s(0) = C_1 + C_2 = 0$, d.h. $C_1 = -\dfrac{m^2 g}{c^2}$ letztlich:

$$s(t) = \frac{m^2 g}{c^2}\left(e^{-\frac{c}{m}t} - 1\right) + \frac{mg}{c}t\,.$$

(c) Grenzgeschwindigkeit v_∞:
Aus $\dot{s}(t) = -\dfrac{mg}{c}e^{-\frac{c}{m}t} + \dfrac{mg}{c}$ folgt: $\underline{v_\infty = \lim_{t\to\infty} \dot{s}(t) = \dfrac{mg}{c}}$.

(d) Für kleine c verwenden wir für die Exponentialfunktion die TAYLOR-Entwicklung $e^{-\frac{c}{m}t} = 1 - \dfrac{c}{m}t + \dfrac{c^2}{2m^2}t^2 + \cdots \Longrightarrow s(t) = \dfrac{g}{2}t^2 + O(c)$. Mit $c \to 0$ folgt dann der reibungslose Fall: $\underline{s(t) = \dfrac{g}{2}t^2}$.

2. **Fallbewegung mit NEWTON'scher Reibung:**
In Luft kann die Reibungskraft proportional zum Quadrat der Geschwindigkeit angenommen werden: $F_R = c\,\dot{s}^2(t)$.

(a) Differentialgleichung der Fallbewegung:
Auf die fallende Masse m wirkt die Gewichtskraft $G = mg$ in Fallrichtung und die Reibungskraft entgegen der Fallrichtung. Aus $m\ddot{s} = G - F_R = mg - c\dot{s}^2$ folgt die Differentialgleichung der Fallbewegung:

$$\ddot{s} + \frac{c}{m}\,\dot{s}^2 = g$$

mit den Anfangsbedingungen $s(0) = 0$ und $\dot{s}(0) = 0$.

(b) Lösung der Differentialgleichung (Weg-Zeit-Gleichung):
Die Differentialgleichung enthält s nicht. Wir setzen daher $\dot{s}(t) = v(t)$ und erhalten: $\dot{v} = g - \frac{c}{m}v^2$. Trennung der Variablen liefert: $\dfrac{\dot{v}}{g - \frac{c}{m}v^2} = 1$. Mit der Substitution $v = \sqrt{\dfrac{mg}{c}}\,w$ folgt: $\sqrt{\dfrac{m}{cg}}\,\dfrac{\dot{w}}{1-w^2} = 1$. Integration über t ergibt: $\operatorname{Artanh}(w) = \sqrt{\dfrac{cg}{m}}\,t + C_1$ bzw. $\operatorname{Artanh}\left(\sqrt{\dfrac{c}{mg}}\,v\right) = \sqrt{\dfrac{cg}{m}}\,t + C_1$.

Aus $\dot{s}(0) = v(0) = 0$ folgt: $C_1 = 0$. Das liefert: $v(t) = \dot{s}(t) = \sqrt{\dfrac{mg}{c}}\tanh\left(\sqrt{\dfrac{cg}{m}}\,t\right)$.

Weitere Integration ergibt: $s(t) = \dfrac{m}{c}\ln\left[\cosh\left(\sqrt{\dfrac{cg}{m}}\,t\right)\right] + C_2$.

Aus $v(0) = 0$ folgt: $C_2 = 0$. Somit ist:

$$s(t) = \frac{m}{c}\ln\left[\cosh\left(\sqrt{\frac{cg}{m}}\,t\right)\right].$$

(c) Grenzgeschwindigkeit v_∞:
Aus $\dot{s}(t) = \sqrt{\dfrac{mg}{c}}\tanh\left(\sqrt{\dfrac{cg}{m}}\,t\right)$ folgt: $\underline{v_\infty = \lim_{t\to\infty}\dot{s}(t) = \sqrt{\dfrac{mg}{c}}}$.

(d) Für kleine c verwenden wir für den Logarithmus und den hyperbolischen Cosinus die TAYLOR-Entwicklung
$\ln\left[\cosh\left(\sqrt{\dfrac{cg}{m}}\,t\right)\right] = \ln\left(1+\dfrac{cg}{2m}t^2+\cdots\right) = \dfrac{cg}{2m}t^2+\cdots \Longrightarrow s(t) = \dfrac{g}{2}t^2+O(c)$.
Mit $c \to 0$ folgt dann der reibungslose Fall: $\underline{s(t) = \dfrac{g}{2}t^2}$.

3. **Steig- und Fallbewegung mit Luftwiderstand:**

(a) Bei der Steigbewegung sind Gewichtskraft und Luftwiderstand beide nach unten gerichtet. Das ergibt die Bewegungsgleichung:

$$\ddot{z} = -g - \frac{c}{m}\dot{z}^2.$$

(b) Zur Bestimmung der Steigzeit setzen wir $v(t) = \dot{z}(t)$ und integrieren die so entstehende Differentialgleichung $\dot{v} = -g - \dfrac{c}{m}v^2$ mittels Trennung der Variablen: Das liefert: $\arctan\left(\sqrt{\dfrac{c}{mg}}\,v\right) = -\sqrt{\dfrac{cg}{m}}\,t + C_1$ und weiters wegen der Anfangsbedingung $v(0) = v_0$: $\arctan\left(\sqrt{\dfrac{c}{mg}}\,v\right) - \arctan\left(\sqrt{\dfrac{c}{mg}}\,v_0\right) = -\sqrt{\dfrac{cg}{m}}\,t$.

Für die Steigzeit T_+ gilt $v(T_+) = 0$. Das ergibt denn wegen
$\arctan\left(\sqrt{\dfrac{c}{mg}}\,v_0\right) = \sqrt{\dfrac{cg}{m}}\,T_+$ die Steigzeit: $T_+ = \sqrt{\dfrac{m}{cg}}\arctan\left(\sqrt{\dfrac{c}{mg}}\,v_0\right)$.

(c) Zur Bestimmung der Steighöhe stellen wir $v(t)$ explizit dar und integrieren anschließend über t. Aus $\arctan\left(\sqrt{\dfrac{c}{mg}}\,v\right) - \arctan\left(\sqrt{\dfrac{c}{mg}}\,v_0\right) = -\sqrt{\dfrac{cg}{m}}\,t$ folgt

nach Anwendung der Tangensfunktion auf beiden Seiten
$\dot{z}(t) = v(t) = \sqrt{\frac{mg}{c}} \tan\left[\arctan\left(\sqrt{\frac{c}{mg}}\, v_0\right) - \sqrt{\frac{cg}{m}}\, t\right]$. Integration liefert:
$z(t) = \frac{m}{c} \ln\cos\left[\arctan\left(\sqrt{\frac{c}{mg}}\, v_0\right) - \sqrt{\frac{cg}{m}}\, t\right] + C_2$.

Aus der Anfangsbedingung $z(0) = 0$ folgt: $C_2 = -\frac{m}{c} \ln\cos\left[\arctan\left(\sqrt{\frac{c}{mg}}\, v_0\right)\right]$.
Das ergibt:
$z(t) = \frac{m}{c} \ln\cos\left[\arctan\left(\sqrt{\frac{c}{mg}}\, v_0\right) - \sqrt{\frac{cg}{m}}\, t\right] - \frac{m}{c} \ln\cos\left[\arctan\left(\sqrt{\frac{c}{mg}}\, v_0\right)\right]$.
Für die Steighöhe H erhalten wir mit $H = z(T_+)$:
$H = -\frac{m}{c} \ln\cos\left[\arctan\left(\sqrt{\frac{c}{mg}}\, v_0\right)\right]$ und wegen $\cos x = \frac{1}{\sqrt{1+\tan^2 x}}$ folgt dann schließlich: $H = \frac{m}{2c} \ln\left(1 + \frac{cv_0^2}{mg}\right)$.

(d) Bei der Fallbewegung sind Gewichtskraft und Luftwiderstand entgegengesetzt gerichtet. Das ergibt die Bewegungsgleichung:

$$\ddot{z} = -g + \frac{c}{m}\, \dot{z}^2 \,.$$

(e) Zur Bestimmung der Fallzeit setzen wir $v(t) = \dot{z}(t)$ und integrieren die so entstehende Differentialgleichung $\dot{v} = -g + \frac{c}{m}\, v^2$ mittels Trennung der Variablen. Das liefert: $\operatorname{Artanh}\left(\sqrt{\frac{c}{mg}}\, v\right) = -\sqrt{\frac{cg}{m}}\, t + C_1$.
Wegen $v(0) = 0$ folgt $C_1 = 0$.
Das ergibt: $\dot{z}(t) = v(t) = -\sqrt{\frac{mg}{c}} \tanh\left(\sqrt{\frac{cg}{m}}\, t\right)$. Zur Bestimmung der Fallzeit muss hier weiter integriert werden. $z(t) = -\frac{m}{c} \ln\cosh\left(\sqrt{\frac{cg}{m}}\, t\right) + C_2$. Mit der Anfangsbedingung $z(0) = H$ folgt $C_2 = H = \frac{m}{2c} \ln\left(1 + \frac{cv_0^2}{mg}\right)$. Das ergibt:
$z(t) = -\frac{m}{c} \ln\cosh\left(\sqrt{\frac{cg}{m}}\, t\right) + \frac{m}{2c} \ln\left(1 + \frac{cv_0^2}{mg}\right)$.
Für die Fallzeit T_- gilt: $z(T_-) = 0$. Das liefert:
$0 = -\frac{m}{c} \ln\cosh\left(\sqrt{\frac{cg}{m}}\, T_-\right) + \frac{m}{2c} \ln\left(1 + \frac{cv_0^2}{mg}\right)$, d.h. $T_- = \sqrt{\frac{m}{cg}} \operatorname{Arcosh}\left(\sqrt{1 + \frac{cv_0^2}{mg}}\right)$,
bzw. $T_- = \sqrt{\frac{m}{cg}} \operatorname{Arsinh} \sqrt{\frac{cv_0^2}{mg}}$.

(f) Die Aufprallgeschwindigkeit v_a gewinnen wir aus der Gleichung
$v(t) = -\sqrt{\frac{mg}{c}} \tanh\left(\sqrt{\frac{cg}{m}}\, t\right)$ durch Einsetzen der Fallzeit] T_-:

$$v_a = v(T_-) = -\sqrt{\frac{mg}{c}} \tanh\left(\text{Arcosh}\left[\sqrt{1+\frac{cv_0^2}{mg}}\right]\right) = \cdots = -\frac{v_0}{\sqrt{1+\frac{cv_0^2}{mg}}} \ .$$

(g) Der durch den Luftwiderstand verursachte Energieverlust ist durch die Differenz der kinetischen Energien zu Beginn und Ende der Wurfbewegung ermittelbar.

$$\Delta E = \frac{mv_0^2}{2} - \frac{mv_a^2}{2} = \frac{mv_0^2}{2}\left(1 - \frac{1}{1+\frac{cv_0^2}{mg}}\right) = \frac{mv_0^2}{2}\frac{\frac{cv_0^2}{mg}}{1+\frac{cv_0^2}{mg}} \ .$$

Grenzübergänge $c \to 0$:

$$\lim_{c\to 0} T_+ = \lim_{c\to 0}\sqrt{\frac{m}{cg}} \arctan\left(\sqrt{\frac{c}{mg}}\, v_0\right) = \frac{v_0}{g} \ .$$

$$\lim_{c\to 0} H = \lim_{c\to 0}\frac{m}{2c}\ln\left(1+\frac{cv_0^2}{mg}\right) = \frac{v_0^2}{2g} \ .$$

$$\lim_{c\to 0} T_- = \lim_{c\to 0}\sqrt{\frac{m}{cg}}\text{Arsinh}\sqrt{\frac{cv_0^2}{mg}} = \frac{v_0}{g} \ .$$

$$\lim_{c\to 0} v_a = \lim_{c\to 0}\frac{-v_0}{\sqrt{1+\frac{cv_0^2}{mg}}} = -v_0.$$

$$\lim_{c\to 0}\Delta E = \lim_{c\to 0}\frac{mv_0^2}{2}\frac{\frac{cv_0^2}{mg}}{1+\frac{cv_0^2}{mg}} = 0.$$

4. **Bremsgleichungen mit endlichen und unendlichen Bremslängen:**

(a) Aus der Bremsgleichung $\ddot{x} + k\dot{x}^\gamma = 0$ folgt mit $v = \dot{x}$: $\dfrac{dv}{v^\gamma} = -kdt$.
Damit erhalten wir für den zurückgelegten Weg:

$$s = \int_0^\infty v\,dt = -\frac{1}{k}\int_{v_0}^0 \frac{dv}{v^{\gamma-1}} = \frac{1}{k}\int_0^{v_0}\frac{dv}{v^{\gamma-1}} \ .$$

Für $\gamma \geq 2$ existiert dieses uneigentliche Integral nicht, d.h. der Bremsweg ist dann nicht endlich. Für $0 \leq \gamma < 2$ folgt: $s = \dfrac{{v_0}^{2-\gamma}}{k(2-\gamma)}$.

(b) Setzen wir in der Bremsgleichung $v = \dot{x}$, so folgt: $\dot{v} + kv^\gamma = 0$. Mittels Trennung der Veränderlichen kann diese Differentialgleichung integriert werden:

$$\begin{cases} \dfrac{v^{1-\gamma}}{1-\gamma} = -kt + C_1 & \text{für } \gamma \neq 1 \\ \ln v = -kt + C_1 & \text{für } \gamma = 1 \end{cases} .$$

Mit der Anfangsbedingung $v(0) = v_0$ erhalten wir:

$$\begin{cases} \dfrac{v^{1-\gamma}}{1-\gamma} - \dfrac{{v_0}^{1-\gamma}}{1-\gamma} = -kt & \text{für } \gamma \neq 1 \\ \ln\left(\frac{v}{v_0}\right) = -kt & \text{für } \gamma = 1 \end{cases} .$$

Es sind drei Fälle zu unterscheiden:
(i) $0 \leq \gamma < 1$:

Aus $\dfrac{v^{1-\gamma}}{1-\gamma} - \dfrac{{v_0}^{1-\gamma}}{1-\gamma} = -kt$ folgt mit $v(T) = 0$: $\quad T = \dfrac{{v_0}^{1-\gamma}}{k(1-\gamma)}$.

(ii) $\gamma = 1$:

Für $\ln\left(\dfrac{v}{v_0}\right) = -kt$ gibt es keine endliche Bremszeit, da die Gleichung $v(T) = 0$ für kein endliche Zeit T erfüllt werden kann.

(iii) $1 < \gamma < 2$:

Aus $\dfrac{v^{1-\gamma}}{1-\gamma} - \dfrac{{v_0}^{1-\gamma}}{1-\gamma} = -kt$ würde sich mit $v(T) = 0$ wegen $-\dfrac{{v_0}^{1-\gamma}}{1-\gamma} = -kT$ eine negative Bremszeit T ergeben. Auch hier kommt die Bewegung in keiner endlichen Zeit zur Ruhe.

(c) Die Spezialfälle $\gamma = 1$ und $\gamma = 2$:

(i) $\gamma = 1$ (STOKES'sche Reibung):

Hier gilt: $\dot{x}(t) = v(t) = v_0 e^{-kt}$ nach (b).

Integration liefert: $x(t) = -\dfrac{v_0}{k} e^{-kt} + C$ und mit $x(0) = 0$ folgt:

$x(t) = \dfrac{v_0}{k}\left(1 - e^{-kt}\right)$.

(ii) $\gamma = 1$ (NEWTON'sche Reibung):

Hier gilt: $\dot{x}(t) = v(t) = \dfrac{v_0}{1 + kv_0 t}$ nach (b).

Integration liefert: $x(t) = \dfrac{1}{k}\ln(1 + kv_0 t) + C$ und mit $x(0) = 0$ folgt:

$x(t) = \dfrac{1}{k}\ln(1 + kv_0 t)$.

Bemerkungen:

Ist γ zu groß ($\gamma \geq 2$), so nimmt die Bremskraft mit abnehmender Geschwindikeit so rasch ab, dass die Bewegung nicht mehr zur Ruhe kommt.

Bei $1 \leq \gamma < 2$ kommt die Bewegung im Endlichen zum Stehen, dies allerdings nicht in endlicher Zeit.

Erst für hinreichend kleine Werte von γ ($0 \leq \gamma < 1$) kommt die Bewegung in endlicher Zeit auf einem endlichen Weg zur Ruhe.

5. **Anstoßschwinger:**

Wir betrachten zunächst den allgemeineren Fall

$$\ddot{x} + 2a\dot{x} + \omega_0^2 x = F(t) \ , \quad \omega_0 > a \ ,$$

mit einer veränderlichen Kraft, die aber für $t < 0$ Null sein soll. Mit dem Exponentialansatz $x(t) = e^{\lambda t}$ erhalten wir die charakteristische Gleichung $\lambda^2 + 2a\lambda + \omega_0 = 0$ mit den Wurzeln $\lambda_1 = -a + i\sqrt{\omega_0^2 - a^2}$ und $\lambda_2 = -a - i\sqrt{\omega_0^2 - a^2}$.

Setzen wir $\omega = \sqrt{\omega_0^2 - a^2}$ so folgt daraus die (reellwertige) Lösung der homogenen Gleichung: $x_h(t) = C_1 e^{-at}\cos(\omega t) + C_2 e^{-at}\sin(\omega t)$. Zur Bestimmung einer partikulären Lösung der inhomogenen Gleichung verwenden wir die Methode der Variation der Konstanten. Bekanntlich gilt: $C_1' = -\dfrac{F(t)x_2(t)}{W(t)}$ und $C_2' = \dfrac{F(t)x_1(t)}{W(t)}$.

Die WRONSKI-Determinante der Lösungen $x_1(t)$ und $x_2(t)$ ist $W(t) = \omega e^{-2at}$, wie

man leicht nachrechnet.
Damit erhalten wir: $C_1' = -\frac{F(t)}{\omega}\, e^{-at}\sin(\omega t)$ und $C_2' = \frac{F(t)}{\omega}\, e^{-at}\cos(\omega t)$ bzw.
$C_1 = -\frac{1}{\omega}\int F(t')e^{-at'}\sin(\omega t')dt'$ und $C_2 = \frac{1}{\omega}\int F(t')e^{-at'}\cos(\omega t')dt'$ und weiter

$$x_p(t) = \frac{1}{\omega}\int_0^t F(t')e^{-a(t-t')}\Big(-\cos(\omega t)\sin(\omega t' + \sin(\omega t)\cos(\omega t')\Big)dt' =$$
$$= \frac{1}{\omega}\int_0^t F(t')e^{-a(t-t')}\sin\Big[\omega(t-t')\Big]dt'.$$

Da die Bewegung - angestoßen von der Kraft $F(t)$ - aus der Ruhe beginnt, ist $x(0) = \dot{x}(0) = 0$. Diese Anfangsbedingungen erfüllt aber unsere partikuläre Lösung bereits, d.h.:

$$x(t) = \frac{1}{\omega}\int_0^t F(t')e^{-a(t-t')}\sin\Big[\omega(t-t')\Big]dt'\ .$$

Für eine konstante Kraft im Zeitintervall $[0, t_1]$ ist die obere Grenze im Integral durch t_1 zu ersetzen. Wählen wir dann im Integral $x(t) = \frac{1}{\omega}\int_0^{t_1} Fe^{-a(t-t')}\sin\Big[\omega(t-t')\Big]dt'$ die Dauer des Kraftstoßes klein, so folgt unter Verwendung des Mittelwertsatzes der Integralrechnung: Es gibt ein $\tau \in (0, t_1)$, so dass $x(t) = \frac{Ft_1}{\omega}e^{-a(t-\tau)}\sin\Big[\omega(t-\tau)\Big]$. Gehen wir nun mit $t_1 \to 0$, derart, dass $\lim\limits_{t_1\to 0} Ft_1 = f$, so erhalten wir (weil dann ja auch $\tau \to 0$): $x(t) = \frac{f}{\omega}\, e^{-at}\sin(\omega t)$.
Bemerkung: Im Fall des plötzlichen Kraftstoßes gilt:
$\lim\limits_{t\to 0+}\dot{x}(t) = \frac{f}{\omega}\lim\limits_{t\to 0+}\Big(-ae^{-at}\sin(\omega t) + \omega e^{-at}\cos(\omega t)\Big) = f$, d.h. die Geschwindigkeit nimmt unstetig zu von $v = 0$ auf $v = f$.

6. **Stäbe gleicher Zugfestigkeit:**
Die Belastung des Stabes in der Höhe z wird neben der Einzelkraft F am unteren Ende auch durch das Eigengewicht verursacht. Bezeichne $A(z)$ die Querschnittsfläche des Stabes in der Höhe z. Das Eigengewicht des Stabteiles unterhalb von z ist $G(z) = \gamma\int_0^z A(z')dz'$. Die Zugspannung σ, die im Querschnitt $A(z)$ in der Höhe z auftritt, ist $\sigma = \frac{F + G(z)}{A(z)}$. Dann ist: $\sigma A(z) = F + \gamma\int_0^z A(z')dz'$. Differenzieren (wobei σ, γ und F konstant sind) liefert: $\sigma A'(z) = \gamma A(z)$. Integration durch Trennung der Variablen ergibt die Lösung $A(z) = Ce^{\frac{\gamma}{\sigma}z}$. Die Integrationskonstante gilt: $C = A(0) = \frac{F}{\sigma}$. Damit erhalten wir: $A(z) = \frac{F}{\sigma}\, e^{\frac{\gamma}{\sigma}z}$.

7. **Durchschwimmen eines Flusses:**
Das gewählte Koordinatensystem habe den Ursprung in Flussmitte auf der Höhe der Startstelle. Die y-Achse werde in Strömungsrichtung gewählt.

   (a) Die Bewegung des Schwimmers wird in Richtung der Koordinaten zerlegt:
   $\dot{x}(t) = v_S, \quad \dot{y}(t) = v_F = v_0\left(1 - \frac{x(t)^2}{a^2}\right)$. Daraus folgt die Differentialgleichung für die Bahn des Schwimmers: $y'(x) = \frac{\dot{y}}{\dot{x}} = \frac{v_0}{v_S}\left(1 - \frac{x^2}{a^2}\right)$.

(b) Die Gleichung dieser Bahn erhalten wir durch Integration: $y(x) = \frac{v_0}{3v_S a^2}(3a^2x - x^3) + C$. Aus der Anfangsbedingung (Startpunkt des Schwimmers) $y(-a) = 0$ folgt: $C = \frac{2v_0 a}{3v_S}$. Das ergibt die Bahngleichung:

$$y(x) = \frac{v_0}{v_S}\,\frac{2a^3 + 3a^2x - x^3}{3a^2}\ .$$

(c) Bei $x = a$ erreicht der Schwimmer das andere Ufer. Er ist dabei um die Strecke $y(a) = \frac{v_0}{v_S}\,\frac{4a}{3}$ abgetrieben wurden.

(d) Der vom Schwimmer zurückgelegte Weg ist die Länge der Bahn zwischen den beiden Ufern: $L = \int_{-a}^{a}\sqrt{1 + y'^2(x)}\,dx$. Mit $y'(x) = \frac{v_0}{v_S}\,\frac{a^2 - x^2}{a^2}$ folgt:

$$L = \int_{-a}^{a}\sqrt{1 + \left(\frac{v_0}{v_S}\,\frac{a^2 - x^2}{a^2}\right)^2}\,dx = 2a\int_0^1\sqrt{1 + \left(\frac{1 - \xi^2}{5}\right)^2}\,d\xi \approx 7.078a.$$

Das letzte Integral wurde mit Maple berechnet.

Bemerkung:

Die direkte Enfernung von Start- und Landpunkt beträgt $L' \approx 6.960a$. Der tatsächlich zurückgelegte Weg ist deshalb länger, weil durch die über die Flussbreite unterschiedliche Strömungsgeschwindigkeit die Bahn gekrümmt ist.

8. **Strömung zäher Flüssigkeiten durch Rohre:**

(a) Wir betrachten einen Zylinder mit Radius $r < R$ und der Länge L. Im Gleichgewichtszustand müssen die treibende Kraft infolge des Druckgefälles und die innere Reibungskraft an der Oberfläche dieses Zylinders entgegengesetzt gleich sein:

$$r^2\pi\Delta p = -2r\pi L\eta\,\frac{dv}{dr} \quad\Longrightarrow\quad \frac{dv}{dr} = -\frac{\Delta p}{2\eta L}\,r\ .$$

(b) Integration liefert: $v(r) = -\frac{\Delta p}{4\eta L}\,r^2 + C$. An der Rohrinnenwand ($r = R$) ist die Strömungsgeschwindigkeit Null, d.h. $v(R) = 0$. Das ergibt die Integrationskonstante $C = \frac{\Delta p}{4\eta L}\,R^2$ und damit die Geschwindigkeitsverteilung

$$v(r) = \frac{\Delta p}{4\eta L}(R^2 - r^2)\ .$$

(c) Die Durchflussmenge erhalten wir durch Integration über dünne Flüssigkeitsröhren:

$$Q = \int_0^R 2\pi r v(r)\,dr = \frac{\pi\Delta p}{2\eta L}\int_0^R (R^2r - r^3)\,dr = \frac{\pi\Delta p}{2\eta L}\left(\frac{R^2r^2}{2} - \frac{r^4}{4}\right)\Big|_0^R = \frac{\pi\Delta p}{8\eta L}\,R^4.$$

Das ist das Gesetz von HAGEN-POISEUILLE, aus dem man erkennt, dass bei laminarer Strömung durch Kapillaren (R klein) besonders ungünstige Verhältnisse vorliegen.

9. **Knickstab mit Querbelastung:**

(a) Die Auflagerkräfte sind aus Symmetriegründen gleich: $F_A = F_B = \dfrac{ql}{2}$. Das Biegemoment an einer Stelle x ist im durchgebogenen Zustand:

$M(x) = Fy(x) + F_A x - \dfrac{qx^2}{2} = Fy(x) + \dfrac{qlx}{2} - \dfrac{qx^2}{2}$.

Das liefert die Differentialgleichung

$$EIy'' + Fy = -\frac{qlx}{2} + \frac{qx^2}{2} \, .$$

(b) Wir verwenden im Folgenden die Abkürzung $\omega^2 = \dfrac{F}{EI}$. Damit erhalten wir zunächst: $EI(y'' + \omega^2 y) = -\dfrac{qlx}{2} + \dfrac{qx^2}{2}$.

Die Lösung der homogenen Gleichung ist $y_h(x) = C_1 \sin(\omega x) + C_2 \cos(\omega x)$. Zur Gewinnung einer partikulären Lösung der inhomogenen Gleichung verwenden wir den Polynomansatz: $y_p(x) = a + bx + cx^2$. Einsetzen liefert:

$EI(2c + \omega^2 a + \omega^2 bx + \omega^2 cx^2) = -\dfrac{qlx}{2} + \dfrac{qx^2}{2}$, woraus durch Koeffizientenvergleich folgt: $c = \dfrac{q}{2F}$, $b = -\dfrac{ql}{2F}$ und $a = -\dfrac{q}{F\omega^2}$. Damit erhalten wir die allgemeine Lösung:

$y(x) = C_1 \sin(\omega x) + C_2 \cos(\omega x) - \dfrac{q}{F\omega^2} - \dfrac{qlx}{2F} + \dfrac{qx^2}{2F}$.

An den Stellen $x = 0$ und $x = l$ ist der Stab gelagert. Dort ist die Auslenkung Null, d.h.: $y(0) = y(l) = 0$. Aus $y(0) = 0$ folgt: $C_2 = \dfrac{q}{F\omega^2}$ und aus $y(l) = 0$:

$C_1 \sin(\omega l) + \dfrac{q}{F\omega^2} \cos(\omega l) - \dfrac{q}{F\omega^2} - \dfrac{ql^2}{2F} + \dfrac{ql^2}{2F} = 0$. Damit erhalten wir:

$C_1 = \dfrac{q}{F\omega^2} \dfrac{1 - \cos(\omega l)}{\sin(\omega l)} = \dfrac{q}{F\omega^2} \tan\left(\dfrac{\omega l}{2}\right)$. Das ergibt die Biegelinie:

$$y(x) = \frac{q}{F\omega^2} \tan\left(\frac{\omega l}{2}\right) \sin(\omega x) + \frac{q}{F\omega^2}\big(\cos(\omega x) - 1\big) - \frac{qlx}{2F} + \frac{qx^2}{2F} \, .$$

(c) Zur Bestimmung der größten Durchbiegung setzen wir $y'(x) = 0$:

$y'(x) = \dfrac{q}{F\omega} \tan\left(\dfrac{\omega l}{2}\right) \cos(\omega x) - \dfrac{q}{F\omega} \sin(\omega x) - \dfrac{ql}{2F} + \dfrac{qx}{F} = 0$.

Dass $x = \dfrac{l}{2}$ Lösung dieser Gleichung ist, ist schon aus Symmetriegründen klar. Im unterkritischen Bereich, d.h. unterhalb der EULER'schen Knicklast ($\omega < \pi/l$), findet selbst ohne Querbelastung (q) die Durchbiegung nur nach einer Seite statt. Damit liegt an $x = \dfrac{l}{2}$ das einzige Extremum vor.

Setzen wir $x = \dfrac{l}{2}$ in die Biegelinie ein, so folgt:

$$y_{max} = y(l/2) = \frac{q}{F\omega^2}\tan\left(\frac{\omega l}{2}\right)\sin\left(\frac{\omega l}{2}\right) + \frac{q}{F\omega^2}\left[\cos\left(\frac{\omega l}{2}\right) - 1\right] - \frac{ql^2}{4F} + \frac{ql^2}{8F} =$$

$$= \cdots = \frac{q}{F\omega^2}\left(\frac{1}{\cos\left(\frac{\omega l}{2}\right)} - 1\right) - \frac{ql^2}{8F}\,.$$

(d) Im Fall einer Zugkraft F sind an den bisherigen Überlegung folgende Änderungen vorzunehmen:

Das Biegemoment ist: $M(x) = -Fy(x) + F_A x - \dfrac{qx^2}{2} = -Fy(x) + \dfrac{qlx}{2} - \dfrac{qx^2}{2}$.

Die Differentialgleichung der Biegelinie ist: $EI(y'' - \omega^2 y) = -\dfrac{qlx}{2} + \dfrac{qx^2}{2}$.

Die Lösung der homogenen Gleichung ist: $y_h(x) = C_1 \sinh(\omega x) + C_2 \cosh(\omega x)$.

Eine partikuläre Lösung der inhomogenen Gleichung ist:

$y_p = -\dfrac{q}{F\omega^2} + \dfrac{qlx}{2F} - \dfrac{qx^2}{2F}$. Damit erhalten wir:

$y(x) = C_1 \sinh(\omega x) + C_2 \cosh(\omega x) - \dfrac{q}{F\omega^2} + \dfrac{qlx}{2F} - \dfrac{qx^2}{2F}$.

Aus $y(0) = 0$ und $y(l) = 0$ folgt: $C_2 = \dfrac{q}{F\omega^2}$ und $C_1 = -\dfrac{q}{F\omega^2}\tanh\left(\dfrac{\omega l}{2}\right)$.

Das ergibt die Biegelinie:

$$y(x) = -\frac{q}{F\omega^2}\tanh\left(\frac{\omega l}{2}\right)\sinh(\omega x) + \frac{q}{F\omega^2}\big(\cosh(\omega x) - 1\big) + \frac{qlx}{2F} - \frac{qx^2}{2F}\,.$$

Die größte Durchbiegung wird wieder in der Mitte ($x = l/2$) angenommen:

$$y_{max} = -\frac{q}{F\omega^2}\tanh\left(\frac{\omega l}{2}\right)\sinh\left(\frac{\omega l}{2}\right) + \frac{q}{F\omega^2}\left[\cosh\left(\frac{\omega l}{2}\right) - 1\right] + \frac{ql^2}{4F} - \frac{ql^2}{8F} =$$

$$= \cdots = \frac{q}{F\omega^2}\left(\frac{1}{\cosh\left(\frac{\omega l}{2}\right)} - 1\right) + \frac{ql^2}{8F}\,.$$

10. **Schuss ins Weltall:** Die Anziehungskraft der Erde und damit die Erdbeschleunigung nehmen mit dem Abstand r vom Erdmittelunkt mit $\dfrac{1}{r^2}$ ab. Bezeichne g die Erdbeschleunigung an der Erdoberfläche, so ist $g(r) = g\,\dfrac{R^2}{r^2}$.

    (a) Damit das Geschoss dem Anziehungsbereich der Erde entkommen kann, muss seine kinetische Energie beim Abschuss $\dfrac{mv_0^2}{2}$ den Zuwachs für die potentielle Energie abdecken. Wegen $\Delta U = -\displaystyle\int_R^\infty mg(r)\,dr = -mgR^2\int_R^\infty \frac{dr}{r^2} = mgR$ folgt: $v_k = \sqrt{2gR}$.

    Die Bewegungsgleichung ist durch $\ddot{r} = -g\,\dfrac{R^2}{r^2}$ gegeben.

    Multiplikation mit $2\dot{r}$ liefert: $2\dot{r}\ddot{r} = -2gR^2\,\dfrac{\dot{r}}{r^2}$, woraus durch Integration über

t folgt: $\dot{r}^2 = \frac{2gR^2}{r} + C_1$. Für $r = R$ soll $\dot{r} = v_k = \sqrt{2gR}$ gelten. $\Longrightarrow C_1 = 0$.

Damit erhalten wir $\dot{r} = \sqrt{\frac{2gR^2}{r}}$ und nach Trennung der Variablen

$\sqrt{r}\dot{r} = \sqrt{2gR^2}$. Integration liefert: $\frac{2}{3}r^{3/2} = \sqrt{2gR^2}\ t + \tilde{C}_2$, bzw. nach r aufgelöst:

$r(t) = \left(\frac{3}{2}\sqrt{2gR^2}\ t + C_2\right)^{2/3}$. Wegen $r(0) = R$ folgt: $C = R^{3/2}$. Damit erhalten wir:

$$r(t) = \left(\frac{3}{2}\sqrt{2gR^2}\ t + R^{3/2}\right)^{2/3} .$$

(b) Sei nun $v_0 > v_k$. Dann ist in $\dot{r}^2 = \frac{2gR^2}{r} + C_1$ die Integrationskonstante $C_1 > 0$ und wir erhalten analog zu oben: $\dot{r} = \sqrt{\frac{2gR^2}{r} + C_1}$, wobei $C_1 = v_0^2 - 2gR$. Trennung der Variablen liefert nun: $\frac{\sqrt{r}\,\dot{r}}{\sqrt{2gR^2 + C_1 r}} = 1$.

Hier substituieren wir $r = \frac{2gR^2}{C_1}\sinh^2 u$ und erhalten: $\frac{2gR^2}{C_1\sqrt{C_1}} 2\sinh^2 u\ \dot{u} = 1$, bzw. $\frac{2gR^2}{C_1\sqrt{C_1}}\Big(\cosh(2u) - 1\Big)\dot{u} = 1$. Integration nach t liefert:

$t = \frac{2gR^2}{C_1\sqrt{C_1}}\Big(\sinh u \cosh u - u\Big) + C_2$, woraus nach Rücktransformation folgt:

$t = \frac{2gR^2}{C_1\sqrt{C_1}}\left(\sqrt{\frac{C_1 r}{2gR^2}}\sqrt{1 + \frac{C_1 r}{2gR^2}} - \operatorname{Arsinh}\sqrt{\frac{C_1 r}{2gR^2}}\right) + C_2$. Wegen $r(0) = R$ folgt:

$$C_2 = -\frac{2gR^2}{C_1\sqrt{C_1}}\left(\sqrt{\frac{C_1}{2gR}}\sqrt{1 + \frac{C_1}{2gR}} - \operatorname{Arsinh}\sqrt{\frac{C_1}{2gR}}\right) .$$

(c) Sei nun $v_0 < v_k$. Dann ist in $\dot{r}^2 = \frac{2gR^2}{r} + C_1$ die Integrationskonstante $C_1 < 0$ und wir erhalten analog zu oben: $\dot{r} = \sqrt{\frac{2gR^2}{r} + C_1}$, wobei $C_1 = v_0^2 - 2gR$. Wir setzen $D_1 = -C_1 > 0$. Trennung der Variablen liefert nun: $\frac{\sqrt{r}\,\dot{r}}{\sqrt{2gR^2 - D_1 r}} = 1$.

Hier substituieren wir $r = \frac{2gR^2}{D_1}\sin^2 u$ und erhalten: $\frac{2gR^2}{D_1\sqrt{D_1}} 2\sin^2 u\ \dot{u} = 1$, bzw. $\frac{2gR^2}{D_1\sqrt{D_1}}\Big(-1 + \cos(2u)\Big)\dot{u} = 1$. Integration nach t liefert:

$t = \frac{2gR^2}{D_1\sqrt{D_1}}\Big(u - \sin u \cos u\Big) + C_2$, woraus nach Rücktransformation folgt:

$t = \frac{2gR^2}{D_1\sqrt{D_1}}\left(\arcsin\sqrt{\frac{D_1 r}{2gR^2}} - \sqrt{\frac{D_1 r}{2gR^2}}\sqrt{1 - \frac{D_1 r}{2gR^2}}\right) + C_2$. Wegen $r(0) = R$

folgt:

$$C_2 = -\frac{2gR^2}{D_1\sqrt{D_1}}\left(\arcsin\sqrt{\frac{D_1}{2gR}} - \sqrt{\frac{D_1}{2gR}}\sqrt{1-\frac{D_1}{2gR}}\right).$$

Aus $\dot{r} = \sqrt{\frac{2gR^2}{r} + C_1} = \sqrt{\frac{2gR^2}{r} + v_0^2 - 2gR} = 0$ erhalten wir mit

$r_{max} = \frac{2gR^2}{2gR - v_0^2}$ die Steighöhe $h = r_{max} - R = \frac{Rv_0^2}{2gR - v_0^2}$.

11. **Quadrupolmoment eines Rotationsellpsoids:**
Das Potential einer Massenverteilung in einem Volumsbereich B mit der Gesamtmasse m ist außerhalb von B gegeben durch

$$\Phi(\vec{r}) = -\iiint_B \frac{\mu(\vec{r}\,')}{\|\vec{r} - \vec{r}\,'\|}\,dV .$$

Dabei bezeichnet $\vec{r}$ den Ortsvektor des „Aufpunktes“ und $\vec{r}\,'$ den Ortsvektor des „Quellpunktes“ (aus dem Bereich B). Die Dichte $\mu(\vec{r})$ ist nach Angabe konstant. Bezeichne θ den Winkel zwischen den Vektoren $\vec{r}$ und $\vec{r}\,'$. Dann gilt:
$\|\vec{r} - \vec{r}\,'\|^2 = (\vec{r} - \vec{r}\,')\cdot(\vec{r} - \vec{r}\,') = r^2 - 2rr'\cos\theta + r'^2$ bzw.

$$\frac{1}{\|\vec{r} - \vec{r}\,'\|} = \frac{1}{\sqrt{r^2 - 2rr'\cos\theta + r'^2}} = \frac{1}{r}\frac{1}{\sqrt{1 - 2\frac{r'}{r}\cos\theta + \frac{r'^2}{r^2}}} .$$

Da hier $\frac{r'^2}{r^2} < 1$ ist, kann dieser Ausdruck in eine Potenzreihe entwickelt werden. Die Funktion $f(x) = \frac{1}{\sqrt{1 - 2tx + x^2}}$ besitzt die TAYLOR-Entwicklung $f(x) = 1 + tx + \left(-\frac{1}{2} + \frac{3}{2}t^2\right)x^2 + \cdots$. Damit erhalten wir:

$$\frac{1}{\|\vec{r} - \vec{r}\,'\|} = \frac{1}{r} + \frac{r'}{r^2}\cos\theta + \frac{r'^2}{r^3}\left(-\frac{1}{2} + \frac{3}{2}\cos^2\theta\right) + \cdots.$$

Für das Potential $\Phi(\vec{r})$ erhalten wir damit:

$$\Phi(\vec{r}) = \underbrace{-\frac{\mu}{r}\iiint_B dV}_{I_1 = \frac{\mu V}{r}} \underbrace{- \frac{\mu}{r^2}\iiint_B r'\cos\theta\,dV}_{I_2} \underbrace{- \frac{\mu}{r^3}\iiint_B r'^2\left(-\frac{1}{2} + \frac{3}{2}\cos^2\theta\right)dV}_{I_3} + \cdots .$$

Das erste Integral entspricht dem Potential der im Ursprung konzentrierten Masse, das zweite beschreibt einen Dipol, dessen Potential aber aus Symmetriegründen Null ist. Das dritte Integral beschreibt einen „Quadrupol“ .
Für die weiteren Berechnungen genügt es, den Aufpunkt (Ortsvektor $\vec{r}$) auf der Rotationsachse des Ellipsoides zu wählen. Dann bezeichnet θ den Polarwinkel des Quellpunktes in Kugelkoordinaten. Damit können wir das Integral I_3 auswerten: Dazu verwenden wir Zylinderkoordinaten (ρ, φ, z) mit der Rotationsachse als z-Achse. Es ist dann $r'^2 = \rho^2 + z^2$ mit $\rho^2 = x^2 + y^2$. Weiters ist $\cos\theta = \frac{z}{r'}$. Die Gleichung des Ellipsoides ist $\frac{x^2 + y^2}{a^2} + \frac{z^2}{b^2} = 1$. Damit erhalten wir:

$$I_3 = \frac{\mu}{r^3}\iiint_B \left(-\frac{r'^2}{2} + \frac{3}{2}r'^2\cos^2\theta\right) dV = \frac{\mu}{2r^3}\int_{\varphi=0}^{2\pi}\int_{\rho=0}^{a}\int_{z=-b\sqrt{1-\frac{\rho^2}{a^2}}}^{b\sqrt{1-\frac{\rho^2}{a^2}}}(2z^2-\rho^2)\rho\, d\rho\, d\varphi\, dz$$

und nach Integration über φ und z:

$$I_3 = \frac{2\mu\pi}{r^3}\int_0^a \left[\frac{2}{3}\left(b\sqrt{1-\frac{\rho^2}{a^2}}\right)^3 - b\rho^2\sqrt{1-\frac{\rho^2}{a^2}}\right]\rho\, d\rho\,.$$ Mit $\rho = a\sqrt{\sigma}$ folgt:

$$I_3 = \frac{a^2 b\pi\mu}{r^3}\Bigg(\frac{2b^2}{3}\underbrace{\int_0^1 (1-\sigma)^{3/2}d\sigma}_{-\frac{2}{5}} - a^2\underbrace{\int_0^1 \sigma\sqrt{\sigma}\, d\sigma}_{\frac{4}{15}}\Bigg) = \frac{4a^2 b\pi\mu}{3r^3}\,\frac{b^2-a^2}{5} = \frac{m}{r^3}\,\frac{b^2-a^2}{5}\,.$$

Insgesamt erhalten wir: $\Phi(\vec{r}) = -\frac{m}{r} - \frac{1}{r^3}m\frac{b^2-a^2}{5} - \cdots$.

Vergleich mit $\Phi(\vec{r}) = -\frac{m}{r} - \frac{Q}{r^3}P_2(\cos\theta) - \cdots$, wobei wir $\theta = 0$ gewählt haben, liefert mit $P_2(1) = 1$ das Quadrupolmoment $Q = \frac{m}{5}(b^2 - a^2)$.

12. **Bewegung eines Elektrons in gekreuzten homogenen elektromagnetischen Feldern:**
Auf das Elektron wirken zwei Kräfte: Die Kraft durch das elektrische Feld $\vec{F}_e = e\vec{E}$ und die LORENTZ-Kraft $\vec{F}_L = e(\vec{v} \times \vec{B})$ infolge der Bewegung des Elektrons im Magnetfeld. Das ergibt die Bewegungsgleichung

$$m\ddot{\vec{x}} = e\vec{E} + e(\vec{v} \times \vec{B})\,.$$

Mit $\vec{E} = E\vec{e}_1 = \begin{pmatrix} E \\ 0 \\ 0 \end{pmatrix}$ und $\vec{B} = B\vec{e}_3 = \begin{pmatrix} 0 \\ 0 \\ B \end{pmatrix}$ folgt: $m\ddot{\vec{x}} = eE\vec{e}_1 + eB(\dot{y}\vec{e}_1 - \dot{x}\vec{e}_2)$.

Komponentenweise erhalten wir dann das System von Differentialgleichungen:

$$\begin{aligned} m\ddot{x} - eB\dot{y} &= eE \quad &(1)\\ m\ddot{y} + eB\dot{x} & &(2)\\ m\ddot{z} &= 0 &(3) \end{aligned}$$

mit den Anfangsbedingungen:
$x(0) = 0$, $\dot{x}(0) = 0$, $y(0) = 0$, $\dot{y}(0) = v_0$, $z(0) = 0$ und $\dot{z}(0) = 0$.
Die letzte Gleichung des Systems ergibt integriert: $z(t) = C_1 t + C_2$.
Mit den Anfangsbedingungen $z(0) = 0$ und $\dot{z}(0) = 0$ folgt: $z(t) \equiv 0$, d.h. die Bewegung des Elektrons erfolgt in der xy-Ebene.
Zur Integration der ersten und der zweiten Gleichung des Systems integrieren wir die zweite Gleichung: $\dot{y} = -\frac{eB}{m}x + C_3$.
Wegen der Anfangsbedingungen $x(0) = 0$ und $\dot{y}(0) = v_0$ ist $C_3 = v_0$. Einsetzen in die erste Gleichung liefert: $\ddot{x} + \left(\frac{eB}{m}\right)^2 x = \frac{eE + eBv_0}{m}$. Die homogene Gleichung hat die Lösung $x_h = C_4\cos\left(\frac{eB}{m}t\right) + C_5\sin\left(\frac{eB}{m}t\right)$, während die inhomogene Gleichung die partikuläre Lösung $x_p = \frac{m(E + Bv_0)}{eB^2}$ besitzt. Das ergibt:

$x(t) = C_4\cos\left(\frac{eB}{m}t\right) + C_5\sin\left(\frac{eB}{m}t\right) + \frac{m(E + Bv_0)}{eB^2}$. Wegen der Anfangsbedingungen $x(0) = \dot{x}(0) = 0$ folgt: $C_5 = 0$ und $C_4 = -\dfrac{m(E+Bv_0)}{eB^2}$ und damit:

$$x(t) = \frac{m(E+Bv_0)}{eB^2}\left[1 - \cos\left(\frac{eB}{m}t\right)\right].$$

Dieses Ergebnis können wir in die teilweise integrierte Gleichung (2) einsetzen:
$\dot{y} = -\dfrac{E+Bv_0}{B}\left[1 - \cos\left(\dfrac{eB}{m}t\right)\right] + v_0$. Weitere Integration liefert:
$y(t) = -\dfrac{E+Bv_0}{B}\left[t - \dfrac{m}{eB}\sin\left(\dfrac{eB}{m}t\right)\right] + v_0 t + C_6$. Wegen $y(0) = 0$ ist $C_6 = 0$.

$$y(t) = \frac{m(E+Bv_0)}{eB^2}\sin\left(\frac{eB}{m}t\right) - \frac{E}{B}t.$$

Bemerkung.
Bei der Bahnkurve des Elektrons handelt es sich um eine verlängerte (verschlungene) Zykloide.

13. **FOUCAULT'sches Pendel:**

(a) Aus

$$\ddot{x} = 2u\dot{y} - \omega_0^2 x,$$
$$\ddot{y} = -2u\dot{x} - \omega_0^2 y,$$

folgt durch Multiplikation der zweiten Gleichung mit i und Addition zur ersten Gleichung:
$(\ddot{x}+i\ddot{y}) = 2u(\dot{y}-i\dot{x}) - \omega_0^2(x+iy) = 0$ bzw. $(\ddot{x}+i\ddot{y}) = -2iu(\dot{x}+i\dot{y}) - \omega_0^2(x+iy) = 0$.
Mit $z(t) = x(t) + y(t)$ erhalten wir:

$$\ddot{z} + 2iu\dot{z} + \omega_0^2 z = 0. \qquad (*)$$

(b) Es handelt sich um eine Differentialgleichung mit konstanten Koeffizienten. Daher wählen wir den Ansatz $z(t) = e^{i\lambda t}$. Einsetzen in $(*)$ ergibt das charakteristische Polynom: $-\lambda^2 - 2u\lambda + \omega_0^2$ mit den Wurzeln $\lambda_{1/2} = -u \pm \sqrt{u^2+\omega_0^2}$.
Wir verwenden im Folgenden die Abkürzung $\omega = \sqrt{u^2+\omega_0^2}$. Die allgemeine Lösung von $(*)$ ist dann: $z(t) = C_1 e^{i(-u+\omega)t} + C_2 e^{i(-u-\omega)t}$ und weiters:
$\dot{z}(t) = iC_1(-u+\omega)e^{i(-u+\omega)t} - iC_2(u+\omega)e^{i(-u-\omega)t}$.
Aus der Anfangsbedingung
$z(0) = a$ folgt $C_1 + C_2 = a$ bzw. $C_2 = a - C_1$.
Aus der Anfangsbedingung $\dot{z}(0) = 0$ folgt: $iC_1(-u+\omega) - iC_2(u+\omega) = 0$.
Zusammen erhalten wir damit: $C_1 = a\,\dfrac{\omega+u}{2\omega}$ und $C_2 = a\,\dfrac{\omega-u}{2\omega}$.
Die Lösung des Anfangswertproblems ist dann:

$$z(t) = e^{-iut}\left(a\,\frac{\omega+u}{2\omega}e^{i\omega t} + a\,\frac{\omega-u}{2\omega}e^{-i\omega t}\right). \qquad (**)$$

(c) $z(T) = z\left(\frac{2\pi}{\omega}\right) = e^{-iu\frac{2\pi}{\omega}}\left(a\,\frac{\omega+u}{2\omega}e^{2\pi i} + a\,\frac{\omega-u}{2\omega}e^{-2\pi i}\right) = ae^{-iu\frac{2\pi}{\omega}} =$

$= a\cos\left(\frac{2\pi u}{\omega}\right) - ia\sin\left(\frac{2\pi u}{\omega}\right)$, woraus folgt:

$x(T) = a\cos\left(\frac{2\pi u}{\omega}\right)$, $y(T) = -a\sin\left(\frac{2\pi u}{\omega}\right)$.

Bemerkung:
Da T die Periode des Pendels darstellt (die wegen $\omega = \sqrt{u^2+\omega_0^2}$ etwas vergrößert ist), befindet sich der Pendelkörper nach einer Schwingungsperiode am Ort

$x(T) = a\cos\left(\frac{2\pi u}{\omega}\right)$, $y(T) = -a\sin\left(\frac{2\pi u}{\omega}\right)$, der um den Winkel φ verdreht ist.

Wegen $\tan\varphi = \frac{y(T)}{x(T)} = \tan\left(-\frac{2\pi u}{\omega}\right)$ ist $\varphi = -\frac{2\pi u}{\omega} = -\frac{2\pi\Omega\sin\vartheta}{\omega}$.

Speziell für den Nordpol, d.h. $\sin\vartheta = 1$ folgt: $\varphi = -2\pi\frac{\Omega}{\omega}$. Nach $\frac{\omega}{\Omega}$ Schwingungen, d.i. die Anzahl der Schwingungen eines Tages, ist $\varphi = -2\pi$, d.h. die Erdkugel hat sich unter dem Pendel einmal um ihre Achse gedreht.

14. **Spannkräfte eines an zwei Punkten aufgehängten Seiles:**

(a) Zur Emittlung der Seilkurve schneiden wir ein kleines Seilstück zwischen x und $x+\Delta x$ heraus, ersetzen die inneren Kräfte durch äußere. Am linken Ende tritt die Seilkraft $S(x)$ mit den Horizonal- bzw. Vertikalkomponenten $H(x)$ bzw. $V(x)$ auf. Die Seilkraft am rechten Ende: $S(x+\Delta x)$ hat die Komponenten $H(x+\Delta x)$ und $V(x+\Delta x)$. Da die Seilkraft wegen der Biegsamkeit stets tangentiell gerichtet ist, gilt: $V(x) = H(x)\tan\alpha(x) = H(x)y'(x)$ und $V(x+\Delta x) = H(x+\Delta x)\tan\alpha(x+\Delta x) = H(x+\Delta x)y'(x+\Delta x)$. Als dritte Kraft tritt die Gewichtskraft des Seilstückes auf: $\Delta G = \gamma\int_x^{x+\Delta x}\sqrt{1+y'^2(t)}\,dt$. Im Gleichgewichtszustand müssen sich horizontale und vertikale Kräfte aufheben. Das liefert für die Horizonalkomponenten: $H(x+\Delta x) = H(x) = H$, d.h. die Horizontalkomponente der Seilkraft ist konstant. Für die Vertikalkomponenten folgt: $V(x+\Delta x) = V(x) + \gamma\int_x^{x+\Delta x}\sqrt{1+y'^2(t)}\,dt$ bzw.

$Hy'(x+\Delta x) = Hy'(x) + \gamma\int_x^{x+\Delta x}\sqrt{1+y'^2(t)}\,dt$. Nach dem Mittelwertsatz der Integralrechnung gibt es eine Stelle $\xi\in(x, x+\Delta x)$, so dass gilt:

$\int_x^{x+\Delta x}\sqrt{1+y'^2(t)}\,dt = \Delta x\sqrt{1+y'^2(\xi)}$, woraus dann folgt:

$\frac{y'(x+\Delta x) - y'(x)}{\Delta x} = \frac{\gamma}{H}\sqrt{1+y'^2(\xi)}$.

Grenzübergang $\Delta x \to 0$ liefert (da dann auch $\xi \to x$) mit $\frac{\gamma}{H} = \frac{1}{a}$:

$$y'' = \frac{1}{a}\sqrt{1+y'^2} .$$

(b) Dies ist eine Differentialgleichung, in der y nicht vorkommt. Wir setzen also $y'(x) = v(x)$ und erhalten nach Trennung der Variablen: $\dfrac{v'}{\sqrt{1+v^2}} = \dfrac{1}{a}$.
Integration liefert $\operatorname{Arsinh} v = \dfrac{x+c}{a}$ bzw. $y' = v = \sinh\left(\dfrac{x+c}{a}\right)$.
Eine weitere Integration ergibt dann die Gleichung der Seilkurve:

$$y(x) = a\cosh\left(\frac{x+c}{a}\right) + b\,.$$

(c) Aus der Gleichung der Seilkurve $y(x) = b + a\cosh\left(\dfrac{x+c}{a}\right)$ folgt zunächst einmal $y'(x) = \sinh\left(\dfrac{x+c}{a}\right)$. Das Seil soll im Punkt A(0 m, 100 m) horizontal einmünden. Dann muss wegen $y'(0) = 0$ gelten: $c = 0$.
Weiters ist (wegen $y(0) = 100$) $b = 100 - a$ zu wählen. Schließlich soll das Seil durch den Punkt B(300 m, 192.73 m) gehen. Das liefert:

$$192.73 = 100 - a + a\cosh\left(\frac{300}{a}\right) \text{ bzw. } 92.73 + a = a\cosh\left(\frac{300}{a}\right)\,.$$

Jede Lösung dieser transzendenten Gleichung ist auch eine Nullstelle der Funktion $f(a) = a\cosh\left(\dfrac{300}{a}\right) - a - 92.73$.
NEWTON-Iteration mit dem Startwert $a_1 = 500$ liefert: $a_2 \approx 500.01$. Im Rahmen der sonstigen Genauigkeit (Messfehler der Längenmessung) genügt es, mit $a = 500$ weiterzurechnen.

(d) Aus der nun vorliegenden explizit bekannten Gleichung der Seilkurve $y(x) = 500\cosh\left(\dfrac{x}{500}\right) - 400$ kann ihre Länge zwischen den Punkten A und B berechnet werden.

$$L = \int_0^{300} \sqrt{1 + y'^2(x)}\,dx = \int_0^{300} \sqrt{1 + \sinh^2\left(\frac{x}{500}\right)}\,dx = \int_0^{300} \cosh\left(\frac{x}{500}\right)dx =$$

$$= 500\sinh\left(\frac{x}{500}\right)\Bigg|_0^{300} = 500\sinh(0.6) \approx 318.33 \text{ m.}$$

Damit hat das Seil ein Gewicht von $G = 31\,833$ N.

(e) Die Seilkraft ist stets tangentiell gerichtet. Dann ist aber die Spannkraft im Punkt A horizontal und die gesamte Gewichtskraft wird von Aufhängepunkt B aufgenommen. Die gesamte Spannkraft in B hat die Richtung der dort vorliegenden Tangente: $\tan\alpha = y'(300) = \sinh(0.6) \approx 0.63665$ bzw. $\alpha \approx 32.48°$ und beträgt dann $S_B = \dfrac{G}{\sin\alpha} \approx \dfrac{31833}{\sin(32.48°)} \approx \underline{59\,279}$ N. Ihre Horizontalkomponente ist $H = \dfrac{G}{\tan\alpha} \approx \dfrac{31833}{0.63665} \approx \underline{50\,001}$ N. Das ist dann aber auch die Spannkraft im Punkt A.

15. **Ideale Kurvengestaltung für Straße und Schiene:**
Die Klothoide besitzt die die Parameterdarstellung

$$x(t) = \int_0^t \cos\tau^2\,d\tau \quad \text{und} \quad y(t) = \int_0^t \sin\tau^2\,d\tau\,.$$

Die Bogenlänge der Klothoide zwischen den Parameterwerten $t = 0$ und $t = T$ ist $s(T) = \int_0^T \sqrt{\dot{x}^2 + \dot{y}^2}\, dt = \int_0^T \sqrt{\cos^2 t^2 + \sin^2 t^2}\, dt = T$.

Für die Krümmung allgemein gilt: $k(t) = \dfrac{\dot{x}\ddot{y} - \dot{y}\ddot{x}}{(\dot{x}^2 + \dot{y}^2)^{3/2}}$. Im Fall der Klothoide ist $\dot{x}(t) = \cos t^2$, $\dot{y}(t) = \sin t^2$, $\ddot{x}(t) = -2t \sin t^2$ und $\ddot{y}(t) = 2t \cos t^2$. Damit folgt:

$k(t) = \dfrac{\cos t^2\, 2t \cos t^2 + \sin t^2\, 2t \sin t^2}{(\cos^2 t^2 + \sin^2 t^2)^{3/2}} = 2t$, bzw. $k(T) = 2T = 2s(T)$.

Nachdem die Fliehkraft einer mit der Geschwindigkeit v durchfahrenen Kurve mit momentanen Kurvenradius r durch $F = \dfrac{mv^2}{r}$ gegeben ist und $r = \dfrac{1}{k}$ gilt, ist die Fliehkraft proportional zur Krümmung und daher im Fall der Klothoide auch proportional zur durchfahrenen Strecke.

16. **Fremderregte Schwingungen:**
Die mathematische Modellierung ergibt das Anfangswertproblem

$$\frac{d^2y}{dt^2} + \omega^2 y = \frac{f(t)}{m} = g(t)\ , \quad y(0) = \dot{y}(0) = 0\ .$$

LAPLACE-Transformation liefert: $(s^2 + \omega^2)Y(s) = G(s)$, bzw. $Y(s) = \dfrac{G(s)}{s^2 + \omega^2}$. (∗)

Rücktransformation unter Verwendung des Faltungssatzes liefert:

$$y(t) = \frac{1}{m\omega} \int_0^t \sin[\omega(t-\tau)] f(\tau)\, d\tau\ .$$

(a) Hier ist $G(s) = \dfrac{f_0}{m} \dfrac{1 - e^{-sT}}{s}$ und damit $Y(s) = \dfrac{f_0}{m} \left(\dfrac{1}{s(s^2+\omega^2)} - \dfrac{e^{-sT}}{s(s^2+\omega^2)} \right)$.

Mit der Partialbruchzerlegung $\dfrac{1}{s(s^2+\omega^2)} = \dfrac{1}{\omega^2}\dfrac{1}{s} - \dfrac{1}{\omega^2}\dfrac{s}{s^2+\omega^2}$ folgt:

$\mathcal{L}^{-1}\left[\dfrac{1}{s(s^2+\omega^2)}\right] = \dfrac{1}{\omega^2}\big(1 - \cos(\omega t)\big)$.

Ferner folgt unter Verwendung des Verschiebungssatzes:

$$\mathcal{L}^{-1}\left[\frac{e^{-sT}}{s(s^2+\omega^2)}\right] = \begin{cases} \dfrac{1}{\omega^2}\Big(1 - \cos\big(\omega(t-T)\big)\Big) & \text{für} \quad t > T \\ 0 & \text{für} \quad 0 \le t \le T \end{cases}.$$

Insgesamt erhalten wir damit:

$$y(t) = \begin{cases} \dfrac{f_0}{m\omega^2}\Big[\cos\big(\omega(t-T)\big) - \cos(\omega t)\Big] & \text{falls} \quad t > T \\ \dfrac{f_0}{m\omega^2}\big(1 - \cos(\omega t)\big) & \text{falls} \quad 0 \le t \le T \end{cases}.$$

(b) Hier ist $G(s) = \dfrac{f_0}{m}\left(\dfrac{1}{s} - \dfrac{1}{s+a}\right)$ und damit gemäß (∗):

$Y(s) = \dfrac{f_0}{m}\left(\dfrac{1}{s(s^2+\omega^2)} - \dfrac{1}{(s+a)(s^2+\omega^2)}\right)$.

Mit den Partialbruchzerlegungen

$$\frac{1}{s}\frac{1}{s^2+\omega^2}-\frac{1}{s+a}\frac{1}{s^2+\omega^2}=$$
$$=\frac{1}{\omega^2}\frac{1}{s}-\frac{1}{\omega^2}\frac{s}{s^2+\omega^2}-\frac{1}{a^2+\omega^2}\frac{1}{s+a}+\frac{1}{a^2+\omega^2}\frac{s-a}{s^2+\omega^2}\quad\text{folgt:}$$

$$y(t)=\frac{f_0}{m}\left(\frac{1}{\omega^2}\mathcal{L}^{-1}\left[\frac{1}{s}\right]-\frac{1}{\omega^2}\mathcal{L}^{-1}\left[\frac{s}{s^2+\omega^2}\right]-\frac{1}{a^2+\omega^2}\mathcal{L}^{-1}\left[\frac{1}{s+a}\right]+\right.$$
$$\left.+\frac{1}{a^2+\omega^2}\mathcal{L}^{-1}\left[\frac{s-a}{s^2+\omega^2}\right]\right)=$$
$$=\frac{f_0}{m\omega^2}\Big(1-\cos(\omega t)\Big)+\frac{f_0}{m(a^2+\omega^2)}\Big(-e^{-at}+\cos(\omega t)-\frac{a}{\omega}\sin(\omega t)\Big)\,.$$

(c) Zur Ermittlung von $G(s)$ verwenden den Integralsatz der LAPLACE-Transformation und das Ergebnis unter (a):

Mit $f_c(t)=\int_0^t f_a(\tau)\,d\tau$ folgt dann: $G(s)=\frac{1}{s}\left(\frac{1}{s}-\frac{e^{-sT}}{s}\right)$ bzw. nach (∗):

$Y(s)=\frac{f_0}{m\omega^2}\left(\frac{1}{s^2(s^2+\omega^2)}-\frac{e^{-sT}}{s^2(s^2+\omega^2)}\right)$ und weiters nach Partialbruchzerlegung: $Y(s)=\frac{f_0}{m\omega^2}\left(\frac{1}{s^2}-\frac{1}{s^2+\omega^2}-\frac{e^{-sT}}{s^2}+\frac{e^{-sT}}{s^2+\omega^2}\right)$.

Mit dem Verschiebungssatz folgt dann:

$$y(t)=\frac{f_0}{m\omega^2}\left(\mathcal{L}^{-1}\left[\frac{1}{s^2}\right]-\mathcal{L}^{-1}\left[\frac{1}{s^2+\omega^2}\right]-\mathcal{L}^{-1}\left[\frac{e^{-sT}}{s^2}\right]+\mathcal{L}^{-1}\left[\frac{e^{-sT}}{s^2+\omega^2}\right]\right)=\cdots$$
$$=\begin{cases}\dfrac{f_0}{m\omega^2}\left(T+\dfrac{\sin\big(\omega(t-T)\big)-\sin(\omega t)}{\omega}\right) & \text{für}\quad t>T\\[2ex] \dfrac{f_0}{m\omega^2}\left(t-\dfrac{\sin(\omega t)}{\omega}\right) & \text{für}\quad 0\le t\le T\end{cases}\,.$$

(d) Hier ist $G(s)=\frac{f_0}{m}\frac{1}{s^2+\lambda^2}$ und damit gemäß (∗): $Y(s)=\frac{f_0}{m}\frac{1}{(s^2+\lambda^2)(s^2+\omega^2)}$.

i. $\underline{\lambda\neq\omega}$: Partialbruchzerlegung liefert:

$Y(s)=\frac{f_0}{m}\frac{1}{\omega^2-\lambda^2}\left(\frac{1}{s^2+\lambda^2}-\frac{1}{s^2+\omega^2}\right)$. Rücktransformation ergibt:

$$y(t)=\frac{f_0}{m}\frac{1}{\omega^2-\lambda^2}\left(\mathcal{L}^{-1}\left[\frac{1}{s^2+\lambda^2}\right]-\mathcal{L}^{-1}\left[\frac{1}{s^2+\omega^2}\right]\right)=$$
$$=\frac{f_0}{m}\frac{1}{\omega^2-\lambda^2}\left(\frac{\sin(\lambda t)}{\lambda}-\frac{\sin(\omega t)}{\omega}\right)\,.$$

ii. $\underline{\lambda=\omega}$:

Für die Rücktransformation von $Y(s)=\frac{f_0}{m}\frac{1}{(s^2+\omega^2)^2}$ benützen wir einige Eigenschaften der LAPLACE-Transformation.

Bezeichne $h(t) = \mathcal{L}^{-1}\left[\frac{1}{(s^2+\omega^2)^2}\right]$. Dann gilt:

$$\mathcal{L}[h'] = s\mathcal{L}[h] = \frac{s}{(s^2+\omega^2)^2} = -\frac{1}{2}\frac{d}{ds}\frac{1}{s^2+\omega^2} = \frac{1}{2}\mathcal{L}\left[t\mathcal{L}^{-1}\left[\frac{1}{s^2+\omega^2}\right]\right] =$$

$$= \frac{1}{2}\mathcal{L}\left[\frac{t\sin(\omega t)}{\omega}\right] \Longrightarrow h'(t) = \frac{t\sin(\omega t)}{2\omega}$$. Integration liefert:

$$h(t) = \frac{1}{2\omega^3}\Big(\sin(\omega t) - \omega t\cos(\omega t)\Big)$$. Damit erhalten wir schließlich:

$$y(t) = \frac{f_0}{2m\omega^3}\Big(\sin(\omega t) - \omega t\cos(\omega t)\Big) .$$

Die stillschweigend bei der Anwendung des Differentiationssatzes getroffene Annahme $h(0) = 0$ ist offensichtlich erfüllt.

Bemerkungen:

Bisweilen können Ergebnisse durch Betrachtungen von (bekannten) Grenzfällen getestet werden. Im der vorliegenden Aufgabe kann z.B. das Lösungsverhalten für kleine t ermittelt werden.

Im Fall (a) ist die angreifende Kraft zunächst konstant. Das verursacht für kleine t (die rücktreibende Federkraft ist hier noch sehr klein) eine gleichförmig beschleunigte Bewegung aus dem Ruhezustand heraus. Dann muss $y(t) = Ct^2 + O(t^3)$ gelten. Aus $y(t) = \frac{f_0}{m\omega^2}\big(1 - \cos(\omega t)\big)$ folgt für kleine t tatsächlich:

$$y(t) = \frac{f_0}{m\omega^2}\left(\omega^2\frac{t^2}{2} - \cdots\right) = \frac{f_0}{2m}\,t^2 + O(t^3).$$

In den restlichen Fällen nimmt die angreifende Kraft zunächst praktisch linear mit der Zeit zu. Dasselbe gilt dann auch für die Beschleunigung. Damit muss für die Auslenkung gelten: $y(t) = Ct^3 + O(t^4)$.

(b) Aus $y(t) = \frac{f_0}{m\omega^2}\big(1 - \cos(\omega t)\big) + \frac{f_0}{m(a^2+\omega^2)}\Big(- e^{-at} + \cos(\omega t) - \frac{a}{\omega}\sin(\omega t)\Big)$

folgt für kleine t:

$$y(t) = \frac{f_0}{m\omega^2}\left(\frac{\omega^2 t^2}{2} - \frac{\omega^4 t^4}{24} + \cdots\right) + \frac{f_0}{m(a^2+\omega^2)}\left(-1 + at - \frac{a^2t^2}{2} + \frac{a^3t^3}{6} - \frac{a^4t^4}{24} + \right.$$

$$\left. + \cdots + 1 - \frac{\omega^2t^2}{2} + \frac{\omega^4t^4}{24} - \cdots - at + \frac{a\omega^2t^3}{6} - \frac{a\omega^4t^5}{120} + \cdots\right) =$$

$$= \frac{f_0 t^2}{2m} + \frac{f_0}{m(a^2+\omega^2)}\left(-\frac{a^2t^2}{2} + \frac{a^3t^3}{6} - \frac{\omega^2t^2}{2} + \frac{a\omega^2t^3}{6}\right) + O(t^4) = \cdots =$$

$$= \frac{f_0 a}{6m}\,t^3 + O(t^4) .$$

(c) Aus $\frac{f_0}{m\omega^2}\left(t - \frac{\sin(\omega t)}{\omega}\right)$ folgt für kleine t: $y(t) = \frac{f_0}{6m}\,t^3 + O(t^4)$.

(d) Aus $y(x) = \frac{f_0}{m}\frac{1}{\omega^2-\lambda^2}\left(\frac{\sin(\lambda t)}{\lambda} - \frac{\sin(\omega t)}{\omega}\right)$ folgt für kleine t:

$$y(t) = \frac{f_0}{6m}\,t^3 + O(t^4).$$

Im Resonanzfall folgt aus: $y(x) = \frac{f_0}{2m\omega^3}\big(\sin(\omega t) - \omega t\cos(\omega t)\big)$ für kleine t:

$$y(t) = \frac{f_0}{2m\omega^3}\left(\omega t - \frac{\omega^3 t^3}{6} + \cdots - \omega t + \frac{\omega^3 t^3}{2} - \cdots\right) = \frac{f_0}{6m}\,t^3 + O(t^4).$$

Literaturverzeichnis

Allgemeine Lehrbücher

Arens T. / Hettlich F. / Karpfinger Ch. / Kockelkorn U. / Lichtenegger K. / Stachel H.: *Mathematik* , 2. Aufl., Spektrum Akademischer Verlag 2011

Barner M. / Flohr F.: *Analysis II* , 3. Aufl., de Gruyter 1996

Behrends E.: *Analysis, Bd 2* , 2. Aufl., Vieweg+Teubner 2007

Neunzert H. / Eschmann W.G. / Blickensdörfer-Ehlers A. / Schelkes K.: *Analysis 2* , 3. Aufl., Springer 1998

Burg K. / Haf H. / Wille F.: *Höhere Mathematik für Ingenieure Bd 1* , 9. Aufl., Vieweg+Teubner 2011

Burg K. / Haf H. / Wille F.: *Höhere Mathematik für Ingenieure Bd III* , 5. Aufl., Vieweg+Teubner 2009

Fischer H. / Kaul H.: *Mathematik für Physiker 1* , 7. Aufl., Vieweg+Teubner 2011

Fischer H. / Kaul H.: *Mathematik für Physiker 2* , 3. Aufl., Vieweg+Teubner 2008

Forster O.: *Analysis 2* , 9. Aufl., Vieweg+Teubner 2011

Heuser H: *Lehrbuch der Analysis 2* , 14. Aufl., Vieweg+Teubner 2008

Heuser H: *Gewöhnliche Differentialgleichungen* , 6. Aufl., Vieweg+Teubner 2009

Königsberger K.: *Analysis 2* , 5. Aufl., Springer 2004

Papula L.: *Mathematik für Ingenieure und Naturwissenschaftler 2* , 12. Aufl., Vieweg+Teubner 2009

Rießinger Th.: *Mathematik für Ingenieure* , 8. Aufl., Springer 2011

Walter W.: *Analysis 2* , 5. Aufl., Springer 2002

Übungsbücher und Aufgabensammlungen

Arens T. / Hettlich F. / Karpfinger Ch. / Kockelkorn U. / Lichtenegger K. / Stachel H.: *Arbeitbuch Mathematik* , Spektrum Akademischer Verlag 2009

Busam R. / Epp Th.: *Prüfungstrainer Analysis* , Spektrum Akademischer Verlag 2009

Papula L.: *Mathematik für Ingenieure und Naturwissenschaftler, Klausur- und Übungsaufgaben* , 4. Aufl., Vieweg+Teubner 2010

Rießinger Th.: *Übungsaufgaben zur Mathematik für Ingenieure* , 5. Aufl., Springer 2011

Turtur C.W.: *Prüfungstrainer Mathematik* , 3. Aufl., Vieweg+Teubner 2010

Wenzel H. / Heinrich G.: *Übungsaufgaben zur Analysis* , Vieweg+Teubner 2005

Mathematik mit Computer-Algebra-Systemen

Bahns D. / Schweigert Ch.: *Softwarepraktikum-Analysis und Lineare Algebra* , Vieweg 2008 (mit Maple)

Braun R. / Meise R.: *Analysis mit Maple* , Vieweg 1995

Schott D.: *Ingenieurmathematik mit MATLAB* , Carl Hanser 2004

Strampp W.: *Analysis mit Mathematica und Maple* , Vieweg 1999

Strampp W.: *Höhere Mathematik 2* , 2. Aufl., Vieweg 2008 (mit Mathematica)

Westermann Th.: *Mathematik für Ingenieure* , 6. Aufl., Springer 2011 (mit Maple)

Westermann Th.: *Mathematische Probleme lösen mit Maple: Ein Kurzeinstieg* , 4. Aufl., Springer 2011 (mit Maple)

Printed in the United States
By Bookmasters